高等学校数学系列教材

（修订版）

积分方程论

■ 路见可　钟寿国　编著

图书在版编目(CIP)数据

积分方程论/路见可,钟寿国编著.—修订版.—武汉:武汉大学出版社,2008.2

高等学校数学系列教材

ISBN 978-7-307-06130-9

Ⅰ.积…　Ⅱ.①路…　②钟…　Ⅲ.积分方程—高等学校—教材　Ⅳ.O175.5

中国版本图书馆CIP数据核字(2008)第015152号

责任编辑:顾素萍　　责任校对:程小宜　　版式设计:詹锦玲

出版发行:**武汉大学出版社**　(430072　武昌　珞珈山)

(电子邮件:wdp4@whu.edu.cn　网址:www.wdp.com.cn)

印刷:湖北鄂东印务有限公司

开本:720×1000　1/16　印张:17.625　字数:311千字　插页:1

版次:2008年2月第1版　2008年2月第1次印刷

ISBN 978-7-307-06130-9/O·380　定价:23.00元

内 容 提 要

本书介绍积分方程中的 Fredholm 理论、特征值理论、积分变换理论和投影方法。重点是线性 Fredholm 第二种方程，但对第一种方程，Volterra 方程、非线性方程、卷积型方程、核密度为 L_2 的 Cauchy 型奇异积分方程等也有讨论。

本书的特点是注意用泛函观点处理古典理论，力求理论的系统性、严谨性，又紧密联系实际应用。每章末附有习题。

本书可作为数学、力学、物理各专业的大学生选修课、研究生课的教材，也可供其他有关人员参考。

修订版序言

本书前版于 1990 年在高教出版社出版，距现在已有 16 年时间。根据我们的教学实践和读者的反馈意见，本版进行了一次修订，尽可能把我们认为疏漏和不当之处得以校正、修改和补充，特别是，在前版第一章 Schauder 不动点定理的证明中，仍发现有瑕疵。此次则在降低前版原定理的条件下，采用了完全不同于前版的另一个证明，其证明思路更简洁清晰，且把前版原定理的结论作为本版的特例。参考文献有所补充，其它更动处不一一列举。因水平有限，仍可能会有不当的地方，恳请读者及同行批评指正。

编　者

于武汉

2007 年 12 月

前版序言

现代数学学科的迅速发展，正改变着各经典数学分支面貌。

我国20世纪60年代前，积分方程教材以翻译苏联教材为主，基本属于同一模式，即在连续函数类中讨论，以古典分析为工具。从现代眼光来看，在论证和叙述方面未免陈旧、烦琐，在内容方面比较单薄、狭窄。当然也有少数外国教材步入另一极端，把积分方程理论搞得很抽象，致使学生学完理论后碰到解决具体问题时往往一筹莫展，这两者都不可取。我们试图选择一条“中间”道路。我们这样想：选择 L_2 空间来讨论古典积分方程比连续函数类更为自然，因为前者是后者的完备化空间，同时在 L_2 中也便于用泛函分析的算子理论来处理古典理论。因此把泛函分析与积分方程两者结合起来完全可能。这便是本书的指导思想。1973年，由美国出版 H. Hochstadt 著《积分方程》一书在这方面给了我们很大启示。因此，我们在编写过程中主要参考了该书，一些材料(包括某些习题)还直接取材于它。

本书的编写有两个宗旨：在理论上我们要求严谨，有一定的深度和较大容量；同时还要求处理得简明，不过分抽象。由于本课程在微分方程、力学、物理学及工程技术等方面有广泛应用，因此我们希望本书有较大适应面，要求学生学习理论后能具体解决实际问题。

以下对各章作一些简要说明。

第一、二章主要介绍线性 Fredholm 和 Volterra 第二种方程的系统理论(解的存在、唯一性及其表示)。详细讨论了核在各种假设条件下，解级数及预解核级数的收敛性，并在 L_2 核情况下给出了用预解核表示解的一个新证明。所得结果比较一般，而把连续函数及有界可测函数类的结果作为特例给出。

其中第一章1.6节对非线性方程的讨论本可独立成篇，但又考虑到非线性方程理论目前尚不完整，独立成篇似觉单薄，故仍归入第一章。第二章2.2节涉及整函数的一些知识，若读者不太熟悉可暂不读定理2.2.3之前的部分(不包括定理2.2.3)以及定理2.2.7及其以后的部分。

第三章介绍经典的特征值理论，并详细讨论了它在微分方程中的应用。

在论证的严密性和结论的深度方面我们都有一些发展。这样做的目的是让读者对于积分方程在微分方程中的应用方面初见端倪。

第一种方程的理论目前尚不完整，其它书中系统讨论较少。我们参考了复旦大学所编《积分方程理论及应用》一书(指油印稿)，并纳入本书第四章。它们主要是讨论实空间中的情形，收敛意义是绝对一致收敛。为了写得简洁一些，我们采用算子写法，并且改变了核的条件，把结果推广到复空间且主要在平均收敛意义下讨论，这样做与我们全书的格调相一致。

第五、六两章介绍以积分变换理论为工具求解卷积型积分方程及偏微分方程；以 Hilbert 变换、L_2 中的投影定理、乘子定理、边值定理为工具求解 Winer-Hopf 方程及 L_2 中的奇异积分方程。这些内容无论从理论意义及实用价值来说都非常重要。

阅读本书只要求读者有泛函分析关于线性赋范空间及 Hilbert 空间中的一些初等知识，并不要求对泛函分析有较深的了解。凡涉及数学各专业稍微专门一点的知识都尽可能列出并指明出处。在叙述和论证方面力图强调思想方法，使之便于自学。

本书主要适用于作为综合大学及高等师范院校数学专业本科生选修课及研究生基础课教材，也可供工科院校相近专业的学生使用。经验表明，本书内容可供一学期使用(约 72 学时)，数学专业本科生及工科院校学生使用本教材时可选学其中某些章节，不必全讲完(例如 2.2,2.3,3.5,3.7,5.5,5.6 节可以不讲，若时间不够第六章也可不讲)。本书每章后面都有一定数量的习题以加深对教材的理解，巩固所学的知识。

本书编写中得到不少同行的关心，特别是，卫念祖教授和赵桢教授看过本书初稿，提出很多宝贵意见，对我们的想法深表赞同，在此深致谢意。

我们编写本书的尝试，虽经过多次教学实践的检验，但由于编者水平所限，不妥之处在所难免，恳请读者惠予指正。

编　者

于武汉

1988 年 5 月

目　　录

第一章 解的存在性及唯一性定理

1.1 积分方程的概念

在积分符号下含有未知函数的方程称为**积分方程**. 为了研究方便，常常进行如下的分类，如

$$\int_a^b K(x,y)\varphi(y)\mathrm{d}y = f(x), \tag{1.1}$$

$$\varphi(x) - \lambda\int_a^b K(x,y)\varphi(y)\mathrm{d}y = f(x), \tag{1.2}$$

其中 a,b 有限或无限，λ 为复参数，$K(x,y),\varphi(x),f(x)$ 为实自变量的复函数，$\varphi(x)$ 是未知函数①，分别称(1.1)，(1.2) 为 **Fredholm 第一种方程**和 **Fredholm 第二种方程**，简记为 F-Ⅰ,F-Ⅱ 方程. 这类方程由瑞典几何学家 I. Fredholm 首先提出并进行过系统的研究.

含变限的方程

$$\int_a^x K(x,y)\varphi(y)\mathrm{d}y = f(x), \quad a < x < b, \tag{1.3}$$

$$\varphi(x) - \lambda\int_a^x K(x,y)\varphi(y)\mathrm{d}y = f(x), \quad a < x < b, \tag{1.4}$$

由意大利数学家 V. Volterra 提出，故分别称(1.3)，(1.4) 为 **Volterra 第一种方程**和 **Volterra 第二种方程**，简记为 V-Ⅰ,V-Ⅱ 方程. 如果令

$$K_1(x,y) = \begin{cases} K(x,y), & a \leqslant y \leqslant x, \\ 0, & x < y \leqslant b, \end{cases}$$

可见(1.3)，(1.4) 实际上也是 Fredholm 方程. 尽管如此，由于 Volterra 型方程毕竟还是具有与一般 Fredholm 型方程本质不同的性质，所以独立地对它们加以研究仍然是非常必要的.

在(1.1) ～ (1.4) 中，左端可看成是作用于 $\varphi(x)$ 上的线性算子，因此它

---

① 若无特别声明，本书中考虑的函数均为复值函数.

们统称为**线性积分方程**. 若在上述诸式中被积式 $K(x,y)\varphi(y)$ 换为更一般的函数 $K(x,y,\varphi(x))$ 或 $K(x,y)\psi(\varphi(y))$，则分别称为相应的**非线性积分方程**.

在(1.1) ~ (1.4) 中，$K(x,y)$ 称为积分方程的**核**. 有时根据问题的性质，核本身常常具有某些特点，例如 $K(x,y)$ 对变元连续，这时称之为**连续核**，记作 $K(x,y)\in C$；$K(x,y)$ 可满足条件

$$\int_a^b\int_a^b |K(x,y)|^2 \mathrm{d}x\,\mathrm{d}y < +\infty,$$

称它为 L_2 **核**，记作 $K(x,y)\in L_2$；若核可写为

$$K(x,y)=\frac{H(x,y)}{x-y}$$

或

$$K(x,y)=\frac{H(x,y)}{|x-y|^{\alpha}},\quad 0<\alpha<1,$$

且 $H(x,y)$ 连续，则 $K(x,y)$ 分别称为 **Cauchy 核**或**弱奇性核**，等等.

积分方程与微分方程有密切的联系，有时微分方程的问题化为积分方程来处理更为便利. 这是因为对线性算子而言，在一定条件下积分算子比微分算子在某些方面具有更好的特性.

例如初值问题

$$\begin{cases}\varphi'(x)=f(x,\varphi(x)),\\ \varphi(0)=\varphi_0\end{cases}\tag{1.5}$$

可写为

$$\varphi(x)=\varphi_0+\int_0^x f(x,\varphi(x))\mathrm{d}x.\tag{1.6}$$

这就是一个 V-Ⅱ 方程；常微分方程中(1.5)的解的存在唯一性问题正是化为(1.6)来研究的.

又如两点边值问题

$$\begin{cases}\varphi''(x)+\lambda\varphi(x)=f(x),\\ \varphi(0)=\varphi(1)=0,\end{cases}\tag{1.7}$$

其中 $f(x),\varphi(x)$ 在$[0,1]$上连续，可化为 F-Ⅱ 方程. 事实上，将方程两次积分并换限便得

$$\varphi(x)=c_1+c_2x+\int_0^x (x-y)\big(f(y)-\lambda\varphi(y)\big)\mathrm{d}y.$$

由边值条件定出

$$c_1=0,\quad c_2=-\int_0^1 (1-y)\big(f(y)-\lambda\varphi(y)\big)\mathrm{d}y.$$

代回上式，有

$$\varphi(x)=\int_0^x (x-y)f(y)\mathrm{d}y-\lambda\int_0^x (x-y)\varphi(y)\mathrm{d}y$$
$$-\int_0^1 x(1-y)f(y)\mathrm{d}y+\lambda\int_0^1 x(1-y)\varphi(y)\mathrm{d}y.$$

将后两个积分拆成$\int_0^x+\int_x^1$，然后合并，并整理得

$$\varphi(x)-\lambda\left[\int_0^x y(1-x)\varphi(y)\mathrm{d}y+\int_x^1 x(1-y)\varphi(y)\mathrm{d}y\right]$$
$$=-\left[\int_0^x y(1-x)f(y)\mathrm{d}y+\int_x^1 x(1-y)f(y)\mathrm{d}y\right]. \tag{1.8}$$

令

$$K(x,y)=\begin{cases} y(1-x), & y\leqslant x, \\ x(1-y), & y\geqslant x, \end{cases}$$

则上式可统一写为

$$K(x,y)=x_<(1-x_>),$$

这里已引用记号

$$x_<=\min\{x,y\},\quad x_>=\max\{x,y\}.\text{①} \tag{1.9}$$

于是(1.8) 成为 F-Ⅱ 方程

$$\varphi(x)-\lambda\int_0^1 K(x,y)\varphi(y)\mathrm{d}y=F(x), \tag{1.10}$$

其中 $F(x)=-\int_0^1 K(x,y)f(y)\mathrm{d}y$ 为已知函数.

线性积分方程和线性代数方程组之间有密切的联系. 后者的一些结果可移植到线性积分方程中来(如以后要讲的 Fredholm 择一定理). 有时将积分方程近似地离散化为线性代数方程组并由线性代数中的结果可猜测出积分方程相应的结果(当然另须严格的论证). 例如设 $K(x,y)$ 在区域 $0\leqslant x\leqslant 1$, $0\leqslant y\leqslant 1$ 上连续，$\varphi(x)$, $f(x)$ 在区间 $0\leqslant x\leqslant 1$ 上连续. 把 F-Ⅱ 方程

$$\varphi(x)-\lambda\int_0^1 K(x,y)\varphi(y)\mathrm{d}y=f(x) \tag{1.11}$$

近似离散为

$$\varphi\left(\frac{j}{n}\right)-\lambda\sum_{i=1}^{n}K\left(\frac{j}{n},\frac{i}{n}\right)\varphi\left(\frac{i}{n}\right)\frac{1}{n}=f\left(\frac{j}{n}\right),\quad j=1,2,\cdots,n. \tag{1.12}$$

令

① 这一记号可简化表达式，在第三章中经常使用.

$$\boldsymbol{\varphi}=\left(\varphi\left(\frac{j}{n}\right)\right),\quad \boldsymbol{L}=\left(\frac{1}{n}K\left(\frac{j}{n},\frac{i}{n}\right)\right),\quad \boldsymbol{f}=\left(f\left(\frac{j}{n}\right)\right)$$

分别为 $n\times 1, n\times n, n\times 1$ 矩阵，则(1.12) 可写为

$$(\boldsymbol{I}-\lambda\boldsymbol{L})\boldsymbol{\varphi}=\boldsymbol{f}. \tag{1.12$'$}$$

当 λ 不为(1.12)$'$ 的特征值时，(1.12)$'$ 有唯一解 $\boldsymbol{\varphi}=(\boldsymbol{I}-\lambda\boldsymbol{L})^{-1}\boldsymbol{f}$；当 λ 为特征值时，(1.12)$'$ 有无穷个解或无解. 又如将 V-Ⅱ 方程

$$\varphi(x)-\lambda\int_0^x K(x,y)\varphi(y)\mathrm{d}y=f(x) \tag{1.13}$$

近似离散为

$$\varphi\left(\frac{j}{n}\right)-\lambda\sum_{i=1}^{j-1}K\left(\frac{j}{n},\frac{i}{n}\right)\varphi\left(\frac{i}{n}\right)\frac{1}{n}=f\left(\frac{j}{n}\right),\quad j=1,2,\cdots,n. \tag{1.14}$$

注意(1.13) 是(1.11) 中当 $y\geqslant x$ 时 $K(x,y)=0$ 的特款，或即(1.14) 是(1.12) 中当 $i\geqslant j$ 时 $K\left(\frac{j}{n},\frac{i}{n}\right)=0$ 的情形，于是(1.12) 中的 $\sum\limits_{i=1}^{n}$ 可写成 $\sum\limits_{i=1}^{j-1}$，相应的 $\boldsymbol{L}$ 为下三角矩阵：

$$\boldsymbol{L}=\begin{pmatrix} 0 & & & \boldsymbol{0} \\ & 0 & & \\ & & \ddots & \\ * & & & 0 \end{pmatrix}.$$

归纳地可证，这时 $\boldsymbol{L}$ 为 n 阶幂零矩阵，即 $\boldsymbol{L}^n=\boldsymbol{O}$. 从而

$$\boldsymbol{I}=\boldsymbol{I}^n=\boldsymbol{I}^n-\lambda^n\boldsymbol{L}^n=(\boldsymbol{I}-\lambda\boldsymbol{L})(\boldsymbol{I}+\lambda\boldsymbol{L}+\cdots+\lambda^{n-1}\boldsymbol{L}^{n-1}).$$

故对任何 λ，$\boldsymbol{I}-\lambda\boldsymbol{L}$ 均有逆矩阵存在，即对任何 λ，(1.14) 有唯一解

$$\boldsymbol{\varphi}=(\boldsymbol{I}+\lambda\boldsymbol{L}+\cdots+\lambda^{n-1}\boldsymbol{L}^{n-1})\boldsymbol{f}.$$

由以上讨论，我们可以猜测，F-Ⅱ 方程一般不是对任何的 λ 有唯一解，而相应的 V-Ⅱ 方程对任何 λ 都有唯一解. 以后我们将看到，这些猜测是正确的.

1.2 Banach 不动点原理及其应用

1.2.1 F-Ⅱ 方程解的存在唯一性

在本节中我们设 H 为 Hilbert空间. 如果 T 为 $H\to H$ 的算子，且对于任意的 $f_1,f_2\in H$，有

$$\| Tf_1 - Tf_2 \| \leqslant \alpha \| f_1 - f_2 \|, \quad 0 \leqslant \alpha < 1,$$

其中α为一常数，与f_1, f_2无关，则称T为H上的**压缩算子**①. 显然压缩算子为连续算子.

若T为线性算子，则T为压缩算子等价于$\| T \| < 1$.

定理 1.2.1 *若T为H上的压缩算子，则算子方程$Tf = f$在H内有唯一解.*

证 任选$f_0 \in H$，作迭代序列：

$$f_{n+1} = Tf_n, \quad n = 0, 1, \cdots.$$

显然

$$\begin{aligned}\| f_{n+1} - f_n \| &= \| Tf_n - Tf_{n-1} \| \leqslant \alpha \| f_n - f_{n-1} \| \\ &\leqslant \alpha^2 \| f_{n-1} - f_{n-2} \| \leqslant \cdots \leqslant \alpha^n \| f_1 - f_0 \|.\end{aligned}$$

当$n > m$时，

$$\begin{aligned}\| f_n - f_m \| &\leqslant \| f_n - f_{n-1} \| + \cdots + \| f_{m+1} - f_m \| \\ &= \sum_{i=m}^{n-1} \| f_{i+1} - f_i \| \leqslant \| f_1 - f_0 \| \sum_{i=m}^{n-1} \alpha^i \\ &< \| f_1 - f_0 \| \sum_{i=m}^{\infty} \alpha^i \\ &= \frac{\alpha^m}{1-\alpha} \| f_1 - f_0 \| \to 0, \quad n, m \to \infty.\end{aligned}$$

由H空间的完备性知，存在唯一的$f \in H$，使得$\| f_n - f \| \to 0$. 这时f就是方程的解，因为由T的连续性知，

$$f = \lim_{n \to \infty} f_{n+1} = \lim_{n \to \infty} Tf_n = T(\lim_{n \to \infty} f_n) = Tf.$$

现证方程只有唯一解. 若$Tf = f$, $Tg = g$，则

$$\| Tf - Tg \| = \| f - g \| \leqslant \alpha \| f - g \|$$

即$(1-\alpha) \| f - g \| \leqslant 0$. 故$f = g$. ∎

对于本定理有如下几点说明：

注 1 由唯一性知，解与f_0的选取无关.

注 2 $f = \lim_{n \to \infty} T^n f_0$. 这是因为

$$f = \lim_{n \to \infty} f_n = \lim_{n \to \infty} Tf_{n-1} = \cdots = \lim_{n \to \infty} T^n f_0.$$

注 3 本定理的证明不仅断言了解的存在及唯一性，而且指出了用逐次逼近法求解的途径.

---

① 对于任何度量空间也可引进压缩算子.

注 4 若 T 是 Banach 空间的压缩算子，本定理仍然成立，证明完全一样. 此时的结论称为 **Banach 不动点原理**.

定理 1.2.2 对于方程 $\varphi-\lambda K\varphi=f$，其中 $f\in H$，K 是 $H\to H$ 的算子(线性或非线性)，若算子 K 满足 Lipschitz 条件

$$\|K\varphi_1-K\varphi_2\|\leqslant M\|\varphi_1-\varphi_2\| \quad (M>0,\text{为常数}), \tag{2.1}$$

则当 $|\lambda|<\dfrac{1}{M}$ 时，方程在 H 内有唯一解.

证 令 $T\varphi=f+\lambda K\varphi$，则原方程为 $\varphi=T\varphi$. 对任意 $\varphi_1,\varphi_2\in H$，

$$\|T\varphi_1-T\varphi_2\|=\|\lambda K\varphi_1-\lambda K\varphi_2\|\leqslant|\lambda|M\|\varphi_1-\varphi_2\|.$$

当 $|\lambda|<\dfrac{1}{M}$ 时，T 为压缩算子，由定理 1.2.1 知方程存在唯一解. ∎

定理 1.2.3 线性 F-Ⅱ 方程

$$\varphi(x)-\lambda\int_a^b K(x,y)\varphi(y)\mathrm{d}y=f(x), \tag{2.2}$$

其中 a,b 有限或无限，$f(x)\in L_2[a,b]$，$K(x,y)\in L_2[a,b]$①，

$$\int_a^b\int_a^b|K(x,y)|^2\mathrm{d}x\,\mathrm{d}y=M^2<+\infty,$$

当 $|\lambda|<\dfrac{1}{M}$ 时，有唯一解

$$\varphi=f+\lambda Kf+\cdots+\lambda^nK^nf+\cdots, \tag{2.3}$$

(2.3) 在平均收敛意义下，即在 $L_2[a,b]$ 空间范数意义下收敛.

证 令 $K\varphi=\int_a^b K(x,y)\varphi(y)\mathrm{d}y$，则积分算子 K 为 L_2 上的线性有界算子. 事实上，设 $\varphi\in L_2$，由 Schwarz 不等式，

$$|K\varphi|^2\leqslant\int_a^b|K(x,y)|^2\mathrm{d}y\cdot\|\varphi\|^2.$$

从而

$$\|K\varphi\|\leqslant\left(\int_a^b\int_a^b|K(x,y)|^2\mathrm{d}x\,\mathrm{d}y\right)^{\frac{1}{2}}\|\varphi\|=M\|\varphi\|<+\infty.$$

于是 K 是 L_2 上的线性有界算子. 而且附带地得出

---

① 确切地说应写 $K(x,y)\in L_2[a,b;a,b]$，为简化记号仍写为 $L_2[a,b]$，在不会混淆时甚至写为 $K(x,y)\in L_2$. 当 $K(x,y)$ 连续时，类似地写成 $K(x,y)\in C[a,b]$ 或 $K(x,y)\in C$. 在容易混淆时，还得详细写出来.

$$\|K\| \leqslant \left(\int_a^b\int_a^b |K(x,y)|^2 \mathrm{d}x\mathrm{d}y\right)^{\frac{1}{2}} = M. \qquad (2.4)$$

这时，对任意的$\varphi_1,\varphi_2 \in L_2$有

$$\begin{aligned}\|K\varphi_1 - K\varphi_2\| &= \|K(\varphi_1-\varphi_2)\| \leqslant \|K\|\,\|\varphi_1-\varphi_2\| \\ &\leqslant M\|\varphi_1-\varphi_2\|.\end{aligned}$$

由定理1.2.2，当$|\lambda| < \frac{1}{M}$时方程(2.2)有唯一解. 又由定理1.2.1注2知，解为(在平均收敛意义下)

$$\varphi = \lim_{n\to\infty} T^n f_0.$$

因为

$$\begin{aligned}Tf_0 &= f+\lambda K f_0,\\ T^2 f_0 &= T(Tf_0) = T(f+\lambda K f_0) = f+\lambda K(f+\lambda K f_0)\\ &= f+\lambda K f+\lambda^2 K^2 f_0,\\ &\cdots,\\ T^n f_0 &= f+\lambda K f+\cdots+\lambda^{n-1}K^{n-1}f+\lambda^n K^n f_0,\end{aligned}$$

故

$$\varphi = f+\lambda K f+\cdots+\lambda^n K^n f+\cdots. \qquad \blacksquare$$

推论 当$f(x)\in L_2[a,b]$，$K(x,y)$在$a\leqslant x,y\leqslant b$上连续(或者$K(x,y)$在$[a,b]$上有界可测)，$a,b$为有限数，则方程(2.2)当$|\lambda|$充分小时在$L_2[a,b]$内有唯一解. 若$f(x),K(x,y)$皆连续，则(2.2)当$|\lambda|$充分小时在$C[a,b]$内有唯一解.

注1 在定理1.2.3的证明过程中可看到

$$\|K\varphi_1 - K\varphi_2\| \leqslant \|K\|\,\|\varphi_1-\varphi_2\|.$$

因此可以更确切地说，当$|\lambda| < \frac{1}{\|K\|}$时方程有唯一解.

注2 当$|\lambda| < \frac{1}{\|K\|}$时，算子$\lambda K$是压缩算子. 因为

$$\|\lambda K\varphi_1 - \lambda K\varphi_2\| \leqslant |\lambda|\,\|K\|\,\|\varphi_1-\varphi_2\|,$$

而$\|\lambda K\| = |\lambda|\,\|K\| < 1$，这就是说$\lambda K$为压缩算子. 故算子$I-\lambda K$存在着逆算子. 原方程及解可分别简写成

$$(I-\lambda K)\varphi = f \quad 及 \quad \varphi = (I-\lambda K)^{-1} f,$$

而这时的解(2.3)可以理解为$1/(I-\lambda K)$形式地按几何级数展开.

注3 定理断言$|\lambda|$充分小时有唯一解. 至于$|\lambda| > \frac{1}{M}$时如何，定理没

有给出任何结论. 当然(2.2)仍可能有解. 试看下例.

例 求解

$$\varphi(x)-\lambda\int_0^1 xy\varphi(y)\mathrm{d}y=1.$$

令 $K(x,y)=xy$, 则

$$M^2=\int_0^1\int_0^1|K(x,y)|^2\mathrm{d}x\,\mathrm{d}y=\frac{1}{9}.$$

当 $|\lambda|<\frac{1}{M}=3$ 时, 方程有唯一解. 因 $f=1$, 所以

$$Kf=\int_0^1 xy\mathrm{d}y=\frac{x}{2},$$

$$K^2 f=\int_0^1 xy\cdot\frac{y}{2}\mathrm{d}y=\frac{x}{2}\cdot\frac{1}{3},$$

$$\cdots,$$

$$K^n f=\frac{x}{2}\cdot\frac{1}{3^{n-1}},$$

$$\varphi(x)=1+\frac{\lambda x}{2}\sum_{n=0}^{\infty}\frac{\lambda^n}{3^n}.$$

$|\lambda|<3$ 时级数收敛与 $|\lambda|<3$ 时方程有唯一解相一致, 且可写成

$$\varphi(x)=1+\frac{3\lambda x}{2(3-\lambda)}.$$

但容易直接验证, 只要 $\lambda\neq 3$, 它确实仍为原方程的解.

注 4 定理断言 $|\lambda|$ 充分小时在 $L_2[a,b]$ 类中有唯一解, 而在别的类中也可能有解(见本章习题中的第 4 题).

定理 1.2.4 非线性 F-Ⅱ 方程

$$\varphi(x)-\lambda\int_a^b K(x,y,\varphi(y))\mathrm{d}y=f(x) \tag{2.5}$$

中, 设 $f(x)\in L_2[a,b]$, a,b 有限或无限,

$$\left\|\int_a^b K(x,y,\varphi(y))\mathrm{d}y\right\|\leqslant M\|\varphi\|, \tag{2.6}$$

且对任意的 z_1,z_2,

$$|K(x,y,z_1)-K(x,y,z_2)|\leqslant N(x,y)|z_1-z_2|, \tag{2.7}$$

其中

$$\int_a^b\int_a^b N^2(x,y)\mathrm{d}x\,\mathrm{d}y=N^2<+\infty,$$

则当 $|\lambda|<\frac{1}{N}$ 时, 方程(2.5)在 $L_2[a,b]$ 内存在唯一解.

证 令

$$K\varphi = \int_a^b K(x,y,\varphi(y))\mathrm{d}y.$$

由(2.6)知 K 是 $L_2 \to L_2$ 的算子．由(2.7)，对任意的 $\varphi_1,\varphi_2 \in L_2[a,b]$，有

$$\begin{aligned}|K\varphi_1 - K\varphi_2| &\leqslant \int_a^b |K(x,y,\varphi_1(y)) - K(x,y,\varphi_2(y))|\mathrm{d}y \\ &\leqslant \int_a^b N(x,y)|\varphi_1(y) - \varphi_2(y)|\mathrm{d}y \\ &\leqslant \Big(\int_a^b N^2(x,y)\mathrm{d}y\Big)^{\frac{1}{2}} \|\varphi_1 - \varphi_2\|.\end{aligned}$$

因而

$$\|K\varphi_1 - K\varphi_2\| \leqslant N\|\varphi_1 - \varphi_2\|.$$

由定理 1.2.2，当 $|\lambda| < \frac{1}{N}$ 时，方程(2.5)存在唯一解． ∎

定理 1.2.3 实际上是定理 1.2.4 的特例，因前者满足后者的假设条件，但定理 1.2.3 中给出了解的具体表达式．

1.2.2 叠核和预解核

线性 F-Ⅱ 方程(2.2)是一类较为常见的方程．在定理1.2.3所设条件下，我们得出：当 $|\lambda|$ 充分小时，(2.2)在 $L_2[a,b]$ 内存在唯一解，并用算子形式写出了解的表达式，其中 K^n 也是线性有界算子．为了进一步在理论上进行探讨，需要将解的表达式具体化，例如希望得出 $K^n f$ 的积分表达式，这可逐次进行如下．由 $f(x) \in L_2[a,b]$，

$$Kf = \int_a^b K(x,y)f(y)\mathrm{d}y,$$

$$\int_a^b\int_a^b |K(x,y)|^2 \mathrm{d}x\,\mathrm{d}y = M^2 < +\infty. \tag{2.8}$$

故

$$\begin{aligned}K^2 f &= \int_a^b K(x,z)(Kf)(z)\mathrm{d}z \\ &= \int_a^b K(x,z)\Big(\int_a^b K(z,y)f(y)\mathrm{d}y\Big)\mathrm{d}z \\ &= \int_a^b \Big(\int_a^b K(x,z)K(z,y)\mathrm{d}z\Big)f(y)\mathrm{d}y,\end{aligned}$$

其中积分次序交换利用了 Fubini 定理．事实上，由 Schwarz 不等式，

$$\begin{aligned}&\int_a^b |K(x,z)|\Big(\int_a^b |K(z,y)f(y)|\mathrm{d}y\Big)\mathrm{d}z \\ \leqslant &\int_a^b |K(x,z)|\Big(\int_a^b |K(z,y)|^2\mathrm{d}y\Big)^{\frac{1}{2}}\|f\|\mathrm{d}z\end{aligned}$$

$$\leqslant \|f\| \left(\int_a^b |K(x,z)|^2 \mathrm{d}z\right)^{\frac{1}{2}} \left(\int_a^b\int_a^b |K(z,y)|^2 \mathrm{d}y\,\mathrm{d}z\right)^{\frac{1}{2}}$$

$$\leqslant \|f\| M\left(\int_a^b |K(x,z)|^2 \mathrm{d}z\right)^{\frac{1}{2}} < +\infty \quad (\text{a. e.}^{①} x).$$

由于(2.8)，$\int_a^b |K(x,z)|^2 \mathrm{d}z$几乎处处对$x$有限，从而积分次序的交换对$x$几乎处处可以进行. 令

$$K_2(x,y) = \int_a^b K(x,z)K(z,y)\mathrm{d}z,$$

则

$$K^2 f = \int_a^b K_2(x,y) f(y)\mathrm{d}y.$$

称 $K_2(x,y)$ 为原积分核的**二次叠核**. 类似地，用归纳的方法可定义 n **次叠核**：

$$K_n(x,y) = \int_a^b K_1(x,z)K_{n-1}(z,y)\mathrm{d}z, \quad n = 2,3,\cdots, \tag{2.9}$$

其中 $K_1(x,y) = K(x,y)$. 不难证明

$$K_{n+m}(x,y) = \int_a^b K_n(x,z)K_m(z,y)\mathrm{d}z.$$

这样 n 次叠核还可写为

$$K_n(x,y) = \int_a^b K_{n-1}(x,z)K_1(z,y)\mathrm{d}z.$$

于是

$$K^n f = \int_a^b K_n(x,y) f(y)\mathrm{d}y.$$

同时我们有如下估计式：

$$|K_n(x,y)| \leqslant \left(\int_a^b |K_1(x,z)|^2 \mathrm{d}z\right)^{\frac{1}{2}} \left(\int_a^b |K_{n-1}(z,y)|^2 \mathrm{d}z\right)^{\frac{1}{2}}, \tag{2.10}$$

$$\left(\int_a^b |K_n(x,y)|^2 \mathrm{d}y\right)^{\frac{1}{2}} \leqslant \left(\int_a^b |K_1(x,z)|^2 \mathrm{d}z\right)^{\frac{1}{2}} \cdot \left(\int_a^b\int_a^b |K_{n-1}(z,y)|^2 \mathrm{d}z\,\mathrm{d}y\right)^{\frac{1}{2}}, \tag{2.11}$$

$$\left(\int_a^b |K_n(x,y)|^2 \mathrm{d}x\right)^{\frac{1}{2}} \leqslant \left(\int_a^b\int_a^b |K_{n-1}(x,z)|^2 \mathrm{d}z\,\mathrm{d}x\right)^{\frac{1}{2}} \cdot \left(\int_a^b |K_1(z,y)|^2 \mathrm{d}z\right)^{\frac{1}{2}}, \tag{2.12}$$

---

① a. e. 表示几乎处处，后同.

$$\left(\int_a^b\int_a^b|K_n(x,y)|^2\mathrm{d}x\,\mathrm{d}y\right)^{\frac{1}{2}}\leqslant\left(\int_a^b\int_a^b|K_1(x,z)|^2\mathrm{d}z\,\mathrm{d}x\right)^{\frac{1}{2}}$$

$$\cdot\left(\int_a^b\int_a^b|K_{n-1}(z,y)|^2\mathrm{d}z\,\mathrm{d}y\right)^{\frac{1}{2}}. \quad (2.13)$$

对于叠核的估计，我们有如下引理：

引理 1.2.1 设 $K(x,y)$ 使(2.8)成立，a,b 有限或无限.

(1) 有 $K_n(x,y)\in L_2$，且

$$\left(\int_a^b\int_a^b|K_n(x,y)|^2\mathrm{d}x\,\mathrm{d}y\right)^{\frac{1}{2}}\leqslant M^n. \quad (2.14)$$

(2) 如果

$$\left(\int_a^b|K(x,y)|^2\mathrm{d}y\right)^{\frac{1}{2}}\leqslant M_1<+\infty, \quad (2.15)$$

则

$$\left(\int_a^b|K_n(x,y)|^2\mathrm{d}y\right)^{\frac{1}{2}}\leqslant M_1M^{n-1}. \quad (2.16)$$

(3) 如果

$$\left(\int_a^b|K(x,y)|^2\mathrm{d}x\right)^{\frac{1}{2}}\leqslant M_2<+\infty, \quad (2.17)$$

则

$$\left(\int_a^b|K_n(x,y)|^2\mathrm{d}x\right)^{\frac{1}{2}}\leqslant M^{n-1}M_2. \quad (2.18)$$

(4) 如果(2.15)，(2.17)同时成立，则

$$|K_n(x,y)|\leqslant M_1M_2M^{n-2}. \quad (2.19)$$

证 结论(1)可从(2.13)归纳得出；结论(2)由(2.11)及(2.14)得出；结论(3)由(2.12)及(2.14)得出；结论(4)可从结论(3)得到

$$\left(\int_a^b|K_{n-1}(x,y)|^2\mathrm{d}x\right)^{\frac{1}{2}}\leqslant M^{n-2}M_2,\quad n=2,3,\cdots$$

后再由(2.10)得出. ∎

利用叠核，解(2.3)可写成

$$\varphi(x)=f(x)+\sum_{n=1}^{\infty}\lambda^n\int_a^bK_n(x,y)f(y)\mathrm{d}y,$$

其中 $|\lambda|<\frac{1}{M}$. 在 $K(x,y)$ 的一定假设下设想能逐项积分，则

$$\varphi(x) = f(x) + \lambda\int_a^b \sum_{n=1}^{\infty} \lambda^{n-1} K_n(x,y) f(y)\mathrm{d}y. \tag{2.20}$$

记

$$R(x,y;\lambda) = \sum_{n=1}^{\infty} \lambda^{n-1} K_n(x,y), \quad |\lambda| < \frac{1}{M}, \tag{2.21}$$

则 $R(x,y;\lambda)$ 称为原积分方程的**预解核**.

关于逐项积分，有如下引理：

引理 1.2.2 若级数 $\sum\limits_{n=1}^{\infty} u_n(x) = u(x)$ 在区间 $[a,b]$ 上平均收敛(a,b 有限或无限)，其中 $u_n(x) \in L_2$，又 $f(x) \in L_2$，则下面逐项积分公式成立：

$$\sum_{n=1}^{\infty}\int_a^b u_n(x) f(x)\mathrm{d}x = \int_a^b u(x) f(x)\mathrm{d}x.$$

证 这是因为

$$\left|\int_a^b u(x) f(x)\mathrm{d}x - \sum_{k=1}^{n}\int_a^b u_k(x) f(x)\mathrm{d}x\right|$$

$$= \left|(u,\overline{f}) - \sum_{k=1}^{n}(u_k,\overline{f})\right| = \left|\left(u - \sum_{k=1}^{n} u_k, \overline{f}\right)\right|$$

$$\leqslant \left\| u - \sum_{k=1}^{n} u_k \right\| \cdot \| f \| \to 0, \quad n \to \infty.$$ ∎

对于解及预解核的收敛性我们有

定理 1.2.5 (解级数及预解核级数的收敛性)

(1) 设(2.8)成立，a,b 有限或无限，则当 $|\lambda| < \dfrac{1}{M}$ 时，解与预解核级数平均收敛，且解可用预解核表示：

$$\varphi(x) = f(x) + \lambda\int_a^b R(x,y;\lambda) f(y)\mathrm{d}y \quad (\text{a. e. } x). \tag{2.22}$$

(2) 设(2.15)成立，a,b 有限(此时(2.8)必成立)，则当 $|\lambda| < \dfrac{1}{M}$ 时解级数绝对一致收敛，预解核级数对 x 一致地关于 y 按 L_2 的范数收敛，且对一切的 $x \in [a,b]$ 有(2.22).

(3) 设(2.17)成立，a,b 有限(此时(2.8)必成立)，当 $|\lambda| < \dfrac{1}{M}$ 时，预解核级数对 y 一致地关于 x 按 L_2 范数平均收敛.

(4) 如果(2.15),(2.17)同时成立且 a,b 有限，预解核级数当 $|\lambda| < \frac{1}{M}$ 时，对变量 x,y, $a \leqslant x,y \leqslant b$ 绝对一致收敛.

证 (1) 解级数平均收敛在定理 1.2.3 中已看出. 直接证明也很容易，因 $|\lambda|M < 1$，所以

$$\left\|\sum_{i=n}^{n+p}\lambda^i K^i f\right\| \leqslant \sum_{i=n}^{n+p}|\lambda|^i \|K\|^i \|f\|$$

$$\leqslant \|f\| \sum_{i=n}^{n+p}|\lambda|^i M^i \to 0, \quad n\to\infty.$$

又由引理 1.2.1 的结论(1)及范数三角不等式，

$$\left\|\sum_{i=n}^{n+p}\lambda^{i-1}K_i(x,y)\right\|_{L_2[a,b;a,b]}$$

$$\leqslant \sum_{i=n}^{n+p}|\lambda|^{i-1}\left(\int_a^b\int_a^b |K_i(x,y)|^2 \mathrm{d}x\,\mathrm{d}y\right)^{\frac{1}{2}}$$

$$\leqslant \sum_{i=n}^{n+p}|\lambda|^{i-1}M^i = M\sum_{i=n}^{n+p}(|\lambda|M)^{i-1} \to 0, \quad n\to\infty.$$

故

$$\sum_{n=1}^{\infty}\lambda^{n-1}K_n(x,y) = R(x,y;\lambda) \in L_2.$$

级数是按空间 $L_2[a,b;a,b]$ 的范数意义收敛.

为证明(2.22)，以下皆设 $|\lambda| < \frac{1}{M}$，且 λ 为固定值. 令

$$S_m(x,y;\lambda) = \sum_{n=1}^{m}\lambda^{n-1}K_n(x,y) \in L_2, \tag{2.23}$$

则在 $L_2[a,b;a,b]$ 的范数意义下有

$$\underset{m\to\infty}{\mathrm{l.\,i.\,m.}}\, S_m(x,y;\lambda) = R(x,y;\lambda). \tag{2.24}$$

以上用记号 l. i. m.①以区别于点态极限 lim，即

$$\int_a^b\int_a^b |S_m(x,y;\lambda) - R(x,y;\lambda)|^2 \mathrm{d}x\,\mathrm{d}y \to 0, \quad m\to\infty. \tag{2.25}$$

令

$$Q_m(x,y;\lambda) = S_m(x,y;\lambda) - R(x,y;\lambda),$$

如果让 x 固定对 y 取 $L_2[a,b]$ 的范数记为 $\|Q_m(x,\cdot;\lambda)\|_2$（反之 y 固定对 x

① l. i. m. 是 limit in the mean 的缩写，意即平均收敛.

取 L_2 的范数记为 $\| Q_m(\cdot, y;\lambda) \|_2$)，根据 Fubini 定理，

$$\| Q_m(x,y;\lambda) \|_{L_2[a,b;a,b]} = \left(\int_a^b \| Q_m(x,\cdot;\lambda) \|_2^2 \mathrm{d}x\right)^{\frac{1}{2}}$$
$$= \| \| Q_m(x,\cdot;\lambda) \|_2 \|_2$$
$$\equiv \| g_m(x;\lambda) \|_2, \tag{2.26}$$

其中已令 $g_m(x;\lambda) = \| Q_m(x,\cdot;\lambda) \|_2$. 由(2.25)，(2.26) 两式可看出，$g_m(x;\lambda)$ 关于 x 按 L_2 的范数平均收敛于零，因此必存在子序列 $g_{m_\nu}(x;\lambda)$ 关于几乎处处的 x 收敛于零，即

$$\lim_{\nu\to\infty} \| Q_{m_\nu}(x,\cdot;\lambda) \|_2 = 0 \quad (\text{a. e. } x),$$

亦即

$$\underset{\nu\to\infty}{\text{l. i. m.}}\ S_{m_\nu}(x,y;\lambda) = R(x,y;\lambda) \quad (\text{a. e. } x). \tag{2.27}$$

上式应这样理解：λ 是固定值，对几乎处处的 x，关于 y 而言按 L_2 的范数收敛. 于是由(2.3)，

$$\varphi(x) = f(x) + \lambda \underset{m\to\infty}{\text{l. i. m.}} \int_a^b S_m(x,y;\lambda) f(y)\mathrm{d}y$$

(l. i. m. 表示对 x 平均收敛)

$$= f(x) + \lambda \lim_{m\to\infty} \int_a^b S_m(x,y;\lambda) f(y)\mathrm{d}y$$

(对 a. e. x；此时的 S_m 已是 $S_m(x,y;\lambda)$ 的一个子列，为简单计，仍记为 $S_m(x,y;\lambda)$)

$$= f(x) + \lambda \lim_{\nu\to\infty} \int_a^b S_{m_\nu}(x,y;\lambda) f(y)\mathrm{d}y$$

(S_{m_ν} 是为利用(2.27) 取的子列)

$$= f(x) + \lambda \int_a^b \underset{\nu\to\infty}{\text{l. i. m.}}\ S_{m_\nu}(x,y;\lambda) f(y)\mathrm{d}y$$

(由引理 1.2.2，极限按(2.27) 理解)

$$= f(x) + \lambda \int_a^b R(x,y;\lambda) f(y)\mathrm{d}y. \quad (\text{由(2.27)})$$

这就得到(2.22).

(2) $$\left|\lambda^n \int_a^b K_n(x,y) f(y)\mathrm{d}y\right| \leqslant |\lambda|^n \| f \| \left(\int_a^b |K_n(x,y)|^2 \mathrm{d}y\right)^{\frac{1}{2}}$$
$$\leqslant |\lambda|^n \| f \| M_1 M^{n-1}. \quad (\text{引理 1.2.1 的结论(2)})$$

故解级数关于 x 绝对一致收敛. 又

$$\left(\int_a^b \left|\sum_{i=n}^{n+p} \lambda^{i-1} K_i(x,y)\right|^2 \mathrm{d}y\right)^{\frac{1}{2}} \leqslant \sum_{i=n}^{n+p} |\lambda|^{i-1} \left(\int_a^b |K_i(x,y)|^2 \mathrm{d}y\right)^{\frac{1}{2}}$$

$$\leqslant M_1 \sum_{i=n}^{n+p} |\lambda|^{i-1} M^{i-1} \to 0, \quad n \to \infty,$$

右端级数与 x 无关，根据引理 1.2.2，(2.20) 对 y 可逐项积分，故得(2.22).

(3) 证明与(2) 的后半部类似，并利用引理 1.2.1 的结论(3).

(4) 由引理 1.2.1 的结论(4)，因一般项

$$|\lambda^{n-1} K_n(x,y)| \leqslant |\lambda|^{n-1} M_1 M_2 M^{n-2} = M_1 M_2 |\lambda| (|\lambda| M)^{n-2},$$

故(2.21) 对 x, y, $a \leqslant x, y \leqslant b$ 一致收敛. ■

推论 设 $K(x,y)$ 在$[a,b]$上连续(或 $K(x,y)$ 有界可测)，a,b 有限，且

$$|K(x,y)| \leqslant M,$$

则当$|\lambda| < \dfrac{1}{M(b-a)}$时预解核级数与解级数皆一致收敛. 又设 $f(x) \in L_2[a,b]$，则(1.2) 的解当$|\lambda| < \dfrac{1}{M(b-a)}$时可写为(2.22).

定理 1.2.6 假设 $K(x,y)$ 满足(2.8)，则当$|\lambda| < \dfrac{1}{M}$时，预解核(2.21) 对几乎处处的 x, y 满足以下两个积分方程：

$$\left.\begin{aligned} R(x,y;\lambda) &= K(x,y) + \lambda \int_a^b K(x,z) R(z,y;\lambda) \mathrm{d}z, \\ R(x,y;\lambda) &= K(x,y) + \lambda \int_a^b R(x,z;\lambda) K(z,y) \mathrm{d}z, \end{aligned}\right\} \tag{2.28}$$

其中 a,b 有限或无限.

证 因 $K(x,y) \in L_2$，从而对几乎处处的 x，

$$\int_a^b |K(x,y)|^2 \mathrm{d}y < +\infty.$$

另外按照证明定理 1.2.5 结论(1) 之(2.22) 的类似方法，我们总可选取这样的子序列 m_ν，使

$$\underset{\nu \to \infty}{\mathrm{l.i.m.}} \sum_{n=1}^{m_\nu} \lambda^{n-1} K_n(x,y) = R(x,y;\lambda) \quad (\text{a. e. } y).$$

上式是对固定的λ，对几乎处处的 y，关于 x 按 L_2 的范数收敛. 于是由引理 1.2.2 可逐项积分：

$$\begin{aligned} \lambda \int_a^b K(x,z) R(z,y;\lambda) \mathrm{d}z &= \lambda \int_a^b K(x,z) \sum_{n=1}^{\infty} \lambda^{n-1} K_n(z,y) \mathrm{d}z \\ &= \lambda \int_a^b K(x,z) \underset{\nu \to \infty}{\mathrm{l.i.m.}} \sum_{n=1}^{m_\nu} \lambda^{n-1} K_n(z,y) \mathrm{d}z \end{aligned}$$

$$= \sum_{n=1}^{\infty} \lambda^n \int_a^b K(x,z) K_n(z,y) \mathrm{d}z = \sum_{n=1}^{\infty} \lambda^n K_{n+1}(x,y)$$
$$= R(x,y;\lambda) - K(x,y) \quad (\text{a. e. } x,y).$$

此即(2.28)中的第一式，第二式可类似证明. ∎

注 当a,b有限，且$K(x,y)$满足(2.15)，(2.17)时，对一切的x,y ($a \leqslant x,y \leqslant b$)，预解核满足(2.28).

以上我们讨论了$K(x,y)$满足(2.8)，当$|\lambda| < \frac{1}{M}$时，定义了预解核(2.21). 在下一章将证明在复数λ的全平面内，除某些孤立点外方程(2.2)的预解核也是存在的. 这里，我们这样来一般地定义预解核.

定义 若对一个值λ和任意自由项$f(x) \in L_2[a,b]$（后同），方程(2.2)有唯一解，且解可用(2.22)表示，则我们说对于这已知值λ，方程(2.2)有预解核$R(x,y;\lambda)$.

在这个定义下，我们有预解核的唯一性定理：

定理 1.2.7 对于已知λ值，方程(2.2)的预解核是唯一的.

证 设$\lambda = \lambda_0$对应预解核$R_1(x,y;\lambda_0)$和$R_2(x,y;\lambda_0)$，又设$f(x)$为任意$L_2[a,b]$内的函数，由定义有

$$f(x) + \lambda_0 \int_a^b R_1(x,y;\lambda_0) f(y) \mathrm{d}y = f(x) + \lambda_0 \int_a^b R_2(x,y;\lambda_0) f(y) \mathrm{d}y,$$

即

$$\int_a^b \big(R_1(x,y;\lambda_0) - R_2(x,y;\lambda_0)\big) f(y) \mathrm{d}y = 0.$$

由f的任意性即得

$$R_1(x,y;\lambda_0) = R_2(x,y;\lambda_0) \quad (\text{a. e. } x,y).$$ ∎

下面给出定理1.2.6在一定意义下的逆命题. 据此我们得到方程(2.2)解的存在及唯一性定理.

定理 1.2.8 若对某个λ值，函数$R(x,y;\lambda) \in L_2$且满足积分方程(2.28)，则对这个λ，方程(2.2)有唯一解，且这个解可用预解核表示成(2.22).

证 首先证明若方程(2.2)有解，在定理的假设下可证明解必可写成(2.22)，因而是唯一的. 事实上，设$\varphi(x)$是(2.2)的解：

$$\varphi(z) = f(z) + \lambda \int_a^b K(z,y) \varphi(y) \mathrm{d}y.$$

将上式两端乘以$\lambda R(x,z;\lambda)$，对z积分，化简得

$$0=\lambda\int_a^b R(x,z;\lambda)f(z)\mathrm{d}z-\lambda\int_a^b K(x,y)\varphi(y)\mathrm{d}y$$
$$=\lambda\int_a^b R(x,z;\lambda)f(z)\mathrm{d}z-\big(\varphi(x)-f(x)\big),$$

则

$$\varphi(x)=f(x)+\lambda\int_a^b R(x,z;\lambda)f(z)\mathrm{d}z.$$

然后再证明(2.22)确是方程(2.2)的解. 将(2.22)代入(2.2)，且将一切项移至左端得

$$f(x)+\lambda\int_a^b R(x,y;\lambda)f(y)\mathrm{d}y-f(x)$$
$$-\lambda\int_a^b K(x,z)\Big(f(z)+\lambda\int_a^b R(z,y;\lambda)f(y)\mathrm{d}y\Big)\mathrm{d}z$$
$$=\lambda\int_a^b R(x,y;\lambda)f(y)\mathrm{d}y-\lambda\int_a^b K(x,z)f(z)\mathrm{d}z$$
$$-\lambda\int_a^b\Big(\lambda\int_a^b K(x,z)R(z,y;\lambda)\mathrm{d}z\Big)f(y)\mathrm{d}y.$$

注意到(2.23)式，代入上式右边第三项，展开后与前两项相消为零. ∎

1.2.3 V-Ⅱ 方程解的存在唯一性

首先将压缩映象原理推广到 T^n 为压缩算子的情形，以便应用于 V-Ⅱ 方程.

定理 1.2.9 若 T^n 为 H 空间的压缩算子(n 为某个固定正整数)，则 $Tf=f$ 在 H 内存在唯一解.

证 由定理 1.2.1，$T^nf=f$ 有解 f，我们证明 f 也是 $Tf=f$ 的解(那么存在性得证). 现取 $f_0=Tf$，根据定理 1.2.1 末的注 1、注 2 知，

$$f=\lim_{k\to\infty}(T^n)^k f_0=\lim_{k\to\infty}(T^n)^k Tf=\lim_{k\to\infty}T(T^n)^k f$$
$$=\lim_{k\to\infty}Tf=Tf.$$

现证明解是唯一的. 若 f,g 皆为解，由 $Tf=f$，两边连续作用 $n-1$ 次则有 $T^nf=f$，同理 $T^ng=g$. 根据定理 1.2.1 唯一性的断言，因 T^n 为压缩算子，所以 $f=g$. ∎

从这个定理的证明中可看出：$Tf=f$ 的解必为 $T^nf=f$ 的解；反之，若 T^n 为压缩算子，后者亦为前者的解. 这就是说，T^n 为压缩算子时方程 $Tf=f$ 与 $T^nf=f$ 同解.

注 若 T^n 为 Banach 空间的压缩算子，则本定理也成立.

定理 1.2.10 线性 V-Ⅱ 方程

$$\varphi(x)-\lambda\int_a^x K(x,y)\varphi(y)\mathrm{d}y=f(x) \tag{2.29}$$

中，设 $f(x)\in L_2[a,b]$ (a,b 有限或无限)，且

$$\int_a^b\int_a^b|K(x,y)|^2\mathrm{d}x\,\mathrm{d}y=M^2<+\infty,$$

则对任意的 λ，方程在 $L_2[a,b]$ 内有唯一解，其解为

$$\varphi=(I-\lambda K)^{-1}f=f+\lambda Kf+\cdots+\lambda^n K^n f+\cdots.$$

右端级数在平均意义下收敛.

证 首先找出(2.29)的同解方程，令 $T\varphi=f+\lambda K\varphi$，则(2.29)即为 $\varphi=T\varphi$. 对充分大的 n，若 T^n 为压缩算子则同解方程为

$$\varphi=T^n\varphi. \tag{2.30}$$

若(2.30)对任何 λ 有唯一解，则(2.29)亦然，故只须证对充分大的 n，T^n 为压缩算子(对任意的 λ) 即可. (2.30) 可详细写为

$$\varphi=f+\lambda Kf+\cdots+\lambda^{n-1}K^{n-1}f+\lambda^n K^n\varphi. \tag{2.31}$$

因此，对任何 $\varphi_1,\varphi_2\in L_2[a,b]$，

$$|T^n\varphi_1-T^n\varphi_2|=|\lambda|^n|K^n\varphi_1-K^n\varphi_2|. \tag{2.32}$$

我们来写出 $K^n\varphi$ 的积分表示. 因 $K\varphi=\int_a^x K(x,y)\varphi(y)\mathrm{d}y$，所以

$$\begin{aligned}K^2\varphi&=\int_a^x K(x,z)(K\varphi)(z)\mathrm{d}z\\&=\int_a^x K(x,z)\left(\int_a^z K(z,y)\varphi(y)\mathrm{d}y\right)\mathrm{d}z\\&=\int_a^x\left(\int_y^x K(x,z)K(z,y)\mathrm{d}z\right)\varphi(y)\mathrm{d}y.\end{aligned}$$

这里积分次序交换仍然利用了 Fubini 定理. 令

$$K_2(x,y)=\int_y^x K(x,z)K(z,y)\mathrm{d}z,$$

称之为**二次叠核**. 显然当 $y\geqslant x$ 时 $K_2(x,y)=0$. 因为此时，当 $x\leqslant z\leqslant y$ 时有 $K(x,z)=0$ 之故. 于是

$$K^2\varphi=\int_a^x K_2(x,y)\varphi(y)\mathrm{d}y.$$

归纳地可定义 n **次叠核**为

$$K_n(x,y)=\int_y^x K(x,z)K_{n-1}(z,y)\mathrm{d}z,\quad n=2,3,\cdots.$$

同样，当 $y \geqslant x$ 时，$K_n(x,y)=0$，于是

$$K^n\varphi=\int_a^x K_n(x,y)\varphi(y)\mathrm{d}y.$$

此时由(2.32)，

$$|T^n\varphi_1-T^n\varphi_2|\leqslant|\lambda|^n\int_a^x|K_n(x,y)||\varphi_1(y)-\varphi_2(y)|\mathrm{d}y. \quad (2.33)$$

为估计(2.33)右端，先来估计 $K_n(x,y)$. 为此令

$$A^2(x)=\int_a^x|K(x,y)|^2\mathrm{d}y,\quad B^2(y)=\int_y^b|K(x,y)|^2\mathrm{d}x.$$

显然

$$\int_a^b A^2(x)\mathrm{d}x\leqslant M^2,\quad \int_a^b B^2(y)\mathrm{d}y\leqslant M^2.$$

当 $y\leqslant x$ 时($a\leqslant x,y\leqslant b$)，

$$\begin{aligned}|K_2(x,y)|^2&\leqslant\int_y^x|K(x,z)|^2\mathrm{d}z\cdot\int_y^x|K(z,y)|^2\mathrm{d}z\\&\leqslant\int_a^x|K(x,z)|^2\mathrm{d}z\cdot\int_y^b|K(z,y)|^2\mathrm{d}z\\&=A^2(x)\cdot B^2(y);\end{aligned}$$

当 $y>x$ 时，因 $K_2(x,y)\equiv 0$，上面估计当然正确(下面归纳时均如此理解).

$$\begin{aligned}|K_3(x,y)|^2&\leqslant\int_y^x|K(x,z)|^2\mathrm{d}z\int_y^x|K_2(z,y)|^2\mathrm{d}z\\&\leqslant A^2(x)B^2(y)\int_y^x A^2(z)\mathrm{d}z.\end{aligned}$$

令 $\rho(x)=\int_a^x A^2(z)\mathrm{d}z$，则

$$|K_3(x,y)|^2\leqslant A^2(x)B^2(y)\int_y^x\mathrm{d}\rho(z)=A^2(x)B^2(y)\big(\rho(x)-\rho(y)\big).$$

一般地，如果

$$|K_n(x,y)|^2\leqslant A^2(x)B^2(y)\frac{\big(\rho(x)-\rho(y)\big)^{n-2}}{(n-2)!}\quad(n\geqslant 2), \quad (2.34)$$

则

$$\begin{aligned}|K_{n+1}(x,y)|^2&\leqslant\int_y^x|K(x,z)|^2\mathrm{d}z\int_y^x A^2(z)B^2(y)\frac{\big(\rho(z)-\rho(y)\big)^{n-2}}{(n-2)!}\mathrm{d}z\\&=\frac{A^2(x)B^2(y)}{(n-2)!}\int_y^x\big(\rho(z)-\rho(y)\big)^{n-2}\mathrm{d}\big(\rho(z)-\rho(y)\big)\\&=A^2(x)B^2(y)\frac{\big(\rho(x)-\rho(y)\big)^{n-1}}{(n-1)!}.\end{aligned}$$

这表明(2.34)对任何 $n \geqslant 2$ 成立. 将(2.34)代回(2.33)得

$$|T^n\varphi_1 - T^n\varphi_2|^2 \leqslant |\lambda|^{2n} \|\varphi_1 - \varphi_2\|^2 \frac{1}{(n-2)!}\int_a^b A^2(x)B^2(y)\big(\rho(x)-\rho(y)\big)^{n-2}\mathrm{d}y$$

$$\leqslant |\lambda|^{2n} \|\varphi_1 - \varphi_2\|^2 \frac{1}{(n-2)!}A^2(x)\rho^{n-2}(x)M^2$$

$$\leqslant |\lambda|^{2n} \|\varphi_1 - \varphi_2\|^2 \frac{1}{(n-2)!}\cdot A^2(x)\rho^{n-2}(b)M^2$$

$$\leqslant |\lambda|^{2n} \|\varphi_1 - \varphi_2\|^2 \frac{1}{(n-2)!}A^2(x)M^{2n-4}\cdot M^2,$$

从而

$$\|T^n\varphi_1 - T^n\varphi_2\|^2 \leqslant |\lambda|^{2n}\frac{M^{2n}}{(n-2)!}\|\varphi_1 - \varphi_2\|^2.$$

因

$$\lim_{n\to\infty}\frac{|\lambda|^{2n+2}M^{2n+2}}{(n-1)!}\cdot\frac{(n-2)!}{|\lambda|^{2n}\cdot M^{2n}} = \lim_{n\to\infty}\frac{|\lambda|^2M^2}{n-1} = 0$$

(对任意的 λ), 故级数 $\sum\limits_{n=2}^{\infty}|\lambda|^{2n}\dfrac{M^{2n}}{(n-2)!}$ 收敛, 其通项必趋于零. 这就是说, 当 n 充分大时 T^n 为压缩算子.

根据定理 1.2.1 末的注 1、注 2, 取 $f_i = T^i f$, $i = 0,1,\cdots,n-1$, 则 (2.29) 的解为

$$\varphi = \lim_{k\to\infty}(T^n)^k f_i = \lim_{k\to\infty}(T^n)^k T^i f = \lim_{k\to\infty}T^{nk+i}f, \quad i = 0,1,\cdots,n-1.$$

故

$$\varphi = \lim_{j\to\infty}T^j f = f + \lambda Kf + \cdots + \lambda^n K^n f + \cdots. \tag{2.35}$$

■

对于方程(2.29), 我们对任意的 λ 形式地定义**预解核**为

$$R(x,y;\lambda) = \sum_{n=1}^{\infty}\lambda^{n-1}K_n(x,y). \tag{2.36}$$

解及预解核的收敛性讨论可仿照 1.2.2 段那样进行, 并得到与定理 1.2.5 相平行的结果:

(1) 设(2.8)成立, a,b 有限或无限, 则

$$\int_a^b\int_a^b|K_n(x,y)|^2\mathrm{d}x\,\mathrm{d}y \leqslant \frac{M^{2n}}{(n-1)!}. \tag{2.37}$$

其解及预解核级数对任何 λ 按 L_2 的范数收敛, 且方程(2.29)的解为

$$\varphi(x) = f(x) + \lambda\int_a^x R(x,y;\lambda)f(y)\mathrm{d}y \quad (\text{a. e. } x). \tag{2.38}$$

(2) 设(2.15)成立, a,b 为有限(这时(2.8)必成立), 则

$$\int_a^b |K_n(x,y)|^2 \mathrm{d}y \leqslant \frac{M_1^2 M^{2n-2}}{(n-2)!}, \tag{2.39}$$

且对任何 λ，解级数绝对一致收敛，预解核级数对 x 一致地关于 y 按 L_2 的范数收敛，且对一切的 $x \in [a,b]$，(2.38) 成立.

(3) 设(2.17) 成立，a,b 为有限(这时(2.8) 必成立)，则

$$\int_a^b |K_n(x,y)|^2 \mathrm{d}y \leqslant \frac{M_2^2 M^{2n-2}}{(n-1)!}, \tag{2.40}$$

且对任何 λ，预解核级数对 y 一致地关于 x 按 L_2 的范数收敛.

(4) 设(2.15)，(2.17) 同时成立，a,b 为有限，则

$$|K_n(x,y)|^2 \leqslant \frac{M_1^2 M_2^2 M^{2n-4}}{(n-2)!}, \tag{2.41}$$

且对任何 λ，预解核级数对 x,y，$a \leqslant x,y \leqslant b$ 绝对一致收敛.

证明的关键是从不等式(2.34) 出发，在(1) ～ (4) 的不同假设下分别得出以上一些估计式，然后仿照定理 1.2.5 那样证明.

推论 若 $f(x) \in L_2[a,b]$，$K(x,y)$ 在 $a \leqslant x,y \leqslant b$ 连续（或 $K(x,y)$ 在 $a \leqslant x,y \leqslant b$ 有界可测），a,b 为有限数，则对任何 λ，方程(2.29) 在 $L_2[a,b]$ 内有唯一解，且解可表示为(2.38)，解级数及预解核级数都在相应变量的变域内绝对一致收敛.

容易看出，$K(x,y)$ 在 $a \leqslant x,y \leqslant b$ 连续，$f(x)$ 在 $a \leqslant x \leqslant b$ 连续时，对任何 λ，(2.24) 在 $C[a,b]$ 内有唯一解.

例 设 $f(x) \in L_2[0,1]$，解方程

$$\varphi(x) - \lambda \int_0^x \mathrm{e}^{x-y} \varphi(y) \mathrm{d}y = f(x),$$

并写出其叠核和预解核，

当 $y > x$ 时显然 $K_n(x,y) = 0$；当 $y \leqslant x$ 时，

$$K_1(x,y) = \mathrm{e}^{x-y},$$

$$K_2(x,y) = \int_y^x \mathrm{e}^{x-z} \mathrm{e}^{z-y} \mathrm{d}z = (x-y)\mathrm{e}^{x-y},$$

$$K_3(x,y) = \int_y^x \mathrm{e}^{x-z} (z-y) \mathrm{e}^{z-y} \mathrm{d}z = \frac{(x-y)^2}{2} \mathrm{e}^{x-y},$$

一般地，

$$K_n(x,y) = \frac{(x-y)^{n-1}}{(n-1)!} \mathrm{e}^{x-y}.$$

故预解核为

$$R(x,y;\lambda)=\begin{cases}0, & y>x,\\ \mathrm{e}^{x-y}\sum\limits_{n=1}^{\infty}\dfrac{\lambda^{n-1}(x-y)^{n-1}}{(n-1)!}=\mathrm{e}^{(\lambda+1)(x-y)}, & y\leqslant x,\end{cases}$$

而方程解为

$$\varphi(x)=f(x)+\lambda\int_0^x \mathrm{e}^{(\lambda+1)(x-y)}f(y)\mathrm{d}y.$$

对于非线性 V-Ⅱ 方程可得到与定理 1.2.4 相平行的定理：

定理 1.2.11 非线性 V-Ⅱ 方程

$$\varphi(x)-\lambda\int_a^x K(x,y,\varphi(y))\mathrm{d}y=f(x),\quad a<x<b \tag{2.42}$$

中，设 $f(x)\in L_2[a,b]$，a,b 为有限或无限，

$$\left\|\int_a^x K(x,y,\varphi(y))\mathrm{d}y\right\|\leqslant M\|\varphi\|, \tag{2.43}$$

且对任意的 z_1,z_2，

$$|K(x,y,z_1)-K(x,y,z_2)|\leqslant N(x,y)|z_1-z_2|, \tag{2.44}$$

而

$$\int_a^b\int_a^b N^2(x,y)\mathrm{d}x\,\mathrm{d}y=N^2<+\infty, \tag{2.45}$$

则对任何 λ，方程(2.36) 在 $L_2[a,b]$ 内存在唯一解.

证 令 $K\varphi=\int_a^x K(x,y,\varphi(y))\mathrm{d}y$，由(2.43) 知 K 是 $L_2[a,b]\to L_2[a,b]$ 的算子. 与定理 1.2.10 的证明相仿，令 $T\varphi=f+\lambda K\varphi$，只要证对充分大的 n，T^n 是压缩算子即可. 由(2.44)，

$$\begin{aligned}|T\varphi_1-T\varphi_2|^2&\leqslant|\lambda|^2\left(\int_a^x N(x,y)|\varphi_1(y)-\varphi_2(y)|\mathrm{d}y\right)^2\\&\leqslant|\lambda|^2A^2(x)\|\varphi_1-\varphi_2\|^2,\end{aligned}$$

其中已令

$$A^2(x)=\int_a^x N^2(x,y)\mathrm{d}y. \tag{2.46}$$

又令 $\rho(x)=\int_a^x A^2(y)\mathrm{d}y$，则

$$\begin{aligned}|T^2\varphi_1-T^2\varphi_2|^2&\leqslant|\lambda|^4\left(\int_a^x N(x,y)|T\varphi_1-T\varphi_2|\mathrm{d}y\right)^2\\&\leqslant|\lambda|^4A^2(x)\int_a^x|T\varphi_1-T\varphi_2|^2\mathrm{d}y\\&\leqslant|\lambda|^4A^2(x)\|\varphi_1-\varphi_2\|^2\int_a^x A^2(y)\mathrm{d}y\end{aligned}$$

$$=|\lambda|^4 A^2(x)\|\varphi_1-\varphi_2\|^2\rho(x).$$

归纳得到

$$|T^n\varphi_1-T^n\varphi_2|^2\leqslant\frac{|\lambda|^{2n}}{(n-1)!}\|\varphi_1-\varphi_2\|^2A^2(x)\rho^{n-1}(x).$$

于是

$$\|T^n\varphi_1-T^n\varphi_2\|^2\leqslant|\lambda|^{2n}\|\varphi_1-\varphi_2\|^2\frac{1}{n!}\rho^n(b)$$

$$\leqslant|\lambda|^{2n}\frac{N^{2n}}{n!}\|\varphi_1-\varphi_2\|^2.$$

从而得知，当 n 充分大时，T^n 为压缩算子. ■

1.3 退 化 核

退化核的积分方程是一类可化为线性代数方程求解的积分方程，它在理论上和实际应用上具有很重大的意义. 在讲它之前，首先回顾一下线性代数方程组的求解定理.

设 X 为复域上的 n 维内积空间，$\boldsymbol{L}=(l_{ij})$ 为 $n\times n$ 矩阵，若 $l_{ij}^*=\overline{l_{ji}}$，称矩阵 $\boldsymbol{L}^*=(l_{ij}^*)$ 为 $\boldsymbol{L}$ 的**转置共轭矩阵**或称**伴随矩阵**. 对任何的 $\boldsymbol{\varphi},\boldsymbol{\psi}\in X$，下式恒成立：

$$(\boldsymbol{L\varphi},\boldsymbol{\psi})=(\boldsymbol{\varphi},\boldsymbol{L}^*\boldsymbol{\psi}).$$

一个 n 阶线性方程组可简写为

$$\boldsymbol{L\varphi}=\boldsymbol{f}.$$

方程 $\boldsymbol{L}^*\boldsymbol{\psi}=\boldsymbol{0}$ 称为方程 $\boldsymbol{L\varphi}=\boldsymbol{f}$ 的(齐次)**伴随方程**. 由线性代数知识我们有

定理 1.3.1 对于方程 $\boldsymbol{L\varphi}=\boldsymbol{f}$，

(1) 当且仅当齐次方程 $\boldsymbol{L\varphi}=\boldsymbol{0}$ 仅有零解时，原方程对任何 $\boldsymbol{f}\in X$ 有唯一解；

(2) 若齐次方程 $\boldsymbol{L\varphi}=\boldsymbol{0}$ 有非零解，则原方程可解(不唯一)当且仅当 $\boldsymbol{f}$ 与 $\boldsymbol{L}^*\boldsymbol{\psi}=\boldsymbol{0}$ 的解空间正交，即 $(\boldsymbol{f},\boldsymbol{\psi})=0$；

(3) 齐次方程 $\boldsymbol{L\varphi}=\boldsymbol{0}$ 与 $\boldsymbol{L}^*\boldsymbol{\psi}=\boldsymbol{0}$ 解空间的维数相等.

这个定理称为**线性代数方程组的 Fredholm 定理**，而结论(1),(2) 又称为 **Fredholm 择一性**.

若定义集合 $N(\boldsymbol{L})=\{\boldsymbol{\varphi}|\boldsymbol{L\varphi}=\boldsymbol{0},\ \boldsymbol{\varphi}\in X\}$，则容易证明 $N(\boldsymbol{L})$ 为 X 的子

空间，称为**零空间**，并以 $\dim N(\boldsymbol{L})$ 记其维数，那么以上定理还可以这样叙述：

定理 1.3.1′ 对于方程 $\boldsymbol{L\varphi}=\boldsymbol{f}$，

(1) 当且仅当 $\dim N(\boldsymbol{L})=0$ 时，原方程对任意 $\boldsymbol{f}\in X$ 有唯一解；

(2) 当 $\dim N(\boldsymbol{L})>0$ 时，原方程有解(不唯一) 当且仅当 $\boldsymbol{f}\perp N(\boldsymbol{L}^*)$ (即 $\boldsymbol{f}$ 与 $N(\boldsymbol{L}^*)$ 中任一元正交)；

(3) $\dim N(\boldsymbol{L})=\dim N(\boldsymbol{L}^*)$.

我们将要把这一定理推广到退化核的积分方程，以后还可推广到一般的 Fredholm 积分方程上去.

现定义退化核. F-Ⅱ 方程(1.2) 中的核若可写成

$$K(x,y)=\sum_{j=1}^{n}a_j(x)b_j(y),$$

则称 $K(x,y)$ 为**退化核**，式中的 $a_j(x),b_j(y)$ $(j=1,2,\cdots,n)$ 不妨分别设为线性无关. 又设 $a_j(x),b_j(y),f(x)\in L_2[a,b]$，那么

$$\int_a^b\int_a^b|K(x,y)|^2\mathrm{d}x\,\mathrm{d}y\leqslant\sum_{j=1}^{n}\|a_j\|^2\sum_{j=1}^{n}\|b_j\|^2<+\infty,$$

即 $K(x,y)\in L_2$. 根据定理 1.2.3，对充分小的 $|\lambda|$，方程(1.2) 有唯一解 $\varphi(x)\in L_2[a,b]$. 现在我们希望要在 λ 的更大范围内求解. 设方程

$$\varphi(x)-\lambda\sum_{j=1}^{n}a_j(x)\int_a^b b_j(y)\varphi(y)\mathrm{d}y=f(x) \tag{3.1}$$

存在解. 令

$$z_j=\int_a^b b_j(y)\varphi(y)\mathrm{d}y,\quad j=1,2,\cdots,n, \tag{3.2}$$

它们是待定常数，则

$$\varphi(x)=f(x)+\lambda\sum_{j=1}^{n}z_ja_j(x). \tag{3.3}$$

将(3.3) 代入(3.2)，得线性方程组

$$z_i-\lambda\sum_{j=1}^{n}a_{ij}z_j=f_i,\quad i=1,2,\cdots,n, \tag{3.4}$$

其中

$$a_{ij}=\int_a^b b_i(x)a_j(x)\mathrm{d}x,\quad f_i=\int_a^b b_i(x)f(x)\mathrm{d}x$$

皆为已知数. 这说明如果(3.1) 有解，则必为形式(3.3)，其中 z_j 为代数方程(3.4) 的解(这时一定可解). 反之，若(3.4) 可解，求出 z_j 后代入(3.3)，立

即可验证这时(3.3)确是(3.1)的解(请读者自行验证). 这样，方程(3.1)与方程(3.4)的可解性等价. 现进一步具体讨论如下：

(1) 若λ不是$\boldsymbol{A}=(a_{ij})$的特征值，即$\det(\boldsymbol{I}-\lambda\boldsymbol{A})\neq 0$，则方程(3.4)有唯一解，故(3.1)也有唯一解.

(2) 若λ是$\boldsymbol{A}$的特征值，则(3.4)未必有解. 根据Fredholm择一性应考虑(3.4)相应的伴随齐次方程. 为此我们先考虑(3.1)的**伴随齐次方程**(即以$\overline{\lambda K(x,y)}$为核的齐次方程)

$$\psi(x)-\overline{\lambda}\sum_{j=1}^{n}\overline{b_j(x)}\int_a^b\overline{a_j(y)}\psi(y)\mathrm{d}y=0. \tag{3.5}$$

若令$w_j=\int_a^b\overline{a_j(y)}\psi(y)\mathrm{d}y$，则由(3.5)知，

$$\psi(x)=\overline{\lambda}\sum_{j=1}^{n}\overline{b_j(x)}w_j.$$

将方程(3.5)两边乘以$\overline{a_i(x)}$，然后积分得

$$w_i-\overline{\lambda}\sum_{j=1}^{n}\overline{a_{ji}}w_j=0. \tag{3.6}$$

由前述讨论知(3.6)与(3.5)的可解性等价. (3.6)恰好是(3.4)相应的齐次伴随方程，根据定理1.3.1，当且仅当$\sum_{i=1}^{n}f_i\overline{w_i}=0$时，(3.4)有解从而(3.1)有解，其中$(w_1,w_2,\cdots,w_n)^{\mathrm{T}}$是(3.6)的任何解. 现在把这一条件换成原方程的语言来叙述. 注意到若ψ是(3.5)的解，则

$$\begin{aligned}(f,\psi)&=\int_a^b f(x)\overline{\psi(x)}\mathrm{d}x=\int_a^b f(x)\lambda\sum_{j=1}^{n}b_j(x)\overline{w_j}\mathrm{d}x\\&=\lambda\sum_{j=1}^{n}f_j\overline{w_j}.\end{aligned}$$

由$\sum_{j=1}^{n}f_j\overline{w_j}=0$可得$(f,\psi)=0$；反之由$(f,\psi)=0$，因$\lambda\neq 0$所以有$\sum_{j=1}^{n}f_j\overline{w_j}=0$，从而$(f,\psi)=0$等价于条件$\sum_{j=1}^{n}f_j\overline{w_j}=0$.

由以上讨论我们得到**退化核方程的Fredholm定理**：

定理1.3.2 若$K(x,y)$为退化核且方程(2.1)中的$f(x)\in L_2[a,b]$，则

(1) 当且仅当齐次方程$\varphi-\lambda K\varphi=0$仅有零解时，原方程对任何$f\in L_2[a,b]$有唯一解；

(2) 齐次方程$\varphi-\lambda K\varphi=0$有非零解时，当且仅当$f$与伴随齐次方程

$$\psi - \bar{\lambda} K^* \psi = 0$$

的任何解 ψ 正交，即 $(f,\psi) = 0$ 时，原方程有解(不唯一)；

(3) $\varphi - \lambda K\varphi = 0$ 与 $\psi - \bar{\lambda} K^* \psi = 0$ 的解空间维数(即线性独立解的最大个数)相同.

由退化核的 Fredholm 定理可进一步推广到 L_2 核的方程上去. 退化核方程不仅在理论上而且在实际中有重要意义，因为一般 L_2 核可以用退化核逼近，因而可用退化核方程的解近似代替 L_2 核积分方程的解(见 1.4 节).

例 求解退化核方程:

$$\varphi(x) - \lambda\left(\pi x\int_0^1 \sin\pi y\, \varphi(y)\mathrm{d}y + 2\pi x^2\int_0^1 \sin 2\pi y\, \varphi(y)\mathrm{d}y\right) = f(x).$$

令

$$z_1 = \int_0^1 \sin\pi y\, \varphi(y)\mathrm{d}y, \quad z_2 = \int_0^1 \sin 2\pi y\, \varphi(y)\mathrm{d}y,$$

$$f_1 = \int_0^1 \sin\pi y\, f(y)\mathrm{d}y, \quad f_2 = \int_0^1 \sin 2\pi y\, f(y)\mathrm{d}y.$$

原方程两边分别乘以 $\sin\pi x, \sin 2\pi x$，积分后得方程组

$$\begin{cases}(1-\lambda)z_1 - 2\left(1-\dfrac{4}{\pi^2}\right)\lambda z_2 = f_1, \\ \dfrac{\lambda}{2}z_1 + (1+\lambda)z_2 = f_2.\end{cases}$$

系数行列式 $\Delta = 1 - \dfrac{4}{\pi^2}\lambda^2$.

(1) 当 $\lambda \neq \pm\dfrac{\pi}{2}$ 时,

$$z_1 = \frac{(1+\lambda)f_1 + 2\left(1-\dfrac{4}{\pi^2}\right)\lambda f_2}{1-\dfrac{4\lambda^2}{\pi^2}}, \quad z_2 = \frac{-\dfrac{\lambda}{2}f_1 + (1-\lambda)f_2}{1-\dfrac{4\lambda^2}{\pi^2}}.$$

故

$$\varphi(x) = f(x) + \lambda\pi z_1 x + 2\pi\lambda z_2 x^2.$$

(2) 当 $\lambda = \dfrac{\pi}{2}$ 时，考虑伴随代数方程组

$$\begin{cases}\left(1-\dfrac{\pi}{2}\right)\zeta_1 + \dfrac{\pi}{4}\zeta_2 = 0, \\ -\pi\left(1-\dfrac{4}{\pi^2}\right)\zeta_1 + \left(1+\dfrac{\pi}{2}\right)\zeta_2 = 0.\end{cases}$$

其系数行列式为零，易见只有一个独立方程，由上面方程组的第一个方程得

$$\zeta_1 = \frac{\pi}{4}C, \quad \zeta_2 = -\left(1-\frac{\pi}{2}\right)C,$$

其中 C 为任意常数. 可解条件是 $f_1\,\overline{\zeta_1} + f_2\,\overline{\zeta_2} = 0$ 或 $f_1\,\frac{\pi}{4} - \left(1-\frac{\pi}{2}\right)f_2 = 0$. 由

$$\left(1-\frac{\pi}{2}\right)z_1 - 2\left(1-\frac{4}{\pi^2}\right)\frac{\pi}{2}z_2 = f_1,$$

令 $z_2 = C$ 有

$$z_1 = \frac{f_1 + 2\left(1-\frac{4}{\pi^2}\right)\frac{\pi}{2}C}{1-\frac{\pi}{2}}.$$

最后

$$\varphi(x) = f(x) + \frac{\pi^2}{2}\left[\frac{xf_1}{1-\frac{\pi}{2}} - 2\left(1+\frac{2}{\pi}\right)Cx + 2Cx^2\right].$$

(3) 当 $\lambda = -\frac{\pi}{2}$ 时，读者可仿照(2)进行求解.

1.4 L_2 核方程的 Fredholm 定理

在定理 1.2.3 中讨论了线性 F-Ⅱ 方程(2.2)，在那里的假设下得出$|\lambda|$充分小时存在着唯一解，对这一结果我们还不能满意. 事实上，在$|\lambda|$更大范围内也还可能有解. 1.2 节中我们已举出这样的实例. 退化核方程的解在一定条件下是可以扩大的，这就是 Fredholm 择一定理. 那么对一般 L_2 核方程，解的范围是否可以扩大，择一定理是否还成立，这正是本节所要讨论的问题.

上节中我们由线性代数方程组的 Fredholm 定理，推出退化核积分方程的 Fredholm 定理，本节中我们将进一步从后一定理推出一般 L_2 核方程的相应定理. 为此我们先建立如下引理，它不仅是导向后者的桥梁，而且它本身也具有独立的重要意义.

引理 1.4.1 设 $K(x,y) \in L_2$，则 $K(x,y)$ 可分解成 $K(x,y) = D(x,y) + S(x,y)$，使其中 $D(x,y) \in L_2$ 为退化核，其对应积分算子 D 为退化算子；$S(x,y) \in L_2$，其对应积分算子 S 是压缩算子，亦即 $\|S\| < 1$.

在证明之前，我们回想实变函数论中的一个基本事实：$L_2[a,b]$ 空间中一定存在着标准正交的完备系(为可列集) $\{\varphi_n(x)\}$：

若 a,b 为有限，则

$$\varphi_n(x)=\sqrt{\frac{2}{b-a}}\sin n\pi\frac{x-a}{b-a},\quad n=1,2,\cdots.$$

若 $a=-\infty$，$b=+\infty$，则

$$\varphi_n(x)=\frac{1}{\sqrt{2^n n!\sqrt{\pi}}}\mathrm{e}^{\frac{x^2}{2}}\frac{\mathrm{d}^n}{\mathrm{d}x^n}\mathrm{e}^{-x^2},\quad n=0,1,2,\cdots.$$

如果令

$$k_n=\frac{1}{\sqrt{2^n n!\sqrt{\pi}}},\quad H_n(x)=\mathrm{e}^{x^2}\frac{\mathrm{d}^n}{\mathrm{d}x^n}\mathrm{e}^{-x^2},$$

则后者可写为

$$\varphi_n(x)=k_n\mathrm{e}^{-\frac{x^2}{2}}H_n(x),$$

$H_n(x)$ 称作 Hermite **多项式**，当 n 为偶数时，$H_n(x)$ 为偶函数；当 n 为奇数时，$H_n(x)$ 为奇函数.

若 $a=0$，$b=+\infty$，也可证明

$$\varphi_n(x)=\sqrt{2}k_{2n}\mathrm{e}^{-\frac{x^2}{2}}H_{2n}(x),\quad n=0,1,\cdots.$$

这只须将 $f(x)$ 作偶延拓然后按 $\left\{k_n\mathrm{e}^{-\frac{x^2}{2}}H_n(x)\right\}$ 展开即得.

不难用线性换元方法作出空间 $L_2[-\infty,0]$，$L_2[a,+\infty]$，$L_2[-\infty,b]$ 的完备标准正交系.

显然，当以上各 L_2 为复空间时结论照样成立.

引理 1.4.1 之证明 设 $\{\varphi_n(x)\}$ 为 $L_2[a,b]$ 空间完备标准正交系，则 $\{\varphi_n(x)\varphi_m(y)\}$，$n,m=1,2,\cdots$ 为其乘积空间 $L_2[a,b;a,b]$ 上的完备标准正交系，这只要证明任何 $f(x,y)\in L_2$，一定可按 $\{\varphi_n(x)\varphi_m(y)\}$ 展成 Fourier 级数即可. 设

$$\int_a^b\int_a^b|f(x,y)|^2\mathrm{d}x\,\mathrm{d}y<+\infty.$$

由于 $\int_a^b|f(x,y)|^2\mathrm{d}y$ 是关于 x 的 Lebesgue 可积函数，故几乎处处有限. 因此当 x 取定(除去一个零测集外)，$f(x,y)$ 是 y 的平方可积函数，故可按完备标准正交系 $\{\varphi_n(y)\}$ 展开(皆在平均收敛意义下)：

$$f(x,y)=\sum_{n=1}^{\infty}\left(\int_a^b f(x,u)\,\overline{\varphi_n(u)}\,\mathrm{d}u\right)\varphi_n(y).$$

又当 $\varphi_n(u) \in L_2[a,b]$ 时，积分 $\int_a^b f(x,u)\overline{\varphi_n(u)}\mathrm{d}u$ 作为 x 的函数属于 $L_2[a,b]$（参看定理 1.2.3 开头部分证明 $K\varphi$ 是 $L_2 \to L_2$ 的线性有界算子），从而可按 $\{\varphi_m(x)\}$ 展开：

$$\int_a^b f(x,u)\overline{\varphi_n(u)}\mathrm{d}u = \sum_{m=1}^{\infty}\left[\int_a^b\left(\int_a^b f(v,u)\overline{\varphi_n(u)}\mathrm{d}u\right)\overline{\varphi_m(v)}\mathrm{d}v\right]\varphi_m(x)$$

$$= \sum_{m=1}^{\infty}\left(\int_a^b\int_a^b f(v,u)\overline{\varphi_n(u)}\,\overline{\varphi_m(v)}\mathrm{d}u\,\mathrm{d}v\right)\varphi_m(x).$$

代回上一表达式，得

$$f(x,y) = \sum_{n=1}^{\infty}\sum_{m=1}^{\infty}\left(\int_a^b\int_a^b f(u,v)\overline{\varphi_n(v)\varphi_m(u)}\mathrm{d}u\,\mathrm{d}v\right)\varphi_n(y)\varphi_m(x).$$

如果把

$$\int_a^b\int_a^b f(u,v)\overline{\varphi_n(v)\varphi_m(u)}\mathrm{d}u\,\mathrm{d}v$$

视为 $L_2[a,b;a,b]$ 空间的内积 $(f(x,y),\varphi_n(x)\varphi_m(y))$，则它就是 $f(x,y)$ 的 Fourier 系数，这就证明了 $\{\varphi_m(x)\varphi_n(y)\}$ 的完备性. 至于它们在 $L_2[a,b;a,b]$ 中是标准正交系这是很明显的.

最后，因假设 $K(x,y) \in L_2$，故可按 $\{\varphi_m(x)\varphi_n(y)\}$ 展开：

$$K(x,y) = \sum_{n,m=1}^{\infty}\left(\int_a^b\int_a^b K(u,v)\overline{\varphi_m(u)\varphi_n(v)}\mathrm{d}u\,\mathrm{d}v\right)\varphi_m(x)\varphi_n(y)$$

$$= \sum_{n,m=1}^{\infty} k_{mn}\varphi_m(x)\varphi_n(y).$$

这里已令

$$k_{mn} = \int_a^b\int_a^b K(u,v)\overline{\varphi_m(u)\varphi_n(v)}\mathrm{d}u\,\mathrm{d}v.$$

级数在 $L_2[a,b;a,b]$ 空间范数意义下收敛，即

$$\lim_{N\to\infty}\int_a^b\int_a^b\left|K(x,y) - \sum_{n\leqslant N}\sum_{m\leqslant N} k_{mn}\varphi_m(x)\varphi_n(y)\right|^2\mathrm{d}x\,\mathrm{d}y = 0^{①}.$$

令

$$D(x,y) = \sum_{n,m\leqslant N} k_{mn}\varphi_m(x)\varphi_n(y), \tag{4.1}$$

则 $D(x,y)$ 是退化核；且因 $\varphi_m(x)\varphi_n(y) \in L_2$，所以 $D(x,y) \in L_2$. 又令

$$S(x,y) = K(x,y) - D(x,y),$$

则 $S(x,y) \in L_2$，同时由本章(2.4)知，对于 $S(x,y)$ 对应的积分算子 S，有

---

① 确切地说，$n \leqslant N$，$m \leqslant N$ 中的两个 N 应取得不一样. 为简单计，取成统一的 N.

$$\|S\| \leqslant \left(\int_a^b\int_a^b |S(x,y)|^2 \mathrm{d}x\,\mathrm{d}y\right)^{\frac{1}{2}}$$

$$= \left(\int_a^b\int_a^b \left|K(x,y) - \sum_{m,n\leqslant N} k_{mn}\varphi_m(x)\varphi_n(y)\right|^2 \mathrm{d}x\,\mathrm{d}y\right)^{\frac{1}{2}}$$

$$\to 0 \quad (\text{当 } N\to\infty).$$

这说明对充分大的 N 可使 $\|S\|<1$. ∎

这个引理说明 L_2 核可用退化核任意地逼近，这在求方程近似解时非常有用.

定理 1.4.1 (Fredholm 定理) 设

$$\varphi(x) - \lambda\int_a^b K(x,y)\varphi(y)\mathrm{d}y = f(x), \tag{4.2}$$

其中 $f(x)\in L_2$, $K(x,y)\in L_2$.

(1) 当且仅当(4.2) 对应的齐次方程仅有零解时，原方程对任何 $f(x)\in L_2$ 在 L_2 内有唯一解.

(2) 若对应齐次方程有非零解，则当且仅当 $f(x)$ 与伴随齐次方程

$$\psi(x) - \overline{\lambda}\int_a^b \overline{K(y,x)}\psi(y)\mathrm{d}y = 0 \tag{4.3}$$

的一切解 $\psi(x)$ 正交时，原方程在 L_2 内有解(不唯一).

(3) (4.2) 对应的齐次方程与伴随齐次方程(4.3) 的解空间都是有限维的，而且维数相同.

证 证明的方法是把原方程的核按引理 1.4.1 分解，然后化为同解或可解性相同的退化核方程，并由后者的Fredholm定理而推出本定理. 具体进行如下.

由引理 1.4.1，把 λK 写成 $\lambda K = \lambda D + \lambda S$，使得 λD 为退化算子，而 $\|\lambda S\|<1$. 这样(4.2) 可改写为

$$(I-\lambda S)\varphi - \lambda D\varphi = f. \tag{4.4}$$

因 λS 为压缩算子，所以 $I-\lambda S$ 存在逆算子(参看定理 1.2.3 注 2). 令 $T=(I-\lambda S)^{-1}$，则 T 是线性有界算子①，将 T 作用于(4.4) 两端得

---

① 当 X 为线性赋范空间，Y 为 Banach 空间时，一切 $X\to Y$ 的线性有界算子的集合构成Banach空间，因此线性有界算子的极限算子也线性有界. 这里的 X, Y 皆为 Hilbert 空间 L_2，$T = I+\lambda S+(\lambda S)^2+\cdots = \lim\limits_{n\to\infty}\sum\limits_{k=0}^{n}\lambda^k S^k$，故为线性有界的.

$$\varphi - \lambda TD\varphi = Tf. \tag{4.5}$$

显然(4.2)与(4.5)同解. 这时的(4.5)已是退化核方程，这是因为

$$TD\varphi = T\Big(\sum_{m,n\leqslant N} k_{mn}\varphi_m(x)\int_a^b \varphi_n(y)\varphi(y)\mathrm{d}y\Big)$$
$$= \sum_{m,n\leqslant N} k_{mn}T\varphi_m(x)\int_a^b \varphi_n(y)\varphi(y)\mathrm{d}y.$$

同样，原方程的对应齐次方程

$$\varphi - \lambda K\varphi = 0 \tag{4.6}$$

就与退化核方程

$$\varphi - \lambda TD\varphi = 0 \tag{4.7}$$

同解.

现考虑(4.3)的等价退化核方程，注意到$(\lambda K)^* = \bar{\lambda}K^*$，此时(4.3)为

$$(I - \bar{\lambda}S^*)\psi - \bar{\lambda}D^*\psi = 0. \tag{4.8}$$

显然 $I - \bar{\lambda}S^*$ 存在逆，且

$$[(I-\lambda S)^{-1}]^* = [(I-\lambda S)^*]^{-1} = (I-\bar{\lambda}S^*)^{-1}.$$

令

$$\tilde{\psi} = (I - \bar{\lambda}S^*)\psi, \tag{4.9}$$

则

$$\psi = (I-\bar{\lambda}S^*)^{-1}\tilde{\psi} = [(I-\lambda S)^{-1}]^*\tilde{\psi} = T^*\tilde{\psi}. \tag{4.10}$$

将(4.9),(4.10)代回(4.8)，得

$$\tilde{\psi} - \bar{\lambda}D^*T^*\tilde{\psi} = 0, \tag{4.11}$$

或即

$$\tilde{\psi} - \bar{\lambda}(TD)^*\tilde{\psi} = \tilde{\psi} - (\lambda TD)^*\tilde{\psi} = 0. \tag{4.12}$$

因 TD 是退化算子，那么它的转置共轭算子$(TD)^*$ 也是退化算子. 并且显然(4.3)与(4.12)的可解性相同.

这样一来，原方程(4.2)、对应齐次方程(4.6)、对应的伴随齐次方程(4.3)分别化为同解或可解性相同的退化核方程(4.5),(4.7),(4.12). 于是

(1) 当且仅当(4.6)仅有零解，也即(4.7)仅有零解时，对任何 $f \in L_2$(这时 Tf 也属于 L_2)，(4.5)有唯一解，从而(4.2)有唯一解. 这就得到定理的结论(1)；

(2) 当(4.6)有非零解时，(4.7)也有非零解，这时当且仅当$(Tf,\tilde{\psi}) = 0$时($\tilde{\psi}$是(4.12)的任何解)，(4.5)有解，从而(4.2)有解；但注意到

$$0 = (Tf,\tilde{\psi}) = (Tf, T^{*-1}\psi) = (f, T^*T^{*-1}\psi) = (f,\psi),$$

这说明$(Tf,\tilde{\psi}) = 0$与$(f,\psi) = 0$等价，这里ψ是(4.8)的任何解，故定理中的

结论(2) 成立；

(3) 由(4.7)与(4.12)解空间的维数相等就可推出定理的结论(3). ∎

下面将要介绍的一个定理仍属于 Fredholm. 在讲它之前，先引入积分方程(4.2)的特征值概念.

若对某个 λ 值，齐次积分方程

$$\varphi(x)-\lambda\int_a^b K(x,y)\varphi(y)\mathrm{d}y=0 \tag{4.13}$$

存在非零解 $\varphi(x)$，则称 λ 为(4.2)的**特征值**，$\varphi(x)$ 称为相应于特征值 λ 的**特征函数**；若这时(4.13)只有零解，相应的 λ 叫做**正则值**. 显然 $\lambda=0$ 不为特征值.

对应某特征值 λ 的一切特征函数并加上零函数构成一个子空间，叫相应于此特征值的**特征子空间**.

用特征值及特征子空间的概念可以重新叙述定理 1.4.1. 例如结论(3)就可叙述为:对应于每个特征值 λ 的特征子空间是有限维的.

在定理 1.4.1 的假设下，我们还有第四个结论，它仍属于 Fredholm，因此我们还排在定理 1.4.1 的名下.

定理 1.4.1（续） 在定理的假设条件下，有

(4) 在平面上任何有界区域内方程(4.2)至多只有有限个特征值.

证 设 λ 在平面有界区域 E 内变动，则存在 $R>0$，使得 E 不越出圆盘 $|\lambda|<R$. 由引理 1.4.1 可取 $\|S\|<\dfrac{1}{R+1}$（由引理的证明过程可以看到，对任意的 $\varepsilon>0$，可使 $\|S\|<\varepsilon$)，从而

$$\|\lambda S\|=|\lambda|\,\|S\|<\frac{R}{R+1}<1,$$

于是 λS 为压缩算子，$I-\lambda S$ 存在逆算子 $T=(I-\lambda S)^{-1}$，代入(4.5)，得到与原方程等价的退化核方程：

$$\varphi-\lambda(I-\lambda S)^{-1}D\varphi=(I-\lambda S)^{-1}f, \tag{4.14}$$

其核为

$$\begin{aligned}
&\sum_{m,n\leqslant N}k_{mn}(I-\lambda S)^{-1}\varphi_m(x)\varphi_n(y)\\
&=\sum_{m,n\leqslant N}k_{mn}\Big(\sum_{i=0}^{\infty}\lambda^i S^i\varphi_m(x)\Big)\varphi_n(y)\\
&=\sum_{m,n\leqslant N}k_{mn}\Big(\sum_{i=0}^{\infty}\lambda^i\int_a^b S_i(x,y)\varphi_m(y)\mathrm{d}y\Big)\varphi_n(y),
\end{aligned}$$

其中 $S_i(x,y)$ 为 $S(x,y)$ 的 i 次叠核. 括号中的级数平均收敛(参看定理 1.2.3)，而且为圆盘 $|\lambda|<R$ 中 λ 的解析函数. 将上述求和重新编号并改变函数的记号，它总可以写成如下形式：

$$\sum_{j=1}^{N} a_j(\lambda,x)b_j(y),$$

其中 $b_j(y)\in L_2$，$a_j(\lambda,x)=\sum_{n=0}^{\infty}\alpha_{jn}(x)\lambda^n$，级数对 x 平均收敛，在 $|\lambda|<R$ 内 $a_j(\lambda,x)$ 对 λ 解析. 利用 1.3 节化退化核方程为线性方程组的方法，可以得到

$$z_i-\lambda\sum_{j=1}^{N}a_{ij}(\lambda)z_j=f_i,\quad i=1,2,\cdots,N. \tag{4.15}$$

其中

$$z_i=\int_a^b b_i(x)\varphi(x)\mathrm{d}x,\quad f_i=\int_a^b(Tf)(x)b_i(x)\mathrm{d}x,$$

$$a_{ij}(\lambda)=\int_a^b a_j(\lambda,x)b_i(x)\mathrm{d}x=\int_a^b\Big(\sum_{n=0}^{\infty}\alpha_{jn}(x)\lambda^n\Big)b_i(x)\mathrm{d}x$$

$$=\sum_{n=0}^{\infty}\lambda^n\int_a^b\alpha_{jn}(x)b_i(x)\mathrm{d}x.$$

可以逐项积分的依据是引理 1.2.2. 可见 $a_{ij}(\lambda)$ 在 $|\lambda|<R$ 内为 λ 的解析函数. (4.15) 的系数行列式

$$D_R(\lambda)=\begin{vmatrix}1-\lambda a_{11}(\lambda) & -\lambda a_{12}(\lambda) & \cdots & -\lambda a_{1n}(\lambda)\\ -\lambda a_{21}(\lambda) & 1-\lambda a_{22}(\lambda) & \cdots & -\lambda a_{2n}(\lambda)\\ \vdots & \vdots & & \vdots\\ -\lambda a_{n1}(\lambda) & -\lambda a_{n2}(\lambda) & \cdots & 1-\lambda a_{nn}(\lambda)\end{vmatrix}$$

也是 λ 的解析函数，原积分方程在 $|\lambda|<R$ 内的特征值即 $D_R(\lambda)$ 在 $|\lambda|<R$ 中的零点，只可能至多有有限个，因为否则的话，由解析函数的唯一性定理，在 $|\lambda|<R$ 时 $D_R(\lambda)\equiv 0$，这与 $D_R(0)=1$ 矛盾. 命题得证. ∎

定理 1.4.1 包括结论(1) ~ (4)，统称为 Fredholm 定理. 结论(1)，(2) 称为 Fredholm 择一性.

注 1 定理 1.4.1 结论(4) 并不意味着方程(4.2) 的特征值必然存在. 例如取 $K(x,y)=\sin\pi x\cos\pi y\ (0\leqslant x,y\leqslant 1)$，不难证明(4.2) 无特征值，因为

$$\varphi(x)=\lambda\int_0^1\sin\pi x\cos\pi y\,\varphi(y)\mathrm{d}y\equiv\lambda\sin\pi x\cdot C,$$

$C=\int_0^1\cos\pi y\,\varphi(y)\mathrm{d}y$，上式乘以 $\cos\pi x$ 积分得

$$C = \lambda C \int_0^1 \sin \pi x \cos \pi x \, dx = 0,$$

代入上式知，对任何 λ，$\varphi(x) = 0$，即方程(4.2) 无特征值.

另外，由定理 1.4.1 的结论(4) 知道，若果真有特征值，则线性 F-Ⅱ 方程的特征值个数或为有限或为可列个，且为后者时必有

$$\lim_{n \to \infty} \lambda_n = \infty.$$

注 2 退化核方程至多只能有有限个特征值.

注 3 定理 1.4.1 可以推广到含复变元、沿曲线积分的积分方程，这种方程在应用中很普遍. 即考虑方程

$$\varphi(t) - \lambda \int_L K(t,\tau) \varphi(\tau) d\tau = f(t), \tag{4.16}$$

L 为简单逐段光滑曲线(封闭或否)，$K(t,\tau)$ 在 $L \times L$ 上连续，$f(t)$ 在 L 上连续. 定义(4.16) 相应的伴随齐次方程为

$$\psi(t) - \lambda \int_L K(\tau,t) \psi(\tau) d\tau = 0, \tag{4.17}$$

则方程(4.16) 的 **Fredholm 定理**如下：

(1) 当且仅当(4.16) 的相应齐次方程仅有零解时，对任何在 L 上连续的函数 $f(t)$，方程(4.16) 有唯一解；

(2) 当(4.16) 的相应齐次方程有非零解时，当且仅当 $f(t)$ 与伴随齐次方程(4.17) 的一切解 $\psi(t)$ 满足条件

$$\int_L f(t) \psi(t) dt = 0$$

时，原方程有解(不唯一)；

(3) (4.16) 的相应齐次方程与伴随齐次方程(4.17) 的线性无关解的最大个数相同；

(4) 在平面任何有界区域内，(4.16) 至多有有限个特征值.

我们来证明结论(2). 很容易将(4.16) 化为(4.2). 设 L 以弧长 s 为参数的参数方程为

$$t = t(s), \quad 0 \leqslant s \leqslant l, \tag{4.18}$$

代入(4.16) 得

$$\varphi(t(s)) - \lambda \int_0^l K(t(s), t(\sigma)) t'(\sigma) \varphi(t(\sigma)) d\sigma = f(t(s)).$$

令

$$\varphi_1(s) = \varphi(t(s)), \quad K_1(s,\sigma) = K(t(s), t(\sigma)) t'(\sigma), \quad f_1(s) = f(t(s)),$$

则得

$$\varphi_1(s)-\lambda\int_0^l K_1(s,\sigma)\varphi_1(\sigma)\mathrm{d}\sigma = f_1(s), \qquad (4.19)$$

其中 $f_1(s)$, $K_1(s,\sigma)$ 皆为连续函数. (4.19) 已成为讨论过的(4.2) 型的方程. 而且(4.16) 与(4.19) 的可解性等价.

同样将(4.18) 代入(4.17) 后, 两端同乘 $t'(s)\neq 0$ (因 $|t'(s)|=1$), 然后将方程两边取共轭, 最后令 $\psi_1(s)=\overline{t'(s)\psi(t(s))}$ 得

$$\psi_1(s)-\bar{\lambda}\int_0^l \overline{K_1(\sigma,s)}\psi_1(\sigma)\mathrm{d}\sigma = 0, \qquad (4.20)$$

则方程(4.17) 与(4.20) 的可解性等价.

当(4.16) 的相应齐次方程有非零解时, (4.19) 的相应齐次方程也有非零解, 由定理 1.4.1 的结论(2) 知, (4.19) 可解的充要条件为

$$(f_1(s),\psi_1(s)) = 0, \qquad (4.21)$$

其中 $\psi_1(s)$ 为(4.20) 的任何解, 即

$$(f_1(s),\overline{t'(s)\psi(t(s))}) = (f(t),\overline{\psi(t)}) = \int_L f(t)\psi(t)\mathrm{d}t = 0. \qquad (4.22)$$

$\psi(t)$ 为(4.17) 的任何解. 反之由(4.22) 也可推出(4.21). 结论(2) 得证.

用这种化等价方程的方法同样可证明其余的结论.

注 4 定理 1.4.1 可以推广到高维积分方程

$$\varphi(M)-\lambda\int_\Omega K(M,N)\varphi(N)\mathrm{d}\omega_N = f(M), \qquad (4.23)$$

M,N 为 n 维空间中的点, Ω 为 n 维空间中某个区域或曲面, $\mathrm{d}\omega_N$ 相应于变点 N 取得的"体积"元素. 当然我们假设 $f(M)\in L_2(\Omega)$, 而 $K(M,N)\in L_2(\Omega)$ 即

$$\int_\Omega\int_\Omega |K(M,N)|^2\,\mathrm{d}\omega_M\,\mathrm{d}\omega_N < +\infty.$$

所得结果和证明方法完全类似, 不再重复.

1.5 弱奇性核

在 1.2, 1.4 节中讨论了 L_2 核方程解的存在唯一性问题以及 Fredholm 定理, 这对于含奇性核的方程一般是不成立的. 然而对于弱奇性核的方程却有与 L_2 核方程平行的理论. 上节末我们已将 Fredholm 定理推广到高维积分方程的情形, 为使奇性的阶和维数关系更为清楚, 本节对高维积分方程进行讨论.

1.5.1 预备定理

定义 如果 n 维空间积分方程的核可表示为

$$K(M,M_1)=\frac{H(M,M_1)}{r^{\alpha}},\quad 0<\alpha<n,\tag{5.1}$$

其中 M,M_1 为 n 维欧氏空间中的点，$r=|MM_1|$ 是 M 与 M_1 的距离，Ω 为 n 维空间的有界闭区域，$H(M,M_1)$ 在 $\Omega\times\Omega$ 上连续，或在 $\Omega\times\Omega$ 上有界可测，则 $K(M,M_1)$ 称为**弱奇性核**.

回到一维空间，弱奇性核可写为

$$K(x,y)=\frac{H(x,y)}{|x-y|^{\alpha}},\quad 0<\alpha<1.\tag{5.1$'$}$$

在二维空间中其形式为

$$K(x,y;x_1,y_1)=\frac{H(x,y;x_1,y_1)}{[(x-x_1)^2+(y-y_1)^2]^{\frac{\alpha}{2}}},\quad 0<\alpha<2.\tag{5.1$''$}$$

要想推广 L_2 核方程的一些结果到弱奇性核方程上，关键是下面的引理及其推论.

引理 1.5.1 设

$$|K(M,M_1)|<\frac{A_1}{r^{\alpha}},\quad |L(M,M_1)|<\frac{A_2}{r^{\beta}},$$

其中 A_1,A_2 为正常数，$0<\alpha,\beta<n$，则对于

$$N(M,M_1)=\int_{\Omega}K(M,M_2)L(M_2,M_1)\mathrm{d}M_2,$$

有如下估计：

$$|N(M,M_1)|<\begin{cases}C, & \alpha+\beta<n,\\ C|\ln r|, & \alpha+\beta=n,\\ \dfrac{C}{r^{\alpha+\beta-n}}, & \alpha+\beta>n.\end{cases}\tag{5.2}$$

证 记 $r_0=|MM_2|$，$r_1=|M_2M_1|$，则

$$|N(M,M_1)|\leqslant A_1A_2\int_{\Omega}\frac{\mathrm{d}M_2}{r_0^{\alpha}r_1^{\beta}}.\tag{5.3}$$

(1) 设 $\alpha+\beta<n$，取定 $M,M_1\in\Omega$，作 MM_1 之中垂(超平)面，分 Ω 为 Ω_1 与 Ω_2，认定 M,M_1 分别属于 Ω_1,Ω_2，则当 $M_2\in\Omega_1$ 时，$r_0\leqslant r_1$；当 $M_2\in\Omega_2$ 时，$r_1\leqslant r_0$，从而

$$|N(M,M_1)| \leqslant A_1A_2\left(\int_{\Omega_1}\frac{dM_2}{r_0^\alpha r_1^\beta}+\int_{\Omega_2}\frac{dM_2}{r_0^\alpha r_1^\beta}\right)$$
$$\leqslant A_1A_2\left(\int_{r_0\leqslant h}\frac{dM_2}{r_0^{\alpha+\beta}}+\int_{r_1\leqslant h}\frac{dM_2}{r_1^{\alpha+\beta}}\right), \tag{5.4}$$

其中 h 是 Ω 的直径. 现只须证明上式右边两个积分分别是与 M 及 M_1 无关的常数, 则(5.2) 中第一个估计式获证. 事实上我们只要计算两个积分中的第一个就行了, 另一个可按同样的办法处理. 不妨设 $M=(0,0,\cdots,0)$, $M_2=(x_1,x_2,\cdots,x_n)$, 作极坐标变换:

$$x_1 = r_0\cos\varphi_1,$$
$$x_2 = r_0\sin\varphi_1\cos\varphi_2,$$
$$\cdots,$$
$$x_{n-1} = r_0\sin\varphi_1\cdots\sin\varphi_{n-2}\cos\varphi_{n-1},$$
$$x_n = r_0\sin\varphi_1\cdots\sin\varphi_{n-2}\sin\varphi_{n-1},$$

则

$$\int_{r_0\leqslant h}\frac{dM_2}{r_0^{\alpha+\beta}}=\int_0^h\frac{1}{r_0^{\alpha+\beta-n+1}}dr_0\int_0^\pi\sin^{n-2}\varphi_1\,d\varphi_1\cdots\int_0^\pi\sin\varphi_{n-2}\,d\varphi_{n-2}\int_0^{2\pi}d\varphi_{n-1}.$$

在所设条件下, $\alpha+\beta-n+1<1$, 故上式是与 M 位置无关的常数.

(2) 设 $\alpha+\beta>n$, 令 $M=(0,0,\cdots,0)$, 取 MM_1 的方向为 x 轴正向, 则 $M_1=(r,0,\cdots,0)$, 又 $M_2=(x_1,x_2,\cdots,x_n)$. 作变换

$$x_k = r\xi_k,\quad k=1,2,\cdots,n,$$

代入(5.3) 则有

$$|N(M,M_1)| \leqslant A_1A_2\int_{r_0\leqslant h}\frac{dM_2}{r_0^\alpha r_1^\beta}$$
$$=A_1A_2\int_{x_1^2+x_2^2+\cdots+x_n^2\leqslant h^2}\frac{dx_1\cdots dx_n}{\left(\sum_{k=1}^n x_k^2\right)^{\frac{\alpha}{2}}\left[(x_1-r)^2+\sum_{k=2}^n x_k^2\right]^{\frac{\beta}{2}}}$$
$$=\frac{A_1A_2}{r^{\alpha+\beta-n}}\int_{\rho\leqslant\frac{h}{r}}\frac{d\xi_1\cdots d\xi_n}{\rho^\alpha\left[(\xi_1-1)^2+\sum_{k=2}^n\xi_k^2\right]^{\frac{\beta}{2}}}, \tag{5.5}$$

其中 $\rho=\sqrt{\xi_1^2+\cdots+\xi_n^2}$. 作极坐标变换:

$$\xi_1=\rho\cos\varphi_1,$$
$$\xi_2=\rho\sin\varphi_1\cos\varphi_2,$$
$$\cdots,$$
$$\xi_n=\rho\sin\varphi_1\sin\varphi_2\cdots\sin\varphi_{n-1},$$

则

$$\begin{aligned}d\xi_1\cdots d\xi_n &= \rho^{n-1}d\rho\cdot\sin^{n-2}\varphi_1\ \sin^{n-3}\varphi_2\ \cdots\ \sin\varphi_{n-2}\ d\varphi_1\ \cdots\ d\varphi_{n-1}\\ &= \rho^{n-1}d\rho\, dS.\end{aligned}$$

上式右端是半径为 ρ 的超球上的体积元素. 当 $\rho=1$ 时 $d\rho\, dS$ 及 dS 分别为单位超球上的体积元素和面积元素. 我们现在只要证明对于 $0<r\leqslant h$, (5.5)末尾的积分有界即可. 先考虑 r 充分小的情形，那么总可使 $\dfrac{h}{r}>2$. 而(5.5)可写成

$$|N(M,M_1)|\leqslant\frac{A_1A_2}{r^{\alpha+\beta-n}}\left(\int_{\rho\leqslant 2}+\int_{2<\rho\leqslant\frac{h}{r}}\right)\frac{\rho^{n-1-\alpha}d\rho\, dS}{\left[(\xi_1-1)^2+\sum\limits_{k=2}^{n}\xi_k^2\right]^{\frac{\beta}{2}}}.\tag{5.6}$$

以下详细地估计这两个积分. 如果我们设 $K_\delta(0)$, $K_\delta(1)$ 分别是以 $(0,0,\cdots,0)$, $(1,0,\cdots,0)$ 为中心，以 δ 为半径且全落于 $\rho\leqslant 2$ 内的圆球，则

$$\int_{\rho\leqslant 2}=\int_{K_\delta(0)}+\int_{K_\delta(1)}+\int_{K_2(0)-K_\delta(0)-K_\delta(1)}\equiv I_1+I_2+I_3.$$

考虑到 $\left[(\xi_1-1)^2+\sum\limits_{k=2}^{n}\xi_k^2\right]^{-\frac{\beta}{2}}$ 在 $(0,0,\cdots,0)$ 附近有界，则

$$I_1=\int_{K_\delta(0)}\frac{\rho^{n-1-\alpha}d\rho\, dS}{\left[(\xi_1-1)^2+\sum\limits_{k=2}^{n}\xi_k^2\right]^{\frac{\beta}{2}}}<A_3S\int_0^\delta\frac{d\rho}{\rho^{\alpha-n+1}},$$

其中 A_3 为常数，S 为单位超球面面积，上式中 $\alpha-n+1<1$，故上式右端的积分为一常数.

$$\begin{aligned}I_2&=\int_{K_\delta(1)}\frac{d\xi_1\cdots d\xi_n}{\rho^\alpha\left[(\xi_1-1)^2+\sum\limits_{k=2}^{n}\xi_k^2\right]^{\frac{\beta}{2}}}\\ &\leqslant A_4\int_{K_\delta(1)}\frac{d\xi_1\cdots d\xi_n}{\left[(\xi_1-1)^2+\sum\limits_{k=2}^{n}\xi_k\right]^{\frac{\beta}{2}}},\end{aligned}$$

其中 A_4 为常数，此估计式是注意到了 $\rho^{-\alpha}$ 在 $(1,0,\cdots,0)$ 附近有界而获得的. 上式右端的积分只要用一极坐标变换就可证明为一常数. 至于 I_3，因(5.6)的被积式在 $K_2(0)-K_\delta(0)-K_\delta(1)$ 内有界，其界设为 A_5，则

$$\begin{aligned}I_3&\leqslant A_5\int_{K_2(0)-K_\delta(0)-K_\delta(1)}d\rho\, dS\leqslant A_5\int_{K_2(0)}d\rho\, dS\\ &=A_5S\int_0^2 d\rho=2A_5S.\end{aligned}$$

为估计(5.6)右端的第二个积分，注意到 $\rho>2$，从而

$$(\xi_1-1)^2+\sum_{k=2}^{n}\xi_k^2=\rho^2-2\xi_1+1\geqslant(\rho-1)^2>\frac{\rho^2}{4},$$

于是

$$\int_{2<\rho<\frac{h}{r}}\leqslant 2^\beta S\int_2^{+\infty}\frac{\mathrm{d}\rho}{\rho^{\alpha+\beta-n+1}},$$

而在所设条件下，右端积分收敛.

当 $0<r\leqslant h$ 时有 $1\leqslant\frac{h}{r}<+\infty$，所以当 $\frac{h}{r}\leqslant 2$ 时，以上讨论更为简单. 故对 $0<r\leqslant h$，(5.2) 的第三个估计式获证.

(3) 当 $\alpha+\beta=n$ 时，以上(2) 中的讨论在此时大部分有效，其根本区别在于(5.6) 右端第二个积分的估计为

$$\int_{2<\rho\leqslant\frac{h}{r}}\leqslant 2^\beta S\int_2^{\frac{h}{r}}\frac{\mathrm{d}\rho}{\rho}=2^\beta S\ln\frac{h}{2r}.$$

只要适当调整一下常数记号便得结论. ∎

推论 1.5.1 弱奇性核的叠核

$$K_m(M,M_1)=\int_\Omega K(M,M_2)K_{m-1}(M_2,M_1)\mathrm{d}M_2,\quad m\geqslant 2,$$

在 m 充分大时在 $\Omega\times\Omega$ 上有界.

证 由引理 1.5.1 出发可归纳地验证对任意的 m 有如下估计式：

$$|K_m(M,M_1)|<\begin{cases}\dfrac{C_m}{r^{m\alpha-(m-1)n}}, & m\alpha-(m-1)n>0,\\ C_m, & m\alpha-(m-1)n<0,\end{cases}\tag{5.7}$$

其中 C_m 为常数. 事实上，当 $m=2$ 时，应用引理 1.5.1，有

$$\begin{aligned}|K_2(M,M_1)|&\leqslant\int_\Omega|K(M,M_2)K(M_2,M_1)|\mathrm{d}M_2\\&<\begin{cases}\dfrac{C_2}{r^{2\alpha-n}}, & 2\alpha>n,\\ C_2, & 2\alpha<n.\end{cases}\end{aligned}$$

再假设(5.7) 对 m 成立，又应用引理 1.5.1，这时设 $\alpha=\alpha$，$\beta=m\alpha-(m-1)n$，显然 $0<\beta<n$，当 $\alpha+\beta\gtrless n$，即 $\alpha+m\alpha-(m-1)n=(m+1)\alpha-mn\gtrless 0$ 时，有

$$\begin{aligned}|K_{m+1}(M,M_1)|&\leqslant\int_\Omega|K(M,M_2)K_m(M_2,M_1)|\mathrm{d}M_2\\&<\begin{cases}\dfrac{C_{m+1}}{r^{(m+1)\alpha-mn}}, & (m+1)\alpha-mn>0,\\ C_{m+1}, & (m+1)\alpha-mn<0.\end{cases}\end{aligned}$$

表明(5.7) 对 $m+1$ 也正确，因此(5.7) 对一切 $m \geqslant 2$ 成立.

为使 $m\alpha-(m-1)n<0$，只须 $m>\dfrac{n}{n-\alpha}$，这时 $K_m(M,M_1)$ 有界. ∎

注 从证明中可看出，m 增大时叠核 $K_m(M,M_1)$ 的奇性逐渐减弱，直至有界. 当 $H(M,M_1)$ 在 $\Omega\times\Omega$ 上连续时，还可以证明，m 充分大且使 $m>\dfrac{n}{n-\alpha}$ 时，$K_m(M,M_1)$ 在 $\Omega\times\Omega$ 上连续. ①

推论 1.5.1 是展开后面弱奇性核理论的关键. 当 m 充分大及 Ω 为有界闭域时，$K_m(M,M_1)\in L_2(\Omega)$. 利用这一点可使 L_2 核方程的理论在弱奇性核方程中再现.

1.5.2 存在唯一性定理

下面定理 1.5.1 及其证明，对一般高维都成立，但为了与定理 1.5.2 关于 Volterra 方程平行叙述，仍就一维情况讲述.

定理 1.5.1 对于线性 F-Ⅱ 方程

$$\varphi(x)-\lambda\int_a^b K(x,y)\varphi(y)\mathrm{d}y=f(x), \tag{5.8}$$

其中 a,b 为有限数，$f(x)\in C[a,b]$，$K(x,y)$ 为弱奇性核，则方程对充分小的 $|\lambda|$ 在 $L_2[a,b]$ 内有唯一解.

证 把(5.8) 写成算子方程

$$(I-\lambda K)\varphi=f. \tag{5.9}$$

令 $T\varphi=f+\lambda K\varphi$，则对任何正整数 m，$T\varphi=\varphi$ 的解必为 $T^m\varphi=\varphi$ 的解，因而只须证明 m 充分大时，T^m 为压缩算子即可. 因为

$$\varphi(x)-\lambda^m\int_a^b K_m(x,y)\varphi(y)\mathrm{d}y=f+\lambda Kf+\cdots+\lambda^{m-1}K^{m-1}f, \tag{5.10}$$

由推论 1.5.1，当 m 充分大时 $K_m(x,y)\in L_2[a,b]$，又(5.10) 右端可归纳地证明属于 $L_2[a,b]$. 事实上，因 $f(x)\in C[a,b]$，设 $\max\limits_{a\leqslant x\leqslant b}|f(x)|=B_0$，又设 $|H(x,y)|\leqslant A$，故

$$\begin{aligned}|Kf|&\leqslant\int_a^b\frac{|H(x,y)|\,|f(y)|}{|x-y|^\alpha}\mathrm{d}y\leqslant AB_0\int_a^b\frac{\mathrm{d}y}{|x-y|^\alpha}\\&=AB_0\left[\int_a^x\frac{1}{(x-y)^\alpha}\mathrm{d}y+\int_x^b\frac{\mathrm{d}y}{(y-x)^\alpha}\right]\end{aligned}$$

① 见 E. Goursat: A Course in Mathematical Analysis. Vol. Ⅲ Part 2: Integral Equations, Calculus of Variations. Dover, New York, 1964.

$$= \frac{AB_0}{1-\alpha}[(x-a)^{1-\alpha} + (b-x)^{1-\alpha}] \leqslant B_1.$$

设 $|K^m f| \leqslant B_m$，则

$$|K^{m+1}f| = |K(K^m f)| \leqslant AB_m \int_a^b \frac{\mathrm{d}y}{|x-y|^\alpha} \leqslant B_{m+1}.$$

从而对一切 m，$K^m f$ 有界，属于 $L_2[a,b]$. 由定理 1.2.3，方程(5.10) 当 $|\lambda|$ 充分小时有唯一解(这时 T^m 为压缩算子). ∎

注 1 可以证明，$H(x,y)$ 在 $a \leqslant x, y \leqslant b$ 连续，$f(x) \in C[a,b]$ 时，算子 K 把连续函数变为连续函数①，即 $Kf, K^2 f, \cdots$ 皆属于 $C[a,b]$；又(5.10) 中 $K_m(x,y)$ 连续从而方程(5.8) 在 $C[a,b]$ 中有唯一解.

注 2 定理中设 $f(x) \in C[a,b]$ 可削弱为对充分大的 m，$K^i f \in L_2[a,b]$，$i = 0,1,\cdots,m-1$.

定理 1.5.2 线性 V-Ⅱ 方程

$$\varphi(x) - \lambda \int_a^x K(x,y)\varphi(y)\mathrm{d}y = f(x) \tag{5.11}$$

在与定理 1.5.1 同样的假设下，对任何 λ，在 $L_2[a,b]$ 内有唯一解.

证 证明方法与定理 1.5.1 类似. 把(5.11) 写成(5.9) 及 $T\varphi = \varphi$，而 $T\varphi = f + \lambda K\varphi$，不过现在 K 为 Volterra 算子. 此时 $T^m\varphi = \varphi$，即

$$\varphi(x) - \lambda^m \int_a^x K_m(x,y)\varphi(y)\mathrm{d}y = f + \lambda Kf + \cdots + \lambda^{m-1}K^{m-1}f. \tag{5.12}$$

对充分大的 m，$K_m(x,y) \in L_2$，由定理 1.2.10 的证明过程知道，对充分大的 n，$(T^m)^n$ 为压缩算子，这说明三个方程 $T\varphi = \varphi$，$T^m\varphi = \varphi$，$(T^m)^n\varphi = \varphi$ 的可解性等价. 然而(5.12) 对任何 λ 在 L_2 内有唯一解，故原方程(5.11) 亦然. ∎

也可作出与定理 1.5.1 类似的注解.

1.5.3 弱奇性核方程的 Fredholm 定理

本段仍考虑方程

$$\varphi(M) - \lambda \int_\Omega K(M,N)\varphi(N)\mathrm{d}N = f(M), \tag{5.13}$$

其中 M, N 为 n 维空间的点，$K(M,N)$ 为弱奇性核，$f(M) \in C(\Omega)$，Ω 为 n 维

① 见 В. И. 斯米尔诺夫：高等数学教程，第 4 卷第 1 分册，人民教育出版社，1979 年，第 57～59 页.

空间中的有界闭区域.

定理1.5.3 方程(5.13)在λ平面任何有界区域内至多只有有限个特征值.

证 对于λ平面任一有界区域，必存在$R>0$，使之落于圆盘$|\lambda|\leqslant R$内. 若(5.13)在该圆盘内有特征值λ_0，相应特征函数为$\varphi_0(x)\neq 0$. 则

$$\varphi_0(M)-\lambda_0\int_\Omega K(M,N)\varphi_0(N)\mathrm{d}N=0, \tag{5.14}$$

或简记为

$$(I-\lambda_0 K)\varphi_0=0. \tag{5.15}$$

若设$\varepsilon=\mathrm{e}^{\frac{2\pi\mathrm{i}}{m}}$则必有

$$(I-\lambda_0\varepsilon K)\cdots(I-\lambda_0\varepsilon^{m-1}K)(I-\lambda_0 K)\varphi_0=0, \tag{5.16}$$

或即

$$\varphi_0(M)-\lambda_0^m\int_\Omega K_m(M,\ N)\varphi_0(N)\mathrm{d}N=0, \tag{5.17}$$

其中$K_m(M,N)$为原核的m次叠核. 以上说明(5.14)对应于λ_0的特征函数$\varphi_0(x)$也必为(5.17)对应于特征值λ_0^m的特征函数. 如果在λ平面有界区域内有无限个特征值，则(5.17)在同一区域内也有无限个特征值. 然而另一方面，对充分大的m，由定理1.4.1的结论(4)，方程(5.17)在$|\lambda|\leqslant R$内至多只有有限个特征值，矛盾. ■

定理1.5.4 方程(5.13)的任一特征值对应的特征子空间为有限维，而且齐次方程

$$(I-\lambda K)\varphi=0 \tag{5.18}$$

与伴随齐次方程

$$(I-\bar{\lambda}K^*)\psi=0 \tag{5.19}$$

的解空间维数相同.

证 因(5.18)对应特征值λ_0的特征函数$\varphi_0(x)$必满足(5.17)，故若对应于λ_0的特征子空间无限维，则方程(5.17)对应于λ_0^m的特征子空间也无限维，当m充分大时这里显然与定理1.4.1(3)矛盾.

设(5.18)及(5.19)的解空间维数分别为r及r^*. 因这两个方程互为共轭，只须证明$r^*\leqslant r$即可.

刚才我们看到，当$\lambda=\lambda_0$时若$\varphi_0\neq 0$为(5.18)的解则必为(5.17)(或(5.16))的解，反之则不然. 为了使(5.18)与(5.16)的可解性等价，我们总可以选取这样的m，一方面使$K_m(M,N)\in L_2(\Omega)$，另一方面使得

$$\varepsilon\lambda_0,\ \varepsilon^2\lambda_0,\ \cdots,\ \varepsilon^{m-1}\lambda_0 \tag{5.20}$$

中任何一个都不是(5.13)的特征值. 若不然，即对任何充分大的 m，(5.20)中至少有一个为(5.13)的特征值，从充分大的 m 中取一串质数数列 $n_k \to \infty$，则可得到(5.13)的无穷个互不相重合的特征值

$$\lambda_0 \exp\left\{\frac{2\pi i}{n_k}\tilde{n}_k\right\},\quad 0 < \tilde{n}_k < n_k,\ k = 1,2,\cdots.$$

这就是说，在圆周 $|\lambda| = |\lambda_0|$ 上方程(5.13)有无限个特征值，这与定理1.5.3冲突. 故像(5.20)这样的挑选总是可以做到的. 以下证明，在这样的选择下，(5.16)的解也是(5.18)的解. 因(5.16)可写成

$$(I-\lambda_0\varepsilon K)\prod_{j=2}^{m}(I-\lambda_0\varepsilon^j K)\varphi_0 = 0, \tag{5.21}$$

而 $\lambda_0\varepsilon$ 又不是特征值，故

$$\prod_{j=2}^{m}(I-\lambda_0\varepsilon^j K)\varphi_0 = (I-\lambda_0\varepsilon^2 K)\prod_{j=3}^{m}(I-\lambda_0\varepsilon^j K)\varphi_0 = 0. \tag{5.22}$$

但 $\lambda_0\varepsilon^2$ 不是特征值，故

$$\prod_{j=3}^{m}(I-\lambda_0\varepsilon^j K)\varphi_0 = 0. \tag{5.23}$$

如此继续下去，直至因为 $\lambda_0\varepsilon^{m-1}$ 不是特征值，从而得到

$$(I-\lambda_0 K)\varphi_0 = 0. \tag{5.24}$$

这说明在这样挑选 m 的情况下，(5.18)与(5.16)的可解性等价，从而(5.16)的解空间也是 r 维. 根据定理1.4.1(3)，方程(5.16)的伴随方程

$$(I-\overline{\lambda_0}^m K^{*m})\psi = 0 \tag{5.25}$$

也为 r 维. 但是当 $\lambda = \lambda_0$ 时(5.19)的解必为(5.25)的解，于是可知

$$r^* \leqslant r. \quad \blacksquare$$

定理 1.5.5 方程(5.13)可解的充要条件是 $f(M)$ 与伴随齐次方程(5.19)的一切解 $\psi(M)$ 正交，即 $(f,\psi) = 0$.

证 将原方程(5.13)写成

$$\varphi - \lambda_0 K\varphi = f. \tag{5.26}$$

用算子 $\prod_{j=1}^{m-1}(I-\lambda_0\varepsilon^j K)$ 作用后得

$$\varphi - \lambda_0^m K^m\varphi = \prod_{j=1}^{m-1}(I-\lambda_0\varepsilon^j K)f. \tag{5.27}$$

于是(5.26)的解是(5.27)的解，反之像(5.20)那样选取 m，则(5.27)的解也

是(5.26)的解. 事实上，将(5.27)写成

$$\prod_{j=1}^{m-1}(I-\lambda_0\varepsilon^jK)[(I-\lambda_0K)\varphi-f]=0.$$

重复(5.21)至(5.24)类似的推理过程，不过将那里的 $I-\lambda_0K\varphi_0$ 换成这里的 $(I-\lambda_0K)\varphi-f$，则得

$$(I-\lambda_0K)\varphi-f=0,$$

这就证明了在 m 适当选取之下，(5.26)与(5.27)的可解性等价. 然而后者的可解性由定理 1.4.1 (1),(2) 得知等价于

$$\left(\prod_{j=1}^{m-1}(I-\lambda\varepsilon^jK)f,\omega\right)=0, \tag{5.28}$$

而 ω 是方程

$$\omega-\overline{\lambda_0}^m(K^*)^m\omega=0 \tag{5.29}$$

的任何解，(5.28)又可写为

$$\begin{aligned}0&=\left(f,\left[\prod_{j=1}^{m-1}(I-\lambda\varepsilon^jK)\right]^*\omega\right)=\left(f,\prod_{j=1}^{m-1}(I-\bar{\lambda}\varepsilon^{m-j}K^*)\omega\right)\\&=\left(f,\prod_{j=1}^{m-1}(I-\bar{\lambda}\varepsilon^jK^*)\omega\right).\end{aligned} \tag{5.30}$$

令 $\psi=\prod_{j=1}^{m-1}(I-\bar{\lambda}\varepsilon^jK^*)\omega$，则(5.29)为

$$\begin{aligned}0&=\omega-\bar{\lambda}(K^*)^m\omega=(I-\bar{\lambda}K^*)\prod_{j=1}^{m-1}(I-\bar{\lambda}\varepsilon^jK^*)\omega\\&=(I-\bar{\lambda}K^*)\psi,\end{aligned} \tag{5.31}$$

即 ψ 是(5.19)的解，(5.30)即 $(f,\psi)=0$. 由于 m 按上述方法选取，所以(5.19)与(5.29)的可解性也相同，而(5.28)对任何 ω 成立，这意味着(5.31)对一切 ψ 成立. 反之，若 $(f,\psi)=0$，ψ 是(5.19)的任何解，则有

$$\left(f,\prod_{j=1}^{m-1}(I-\bar{\lambda}\varepsilon^jK^*)\omega\right)=0.$$

按上述相反步骤可得

$$\left(\prod_{j=1}^{m-1}(I-\lambda\varepsilon^jK)f,\omega\right)=0.$$

仍由(5.19)与(5.29)的可解性相同知，(5.28)关于(5.29)的任何 ω 成立. ∎

最后指出，本节结果可推广到含复变元、沿曲线积分的 F-Ⅱ 积分方程

$$\varphi(t)-\lambda\int_L K(t,\tau)\varphi(\tau)\mathrm{d}\tau=f(t), \tag{5.32}$$

其中 L 为简单逐段光滑曲线(封闭或否)，$K(t,\tau)$ 有弱奇性，即

$$K(t,\tau)=\frac{H(t,\tau)}{|t-\tau|^{\alpha}},\quad 0<\alpha<1,$$

$H(t,\tau)$ 在 $L\times L$ 上连续，$f(t)$ 在 L 上连续.

对于这种方程同样有 Fredholm 定理. 这只须按 1.4 节注 3 的方法，将曲线 L 的参数方程(4.18) 代入(5.32)，同时注意到 $|t'(s)|=1$ 以及

$$K(t,\tau)=\frac{H(t(s),t(\sigma))t'(\sigma)}{\left|\frac{t(s)-t(\sigma)}{s-\sigma}\right|^{\alpha}|s-\sigma|^{\alpha}}=\frac{H_1(s,\sigma)}{|s-\sigma|^{\alpha}},$$

其中

$$H_1(x,y)=\begin{cases}\dfrac{H(t(s),t(\sigma))t'(\sigma)}{\left|\dfrac{t(s)-t(\sigma)}{s-\sigma}\right|^{\alpha}}, & s\neq\sigma,\\ H(t(s),t(s))t'(\sigma), & s=\sigma\end{cases}$$

是 s,σ 的连续函数. 这样，(5.32) 就化为等价的、含实自变量且积分上、下限为有限的含弱奇性核 F-Ⅱ 方程，从而可得出相应的定理.

1.6 Schauder 不动点原理及其应用

前面几章着重讨论了线性积分方程，但定理 1.2.4 及定理 1.2.11 也涉及非线性积分方程解的存在性及唯一性，不过是在较强条件下讨论的. 本节将在较弱的条件下讨论非线性积分方程解的存在性(但不保证唯一性)，其基本工具就是 Schauder 不动点原理.

1.6.1 Brouwer 不动点定理

作为 Schauder 不动点原理的预备定理，我们首先讨论它在 n 维欧氏空间中的定理形式，即 Brouwer 不动点定理.

定理 1.6.1 (Brouwer) 设 E_n 为 n 维欧氏空间，令 $S=\{\boldsymbol{x}\mid \|\boldsymbol{x}\|\leqslant 1,\ \boldsymbol{x}\in E_n\}$，其中 $\|\boldsymbol{x}\|=\left(\sum_{i=1}^{n}|x_i|^2\right)^{\frac{1}{2}}$ 是 $\boldsymbol{x}=(x_1,x_2,\cdots,x_n)$ 在 E_n 意义下的范数. 设 K 是 S 到 S 的连续映照，则存在 $\boldsymbol{x}\in S$，使 $K(\boldsymbol{x})=\boldsymbol{x}$.

简言之，本定理表明 E_n 中单位超球到单位超球的连续映照必存在不动点.

在一维情况下容易得到本定理的几何解释. 现设 $y=K(x)$ 是定义域为

$-1 \leqslant x \leqslant 1$、值域为 $-1 \leqslant y \leqslant 1$ 的连续曲线，则曲线上至少有一点在第一、第三象限的角平分线上. 或者说，设 A,B 分别为线段 $x=-1,\ -1 \leqslant y \leqslant 1$ 及 $x=1,\ -1 \leqslant y \leqslant 1$ 上任意两点，则连接 A,B 的任意连续曲线必与直线 $y=x$ 至少相交一次.

本定理的证明分两步. 首先在较强的条件下证明本定理，即设 K 是有二阶连续导数的映照. 它的意义是这样：设 $\boldsymbol{y}=K(\boldsymbol{x})$ 的分量形式为 $y_i = k_i(x_1,x_2,\cdots,x_n)$，$i=1,2,\cdots,n$. 此时要每个 k_i 对每个 x_j 有连续二阶偏导数. 然后利用 Weierstrass 逼近定理最后可证得本定理.

引理 1.6.1 设 $f_i(x_0,x_1,\cdots,x_n) \in C^2(G)$，$i=1,2,\cdots,n$，$G \subset \mathbf{R}^{n+1}$ 为开集，在 $n\times(n+1)$ 矩阵

$$\begin{pmatrix} \dfrac{\partial f_1}{\partial x_0} & \dfrac{\partial f_1}{\partial x_1} & \cdots & \dfrac{\partial f_1}{\partial x_n} \\ \dfrac{\partial f_2}{\partial x_0} & \dfrac{\partial f_2}{\partial x_1} & \cdots & \dfrac{\partial f_2}{\partial x_n} \\ \vdots & \vdots & & \vdots \\ \dfrac{\partial f_n}{\partial x_0} & \dfrac{\partial f_n}{\partial x_1} & \cdots & \dfrac{\partial f_n}{\partial x_n} \end{pmatrix}$$

中除去含 x_j 的列$(j=0,1,\cdots,n)$后的方阵组成的 n 阶行列式记为 F_j，则

$$\sum_{j=0}^{n}(-1)^j \frac{\partial F_j}{\partial x_j}=0.$$

证 在 F_j 中，$f_1,f_2,\cdots,f_n$ 关于 $x_k(k\neq j)$ 的一阶偏导数的那一列元素若再对 x_j 求偏导数所得的行列式记为 F_{jk}，于是 F_{jk} 的第 l 行元素当 $0\leqslant k\leqslant j-1$ 时为

$$\frac{\partial f_l}{\partial x_0},\frac{\partial f_l}{\partial x_1},\cdots,\frac{\partial^2 f_l}{\partial x_k \partial x_j},\cdots,\frac{\partial f_l}{\partial x_{j-1}},\frac{\partial f_l}{\partial x_{j+1}},\cdots,\frac{\partial f_l}{\partial x_n}; \tag{6.1}$$

当 $j+1\leqslant k\leqslant n$ 时为

$$\frac{\partial f_l}{\partial x_0},\frac{\partial f_l}{\partial x_1},\cdots,\frac{\partial f_l}{\partial x_{j-1}},\frac{\partial f_l}{\partial x_{j+1}},\cdots,\frac{\partial^2 f_l}{\partial x_k \partial x_j},\cdots,\frac{\partial f_l}{\partial x_n}. \tag{6.1$'$}$$

根据行列式求导法，

$$\begin{aligned}\sum_{j=0}^{n}(-1)^j \frac{\partial F_j}{\partial x_j} &= \sum_{j=0}^{n}(-1)^j\Big(\sum_{0\leqslant k\leqslant j-1}+\sum_{j+1\leqslant k\leqslant n}\Big)F_{jk} \\ &= \Big(\sum_{0\leqslant k<j\leqslant n}+\sum_{0\leqslant j<k\leqslant n}\Big)(-1)^j F_{jk}. \end{aligned} \tag{$*$}$$

不妨设 $k<j$，来比较 F_{jk} 与 F_{kj}，此时 F_{jk} 的第 l 行元素由(6.1)给出，而 F_{kj} 的同一行元素，由(6.1)′应为

$$\frac{\partial f_l}{\partial x_0},\frac{\partial f_l}{\partial x_1},\cdots,\frac{\partial f_l}{\partial x_{k-1}},\frac{\partial f_l}{\partial x_{k+1}},\cdots,\frac{\partial^2 f_l}{\partial x_j\partial x_k},\cdots,\frac{\partial f_l}{\partial x_n}.$$

将 F_{kj} 中由二阶偏导数 $\frac{\partial^2 f_l}{\partial x_j\partial x_k}=\frac{\partial^2 f_l}{\partial x_k\partial x_j}$ 构成的那一列向左平移 $j-k-1$ 次得

$$F_{jk}=(-1)^{j-k-1}F_{kj}\quad 或\quad (-1)^j F_{jk}=-(-1)^k F_{kj}.$$

将后者代入(∗)式，

$$\begin{aligned}\sum_{j=0}^{n}(-1)^j\frac{\partial F_j}{\partial x_j}&=\sum_{0\leqslant k<j\leqslant n}-(-1)^k F_{kj}+\sum_{0\leqslant j<k\leqslant n}(-1)^j F_{jk}\\&=\sum_{0\leqslant j<k\leqslant n}-(-1)^j F_{jk}+\sum_{0\leqslant j<k\leqslant n}(-1)^j F_{jk}\\&=0.\end{aligned}$$

■

引理1.6.2 *S 同定理1.6.1所设，K 是 S 到 S 具有二阶连续导数的映照，则存在 $\boldsymbol{x}\in S$，使 $K(\boldsymbol{x})=\boldsymbol{x}$.*

证 用反证法. 设对任意的 $\boldsymbol{x}\in S$，$K(\boldsymbol{x})\neq\boldsymbol{x}$. 通过如下一系列步骤而导出矛盾.

(1) 作

$$\psi(a,\boldsymbol{x})=\boldsymbol{x}+a(\boldsymbol{x}-K(\boldsymbol{x})),\quad -\infty<a<+\infty.$$

当 $-1\leqslant a\leqslant 0$ 时，这是连接 $\boldsymbol{x}$ 及 $K(\boldsymbol{x})$ 两点间线段上的一切点的集合. 此直线与 S 的边界 ∂S：$\|\boldsymbol{x}\|=1$ 只有两个交点，且分别相应于参数 $a\geqslant 0$ 及 $a\leqslant -1$，并由二次方程

$$1=\|\psi(a,\boldsymbol{x})\|^2=\|\boldsymbol{x}\|^2+2a(\boldsymbol{x},\boldsymbol{x}-K(\boldsymbol{x}))+a^2\|\boldsymbol{x}-K(\boldsymbol{x})\|^2$$

决定. 设方程中两根较大者记为 $a(\boldsymbol{x})$，则 $a(\boldsymbol{x})\geqslant 0$. 容易看出，$a(\boldsymbol{x})=0$ 当且仅当 $\|\boldsymbol{x}\|=1$. 解出 $a(\boldsymbol{x})$，由假设推知，$a(\boldsymbol{x})$ 也有二阶连续导数. 将 $a(\boldsymbol{x})$ 代入 $\psi(a,\boldsymbol{x})$ 中，得

$$\psi(a(\boldsymbol{x}),\boldsymbol{x})=\boldsymbol{x}+a(\boldsymbol{x})(\boldsymbol{x}-K(\boldsymbol{x}))$$

是 $S\to\partial S$ 具有二阶连续导数的映照.

(2) 令

$$f(t,\boldsymbol{x})=\boldsymbol{x}+ta(\boldsymbol{x})(\boldsymbol{x}-K(\boldsymbol{x})),\quad 0\leqslant t\leqslant 1.\tag{6.2}$$

当 $t=0$ 时，$f(0,\boldsymbol{x})=\boldsymbol{x}$ 为恒等映照；当 $t=1$ 时，$f(1,\boldsymbol{x})=\psi(a(\boldsymbol{x}),\boldsymbol{x})$ 是 S 到 ∂S 的映照；而当 $0<t<1$ 时为 $\boldsymbol{x}$ 至 $\psi(a(\boldsymbol{x}),\boldsymbol{x})$ 线段间的映照点，从而 $f(t,\boldsymbol{x})$ 是一族 S 到 S 对 $\boldsymbol{x}$ 具有二阶连续导数的映照.

(3) 令

$$v(t)=\int_S \det\left(\frac{\partial f_i(t,x_1,\cdots,x_n)}{\partial x_j}\right)\mathrm{d}v_n,$$

其中 $\det\left(\frac{\partial f_i}{\partial x_j}\right)$ 是 f 的 Jacobi 行列式，v_n 是 E_n 中的体积元素. $v(t)$ 代表 S 的象集合 $S(t)=\{f(t,\boldsymbol{x})\}$ 的“体积”.

因 $f(0,\boldsymbol{x})=\boldsymbol{x}$ 为恒等映照，易见 $\det\left(\frac{\partial f_i}{\partial x_j}\right)_{t=0}=1$，从而

$$v(0)=\int_S 1\cdot \mathrm{d}v_n>0 \tag{6.3}$$

为单位超球 S 的体积；又 $f(1,\boldsymbol{x})$ 是 S 到 ∂S 的映照，从而

$$v(1)=0. \tag{6.3$'$}$$

(4) 最后我们来导出矛盾. 因为 $v(t)$ 显然可微，且

$$v'(t)=\int_S \frac{\partial}{\partial t}\det\left(\frac{\partial f_i(t,x_1,\cdots,x_n)}{\partial x_j}\right)\mathrm{d}v_n.$$

重新使用引理1中的记号，把 t 看做是其中的 x_0，并引用引理1.6.1的结果有

$$v'(t)=\int_S \frac{\partial F_0}{\partial x_0}\mathrm{d}v_n=-\sum_{j=1}^{n}(-1)^j\int_S \frac{\partial F_j}{\partial x_j}\mathrm{d}v_n.$$

把上式体积分化为单位超球面上的积分，把下式中的 $\mathrm{d}\sigma$ 认为是单位超球面上的面积元，则有

$$v'(t)=-\sum_{j=1}^{n}(-1)^j\int_{\partial S}F_j x_j\,\mathrm{d}\sigma.$$

由(6.2)，

$$\frac{\partial f}{\partial t}=a(\boldsymbol{x})(\boldsymbol{x}-K(\boldsymbol{x}))=0,\quad 当\ \|\boldsymbol{x}\|=1\ 时，$$

或即

$$\frac{\partial f_i}{\partial x_0}=0,\quad i=1,2,\cdots,n,$$

于是，$j\neq 0$ 时，F_j 在 ∂S 上为零，从而

$$v'(t)=0,\quad t\in[0,1].$$

或即 $t\in[0,1]$ 时，$v(t)\equiv$ 常数，这与(6.3)，(6.3)$'$ 矛盾. ∎

定理1.6.1的证明 由 Weierstrass 定理，有界闭集上的连续函数可用多项式一致逼近，即存在多项式 $K_m(\boldsymbol{x})$，使对 $\|\boldsymbol{x}\|\leqslant 1$ 一致地有

$$\|K(\boldsymbol{x})-K_m(\boldsymbol{x})\|\leqslant\frac{1}{m}. \tag{6.4}$$

当 $K_m(\boldsymbol{x})$ 满足(6.4)时，一般 $K_m(\boldsymbol{x})$ 不是 S 到 S 的映照；但容易看出 $K_m(\boldsymbol{x})$

是 S 到 S_m 的映照，$S_m=\left\{x\,\middle|\,\|x\|\leqslant 1+\frac{1}{m}\right\}$.

令

$$K_m^*(x)=\frac{m}{m+1}K_m(x),$$

则 K_m^* 为 $S\to S$ 的映照，而且 $K_m^*(x)$ 在 $\|x\|\leqslant 1$ 时仍一致趋于 $K(x)$，这是因为

$$\begin{aligned}\|K(x)-K_m^*(x)\|&=\left\|K(x)-\left(1-\frac{1}{m+1}\right)K_m(x)\right\|\\&\leqslant\|K(x)-K_m(x)\|+\frac{1}{m+1}\|K_m(x)\|\\&\leqslant\frac{1}{m}+\frac{1}{m+1}\left(1+\frac{1}{m}\right)=\frac{2}{m},\end{aligned}\tag{6.4$'$}$$

由引理 1.6.2 知存在 $x^{(m)}\in S$，使 $K_m^*(x^{(m)})=x^{(m)}$. 我们还不能说 K_m^* 的不动点 $x^{(m)}$ 趋于 K 的不动点，因为 $x^{(m)}$ 的极限一般不存在. 但因 $\|x^{(m)}\|\leqslant 1$，故必有收敛子列 $x^{(m_k)}\to\tilde{x}\in S$. 则可证明 $\tilde{x}$ 就是 K 的不动点. 事实上，

$$\begin{aligned}\|K(\tilde{x})-\tilde{x}\|\leqslant&\|K(\tilde{x})-K(x^{(m_k)})\|+\|K(x^{(m_k)})-K_{m_k}^*(x^{(m_k)})\|\\&+\|x^{(m_k)}-\tilde{x}\|,\end{aligned}$$

由于 K 为连续映照，右端第一项可任意小，第三项由定义也任意小. 中间项由(6.4)$'$ 可任意小. ∎

推论 设 $\tilde{S}$ 与 S 同胚①，K 是 $\tilde{S}$ 到 $\tilde{S}$ 的连续映照，则存在 $x\in\tilde{S}$，使

$$K(x)=x.$$

证 设同胚映照为 f，考虑 $S\to S$ 的连续映照 $f^{-1}Kf$ 并应用定理 1.6.1，立即可得. ∎

特别地，E_n 中的有界凸闭集与 S 同胚，从而 E_n 中有界凸闭集上的连续映照存在不动点，这点下节将用到.

1.6.2 Schauder 不动点定理

为了说明本定理，先引进几个有关概念.

定义 1.6.1 线性空间的集合 S 中，若对任意的 $x,y\in S$，必有点 $tx+(1-t)y\in S$，$0\leqslant t\leqslant 1$，则称 S 为**凸集**.

---

① 若存在集合 A 到 B 上一对一的双方连续映照 f（即 f,f^{-1} 均连续），使 A 映为 B，则称 A 与 B 同胚. 而 f 称为 $A\to B$ 的同胚映照.

众所周知，S为凸集的充要条件为：若$\boldsymbol{x}_i \in S$，$t_i \geqslant 0$，$\sum_{i=1}^{n} t_i = 1$，则$\sum_{i=1}^{n} t_i \boldsymbol{x}_i \in S$. 这可作为凸集的另一等价定义.

设A是线性空间中的集合，那么一切包含A的凸集中的最小凸集称为A的**凸包**，记为$h(A)$.

以下证明，A的凸包为集合

$$\left\{t_1\boldsymbol{x}_1+t_2\boldsymbol{x}_2+\cdots+t_n\boldsymbol{x}_n \middle| \boldsymbol{x}_i \in A,\ t_i \geqslant 0,\ \sum_{i=1}^{n} t_i = 1,\ n=1,2,\cdots\right\}. \quad (6.5)$$

这就是说要证明：

1° $h(A)$是凸的；

2° $h(A) \supset A$；

3° 任何凸集$A_1 \supset A$，必有$h(A) \subset A_1$.

由凸集的等价定义知$h(A)$为凸的，故1°成立. 其次，对任何$\boldsymbol{x} \in A$，写$\boldsymbol{x} = 1 \cdot \boldsymbol{x}$为(6.5)形式($n=1$的情形)，于是$\boldsymbol{x} \in h(A)$，这就是2°. 最后若凸集$A_1 \supset A$，取$\boldsymbol{x} \in h(A)$，即

$$\boldsymbol{x} = \sum_{j=1}^{n} t_j \boldsymbol{x}_j,\quad \boldsymbol{x}_j \in A,\ t_j \geqslant 0,\ \sum_{j=1}^{n} t_j = 1,$$

而$\boldsymbol{x}_j \in A \subset A_1$，$j = 1,2,\cdots,n$，由于$A_1$是凸集，由凸集的等价定义，$\boldsymbol{x} \in A_1$，即$h(A) \subset A_1$，3°得证.

定义 1.6.2 设S为度量空间R的子集. 若S中任一无穷集都存在于R中收敛的子列，则称S为**致密集**(或称列紧集或相对紧集)；若S中任一无穷集都存在在S中收敛的子列，则S称为**紧集**.

可见，紧集就是致密的闭集.

定义 1.6.3 设R为度量空间，$A \subset R$. 若对固定的$\varepsilon > 0$，存在$\{x_1, x_2, \cdots, x_n\} \subset A$，使$\bigcup_{i=1}^{N} N(x_i, \varepsilon) \supset A$，则称$\{x_1, x_2, \cdots, x_n\}$为$A$的一个**有限$\varepsilon$网**，其中$N(x_i, \varepsilon)$表示以$x_i$为圆心、$\varepsilon$为半径的邻域. 如果对任何$\varepsilon > 0$，$A$存在有限$\varepsilon$网，则称$A$**完全有界**.

由泛函分析①知道，若R为度量空间，S为致密集，则S必完全有界；反之，当R为Banach空间时，S完全有界则S必为致密集.

E_n中的有界集必致密，又E_n完备故此致密集完全有界，显然完全有界

① 例如参看夏道行等编《实变函数与泛函分析》下册，第二版，高等教育出版社，1985年.

必有界，从而 E_n 中的有界集与致密、完全有界均为等价概念. 然而无穷维空间中，有界集未必致密或未必完全有界，有界闭集未必为紧集.

定理 1.6.2 (Schauder) 设 S 为线性赋范空间 R 中的凸闭集，且 $K(S)$ 致密. K 是 S 到 S 的连续映照，则至少存在一点 $\boldsymbol{x} \in S$，使 $K(\boldsymbol{x}) = \boldsymbol{x}$.

证 方法是转化为有限维空间中的有界闭凸集上应用 Brower 不动点定理，然后由它的不动点引出本定理的不动点.

1. 转化为 Brower 不动点定理. 起关键作用的是 $K(S)$ 的致密性，由前述，$K(S)$ 必完全有界. 特别取 $\varepsilon = \varepsilon_0 > 0$ (让 ε_0 固定)，必存在 ε_0 网：$\{x_1, x_2, \cdots, x_{n_0}\} \subset K(S) \subset S$，使

$$\bigcup_{j=1}^{n_0} N(x_j, \varepsilon_0) \supset K(S). \tag{6.6}$$

设 $x_1, x_2, \cdots, x_{n_0}$ 张成的凸包为 $S_0 = h(x_1, x_2, \cdots, x_{n_0})$，且因 S 为凸集，由凸包定义，$S_0 \subset S$. S_0 必属于 R 中的一个有限维空间 L_0 中，其维数决定于 $x_1, x_2, \cdots, x_{n_0}$ 中线性无关元素的个数.

S_0 是有界集，因当 $x \in S_0$ 时有 $x = \sum_{j=1}^{n_0} t_j x_j$，$t_j \geqslant 0$，$\sum_{j=1}^{n_0} t_j = 1$. 于是

$$\| x \| \leqslant \sum_{j=1}^{n_0} t_j \| x_j \| = \max_{1 \leqslant j \leqslant n_0} \| x_j \|.$$

证 S_0 是闭集，用归纳法，显然 $h(x_1) = \{x_1\}$ 为闭集，称为 0 维锥. $h(x_1, x_2)$ 是闭线段$[x_1, x_2]$，为闭集，视为 x_2 与 0 维锥 $h(x_1)$ 连线生成，称为 1 维锥. 而

$$\begin{aligned} h(x_1, x_2, x_3) &= \left\{ t_1 x_1 + t_2 x_2 + t_3 x_3 \,\middle|\, t_i \geqslant 0,\ \sum_{i=1}^{3} t_i = 1 \right\} \\ &= \left\{ t_3 x_3 + (1 - t_3)\xi \,\middle|\, \xi \in h(x_1, x_2) \right\}, \end{aligned}$$

其中

$$\xi = \frac{t_1}{1 - t_3} x_1 + \frac{t_2}{1 - t_3} x_2,$$

$h(x_1, x_2, x_3)$ 是 x_3 和 1 维锥 $h(x_1, x_2)$ 连线段的集合，为闭三角形(或退化为一线段)，是闭集，称为 2 维锥. 类似，$h(x_1, x_2, x_3, x_4)$ 是 x_4 与 2 维锥 $h(x_1, x_2, x_3)$ 连线段的集合，为三棱锥(或退化为低维锥)，为闭集，称为 3 维锥. 一般地设 $h(x_1, x_2, \cdots, x_{n_0 - 1})$ 称为 $n_0 - 2$ 维($n_0 \geqslant 2$) 锥，是闭集. 则

$$h(x_1, x_2, \cdots, x_{n_0}) = \{ t_{n_0} x_{n_0} + (1 - t_{n_0})\xi \mid \xi \in h(x_1, x_2, \cdots, x_{n_0 - 1}) \},$$

其中

$$\xi = \frac{t_1}{1-t_{n_0}} x_1 + \cdots + \frac{t_{n_0-1}}{1-t_{n_0}} x_{n_0-1},$$

即 $h(x_1, x_2, \cdots, x_{n_0})$ 是 x_{n_0} 与 $n_0 - 2$ 维锥连线段生成的集合，称为 $n_0 - 1$ 维锥. 于是 ∂S_0 由线段组成(包括端点)且 $\partial S_0 \subseteq S_0$，则 S_0 必闭. 因 $S_0 \subseteq S_0$，从而 $\overline{S_0} = S_0 \cup \partial S_0 \subseteq S_0$，又显然 $S_0 \subseteq \overline{S}_0$，故 $S_0 = \overline{S}_0$，即 S_0 为闭集.

既然 S_0 为有限维线性空间中的有界凸闭集，为了应用 Brower 不动点定理，我们来构造 $S_0 \to S_0$ 的连续映照. 首先易见

$$f(x) = \begin{cases} \varepsilon_0 - \| x \|, & \| x \| < \varepsilon_0, \\ 0, & \| x \| \geqslant \varepsilon_0 \end{cases} \tag{6.7}$$

是 $\mathbf{R}$ 上的非负连续映射，从而复合映射

$$\begin{aligned} u_k(x) &= f(K(x) - x_k) \\ &= \begin{cases} \varepsilon_0 - \| K(x) - x_k \|, & \| K(x) - x_k \| < \varepsilon_0, \\ 0, & \| K(x) - x_k \| \geqslant \varepsilon_0 \end{cases} \end{aligned} \tag{6.8}$$

对 $k = 1, 2, \cdots, n_0$，均为 S 上的非负连续映射. 且可证明对任何 $x \in S$，$\sum\limits_{k=1}^{n_0} u_k(x) > 0$. 事实上，由(6.6)，必存在某个 k_0，使 $K(x) \in N(x_{k_0}, \varepsilon_0)$，即

$$\| K(x) - x_{k_0} \| < \varepsilon_0,$$

或即对这个 k_0，$u_{k_0}(x) > 0$，从而 $\sum\limits_{k=1}^{n_0} u_k(x) > 0$. 于是可作映射

$$K_0(x) = \frac{\sum\limits_{k=1}^{n_0} u_k(x) x_k}{\sum\limits_{k=0}^{n_0} u_k(x)}, \tag{6.9}$$

其中

$$t_k(x) = \frac{u_k(x)}{\sum\limits_{k=0}^{n_0} u_k(x)} \geqslant 0, \quad \sum_{k=0}^{n_0} t_k(x) = 1,$$

从而 K_0 是 $S \to S_0$ 的连续映射，更是有界凸闭集 $S_0 \to S_0$ 的连续映照. 由 Brower 不动点定理，存在 $x \in S_0 \subset S$ 使

$$K_0(x_0) = x_0. \tag{6.10}$$

2. 由 Brower 定理的不动点引出本定理的不动点. 由(6.10)，(6.9)，(6.8)，考察 $K(x_0)$ 与 x_0 的关系：

$$\begin{aligned}\|K(x_0)-x_0\| &= \|K(x_0)-K_0(x_0)\| \\ &= \frac{\left\|\sum_{k=1}^{n_0} u_k(x_0)(K(x_0)-x_k)\right\|}{\sum_{j=1}^{n_0} u_k(x_0)} \\ &\leqslant \frac{\sum_{u_k(x_0)>0} u_k(x_0)\|K(x_0)-x_k\|}{\sum_{u_k(x_0)>0} u_k(x_0)} < \varepsilon_0. \end{aligned} \tag{6.11}$$

以上是取 $\varepsilon=\varepsilon_0>0$ 得到(6.11). 类似地取 $\varepsilon=\varepsilon_m>0$，且 ε_m 单调下降趋于零，由以上讨论必存在 $x_m\subset S$，使

$$\|K(x_m)-x_m\|<\varepsilon_m. \tag{6.12}$$

由 $K(S)$ 致密，存在 $\{x_{m_k}\}\subset\{x_m\}$，且注意 S 为闭集，使

$$K(x_{m_k})\to\bar{x}\in S. \tag{6.13}$$

现证 $\bar{x}$ 为 K 的不动点. 事实上，由(6.12),(6.13)，有

$$\|x_{m_k}-\bar{x}\|\leqslant\|x_{m_k}-K(x_{m_k})\|+\|K(x_{m_k})-\bar{x}\|\to 0. \tag{6.14}$$

由 K 的连续性，

$$K(x_{m_k})\to K(\bar{x}). \tag{6.15}$$

比较(6.13)与(6.15)有 $K(\bar{x})=\bar{x}$. ∎

该定理的好处在于，不要求 R 的完备性，不要求 S 有界，且代之以 $K(S)$ 的致密性，并显然把以下命题作为本定理的特例：

推论(Schander) 设 S 是线性赋范空间 R 中的凸紧集，K 是 S 到 S 的连续映照，则至少存在一个 $x\in S$，使 $K(x)=x$.

1.6.3 Schauder 不动点定理的应用

我们考虑形如

$$\varphi(x)-\lambda\int_a^b K(x,y)\psi(y,\varphi(y))\mathrm{d}y=0$$

的积分方程，a,b 有限或无限. 当 a,b 有限时，不失一般性，可令 $a=0$, $b=1$.

定理 1.6.3 在积分方程

$$\varphi(x)-\lambda\int_0^1 K(x,y)\psi(y,\varphi(y))\mathrm{d}y=0 \tag{6.16}$$

中，设 $K(x,y)$ 在 $0\leqslant x,y\leqslant 1$ 上连续，从而 $|K(x,y)|\leqslant C$. 设 $S=\{\varphi|\varphi\in L_2[0,1],\ \|\varphi\|\leqslant M\}$，当 $\varphi\in S$ 时

$$\int_0^1 |\psi(y,\varphi(y))|^2 \mathrm{d}y \leqslant B^2,$$

而且对于 $\varepsilon>0$，存在 $\delta(\varepsilon)>0$，使当 $\varphi_1,\varphi_2\in S$，$\|\varphi_1-\varphi_2\|<\delta(\varepsilon)$ 时，

$$\int_0^1 |\psi(y,\varphi_1(y))-\psi(y,\varphi_2(y))|^2 \mathrm{d}y<\varepsilon^2,$$

那么当 $|\lambda|<\dfrac{M}{BC}$ 时，方程(6.16)于 S 中至少有一解.

证 显然 S 是闭凸集，把(6.16)写成算子形式

$$\varphi=\lambda K\varphi\equiv T\varphi.$$

首先，T 是 S 到 S 的映照. 因为 $\|\varphi\|\leqslant M$ 时，

$$|T\varphi(x)|\leqslant|\lambda|\int_0^1|K(x,y)||\psi(y,\varphi(y))|\mathrm{d}y\leqslant|\lambda|C\cdot B<M.$$

从而

$$\|T\varphi\|<M. \tag{6.17}$$

其次，T 是连续映照. 因为对 $\varepsilon>0$，存在 $\delta>0$，使当 $\varphi_1,\varphi_2\in S$，$\|\varphi_1-\varphi_2\|<\delta$ 时

$$\begin{aligned}|T\varphi_1-T\varphi_2|&\leqslant|\lambda|C\Big(\int_0^1|\psi(y,\varphi_1(y))-\psi(y,\varphi_2(y))|^2\mathrm{d}y\Big)^{\frac{1}{2}}\\&\leqslant|\lambda|\cdot C\cdot\varepsilon,\end{aligned}$$

从而

$$\|T\varphi_1-T\varphi_2\|\leqslant|\lambda|C\cdot\varepsilon. \tag{6.18}$$

最后证 $T(S)$ 致密. 因对任意的 $\varphi\in S$，由前知，

$$|T\varphi(x)|<M, \tag{6.19}$$

利用 $K(x,y)$ 的一致连续性，知存在 $\eta>0$，使当 $|x_1-x_2|<\eta$ 时，

$$\begin{aligned}|T\varphi(x_1)-T\varphi(x_2)|&\leqslant|\lambda|B\Big(\int_0^1|K(x_1,y)-K(x_2,y)|^2\mathrm{d}y\Big)^{\frac{1}{2}}\\&<|\lambda|B\varepsilon.\end{aligned} \tag{6.20}$$

以上说明 $T(S)$ 一致有界且等度连续，根据 Arzelà 定理[①]. $\{T\varphi(x)\}$ 必有一致收敛的子序列(当然平均收敛更无问题)，从而 $T(S)$ 致密. 由定理1.6.2便得结论. ∎

---

① 见夏道行等编《实变函数与泛函分析》下册，第二版，高等教育出版社，1985 年，第 104～105 页.

推论 对 $K(x,y)$ 的假设同上定理，设对于 $0\leqslant y\leqslant 1$ 及一切 t，

$$|\psi(y,t)|\leqslant B,$$

而且对于 $\varepsilon>0$，存在 $\delta>0$，使当 $\varphi_1,\varphi_2\in S$，$\|\varphi_1-\varphi_2\|<\delta$ 时，

$$\int_0^1|\psi(y,\varphi_1(y))-\psi(y,\varphi_2(y))|\mathrm{d}y<\varepsilon,$$

则当 $|\lambda|<\dfrac{M}{BC}$ 时，方程(6.16)于 S 中至少有一解.

例 1 讨论方程

$$\varphi(x)-\lambda\int_0^1\frac{x^2+y^2}{1+|\varphi(y)|}\mathrm{d}y=0$$

的可解性.

设 $S=\{\varphi|\varphi\in L_2[0,1],\ \|\varphi\|\leqslant 1\}$，易见

$$K(x,y)=x^2+y^2\leqslant 2(=C),$$

$$\psi(y,\varphi(y))=\frac{1}{1+|\varphi(y)|}<1(=B).$$

对于 $\varepsilon>0$，取 $\delta=\varepsilon$，则当 $\varphi_1,\varphi_2\in S$，$\|\varphi_1-\varphi_2\|<\delta$ 时，

$$\int_0^1\left|\frac{1}{1+|\varphi_1(y)|}-\frac{1}{1+|\varphi_2(y)|}\right|\mathrm{d}y\leqslant\int_0^1\big||\varphi_2(y)|-|\varphi_1(y)|\big|\mathrm{d}y$$

$$\leqslant\|\varphi_1-\varphi_2\|^2<\varepsilon^2.$$

从而当 $|\lambda|<\dfrac{1}{BC}=\dfrac{1}{2}$ 时，方程至少有一解.

例 2 有关方程 $\varphi(x)-\dfrac{2}{\pi}\displaystyle\int_0^\pi\sin x\,\varphi^2(y)\mathrm{d}y=0$ 的可解性.

前面的定理保证至少有一解，不过 $\varphi_1=0$ 及 $\varphi_2=\sin x$ 皆为解，说明方程的解并不唯一.

下面我们保持定理 1.6.3 中关于 $\psi(y,\varphi(y))$ 的假设，而将 $K(x,y)$ 推广到属于 L_2 的类中.

定理 1.6.4 对 $\psi(y,\varphi(y))$ 的假定同定理 1.6.3，但设 $K(x,y)\in L_2[0,1]$，即

$$\int_0^1\int_0^1|K(x,y)|^2\mathrm{d}x\,\mathrm{d}y<C^2<+\infty,$$

则当 $|\lambda|<\dfrac{M}{BC}$ 时，方程(6.16)于 S 中至少有一解.

证 可以像定理 1.6.3 的证明那样，并利用 Schwarz 不等式可以逐字逐句重复证明：T 是 S 到 S 的连续映照. 但不能证明 $T(S)$ 的一致有界及等度连续性(6.20)，关键是 $K(x,y)$ 未必连续，于是 $T(S)$ 的致密性得不到. 现转而

考虑构造一串 S 到 S 的连续映照 T_n，使 $T_n(S)$ 致密，且 T_n 关于 $\varphi \in S$ 一致逼近 T，然后从 $T_n(S)$ 的致密性得出 $T(S)$ 的致密性.

首先因 $L_2[0,1]$ 是 $C[0,1]$ 的完备化空间，对于 $K(x,y) \in L_2[0,1]$，必存在 $K_n(x,y) \in C[0,1]$，$n=1,2,\cdots$，使

$$\lim_{n\to\infty}\int_0^1\int_0^1 |K(x,y)-K_n(x,y)|^2 \mathrm{d}x\,\mathrm{d}y = 0.$$

设

$$\int_0^1\int_0^1 |K(x,y)|^2 \mathrm{d}x\,\mathrm{d}y = C_1^2 < +\infty,$$

则在 $L_2[0,1]$ 范数意义下，当 $n > N$ 时，

$$\begin{aligned}\|K_n(x,y)\| &\leqslant \|K_n(x,y)-K(x,y)\| + \|K(x,y)\| \\ &< 1+C_1;\end{aligned}$$

当 $n \leqslant N$ 时，$\|K_n(x,y)\| < D$. 取 $C=\max\{1+C_1,\ D\}$，则有

$$\|K(x,y)\| < C, \quad \|K_n(x,y)\| < C.$$

其次令

$$T_n\varphi = \lambda\int_0^1 K_n(x,y)\psi(y,\varphi(y))\mathrm{d}y.$$

因 $K_n(x,y) \in C[0,1]$，根据定理 1.6.3 之证明可知 T_n 是 S 到 S 的连续映照且 $T_n(S)$ 致密. 而且此时 T_n 关于 $\varphi \in S$ 在 L_2 中一致逼近 T，这是因为 $\varphi \in S$ 时，对充分大的 n，

$$\begin{aligned}\|T_n\varphi - T\varphi\| &\leqslant |\lambda|\left\{\int_0^1\int_0^1 |K(x,y)-K_n(x,y)|^2 \mathrm{d}x\,\mathrm{d}y\int_0^1 |\psi(y,\varphi(y))|^2 \mathrm{d}y\right\}^{\frac{1}{2}} \\ &\leqslant \frac{M}{BC}\cdot B\left(\int_0^1\int_0^1 |K(x,y)-K_n(x,y)|^2 \mathrm{d}x\,\mathrm{d}y\right)^{\frac{1}{2}} \\ &< \varepsilon.\end{aligned} \tag{6.21}$$

最后利用对角线法证 $T(S)$ 的致密性. 因为当 $\{\varphi_n\} \in S$ 时 $\{T\varphi_n\} \subset T(S)$. 由于 $T_1(S)$ 致密，必存在 $\{\varphi_{n^{(1)}}\} \subset \{\varphi_n\}$，使 $T_1\varphi_{n^{(1)}}$ 为 Cauchy 序列；又 $T_2(S)$ 致密，必存在 $\{\varphi_{n^{(2)}}\} \subset \{\varphi_{n^{(1)}}\}$，使 $T_k\varphi_{n^{(2)}}$ $(k=1,2)$ 为 Cauchy 序列，如此等等. 一般地，$T_m(S)$ 致密必有 $\{\varphi_{n^{(m)}}\} \subset \{\varphi_{n^{(m-1)}}\}$，使 $T_k\varphi_{n^{(m)}}$ $(k=1,2,\cdots,m)$ 为 Cauchy 序列. 最后，我们挑选序列 $\{\varphi_{n^{(n)}}\}$，对于任何 $k=1,2,\cdots$，它除了可能前面 $k-1$ 个有限项外，是 $\{\varphi_{n^{(k)}}\}$ 的子序列. 对于一切 $k=1,2,\cdots$，$T_k\varphi_{n^{(n)}}$ 是 Cauchy 序列，现证 $T\varphi_{n^{(n)}}$ 为 Cauchy 序列. 事实上，

$$\begin{aligned}\|T\varphi_{n^{(n)}} - T\varphi_{m^{(m)}}\| &\leqslant \|T\varphi_{n^{(n)}} - T_k\varphi_{n^{(n)}}\| + \|T_k\varphi_{n^{(n)}} - T_k\varphi_{m^{(m)}}\| \\ &\quad + \|T_k\varphi_{m^{(m)}} - T\varphi_{m^{(m)}}\|.\end{aligned}$$

由(6.21)，存在充分大的 k，使右端第一、第三两项充分小. 固定 k，因 $\varphi_{n^{(n)}}$

为 T_k 的Cauchy序列，于是，当 $n^{(n)}, m^{(m)} > N$ 时，中间一项也可任意小. 故 $T(s)$ 致密. 由定理 1.6.2 本定理得证. ∎

当区间 $[a,b]$ 有一个或两个端点为无穷时，我们有如下推广，例如考虑 $a=-\infty$, $b=+\infty$ 的情况(其余情况本质不变).

定理 1.6.5 *在方程*

$$\varphi(x)-\lambda\int_{-\infty}^{\infty}K(x,y)\psi(y,\varphi(y))\mathrm{d}y=0 \tag{6.22}$$

中，设 $K(x,y)\in L_2[-\infty,+\infty]$,

$$\int_{-\infty}^{\infty}\int_{-\infty}^{\infty}|K(x,y)|^2\mathrm{d}x\,\mathrm{d}y<C^2<+\infty,$$

记 $S=\{\varphi|\varphi\in L_2[-\infty,+\infty],\ \|\varphi\|\leqslant M\}$，*并设当* $\varphi\in S$ *时*，

$$\int_{-\infty}^{\infty}|\psi(y,\varphi(y))|^2\mathrm{d}y<B^2,$$

又对于任何 $\varepsilon>0$，*存在* $\delta(\varepsilon)>0$，*使当* $\varphi_1,\varphi_2\in S$，$\|\varphi_1-\varphi_2\|<\delta(\varepsilon)$ *时*，

$$\int_{-\infty}^{\infty}|\psi(y,\varphi_1(y))-\psi(y,\varphi_2(y))|^2\mathrm{d}y<\varepsilon^2,$$

则当 $|\lambda|<\dfrac{M}{BC}$ *时，方程*(6.22) *在* S *中至少有一解.*

证 令

$$T\varphi=\lambda\int_{-\infty}^{\infty}K(x,y)\psi(y,\varphi(y))\mathrm{d}y,$$

逐字逐句重复定理 1.6.3 证明中(6.17)至(6.18)的步骤，得出 T 是 S 到自身的连续映照. 为证明 $T(S)$ 的致密性，与定理 1.6.4 的方法类似，找出逼近于 T 的连续映照 T_n. 为此令

$$K_n(x,y)=\begin{cases}K(x,y), & -n\leqslant x,y\leqslant n,\\ 0, & \text{其它}.\end{cases}$$

作映照

$$T_n\varphi=\lambda\int_{-\infty}^{\infty}K_n(x,y)\psi(y,\varphi(y))\mathrm{d}y$$
$$=\lambda\int_{-n}^{n}K(x,y)\psi(y,\varphi(y))\mathrm{d}y.$$

作为空间 $L_2[-n,n]$，显然 $K(x,y),\psi(y,\varphi(y))$ 满足定理 1.6.4 的要求，于是 T_n 是 S 到 S 的连续映照，且 $T_n(S)$ 致密，这时 T_n 关于 $\varphi\in S$ 在 L_2 中一致地逼近映照 T，这是因为当 $\varphi\in S$，$n\to\infty$ 时，

$$\|T_n\varphi - T\varphi\| \leqslant |\lambda| B\left(\int_{-\infty}^{\infty}\int_{-\infty}^{\infty} |K_n(x,y) - K(x,y)|^2 \mathrm{d}x\,\mathrm{d}y\right)^{\frac{1}{2}}$$

$$= |\lambda| B\left[\left(\int_{-\infty}^{\infty}\int_{-\infty}^{\infty} - \int_{-n}^{n}\int_{-n}^{n}\right) |K(x,y)|^2 \mathrm{d}x\,\mathrm{d}y\right]^{\frac{1}{2}}$$

$$\to 0 \quad (\text{关于 } \varphi \in S \text{ 一致}).$$

然后如同定理 1.6.4 那样证明，利用对角线法，由 $T_n(S)$ 的致密性，导出 $T(S)$ 的致密性，最后利用定理 1.6.2 得到本定理的结论. ∎

由定理 1.6.4 及定理 1.6.5，我们可以引出一个判断集合致密性的方法.

定理 1.6.6 设 X, Y 均为线性赋范空间，S 是 X 中的集合，$T_n(n=1,2,\cdots)$ 及 T 是 X 到 Y 的映照. 若 $\{T_n(s)\}$ 致密，且当 $\varphi \in S$ 时 $T_n\varphi$ 关于 φ 一致地按 Y 的范数收敛于 $T\varphi$，则 TS 为致密集.

证明已含于定理 1.6.4 的证明之中，我们注意，T_n, T 都不必是线性映照.

第一章习题

1. 将下列微分方程化为积分方程：

(1)
$$y''(x) + a_1(x)y'(x) + a_2(x)y(x) = f(x),$$
$$y(0) = y_0, \quad y'(0) = y_1,$$

其中 $a_1'(x), a_2(x), f(x)$ 在 $[0,1]$ 上连续；

(2)
$$\varphi''(x) + \lambda L(x, \varphi(x)) = f(x),$$
$$\varphi(0) = \varphi(1) = 0,$$

其中 $L(x,t)$ 在 $0 \leqslant x \leqslant 1$ 及 t 的变域内为连续函数，$f(x)$ 在 $[0,1]$ 上连续.

2. 研究方程

$$\varphi(x) - \lambda \int_a^b K(x, y, \varphi(y))\mathrm{d}y = f(x),$$

a, b 有限或无限，$f(x) \in L_p[a,b]$. 设 $K(x,y)$ 满足

$$\left\|\int_a^b K(x,y,\varphi(y))\mathrm{d}y\right\|_p \leqslant M\|\varphi\|_p, \tag{1}$$

且对任意的 z_1, z_2 有

$$|K(x,y,z_1) - K(x,y,z_2)| \leqslant N(x,y)|z_1 - z_2|,$$

其中

$$\left[\int_a^b\left(\int_a^b|N(x,y)|^q\mathrm{d}y\right)^{\frac{p}{q}}\right]^{\frac{1}{p}}=M<+\infty,$$

且 $1<p<+\infty$，$\frac{1}{p}+\frac{1}{q}=1$. 试证当 $|\lambda|<\frac{1}{M}$ 时，原方程在 $L_p[a,b]$ 中有唯一解.

提示：利用 Banach 不动点定理.

3. 在上题同样假设下，但(1)改为

$$\left\|\int_a^x K(x,y,\varphi(y))\mathrm{d}y\right\|_p\leqslant M\|\varphi\|_p,$$

证明方程

$$\varphi(x)-\lambda\int_a^x K(x,y,\varphi(y))\mathrm{d}y=f(x)$$

对任何 λ 在 $L_p[a,b]$ 中有唯一解.

4. 说明方程

$$\varphi(x)-\int_a^x y^{x-y}\varphi(y)\mathrm{d}y=0,\quad 0<x<1$$

满足解的存在唯一性条件，证明 $\varphi(x)=cx^{x-1}$ 满足以上方程，但 $\int_0^1\varphi^2(x)\mathrm{d}x$ 并不存在.

5. 用逐次逼近法解以下积分方程，并写出预解核：

(1) $\varphi(x)-\frac{1}{2}\int_0^1\varphi(y)\mathrm{d}y=\mathrm{e}^x$；

(2) $\varphi(x)+\lambda\int_0^1\mathrm{e}^{x+y}\varphi(y)\mathrm{d}y=x$；

(3) $\varphi(x)-\lambda\int_0^1 x\mathrm{e}^y\varphi(y)\mathrm{d}y=f(x)$；

(4) $\varphi(x)-\lambda\int_0^x\mathrm{e}^{k(x-y)}\varphi(y)\mathrm{d}y=f(x)$ （k 是常数）.

6. 若 $\int_a^b\int_a^b|K(x,y)|^2\mathrm{d}x\,\mathrm{d}y=M^2<+\infty$，

$$\int_a^b|K(x,y)|^2\mathrm{d}y<M_1^2<+\infty,\quad\int_a^b|K(x,y)|^2\mathrm{d}x<M_2^2<+\infty,$$

证明预解核满足以下方程(a,b 为有限数)：

(1) $R(x,y;\lambda)-R(x,y;\mu)=(\lambda-\mu)\int_a^b R(x,z;\mu)\cdot R(z,y;\lambda)\mathrm{d}z$；

(2) $\frac{\partial R(x,y;\lambda)}{\partial\lambda}=\int_a^b R(x,z;\lambda)R(z,y;\lambda)\mathrm{d}z$.

7. 解退化核方程：

(1) $\varphi(x)=\mathrm{e}^x+\lambda\int_0^{10}\varphi(y)\mathrm{d}y$;

(2) $\varphi(x)=\mathrm{e}^x+\lambda\int_0^1 2\mathrm{e}^x\mathrm{e}^y\varphi(y)\mathrm{d}y$;

(3) $\varphi(x)-\lambda\int_0^1(x-y)\varphi(y)\mathrm{d}y=x$;

(4) $\varphi(x)-\lambda\int_0^1(x+y)\varphi(y)\mathrm{d}y=f(x)$.

8. 解 V-Ⅱ 方程：

(1) $\varphi(x)-2\int_0^x\cos(x-y)\ \varphi(y)\mathrm{d}y=\mathrm{e}^x$;

(2) $\varphi(x)-\int_0^x[1+2(x-y)]\varphi(y)\mathrm{d}y=x+1$;

(3) $\varphi(x)-\lambda\int_0^x a(x)b(y)\varphi(y)\mathrm{d}y=f(x)$,

其中 $a(x),b(x),f'(x)$ 在 $[0,l]$ 上连续，$a(x)\neq 0$.

9. 由 Volterra 算子的两个核

$$K_1(x,y)=\frac{H_1(x,y)}{(x-y)^\alpha},\quad K_2(x,y)=\frac{H_2(x,y)}{(x-y)^\beta},$$

作积算子，证明它是 Volterra 算子并求出它的核. 假设 $H_i(x,y)$ 在 $0\leqslant x,y\leqslant 1$ 连续($i=1,2$)，且 $0<\alpha,\beta<1$.

10. 设 $H(x,y)$ 在 $0\leqslant x,y\leqslant 1$ 连续，证明

$$\varphi(x)-\lambda\int_0^x H(x,y)\ln(x-y)\varphi(y)\mathrm{d}y=f(x)$$

对任何 λ 及 $f(x)\in C[0,1]$ 在 $L_2[0,1]$ 内有唯一解.

11. 证明方程

$$\varphi(x)-\lambda\int_0^1(x^2+y^2)\sin\varphi(y)\ \mathrm{d}y=0$$

在 $|\lambda|$ 值的适当限制下在 $L_2[0,1]$ 内有解.

12. 证明方程

$$\varphi(x)-\lambda\int_{-\infty}^{\infty}\mathrm{e}^{-\sqrt{x^2+y^2}}\ \mathrm{e}^{-|\varphi(y)|}\ \mathrm{d}y=0$$

在 $|\lambda|$ 值的适当限制下在 $L_2[-\infty,+\infty]$ 内有解.

第二章　连续核与 Fredholm 工具

上一章中，我们讨论了解的存在唯一性定理. 了解得比较充分的还是线性的第二种方程，对于线性 V-Ⅱ 方程对任何 λ 解决了这一问题，并且把解用预解核表出(见上一章(2.38)). 但对线性 F-Ⅱ 方程，虽然 Fredholm 择一性定理解决了解的存在唯一性，但方程的解用预解核来表示仅仅只在 $|\lambda|$ 充分小时才能做到(见上章(2.20)). 本章讨论线性 F-Ⅱ 方程的核为连续时的情况，将证明预解核是 λ 关于有限复平面上的亚纯函数，并指出预解核的具体求法，从而在更大范围内能把方程的解写出来. 即使解写不出比较具体的形式，我们还可以讨论特征值的存在问题及其特性.

2.1　Fredholm 行列式及其一阶子式

我们考虑方程

$$\varphi(x)-\lambda\int_0^1 K(x,y)\varphi(y)\mathrm{d}y=f(x). \tag{1.1}$$

当积分区间为$[a,b]$，a,b 有限时，总可以化为上述形式讨论. 设 $K(x,y)$ 在 $0\leqslant x,y\leqslant 1$ 上及 $f(x)$ 在 $0\leqslant x\leqslant 1$ 上连续. 若(1.1) 有解则解必定连续. 现假设(1.1) 有解. 利用 Riemann 积分定义，将(1.1) 近似离散化为代数方程

$$\varphi\left(\frac{i}{n}\right)-\lambda\sum_{j=1}^{n}\frac{1}{n}K\left(\frac{i}{n},\frac{j}{n}\right)\varphi\left(\frac{j}{n}\right)=f\left(\frac{i}{n}\right),\quad i=1,2,\cdots,n. \tag{1.2}$$

我们期望从(1.2)的解当$n\to\infty$时得出(1.1)的解. 为此，记(1.2)的系数行列式为

$$D_n(\lambda)=\begin{vmatrix} 1-\frac{\lambda}{n}K\left(\frac{1}{n},\frac{1}{n}\right) & -\frac{\lambda}{n}K\left(\frac{1}{n},\frac{2}{n}\right) & \cdots & -\frac{\lambda}{n}K\left(\frac{1}{n},\frac{n}{n}\right) \\ -\frac{\lambda}{n}K\left(\frac{2}{n},\frac{1}{n}\right) & 1-\frac{\lambda}{n}K\left(\frac{2}{n},\frac{2}{n}\right) & \cdots & -\frac{\lambda}{n}K\left(\frac{2}{n},\frac{n}{n}\right) \\ \vdots & \vdots & & \vdots \\ -\frac{\lambda}{n}K\left(\frac{n}{n},\frac{1}{n}\right) & -\frac{\lambda}{n}K\left(\frac{n}{n},\frac{2}{n}\right) & \cdots & 1-\frac{\lambda}{n}K\left(\frac{n}{n},\frac{n}{n}\right) \end{vmatrix}, \tag{1.3}$$

$D_n(\lambda)$ 的第 i 列、第 j 行元素的代数余子式记为 $D_n(i,j;\lambda)$. 设 $D_n(\lambda)\neq 0$，由 Cramer 法则，

$$\varphi\left(\frac{i}{n}\right)=\frac{1}{D_n(\lambda)}\sum_{j=1}^{n}D_n(i,j;\lambda)f\left(\frac{j}{n}\right),\quad i=1,2,\cdots,n. \tag{1.4}$$

要想论证 $n\to\infty$ 时(1.4) 的极限就是(1.1) 的解，必须考虑 $D_n(\lambda)$ 和 $D_n(i,j;\lambda)$ 当 $n\to\infty$ 时的极限.

2.1.1 $D_n(\lambda)$ 及其极限

由(1.3) 可看出 $D_n(\lambda)$ 是 λ 的 n 次多项式，即

$$D_n(\lambda)=\sum_{k=0}^{n}\frac{a_k^{(n)}}{k!}\lambda^k\quad(a_0^{(n)}=1). \tag{1.5}$$

设 ∂_i 为行列式 $D_n(\lambda)$ 对第 i 列关于 λ 求导的算子，由行列式求导法则知

$$\begin{aligned}a_k^{(n)}&=\frac{\mathrm{d}^k}{\mathrm{d}\lambda^k}D_n(\lambda)\Big|_{\lambda=0}\\&=(\partial_1+\partial_2+\cdots+\partial_n)^kD_n(\lambda)\Big|_{\lambda=0}\\&=\sum_{\alpha_1+\alpha_2+\cdots+\alpha_n=k}\frac{k!}{\alpha_1!\alpha_2!\cdots\alpha_n!}\partial_1^{\alpha_1}\partial_2^{\alpha_2}\cdots\partial_n^{\alpha_n}D_n(\lambda)\Big|_{\lambda=0}.\end{aligned}$$

注意到(1.3)，$D_n(\lambda)$ 中每个元素是关于 λ 的一次多项式，二次以上的导数为零，于是

$$\begin{aligned}a_k^{(n)}&=\sum_{\substack{\alpha_1+\alpha_2+\cdots+\alpha_n=k\\ \alpha_i\text{为0或1}}}k!\partial_1^{\alpha_1}\partial_2^{\alpha_2}\cdots\partial_n^{\alpha_n}D_n(\lambda)\Big|_{\lambda=0}\\&=\sum_{[i_1,i_2,\cdots,i_k]}k!\partial_{i_1}\partial_{i_2}\cdots\partial_{i_k}D_n(\lambda)\Big|_{\lambda=0},\end{aligned}$$

其中 $[i_1,i_2,\cdots,i_k]$ 表示从 $\{1,2,\cdots,n\}$ 任意取出 k 个数的一种组合，而上式中的 $\sum$ 表示对这种一切可能的组合求和，共 C_n^k 项. 如果记 $(i_1,i_2,\cdots,i_k)$ 为从 $\{1,2,\cdots,n\}$ 中任意取出 k 个数的一种排列，则可以写

$$a_k^{(n)}=\sum_{(i_1,i_2,\cdots,i_k)}\partial_{i_1}\partial_{i_2}\cdots\partial_{i_k}D_n(\lambda)\Big|_{\lambda=0}, \tag{1.6}$$

右边和式中共 A_n^k 项. 我们为了求(1.6) 和式中的代表项

$$\partial_{i_1}\partial_{i_2}\cdots\partial_{i_k}D_n(\lambda)\Big|_{\lambda=0},$$

不妨假设

$$i_1=1,\ i_2=2,\ \cdots,\ i_k=k,$$

以便从中找到规律.

$$
\begin{aligned}
&\partial_1\partial_2\cdots\partial_k D_n(\lambda)\Big|_{\lambda=0}\\
&=\begin{vmatrix}
-\frac{1}{n}K\left(\frac{1}{n},\frac{1}{n}\right) & \cdots & -\frac{1}{n}K\left(\frac{1}{n},\frac{k}{n}\right) & 0 & \cdots & 0\\
\vdots & & \vdots & \vdots & & \vdots\\
-\frac{1}{n}K\left(\frac{k}{n},\frac{1}{n}\right) & \cdots & -\frac{1}{n}K\left(\frac{k}{n},\frac{k}{n}\right) & 0 & \cdots & 0\\
-\frac{1}{n}K\left(\frac{k+1}{n},\frac{1}{n}\right) & \cdots & -\frac{1}{n}K\left(\frac{k+1}{n},\frac{k}{n}\right) & 1 & \cdots & 0\\
\vdots & & \vdots & \vdots & & \vdots\\
-\frac{1}{n}K\left(\frac{n}{n},\frac{1}{n}\right) & \cdots & -\frac{1}{n}K\left(\frac{n}{n},\frac{k}{n}\right) & 0 & \cdots & 1
\end{vmatrix}\\
&=\frac{(-1)^k}{n^k}\begin{vmatrix}
K\left(\frac{1}{n},\frac{1}{n}\right) & \cdots & K\left(\frac{1}{n},\frac{k}{n}\right)\\
\vdots & & \vdots\\
K\left(\frac{k}{n},\frac{1}{n}\right) & \cdots & K\left(\frac{k}{n},\frac{k}{n}\right)
\end{vmatrix},
\end{aligned}
$$

于是易见

$$
a_k^{(n)}=\frac{(-1)^k}{n^k}\sum_{(i_1,i_2,\cdots,i_k)}\begin{vmatrix}
K\left(\frac{i_1}{n},\frac{i_1}{n}\right) & \cdots & K\left(\frac{i_1}{n},\frac{i_k}{n}\right)\\
\vdots & & \vdots\\
K\left(\frac{i_k}{n},\frac{i_1}{n}\right) & \cdots & K\left(\frac{i_k}{n},\frac{i_k}{n}\right)
\end{vmatrix}. \tag{1.7}
$$

当 $k=0$ 时，由(1.3)，

$$
a_0^{(n)}=D_n(0)=1.
$$

当 $k>0$ 时，为了得 $a_k^{(n)}$ 的简明表达式现引进记号

$$
K\begin{pmatrix}x_1,\cdots,x_k\\x_1,\cdots,x_k\end{pmatrix}=\begin{vmatrix}
K(x_1,x_1) & \cdots & K(x_1,x_k)\\
\vdots & & \vdots\\
K(x_k,x_1) & \cdots & K(x_k,x_k)
\end{vmatrix}. \tag{1.8}
$$

由(1.7)，

$$
a_1^{(n)}=-\sum_{i_1=1}^{n}\frac{1}{n}K\left(\frac{i_1}{n},\frac{i_1}{n}\right).
$$

当 $n\to\infty$ 时，由 Riemann 积分定义上式趋于

$$
-\int_0^1 K(x_1,x_1)\,\mathrm{d}x_1=-\int_0^1 K\begin{pmatrix}x_1\\x_1\end{pmatrix}\mathrm{d}x_1.
$$

由(1.7)，

$$a_2^{(n)} = \sum_{(i_1,i_2)} \frac{1}{n^2} \begin{vmatrix} K\left(\frac{i_1}{n},\frac{i_1}{n}\right) & K\left(\frac{i_1}{n},\frac{i_2}{n}\right) \\ K\left(\frac{i_2}{n},\frac{i_1}{n}\right) & K\left(\frac{i_2}{n},\frac{i_2}{n}\right) \end{vmatrix}$$

$$= \sum_{i_1=1}^{n} \sum_{i_2=1}^{n} \frac{1}{n^2} \begin{vmatrix} K\left(\frac{i_1}{n},\frac{i_1}{n}\right) & K\left(\frac{i_1}{n},\frac{i_2}{n}\right) \\ K\left(\frac{i_2}{n},\frac{i_1}{n}\right) & K\left(\frac{i_2}{n},\frac{i_2}{n}\right) \end{vmatrix}$$

(注意 $i_1 = i_2$ 时，和式中出现的行列式为零)，当 $n \to \infty$ 时，上式趋于二重积分

$$\int_0^1\int_0^1 K\begin{pmatrix} x_1, x_2 \\ x_1, x_2 \end{pmatrix} dx_1 dx_2.$$

类似于以上的推理过程，一般地可得

$$a_k^{(n)} \to (-1)^k \int_0^1 \cdots \int_0^1 K\begin{pmatrix} x_1, x_2, \cdots, x_k \\ x_1, x_2, \cdots, x_k \end{pmatrix} dx_1 dx_2 \cdots dx_k \quad (n \to \infty).$$

由 $a_k^{(n)}$ 的极限启发. 我们如下来定义 $D_n(\lambda)$ 所可能趋于的极限是合理的.

定义 2.1.1 令

$$D(\lambda) = \sum_{k=0}^{\infty} \frac{(-1)^k \lambda^k}{k!} c_k, \tag{1.9}$$

其中 $c_0 = 1$，而 $k \geqslant 1$ 时

$$c_k = \int_0^1 \cdots \int_0^1 K\begin{pmatrix} x_1, x_2, \cdots, x_k \\ x_1, x_2, \cdots, x_k \end{pmatrix} dx_1 dx_2 \cdots dx_k, \tag{1.10}$$

$D(\lambda)$ 称为方程(1.1) 的 **Fredholm 行列式或称 Fredholm 分母.**

定理 2.1.1 $D(\lambda)$ 为 λ 的整函数.

证 首先要用到行列式估值的 **Hadamard 不等式**：设 $\boldsymbol{A} = (a_{ij})$ 是 $n \times n$ (复) 矩阵，则

$$|\det \boldsymbol{A}| \leqslant \left(\prod_{i=1}^{n} \sum_{j=1}^{n} |a_{ij}|^2 \right)^{\frac{1}{2}}. ① \tag{1.11}$$

当 $|a_{ij}| \leqslant M$ 时，则由上式得

$$|\det \boldsymbol{A}| \leqslant n^{\frac{n}{2}} M^n. \tag{1.12}$$

由于 $K(x,y)$ 在 $0 \leqslant x, y \leqslant 1$ 连续，设 $|K(x,y)| \leqslant M$，则由(1.12) 得

---

① 证明见 F. 黎茨著《泛函分析讲义》第二卷，科学出版社，1983 年，第 40 页.

$$\left| K\begin{pmatrix} x_1, x_2, \cdots, x_k \\ x_1, x_2, \cdots, x_k \end{pmatrix} \right| \leqslant k^{\frac{k}{2}} M^k. \tag{1.13}$$

于是(1.9) 的一般项

$$\left| \frac{(-1)^k \lambda^k}{k!} c_k \right| \leqslant \frac{|\lambda|^k}{k!} k^{\frac{k}{2}} M^k.$$

由 D'Alembert 判别法知，以上式右端为通项的级数当 λ 为任何值时收敛，从而(1.9) 对任何 λ 收敛. 因此 $D(\lambda)$ 为整函数. ∎

注 因为 $D(0) = 1 \neq 0$，所以 $D(\lambda) \not\equiv 0$，因此 $D(\lambda)$ 在全平面上至多有可列个零点$\{\lambda_i\}$，且只能以 ∞ 为聚点. 为了今后讨论方便，恒可以认为按$|\lambda_i|$不减的次序排列：

$$|\lambda_1| \leqslant |\lambda_2| \leqslant \cdots,$$

其中重零点有几重就重复写几次. 以后不再声明.

2.1.2 Fredholm 一阶子式

在讨论 $D_n(i,j;\lambda)$ 的极限时，区分 $i = j$ 及 $i \neq j$ 的情形. 首先可以证明 $D_n(i,i;\lambda)$ 是 $D_{n-1}(\lambda)$ 型的行列式，且

$$\lim_{n\to\infty} D_n(i,i;\lambda) = \lim_{n\to\infty} D_{n-1}(\lambda) = D(\lambda). \tag{1.14}$$

不妨考察 $D_n(1,1;\lambda)$. 按前述定义，

$$D_n(1,1;\lambda) = \begin{vmatrix} 1 - \frac{\lambda}{n} K\left(\frac{2}{n}, \frac{2}{n}\right) & \cdots & -\frac{\lambda}{n} K\left(\frac{2}{n}, \frac{n}{n}\right) \\ \vdots & & \vdots \\ -\frac{\lambda}{n} K\left(\frac{n}{n}, \frac{2}{n}\right) & \cdots & 1 - \frac{\lambda}{n} K\left(\frac{n}{n}, \frac{n}{n}\right) \end{vmatrix}$$

是 $D_{n-1}(\lambda)$ 型行列式，与 $D_n(\lambda)$ 不同处在于把(1.1) 写为 Riemann 积分时，前者取分点

$$0, \frac{1}{n}, \frac{2}{n}, \cdots, \frac{n}{n} = 1,$$

后者取分点

$$0, \frac{2}{n}, \frac{3}{n}, \cdots, \frac{n}{n} = 1.$$

此时不同的分点的 Riemann 和既不影响可积性又不影响积分值. 只要我们逐字逐句地重复，就可知

$$a_0^{(n-1)} = 1, \quad a_1^{(n-1)} = -\sum_{i_1=2}^{n} \frac{1}{n} K\left(\frac{i_1}{n}, \frac{i_1}{n}\right) \to -\int_0^1 K(x_1, x_1)\,\mathrm{d}x_1.$$

一般地也有

$$a_k^{(n-1)} \to (-1)^k \int_0^1 \cdots \int_0^1 K\begin{pmatrix} x_1, x_2, \cdots, x_k \\ x_1, x_2, \cdots, x_k \end{pmatrix} \mathrm{d}x_1 \mathrm{d}x_2 \cdots \mathrm{d}x_k,$$

从而(1.14) 成立. 当 $i \neq j$ 时 $D_n(i,j;\lambda)$ 能提出公因子$\frac{1}{n}$. 为了得到(1.1) 解的表达式，将(1.4) 改写为

$$\varphi\left(\frac{i}{n}\right) = \frac{D_n(i,i;\lambda)}{D_n(\lambda)} f\left(\frac{i}{n}\right) + \frac{1}{D_n(\lambda)} \sum_{\substack{j=1 \\ j \neq i}}^{n} \frac{1}{n}\left(nD_n(i,j;\lambda) f\left(\frac{j}{n}\right)\right).$$

因已假设(1.1) 解存在，可以设想当 $n \to \infty$ 时上式成为

$$\varphi(x) = f(x) + \frac{1}{D(\lambda)} \int_0^1 D(x,y;\lambda) f(y) \mathrm{d}y \tag{1.15}$$

(当然设 $D(\lambda) \neq 0$)，其中 $D(x,y;\lambda)$ 为某函数. 现在来看 $D(x,y;\lambda)$ 究竟是怎样的函数才能使(1.15) 确是原方程的解. 暂设(1.15) 成立，将它代回(1.1) 并利用 $f(y)$ 的任意性得

$$D(x,y;\lambda) = \lambda D(\lambda) K(x,y) + \lambda \int_0^1 K(x,z) D(z,y;\lambda) \mathrm{d}z. \tag{1.16}$$

设

$$D(x,y;\lambda) = \sum_{n=0}^{\infty} c_n(x,y) \frac{(-\lambda)^n}{n!}, \tag{1.17}$$

将(1.17),(1.9) 形式地代入(1.16) (若级数(1.17) 当 $x \in [0,1]$ 一致收敛，则可逐项积分，一切推证均有效)，得

$$\sum_{n=0}^{\infty} c_n(x,y) \frac{(-\lambda)^n}{n!} - \lambda K(x,y) \sum_{n=0}^{\infty} c_n \frac{(-\lambda)^n}{n!}$$

$$-\lambda \sum_{n=0}^{\infty} \left(\int_0^1 K(x,z) c_n(z,y) \mathrm{d}z \right) \frac{(-\lambda)^n}{n!} = 0.$$

令 $\lambda = 0$ 有 $c_0(x,y) = 0$，且

$$c_{n+1}(x,y) = -(n+1)\left(c_n K(x,y) + \int_0^1 K(x,z) c_n(z,y) \mathrm{d}z\right). \tag{1.18}$$

现从(1.18) 出发逐步导出 $c_{n+1}(x,y)$ 的显表达式.

因 $c_0 = 1$, $c_0(x,y) = 0$，由(1.18)，

$$c_1(x,y) = -K(x,y). \tag{1.19}$$

将(1.10) 及(1.19) 代入(1.18) 得

$$c_2(x,y) = -2\left(K(x,y)\int_0^1 K(x_1,x_1)\mathrm{d}x_1 - \int_0^1 K(x,z)K(z,y)\mathrm{d}z\right)$$

$$= -2\int_0^1 K\begin{pmatrix} x, x_1 \\ y, x_1 \end{pmatrix} \mathrm{d}x_1.$$

假设

$$c_n(x,y) = -n\int_0^1 \cdots \int_0^1 K\begin{pmatrix} x, x_1, \cdots, x_{n-1} \\ y, x_1, \cdots, x_{n-1} \end{pmatrix} \mathrm{d}x_1 \cdots \mathrm{d}x_{n-1} \quad (n \geqslant 1), \tag{1.20}$$

考虑如下行列式按第一行展开:

$$K\begin{pmatrix} x, x_1, \cdots, x_n \\ y, x_1, \cdots, x_n \end{pmatrix} = \begin{vmatrix} K(x,y) & K(x,x_1) & \cdots & K(x,x_n) \\ K(x_1,y) & K(x_1,x_1) & \cdots & K(x_1,x_n) \\ \vdots & \vdots & & \vdots \\ K(x_n,y) & K(x_n,x_1) & \cdots & K(x_n,x_n) \end{vmatrix}$$

$$= K(x,y)K\begin{pmatrix} x_1, \cdots, x_n \\ x_1, \cdots, x_n \end{pmatrix} - K(x,x_1)K\begin{pmatrix} x_1, x_2, \cdots, x_n \\ y, x_2, \cdots, x_n \end{pmatrix}$$

$$+ K(x,x_2)K\begin{pmatrix} x_1, x_2, x_3, \cdots, x_n \\ y, x_1, x_3, \cdots, x_n \end{pmatrix}$$

$$- K(x,x_3)K\begin{pmatrix} x_1, x_2, x_3, \cdots, x_n \\ y, x_1, x_2, \cdots, x_n \end{pmatrix} + \cdots$$

$$+ (-1)^n K(x,x_n)K\begin{pmatrix} x_1, x_2, \cdots, x_n \\ y, x_1, \cdots, x_{n-1} \end{pmatrix}.$$

注意到 $K\begin{pmatrix} x_1, \cdots, x_n \\ x_1, \cdots, x_n \end{pmatrix}$ 中, 当上(或下) 一横行任意相邻二变元位置对调时变号, 则上式为

$$K\begin{pmatrix} x, x_1, \cdots, x_n \\ y, x_1, \cdots, x_n \end{pmatrix} = K(x,y)K\begin{pmatrix} x_1, \cdots, x_n \\ x_1, \cdots, x_n \end{pmatrix} - K(x,x_1)K\begin{pmatrix} x_1, x_2, \cdots, x_n \\ y, x_2, \cdots, x_n \end{pmatrix}$$

$$- K(x,x_2)K\begin{pmatrix} x_1, x_2, x_3, \cdots, x_n \\ x_1, y, x_3, \cdots, x_n \end{pmatrix}$$

$$- K(x,x_3)K\begin{pmatrix} x_1, x_2, x_3, \cdots, x_n \\ x_1, x_2, y, \cdots, x_n \end{pmatrix} - \cdots$$

$$- K(x,x_n)K\begin{pmatrix} x_1, x_2, \cdots, x_{n-1}, x_n \\ x_1, x_2, \cdots, x_{n-1}, y \end{pmatrix}. \tag{1.21}$$

将上式两端对 $x_1, \cdots, x_n$ 积分: 右端第一项积分, 由(1.10) 得

$$\int_0^1 \cdots \int_0^1 K(x,y)K\begin{pmatrix} x_1, \cdots, x_n \\ x_1, \cdots, x_n \end{pmatrix} \mathrm{d}x_1 \cdots \mathrm{d}x_n = c_n K(x,y). \tag{1.22}$$

右端第二项积分为

$$-\int_0^1\cdots\int_0^1 K(x,x_1)K\begin{pmatrix}x_1,x_2,\cdots,x_n\\ y,x_2,\cdots,x_n\end{pmatrix}\mathrm{d}x_1\cdots\mathrm{d}x_n. \quad (1.23)$$

下面证明右端其它各项积分均化为(1.23). 首先，(1.21) 右端第三项积分时变换 x_1 与 x_2 的记号：

$$-\int_0^1\cdots\int_0^1 K(x,x_2)K\begin{pmatrix}x_1,x_2,x_3,\cdots,x_n\\ x_1,y,x_3,\cdots,x_n\end{pmatrix}\mathrm{d}x_1\mathrm{d}x_2\cdots\mathrm{d}x_n$$

$$=-\int_0^1\cdots\int_0^1 K(x,x_1)K\begin{pmatrix}x_2,x_1,x_3,\cdots,x_n\\ x_2,y,x_3,\cdots,x_n\end{pmatrix}\mathrm{d}x_2\mathrm{d}x_1\cdots\mathrm{d}x_n$$

$$=-\int_0^1\cdots\int_0^1 K(x,x_1)K\begin{pmatrix}x_1,x_2,x_3,\cdots,x_n\\ y,x_2,x_3,\cdots,x_n\end{pmatrix}\mathrm{d}x_1\mathrm{d}x_2\cdots\mathrm{d}x_n.$$

上面第二等式已调换了第一横行 x_2 与 x_1 的位置和第二横行 y 与 x_2 的位置，相当于行列式一次行与一次列变换，其符号不变. 类似地作，直到对(1.21) 右端第 $n+1$ 项积分，交换 x_n 与 x_1 的记号，然后调换乘数行列式第一横行 x_n 与 x_1，第二横行 x_n 与 y 的位置(相当于行列式的一次行与一次列变换)，即

$$-\int_0^1\cdots\int_0^1 K(x,x_n)K\begin{pmatrix}x_1,x_2,\cdots,x_{n-1},x_n\\ x_1,x_2,\cdots,x_{n-1},y\end{pmatrix}\mathrm{d}x_1\mathrm{d}x_2\cdots\mathrm{d}x_n$$

$$=-\int_0^1\cdots\int_0^1 K(x,x_1)K\begin{pmatrix}x_n,x_2,\cdots,x_{n-1},x_1\\ x_n,x_2,\cdots,x_{n-1},y\end{pmatrix}\mathrm{d}x_n\mathrm{d}x_2\cdots\mathrm{d}x_1$$

$$=-\int_0^1\cdots\int_0^1 K(x,x_1)K\begin{pmatrix}x_1,x_2,\cdots,x_{n-1},x_n\\ y,x_2,\cdots,x_{n-1},x_n\end{pmatrix}\mathrm{d}x_1\mathrm{d}x_2\cdots\mathrm{d}x_n.$$

再注意到(1.18) 及归纳假定(1.20)，于是

$$\int_0^1\cdots\int_0^1 K\begin{pmatrix}x,x_1,\cdots,x_n\\ y,x_1,\cdots,x_n\end{pmatrix}\mathrm{d}x_1\cdots\mathrm{d}x_n$$

$$=c_nK(x,y)+\int_0^1 K(x,x_1)\left(-n\int_0^1\cdots\int_0^1 K\begin{pmatrix}x_1,x_2,\cdots,x_n\\ y,x_2,\cdots,x_n\end{pmatrix}\mathrm{d}x_2\cdots\mathrm{d}x_n\right)\mathrm{d}x_1$$

$$=c_nK(x,y)+\int_0^1 K(x,x_1)c_n(x_1,y)\mathrm{d}x_1$$

$$=-\frac{c_{n+1}(x,y)}{n+1}.$$

这就证明了(1.20) 的正确性. 于是我们应该这样来定义 $D(x,y;\lambda)$.

定义 2.1.2 令

$$D(x,y;\lambda)=\sum_{n=0}^{\infty}c_n(x,y)\frac{(-\lambda)^n}{n!}, \quad (1.24)$$

其中

$$c_n(x,y) = -n\int_0^1\cdots\int_0^1 K\begin{pmatrix} x, x_1, \cdots, x_{n-1} \\ y, x_1, \cdots, x_{n-1} \end{pmatrix} dx_1\cdots dx_{n-1}, \quad n \geqslant 2,$$

而 $c_0(x,y)=0$, $c_1(x,y)=-K(x,y)$. 称 $D(x,y;\lambda)$ 为 **Fredholm 一阶子式**.

定理 2.1.2 $D(x,y;\lambda)$ 是 λ 的整函数, (1.24) 关于 $0\leqslant x,y\leqslant 1$ 绝对一致收敛且 $D(x,y;\lambda)$ 是 x,y 的连续函数.

证 根据不等式(1.13),

$$\left| c_n(x,y)\frac{(-\lambda)^n}{n!} \right| \leqslant \frac{|\lambda|^n}{n!} n^{\frac{n}{2}+1} M^n.$$

仍由 D'Alembert 判别法知，以上式右端为通项的级数对任何 λ 收敛，从而 (1.24) 是 λ 的整函数，且对 $0\leqslant x,y\leqslant 1$ 绝对一致收敛，于是 $D(x,y;\lambda)$ 是 x,y 的连续函数. 这一结果说明我们以上用(1.17),(1.9) 代入(1.16) 进行逐项积分的合理性. ■

推论

$$c_n = -\frac{1}{n}\int_0^1 c_n(x,x)dx, \quad n \geqslant 1. \tag{1.25}$$

证 在(1.20) 中令 $y=x$ 且对 x 积分并利用(1.10) 便得(1.25). ■

因 $c_0=1$, $c_0(x,y)=0$, $c_1(x,y)=-K(x,y)$, 由(1.25) 可求出 c_1, 由(1.18) 求出 $c_2(x,y)$, 又由(1.25) 可求出 c_2, 由(1.18) 又可求出 $c_3(x,y)$, 如此等等. 这样, 从(1.25) 及(1.18), 我们可以轮番地求出 c_n 及 $c_n(x,y)$, 从而求出 $D(\lambda)$ 及 $D(x,y;\lambda)$, 这为具体写出方程(1.1) 的解提供了实际计算方法.

定理 2.1.3 设方程(1.1) 中 $K(x,y)$ 在 $0\leqslant x,y\leqslant 1$ 上连续, $f(x)$ 在 $0\leqslant x\leqslant 1$ 上连续, 则当 $D(\lambda)\neq 0$ 时, (1.1) 有唯一解

$$\varphi(x) = f(x) + \int_0^1 \frac{D(x,y;\lambda)}{D(\lambda)} f(y)dy. \tag{1.26}$$

证 (1.26) 是(1.1) 的解，也可代回(1.1) 直接验证. 由以上讨论还可以相信, (1.1) 当 $D(\lambda)\neq 0$ 时若有解必定形为(1.26), 故解是唯一的.

容易看出 $D(\lambda)\neq 0$ 时, (1.1) 对应的齐次方程仅有零解. 把(1.26) 与第一章关于预解核的定义比较, 方程(1.1) 的预解核为

$$R(x,y;\lambda) = \frac{D(x,y;\lambda)}{\lambda D(\lambda)}. \tag{1.27}$$

它是 λ 的亚纯函数, 且为 x,y 的连续函数. ■

例 求方程

$$\varphi(x)+\lambda\int_0^1 e^{x+y}\varphi(y)\mathrm{d}y=f(x),\quad 0\leqslant x\leqslant 1$$

的预解核及 $D(\lambda)\neq 0$ 时解的表达式，设 $f(x)\in C[0,1]$.

解 $K(x,y)=-e^{x+y}$, $c_0=1$, $c_0(x,y)=0$, $c_1(x,y)=e^{x+y}$,

$$c_1=-\int_0^1 e^{2x}\mathrm{d}x=\frac{1}{2}(1-e^2),$$

$$c_2(x,y)=-2\left[-\frac{1}{2}(1-e^2)e^{x+y}-\int_0^1 e^{x+z}e^{z+y}\mathrm{d}z\right]=0.$$

所以

$$c_2=c_3=\cdots=0,\quad c_2(x,y)=c_3(x,y)=\cdots=0,$$

$$D(\lambda)=1+\frac{\lambda}{2}(e^2-1),\quad D(x,y;\lambda)=-\lambda e^{x+y},$$

$$R(x,y;\lambda)=-\frac{e^{x+y}}{1+\frac{\lambda}{2}(e^2-1)},$$

且

$$\varphi(x)=f(x)-\frac{\lambda e^x}{1+\frac{\lambda}{2}(e^2-1)}\int_0^1 e^y f(y)\mathrm{d}y.$$

2.1.3 弱奇性核的 Fredholm 工具

设方程(1.1)中 $f(x)\in C[0,1]$,

$$K(x,y)=\frac{H(x,y)}{|x-y|^{\alpha}},\quad 0<\alpha<1.$$

$H(x,y)$ 在 $0\leqslant x,y\leqslant 1$ 连续. 1.5 节中已证明，当 $m>\frac{1}{1-\alpha}$ 时方程(1.1)与第一章的(5.10)等价，而后者的核 $K_m(x,y)$ 是连续的，右端 $f+\lambda Kf+\cdots+\lambda^{m-1}K^{m-1}f$ 也连续. 由上段讨论得知，该方程的预解核

$$R_m(x,y;\lambda^m)=\frac{D_m(x,y;\lambda^m)}{\lambda^m D_m(\lambda^m)}$$

为 λ 的亚纯函数，且关于 x,y 连续. 当 $D_m(\lambda^m)\neq 0$ 时，方程(1.1)的解可写为

$$\varphi(x)=f+\lambda Kf+\cdots+\lambda^{m-1}K^{m-1}f$$
$$+\int_0^1\frac{D_m(x,y;\lambda^m)}{D_m(\lambda^m)}(f+\lambda Kf+\cdots+\lambda^{m-1}K^{m-1}f)\mathrm{d}y.$$

若将上式写为

$$\varphi(x)=f(x)+\lambda\int_0^1 R(x,y;\lambda)f(y)\mathrm{d}y,$$

则(1.1)的预解核

$$R(x,y;\lambda)=H(x,y;\lambda)+\frac{D_m(x,y;\lambda^m)}{\lambda D_m(\lambda^m)}$$
$$+\int_0^1\frac{D_m(x,z;\lambda^m)}{D_m(\lambda^m)}H(z,y;\lambda)\mathrm{d}z, \tag{1.28}$$

其中

$$H(x,y;\lambda)=K(x,y)+K_2(x,y)\lambda+\cdots+K_{m-1}(x,y)\lambda^{m-2}. \tag{1.29}$$

(1.28)右端第二项、第三项皆是x,y的连续函数. 对于第一项，由(1.29)看出，$K(x,y)$有α阶奇性，从$K_2(x,y)$至$K_{m-1}(x,y)$奇性逐减，故$H(x,y;\lambda)$也有α阶奇性，总之预解核可写成

$$R(x,y;\lambda)=\frac{R_1(x,y;\lambda)}{|x-y|^\alpha},\quad 0<\alpha<1,$$

其中$R_1(x,y;\lambda)$是λ的亚纯函数，是x,y的连续函数. 即(1.1)的预解核具有弱奇性，而其解可写成

$$\varphi(x)=f(x)+\lambda\int_0^1\frac{R_1(x,y;\lambda)}{|x-y|^\alpha}f(y)\mathrm{d}y. \tag{1.30}$$

注 1 对于含复变元且沿曲线积分的积分方程

$$\varphi(t)-\lambda\int_L\frac{H(t,\tau)}{|t-\tau|^\alpha}\varphi(\tau)\mathrm{d}\tau=f(t),\quad 0\leqslant\alpha<1, \tag{1.31}$$

这里L为简单逐段光滑曲线(封闭或否)，$H(t,\tau)$在$L\times L$上连续，$f(t)$在L上连续，相应于(1.30)，这里的解写为

$$\varphi(t)=f(t)+\lambda\int_L\frac{R_1(t,\tau;\lambda)}{|t-\tau|^\alpha}f(\tau)\mathrm{d}\tau,\quad 0\leqslant\alpha<1,$$

其中$R_1(t,\tau;\lambda)$是对$t,\tau\in L$连续、对λ的亚纯函数. 这里只须利用1.4节中注3的方法就可得到.

注 2 用$K(x,y)$在$0\leqslant x,y\leqslant 1$上有界可测代替(1.1)中的连续条件，则$D(\lambda)(\neq 0)$，$D(x,y;\lambda)$表达式的讨论及解的表达式完全与$K(x,y)$连续时的情形相同.

更一般地，设

$$\int_0^1\int_0^1|K(x,y)|^2\mathrm{d}x\,\mathrm{d}y<+\infty, \tag{1.32}$$

Fredholm工具也可得到推广，这一工作由T. Carleman① 和C. Г. Михлин②

① 见T. Carleman, Math. Zeitschr. Bd9, Heft. 3/4, 1921.

② 见C. Г. Михлин，苏联科学院报告，第42卷第9期，1944.

完成.

2.1.4 $D(\lambda)$ 的零点与特征值

现在继续 2.1.1 段及 2.1.2 段中的讨论.

定理 2.1.4 设 $K(x,y)$ 在 $0 \leqslant x,y \leqslant 1$ 上连续，则

(1)
$$-\lambda D'(\lambda)=\int_0^1 D(x,x;\lambda)\mathrm{d}x; \tag{1.33}$$

(2) 当 $|\lambda|<|\lambda_1|$ 时
$$\frac{D(x,y;\lambda)}{D(\lambda)}=\sum_{n=1}^{\infty}\lambda^n K_n(x,y); \tag{1.34}$$

(3) 当 $|\lambda|<|\lambda_1|$ 时
$$\frac{D'(\lambda)}{D(\lambda)}=-\sum_{n=1}^{\infty}\lambda^{n-1}\int_0^1 K_n(x,x)\mathrm{d}x, \tag{1.35}$$

其中 λ_1 是 $D(\lambda)$ 离原点最近的零点.

证 在(1.24)中令 $y=x$，对 x 逐项积分，且利用(1.25)，得
$$\begin{aligned}\int_0^1 D(x,x;\lambda)\mathrm{d}x&=\int_0^1\sum_{n=1}^{\infty}c_n(x,x)\frac{(-\lambda)^n}{n!}\mathrm{d}x\\&=\sum_{n=1}^{\infty}\frac{(-\lambda)^n}{n!}\int_0^1 c_n(x,x)\mathrm{d}x\\&=-\sum_{n=1}^{\infty}\frac{(-\lambda)^n}{(n-1)!}c_n=-\lambda D'(\lambda).\end{aligned}$$
又当 $|\lambda|$ 充分小时 $D(\lambda)\neq 0$，比较解的表达式(1.26)及第一章(2.20)及预解核唯一性定理 1.2.7，得(1.34). 在(1.34)中令 $y=x$ 对 x 积分且因(1.34)右端级数对 x,y 绝对一致收敛，可以逐项积分得
$$\frac{\int_0^1 D(x,x;\lambda)\mathrm{d}x}{D(\lambda)}=\sum_{n=1}^{\infty}\lambda^n\int_0^1 K_n(x,x)\mathrm{d}x.$$
再利用(1.33)，便有(1.35). 不过刚才(1.34)，(1.35)均当 $|\lambda|$ 充分小时成立，但在 $|\lambda|<|\lambda_1|$ 时，左端为 λ 的解析函数，由 Taylor 展式唯一性知展式在 $|\lambda|<|\lambda_1|$ 时仍成立. ∎

定理 2.1.5 λ_0 为 $D(\lambda)$ 零点的必要充分条件是 λ_0 为方程(1.1)的特征值.

证 (1) 必要性. 设

$$D(\lambda)=\sum_{n=r}^{\infty}d_n(\lambda-\lambda_0)^n,\quad d_r\neq 0,\ r>0,\tag{1.36}$$

$$D(x,y;\lambda)=\sum_{n=s}^{\infty}d_n(x,y)(\lambda-\lambda_0)^n,\quad d_s(x,y)\not\equiv 0.\tag{1.37}$$

将它们代入(1.33)得

$$-\lambda\sum_{n=r}^{\infty}nd_n(\lambda-\lambda_0)^{n-1}=\sum_{n=s}^{\infty}(\lambda-\lambda_0)^n\int_0^1 d_n(x,x)\mathrm{d}x.$$

若$\int_0^1 d_s(x,x)\mathrm{d}x\neq 0$，则$r-1=s$；若$\int_0^1 d_s(x,x)\mathrm{d}x=0$，则$r-1>s$. 总之有

$$s<r.$$

将(1.36),(1.37)代入(1.16)，然后两边除以$(\lambda-\lambda_0)^s$，并令$\lambda=\lambda_0$得

$$d_s(x,y)=\lambda_0\int_0^1 K(x,z)d_s(z,y)\mathrm{d}z.$$

而$d_s(x,y)\not\equiv 0$，即存在某点(x_0,y_0)，$0\leqslant x_0,y_0\leqslant 1$，使$d_s(x_0,y_0)\neq 0$，从而$d_s(x,y_0)\not\equiv 0$，此时$d_s(x,y_0)$为$\lambda_0$的特征函数，故$\lambda_0$为特征值.

(2) 充分性更明显，因$D(\lambda_0)\neq 0$时，(1.1)对应的齐次方程仅有零解，故λ_0不为特征值. ∎

现在我们可以用$D(\lambda)$是否等于零为标志重新叙述 **Fredholm 择一定理**. 在方程(1.1)的核$K(x,y)$和自由项$f(x)$连续的假定下，有

(1) 当$D(\lambda)\neq 0$时，对任意的$f(x)$，(1.1)有唯一解，且可写成(1.26)；

(2) 当$D(\lambda)=0$时，当且仅当$f(x)$与(1.1)的伴随齐次方程的所有解正交时，(1.1)有解(不唯一)，其解可写成

$$\varphi(x)=\sum_{n=1}^{m}c_n\varphi_n(x)+\varphi^*(x).$$

$\varphi^*(x)$是(1.1)的任意一个特解，c_n是任意常数，$\{\varphi_n(x)\}_1^m$是相应于λ值的线性无关的特征函数全体.

2.2 $D(\lambda)$ 的构造、特征值

已见$D(\lambda)$的零点就是方程的特征值，且$D(\lambda)$是整函数，因此可把$D(\lambda)$的这些零点分离出来写成无穷乘积的形式. 反过来这种形式又可用来证明特征值存在定理. 为此，要涉及一些整函数的概念和结论. 我们只想叙述而不

加证明①.

2.2.1 与整函数有关的概念

定义 2.2.1 设 $f(z)$ 为整函数，记 $M(r)=\max\limits_{0\leqslant\theta\leqslant 2\pi}|f(re^{i\theta})|$. 所谓整函数 $f(z)$ 的级是指

$$\rho=\overline{\lim_{r\to+\infty}}\frac{\ln\ln M(r)}{\ln r}=\lim_{r_0\to+\infty}\sup_{r>r_0}\frac{\ln\ln M(r)}{\ln r}. \tag{2.1}$$

可以证明

$$\rho=\overline{\lim_{n\to\infty}}\frac{n\ln n}{-\ln|c_n|}, \tag{2.2}$$

其中 c_n 是 $f(z)$ 的 Taylor 展式的系数.

定义 2.2.2 设 r_n 为一串单调递增趋于 $+\infty$ 的正数序列. 使得级数

$$\sum_{n=1}^{\infty}\frac{1}{r_n^{\alpha}} \tag{2.3}$$

当 $\alpha>\sigma$ 时收敛的最小正数 σ 称为(2.3) 的**收敛指数**.

例如 $\sum\limits_{n=1}^{\infty}\frac{1}{n^{\alpha}}$ 的收敛指数为 $\sigma=1$.

定义 2.2.3 所谓 **Weierstrass 质因子**是指如下 $E(z,p)$ 的集合，其中

$$E(z,0)=1-z, \tag{2.4}$$

$$E(z,p)=(1-z)\exp\left\{z+\frac{z^2}{2}+\cdots+\frac{z^p}{p}\right\},\quad p\geqslant 1. \tag{2.5}$$

我们来证明，当 $|z|\leqslant 1$ 时，有

$$|1-E(z,p)|\leqslant|z|^{p+1},\quad p=0,1,2,\cdots. \tag{2.6}$$

事实上，$p=0$ 时，由(2.4) 显然成立. 而 $p\geqslant 1$ 时，对(2.5) 求导得

$$-E'(z,p)=z^p\exp\left\{z+\frac{z^2}{2}+\cdots+\frac{z^p}{p}\right\}.$$

右端在 $z=0$ 处展开幂级数，其系数必非负. 然后将上式积分有

$$1-E(z,p)=-\int_0^z E'(z,p)\,\mathrm{d}z=z^{p+1}\varphi(z),$$

其中 $\varphi(z)$ 为整函数，且

$$\varphi(z)=\frac{1-E(z,p)}{z^{p+1}}=\sum_{n=0}^{\infty}a_nz^n,\quad a_n\geqslant 0.$$

当 $|z|\leqslant 1$ 时，

① 可参考庄圻泰等编《复变函数》，第六章，北京大学出版社，1984 年.

$$|\varphi(z)| \leqslant \sum_{n=0}^{\infty} a_n |z|^n \leqslant \sum_{n=0}^{\infty} a_n = \varphi(1) = 1.$$

这就得到(2.6).

定义 2.2.4 设$\{z_n\}$是以无穷远点为聚点的复数集合($z_n \neq 0$)，且级数

$$\sum_{n=1}^{\infty} \frac{1}{|z_n|^{\alpha}} \tag{2.7}$$

的收敛指数为σ，按如下规则定义数p：

当σ不为整数时，$p = [\sigma]$；

当σ为整数，分别按(2.7)当$\alpha = \sigma$时收敛或发散定义$p = \sigma - 1$或$p = \sigma$.

在这种定义下，容易验证，级数

$$\sum_{n=1}^{\infty} \frac{1}{|z_n|^{p+1}} \tag{2.8}$$

必定收敛. 这时，无穷乘积

$$\Pi(z) = \prod_{n=1}^{\infty} E\left(\frac{z}{z_n}, p\right) \tag{2.9}$$

为整函数. 事实上，只需证明对任意的$R > 0$，当$|z| < R$时$\Pi(z)$解析即可，或需证明(2.9)在$|z| < R$内闭一致收敛，换句话说要证明无穷级数

$$\sum_{n=1}^{\infty} \left|1 - E\left(\frac{z}{z_n}, p\right)\right| \tag{2.10}$$

在$|z| < R$内闭一致收敛. 因为n充分大时可以使$|z_n| \geqslant R$，于是$\dfrac{|z|}{|z_n|} < 1$，对于任一有界闭集$G \subset B(0,R)$，当$z \in G$，n充分大时，由(2.6)，有

$$\left|1 - E\left(\frac{z}{z_n}, p\right)\right| \leqslant \left(\frac{|z|}{|z_n|}\right)^{p+1} < \frac{R^{p+1}}{|z_n|^{p+1}}. \tag{2.11}$$

由(2.8)收敛知(2.10)在$|z| < R$内闭一致收敛，故(2.9)为整函数.

定理 2.2.1 (Hadamard 因子化定理) 设$f(z)$为有穷级ρ的整函数，则

$$f(z) = \mathrm{e}^{P_q(z)} z^k \prod_{n=1}^{\infty} E\left(\frac{z}{z_n}, p\right), \tag{2.12}$$

其中k为非负整数，$P_q(z)$为q ($\leqslant \rho$) 次多项式，$\{z_n\}$为$f(z)$非零的零点，(2.12)的乘积中这些零点按重数计，p的定义同前，而且必有$\sigma \leqslant \rho$；当ρ不为整数时，$\sigma = \rho$；当ρ为整数时，σ, q之一为ρ.

推论 若$f(z)$为有限级$\rho < 1$的整函数，则$f(z)$必有无穷个零点，且

$$f(z) = c z^k \prod_{n=1}^{\infty} \left(1 - \frac{z}{z_n}\right). \tag{2.13}$$

证 $\rho<1$时，$P_q(z)=c$为零次多项式. 又因$\rho<1$则ρ必不为整数. 由因子化定理，$\sigma=\rho<1$，σ亦不为整数，再由 p 的定义，$p=[\sigma]=0$. 根据(2.4)，

$$E\left(\frac{z}{z_n},0\right)=1-\frac{z}{z_n}.$$

又因非整数级的有穷级整函数必有无穷个零点，故得(2.13). ■

2.2.2 初步结果

定理 2.2.2 $D(\lambda)$ 为 $\rho\ (\leqslant 2)$ 级的整函数，且

$$D(\lambda)=\mathrm{e}^{a\lambda+b\lambda^2}\prod_{n=1}^{\infty}E\left(\frac{\lambda}{\lambda_n},p\right), \tag{2.14}$$

$\{\lambda_n\}$ 为 $D(\lambda)$ 的零点，p 同定义 2.2.4 所设(z_n 改为 λ_n).

证 关键是证$\rho\leqslant 2$. 因为$D(0)=1\neq 0$，即零不是$D(\lambda)$的零点，则由因子化定理 2.2.1，必可导出(2.14). 设

$$D(\lambda)=\sum_{n=0}^{\infty}a_n\lambda^n.$$

由(1.9)，(1.10)，(1.13)，

$$|a_n|\leqslant\frac{(Mn^{\frac{1}{2}})^n}{n!}. \tag{2.15}$$

根据 Stirling 公式

$$n!=\sqrt{2\pi n}\left(\frac{n}{\mathrm{e}}\right)^n\left(1-\frac{1}{12n}+\cdots\right), \tag{2.16}$$

利用(2.2)，求 $D(\lambda)$ 的级 ρ 的估值. 由(2.15)，(2.16)，

$$\frac{n\ln n}{-\ln|a_n|}=\frac{n\ln n}{\ln\dfrac{1}{|a_n|}}$$

$$\leqslant\frac{n\ln n}{\frac{1}{2}\ln 2\pi n+n\ln n+n+\ln\left(1-\frac{1}{12n}+\cdots\right)-n\ln M-\frac{1}{2}n\ln n}\equiv B_n.$$

上式右端分母、分子同时除以 $n\ln n$，取极限得

$$\rho=\overline{\lim_{n\to\infty}}\frac{n\ln n}{-\ln|a_n|}\leqslant\overline{\lim_{n\to\infty}}B_n=\lim_{n\to\infty}B_n=2.$$ ■

定理 2.2.3 设$K(x,y)$在$0\leqslant x,y\leqslant 1$上连续，$\{\lambda_j\}$为(1.1)的特征值序列，则

$$\sum_{j=1}^{\infty} \frac{1}{|\lambda_j|^2} \leqslant \int_0^1 \int_0^1 |K(x,y)|^2 \mathrm{d}x\,\mathrm{d}y. \tag{2.17}$$

证 设 $\varphi_i(x)$ 为相应于 λ_i 的特征函数，由特征值定义，

$$\int_0^1 K(x,y)\varphi_i(y)\mathrm{d}y = \frac{1}{\lambda_i}\varphi_i(x), \tag{2.18}$$

并可认为全体 $\varphi_i(x)$ 是标准正交化的，根据 Beseel 不等式，

$$\sum_{i=1}^{\infty} |(K(x,y),\overline{\varphi_i(y)})|^2 \leqslant \int_0^1 |K(x,y)|^2 \mathrm{d}y,$$

利用(2.18)代入上式然后对 x 积分便得(2.17). ∎

推论 设 $K(x,y)$ 同定理 2.2.3，则当 $\sigma = 2$ 时，

$$D(\lambda) = \mathrm{e}^{a\lambda + b\lambda^2} \prod_{n=1}^{\infty} \left(1 - \frac{\lambda}{\lambda_n}\right) \mathrm{e}^{\frac{\lambda}{\lambda_n}}. \tag{2.19}$$

λ_n 的意义同前.

证 因 $\sigma = 2$，且(2.17)左端级数收敛. 由 p 的定义知 $p = \sigma - 1 = 1$. 又由(2.5)，

$$E\left(\frac{\lambda}{\lambda_n}, 1\right) = \left(1 - \frac{\lambda}{\lambda_n}\right) \mathrm{e}^{\frac{\lambda}{\lambda_n}},$$

代入(2.14)便得(2.19). ∎

定理 2.2.4 设 $K(x,y)$ 在 $0 \leqslant x, y \leqslant 1$ 上连续，$\{\lambda_i\}$ 为(1.1)的特征值集合，则

$$\sum_{k=1}^{\infty} \frac{1}{\lambda_k^n} = \int_0^1 K_n(x,x)\mathrm{d}x, \quad n \geqslant 2. \tag{2.20}$$

证 现就 $n = 2$ 时进行证明. 由(1.3)，

$$D_n(\lambda) = |\boldsymbol{I} - \lambda \boldsymbol{K}_n|, \quad \boldsymbol{K}_n = \left(\frac{1}{n} K\left(\frac{i}{n}, \frac{j}{n}\right)\right).$$

设 $\lambda_k^{(n)}$，$k = 1,2,\cdots,n$，为(1.2)的特征值. 若把 K_n 看做算子也可以说 $\frac{1}{\lambda_k^{(n)}}$ $(k = 1,2,\cdots,n)$ 为特征值[①]. K_n^2 的迹数为

$$\sum_{i=1}^{n} \sum_{k=1}^{n} \frac{1}{n^2} K\left(\frac{i}{n}, \frac{k}{n}\right) K\left(\frac{k}{n}, \frac{i}{n}\right).$$

① 见第三章定义 3.1.2.

由线性代数，对于任何矩阵 $\boldsymbol{K}_n$，存在酉矩阵 $\boldsymbol{P}$ 使

$$\boldsymbol{K}_n = \overline{\boldsymbol{P}}' \begin{pmatrix} \frac{1}{\lambda_1^{(n)}} & & * \\ & \ddots & \\ 0 & & \frac{1}{\lambda_n^{(n)}} \end{pmatrix} \boldsymbol{P},$$

从而

$$\boldsymbol{K}_n^2 = \overline{\boldsymbol{P}}' \begin{pmatrix} \frac{1}{(\lambda_1^{(n)})^2} & & * \\ & \ddots & \\ 0 & & \frac{1}{(\lambda_n^{(n)})^2} \end{pmatrix} \boldsymbol{P}.$$

根据矩阵分别左、右乘 $\overline{\boldsymbol{P}}'$ 和 $\boldsymbol{P}$ 时迹数不变的性质，有

$$\sum_{i=1}^{n} \frac{1}{(\lambda_i^{(n)})^2} = \sum_{i=1}^{n} \sum_{k=1}^{n} \frac{1}{n^2} K\left(\frac{i}{n}, \frac{k}{n}\right) K\left(\frac{k}{n}, \frac{i}{n}\right). \tag{2.21}$$

当 $n \to \infty$，上式右端极限为

$$\int_0^1 \left(\int_0^1 K(x,z) K(z,x) \mathrm{d}z \right) \mathrm{d}x = \int_0^1 K_2(x,x) \mathrm{d}x,$$

而左端的极限为 $\sum\limits_{i=1}^{\infty} \frac{1}{\lambda_i^2}$，现证明如下：首先，由定理 2.2.3，$\sum\limits_{i=1}^{\infty} \frac{1}{\lambda_i^2}$ 是收敛的. 估计

$$\left| \sum_{k=1}^{n} \frac{1}{(\lambda_k^{(n)})^2} - \sum_{k=1}^{\infty} \frac{1}{\lambda_k^2} \right| \leqslant \sum_{k=1}^{N} \left| \frac{1}{(\lambda_k^{(n)})^2} - \frac{1}{\lambda_k^2} \right| + \left| \sum_{k=N+1}^{n} \frac{1}{(\lambda_k^{(n)})^2} \right| + \sum_{k=N+1}^{\infty} \frac{1}{|\lambda_k|^2}, \tag{2.22}$$

其中 N 待定，$n > N$. 当 $n \to \infty$ 时，

$$\lambda_k^{(n)} = \frac{\sum\limits_{j=1}^{n} \frac{1}{n} K\left(\frac{i}{n}, \frac{j}{n}\right) \varphi_k\left(\frac{j}{n}\right)}{\varphi_k\left(\frac{i}{n}\right)} \to \frac{\int_0^1 K(x,y) \varphi_k(y) \mathrm{d}y}{\varphi_k(x)} = \lambda_k \quad (k = 1, 2, \cdots, N).$$

$\left(\varphi_k\left(\frac{1}{n}\right), \cdots, \varphi_k\left(\frac{n}{n}\right)\right)^{\mathrm{T}}$ 及 $\varphi_k(x)$ 分别为相应 $\lambda_k^{(n)}$ 及 λ_k 的特征函数，于是 (2.22) 中第一项可任意小，由定理 2.2.3 知第三项可任意小. 又因(2.21) 当 $n \to +\infty$ 右端极限存在，从而左端极限也存在，于是(2.22) 中间一项可任意

小. 故 $n=2$ 的情况得证. 类似地可讨论 $n>2$ 的情形. ∎

2.2.3 进一步的结果

定理 2.2.5 设 $\{\lambda_i\}$ 为 $D(\lambda)$ 零点的集合, 则

$$D(\lambda)=e^{\alpha\lambda}\prod_{i=1}^{\infty}\left(1-\frac{\lambda}{\lambda_i}\right)e^{\frac{\lambda}{\lambda_i}}, \tag{2.23}$$

且 $\alpha=-\int_0^1 K(x,x)\mathrm{d}x$.

证 令

$$F(\lambda)=\prod_{i=1}^{\infty}E\left(\frac{\lambda}{\lambda_i},1\right)=\prod_{i=1}^{\infty}\left(1-\frac{\lambda}{\lambda_i}\right)e^{\frac{\lambda}{\lambda_i}}.$$

对任意的 $R>0$, 取 $|\lambda|<R$, 而当 i 充分大时, $|\lambda_i|\geqslant R$, 可以使 $\frac{|\lambda|}{|\lambda_i|}<1$, 由(2.11),

$$\left|1-E\left(\frac{\lambda}{\lambda_i},1\right)\right|\leqslant\frac{R^2}{|\lambda_i|^2},\quad i \text{ 充分大},$$

而 $\sum_{i=1}^{\infty}\frac{1}{|\lambda_i|^2}$ 收敛, 重复证(2.9)为整函数的推理, 知 $F(\lambda)$ 为整函数.

设 λ_1 为 $D(\lambda)$ 离原点最近的一个零点, 当 $|\lambda|<|\lambda_1|$ 时,

$$\begin{aligned}\ln F(\lambda)&=\sum_{i=1}^{\infty}\ln\left(1-\frac{\lambda}{\lambda_i}\right)+\sum_{i=1}^{\infty}\frac{\lambda}{\lambda_i}\\&=-\sum_{i=1}^{\infty}\sum_{n=1}^{\infty}\frac{1}{n}\left(\frac{\lambda}{\lambda_i}\right)^n+\sum_{i=1}^{\infty}\frac{\lambda}{\lambda_i}\\&=-\sum_{i=1}^{\infty}\sum_{n=2}^{\infty}\frac{1}{n}\left(\frac{\lambda}{\lambda_i}\right)^n.\end{aligned}$$

根据定理 2.2.4,

$$\begin{aligned}\frac{F'(\lambda)}{F(\lambda)}&=-\sum_{i=1}^{\infty}\sum_{n=2}^{\infty}\left(\frac{\lambda}{\lambda_i}\right)^{n-1}\frac{1}{\lambda_i}=-\sum_{n=2}^{\infty}\left(\sum_{i=1}^{\infty}\frac{1}{\lambda_i^n}\right)\lambda^{n-1}\\&=-\sum_{n=2}^{\infty}\left(\int_0^1 K_n(x,x)\mathrm{d}x\right)\lambda^{n-1}.\end{aligned}$$

另由(1.35), 当 $|\lambda|<|\lambda_1|$ 时,

$$\frac{F'(\lambda)}{F(\lambda)}-\frac{D'(\lambda)}{D(\lambda)}=\int_0^1 K(x,x)\mathrm{d}x,$$

故

$$F(\lambda) = Ce^{\lambda\int_0^1 K(x,x)\mathrm{d}x}D(\lambda),$$

其中 C 为常数. 令 $\lambda = 0$ 则知 $C = 1$，于是

$$D(\lambda) = \mathrm{e}^{-\lambda\int_0^1 K(x,x)\mathrm{d}x}F(\lambda).$$

上式左右两端皆为整函数，由解析函数的唯一性知，对任何 λ 上式皆成立. ∎

2.2.4 特征值存在定理

定理 2.2.6 设 $K(x,y)$ 在 $0 \leqslant x, y \leqslant 1$ 上连续，则方程(1.1) 至少有一非零特征值的必要充分条件是存在一个 $n\ (\geqslant 2)$，使 $\int_0^1 K_n(x,x)\mathrm{d}x \neq 0$.

证 只须证如下等价命题：(1.1) 无特征值的充要条件为对一切 $n \geqslant 2$，

$$\int_0^1 K_n(x,x)\mathrm{d}x = 0.$$

设(1.1) 无特征值，由定理 2.2.5 知，$D(\lambda) = \mathrm{e}^{a\lambda}$，

$$\frac{D'(\lambda)}{D(\lambda)} = a = -\int_0^1 K(x,x)\mathrm{d}x.$$

与(1.35) 比较得

$$\int_0^1 K_n(x,x)\mathrm{d}x = 0, \quad n \geqslant 2.$$

反之，若上式成立，则由(1.35) 知

$$\frac{D'(\lambda)}{D(\lambda)} = -\int_0^1 K(x,x)\mathrm{d}x,$$

$$D(\lambda) = \mathrm{e}^{-\lambda\int_0^1 K(x,x)\mathrm{d}x} \neq 0.$$

从而 $D(\lambda)$ 无特征值. ∎

虽然对于 $D(\lambda)$ 有一定办法可计算展式(1.9) 中的 c_k，而且 $D(\lambda)$ 的零点就是全部特征值，但实际上一般计算 $D(\lambda)$ 还是困难的. 本定理告诉我们从叠核的积分可断定特征值的存在与否，而不必具体求出 $D(\lambda)$.

2.2.5 满足 Hölder 条件的连续核

定理 2.2.7 设 $K(x,y)$ 在 $0 \leqslant x, y \leqslant 1$ 上连续，又对于任何的 y_1, y_2，$0 \leqslant y_1, y_2 \leqslant 1$ 及一切的 x，$0 \leqslant x \leqslant 1$，有

$$|K(x,y_1) - K(x,y_2)| \leqslant M|y_1 - y_2|^{\alpha}, \quad 0 < \alpha \leqslant 1 \tag{2.24}$$

(称 $K(x,y)$ 满足对 y 的 Hölder 条件，且对 x 一致)，则 $D(\lambda)$ 至多为 $\frac{2}{1+2\alpha}$ 级.

证 不妨设

$$|K(x,y)|\leqslant M^{①}. \tag{2.25}$$

由行列式性质及 Hadamard 不等式(1.11) 并利用(2.24),(2.25),有

$$\left|K\begin{pmatrix}x_1,\cdots,x_n\\x_1,\cdots,x_n\end{pmatrix}\right|$$

$$=\left\|\begin{matrix}K(x_1,x_1)-K(x_1,x_2) & \cdots & K(x_1,x_{n-1})-K(x_1,x_n) & K(x_1,x_n)\\ \vdots & & \vdots & \vdots\\ K(x_n,x_1)-K(x_n,x_2) & \cdots & K(x_n,x_{n-1})-K(x_n,x_n) & K(x_n,x_n)\end{matrix}\right\|$$

$$\leqslant(nM^2|x_2-x_1|^{2\alpha}\cdot nM^2|x_3-x_2|^{2\alpha}\cdots nM^2|x_{n-1}-x_n|^{2\alpha}\cdot nM^2)^{\frac{1}{2}}$$

$$=n^{\frac{n}{2}}M^n(|x_2-x_1|\cdots|x_{n-1}-x_n|)^{\alpha}. \tag{2.26}$$

不妨设

$$0\leqslant x_1\leqslant x_2\leqslant\cdots\leqslant x_n\leqslant 1.$$

可以证明

$$|x_1-x_2|\cdots|x_{n-1}-x_n|\leqslant\frac{x_n^{n-1}}{(n-1)^{n-1}}\leqslant\frac{1}{(n-1)^{n-1}}. \tag{2.27}$$

首先

$$|x_1-x_2|=x_2-x_1\leqslant x_2,$$

$$|x_1-x_2||x_2-x_3|=(x_2-x_1)(x_3-x_2)\leqslant x_2(x_3-x_2)\leqslant\frac{x_3^2}{4}.$$

假设对自然数 n, (2.27) 成立，则

$$|x_1-x_2|\cdots|x_{n-1}-x_n||x_n-x_{n+1}|\leqslant\frac{x_n^{n-1}}{(n-1)^{n-1}}(x_{n+1}-x_n).$$

利用微分求极值方法不难证明

$$|x_1-x_2|\cdots|x_n-x_{n+1}|\leqslant\frac{x_{n+1}^n}{n^n}\leqslant\frac{1}{n^n}.$$

这就归纳地证得(2.27) 的正确性. 将此应用于(2.26) 得

$$\left|K\begin{pmatrix}x_1,\cdots,x_n\\x_1,\cdots,x_n\end{pmatrix}\right|\leqslant n^{\frac{n}{2}}M^n\left[\frac{1}{(n-1)^{n-1}}\right]^{\alpha}.$$

于是 $D(\lambda)$ 的 Taylor 系数 a_n 在 n 维单位立方体上有估值:

$$|a_n|\leqslant M^n n^{\frac{n}{2}}\left[\frac{1}{(n-1)^{n-1}}\right]^{\alpha}\Big/ n!.$$

仍然用公式(2.16) 并遵循定理 2.2.2 证明中类似的推理步骤得

---

① (2.24) 与(2.25) 中的常数 M 可以调整得一样.

$$\rho = \overline{\lim_{n\to\infty}} \frac{n\ln n}{-\ln|a_n|} \leqslant \frac{2}{1+2\alpha}.$$ ∎

推论 假设同定理 2.2.7，且设 $\frac{1}{2} < \alpha \leqslant 1$，则 $D(\lambda)$ 至多为 $\frac{2}{1+2\alpha}$ (<1) 级，且

$$D(\lambda) = \prod_{n=1}^{\infty}\left(1 - \frac{\lambda}{\lambda_n}\right).$$

证 因 $\rho < 1$，$D(0) = 1 \neq 0$，此时因子化定理的推论中 $k = 0$，所以

$$D(\lambda) = \prod_{n=1}^{\infty}\left(1 - \frac{\lambda}{\lambda_n}\right).$$ ∎

由于此时 $\sigma \leqslant \rho < 1$，即 $\alpha = 1 > \sigma$，故 $\sum_{n=1}^{\infty}\frac{1}{\lambda_n}$ 收敛.

2.3 正值连续核

引理 设复幂级数

$$f(z) = \sum_{n=0}^{\infty} a_n z^n \quad (a_n \geqslant 0) \tag{3.1}$$

的收敛半径为 R，$0 < R < +\infty$，则 $z = R$ 为 $f(z)$ 的奇点.

证 用反证法. 设 $z = R$ 不是 $f(z)$ 的奇点，任取 $0 < x < R$，$f(z)$ 在 $z = x$ 处展式为

$$f(z) = \sum_{n=0}^{\infty} \frac{f^{(n)}(x)}{n!}(z-x)^n.$$

设其收敛半径为 r_0，因设 $z = R$ 不为奇点，故 $r_0 > R - x$，且

$$f^{(n)}(x) = \sum_{k=n}^{\infty} a_k k(k-1)\cdots(k-n+1)x^{k-n}. \tag{3.2}$$

在 $z = xe^{i\theta}$ $(0 \leqslant \theta < 2\pi)$ 附近，

$$f(z) = \sum_{n=0}^{\infty} \frac{f^{(n)}(xe^{i\theta})}{n!}(z - xe^{i\theta})^n,$$

设其收敛半径为 r_θ，由 Cauchy-Hadamard 公式，

$$\frac{1}{r_\theta} = \overline{\lim_{n\to\infty}} \sqrt[n]{\left|\frac{f^{(n)}(xe^{i\theta})}{n!}\right|}$$

$$= \overline{\lim_{n\to\infty}} \sqrt[n]{\left|\sum_{k=n}^{\infty} a_k \frac{k(k-1)\cdots(k-n+1)}{n!}(xe^{i\theta})^{k-n}\right|}$$

$$\leqslant \overline{\lim_{n\to\infty}} \sqrt[n]{\sum_{k=n}^{\infty} a_k \frac{k(k-1)\cdots(k-n+1)}{n!} x^{k-n}} = \frac{1}{r_0}.$$

于是 $r_\theta > R - x\ (0 \leqslant \theta < 2\pi)$，从而圆周 $|z| = R$ 上所有点都不是 $f(z)$ 的奇点，因而(3.1)的收敛半径必大于 R，矛盾. ∎

定理 2.3.1 (Jentzsch)　若 $K(x,y)$ 在 $0 \leqslant x, y \leqslant 1$ 上正值连续，则必存在一单特征值 $\lambda_0 > 0$，相应于取正值的特征函数，而其它特征值(如果有的话)，皆有 $|\lambda| > \lambda_0$.

证　因 $K(x,y) > 0$，故

$$K_2(x,y) = \int_0^1 K(x,z)K(z,y)\mathrm{d}z > 0.$$

由定理 2.2.6，特征值是存在的. 由叠核公式可归纳地看出 $K_n(x,y) > 0$，$n \geqslant 2$. 设 λ^* 为 $D(\lambda)$ 离原点最近的零点，令 $\lambda_0 = |\lambda^*|$，则 $\lambda_0 > 0$，由(1.35)，当 $|\lambda| < \lambda_0$ 时，

$$\frac{D'(\lambda)}{D(\lambda)} = -\sum_{n=1}^{\infty} \lambda^{n-1} \int_0^1 K_n(x,x)\mathrm{d}x.$$

上式右端级数收敛半径 $R = \lambda_0$，由引理知 $\lambda = \lambda_0$ 为 $D'(\lambda)/D(\lambda)$ 的奇点，但 $D'(\lambda)/D(\lambda)$ 是亚纯函数，从而 λ_0 为 $D(\lambda)$ 的零点，即 λ_0 为特征值. 为证明对应于它有正值特征函数，只要找出相应于 λ_0 的(1.1)的齐次方程的唯一正值非零解. 可按定理 2.1.5 的证明步骤进行. 即由(1.36)，(1.37)，(1.33)知 $s < r$. 将(1.36)，(1.37)代入(1.16)，两边除以 $(\lambda - \lambda_0)^s$ 然后令 $\lambda = \lambda_0$ 得

$$d_s(x,y) = \lambda_0 \int_0^1 K(x,z) d_s(z,y)\mathrm{d}z.$$

关键是证 $d_s(x,y)$ 保持同一符号. 事实上，由(1.34)，令 $0 < \lambda < \lambda_0$，

$$\sum_{n=1}^{\infty} \lambda^n K_n(x,y) = \frac{D(x,y;\lambda)}{D(\lambda)} = \frac{(\lambda-\lambda_0)^s \varphi(x,y;\lambda)}{(\lambda-\lambda_0)^r \psi(\lambda)}$$
$$= \frac{1}{(\lambda-\lambda_0)^{r-s}} \left(\frac{d_s(x,y)}{d_r} + \cdots \right),$$

其中 $\psi(\lambda)$，$\varphi(x,y;\lambda)$ 在 λ_0 附近解析，$\psi(\lambda_0) = d_r \neq 0$，$\varphi(x,y,\lambda_0) = d_s(x,y) \neq 0$，当 $0 < \lambda < \lambda_0$ 时，上式左边恒正，右边的符号取决于首项，但因 $(\lambda - \lambda_0)^{r-s} d_r$ 或恒为正或恒为负，所以 $d_s(x,y)$ 必须保持同一符号，即恒正或恒负. 当然可不妨设为恒正，记为 $\varphi(x)$.

设 $\psi(x)$ 为相应于 K 的任意特征值 λ_1 的任一特征函数(λ_1 可能等于 λ_0，也可能不等于 λ_0)，因此

$$\lambda_1\int_0^1 K(x,y)\psi(y)\mathrm{d}y=\psi(x),\tag{3.3}$$

$$\lambda_0\int_0^1 K(x,y)\varphi(y)\mathrm{d}y=\varphi(x)>0.\tag{3.4}$$

因 $\varphi(x),\psi(x)$ 皆 $\in L_2[0,1]$，由(3.3)，(3.4) 容易证明 $\psi(x),\varphi(x)\in C[0,1]$，根据连续函数的性质存在数 a，使

$$\frac{|\psi(x)|}{\varphi(x)}\leqslant a,\text{ 且}\frac{|\psi(x_0)|}{\varphi(x_0)}=a,\quad 0\leqslant x_0\leqslant 1.$$

显然 $a>0$. 令 $a\varphi(x)=\Phi_0(x)$，则

$$|\psi(x)|\leqslant\Phi_0(x),\quad \text{且}\,|\psi(x_0)|=\Phi_0(x_0)>0.\tag{3.5}$$

现分两种情况讨论：

1° 设 $|\psi(x)|\not\equiv\Phi_0(x)$，即存在 $0\leqslant x^*\leqslant 1$ 及 $\delta>0$，使当 $x\in(x^*-\delta,x^*+\delta)$ 时(当 x^* 为端点时只取左或右邻域，可类似讨论)，$|\psi(x)|<\Phi_0(x)$，

$$\left|\frac{1}{\lambda_1}\psi(x)\right|-\frac{1}{\lambda_0}\Phi_0(x)$$

$$\leqslant\left(\int_0^{x^*-\delta}+\int_{x^*-\delta}^{x^*+\delta}+\int_{x^*+\delta}^1\right)K(x,y)(|\psi(y)|-\Phi_0(y))\mathrm{d}y<0.$$

于是 $\frac{1}{|\lambda_1|}|\psi(x_0)|<\frac{1}{\lambda_0}\Phi_0(x_0)=\frac{1}{\lambda_0}|\psi(x_0)|$，从而

$$|\lambda_1|>\lambda_0.\tag{3.6}$$

2° 设 $|\psi(x)|\equiv\Phi_0(x)$，则 $\psi(x)=\mathrm{e}^{\mathrm{i}\theta(x)}\Phi_0(x)$ 代入(3.3)，

$$\lambda_1\int_0^1 K(x,y)\Phi_0(y)\mathrm{e}^{\mathrm{i}\theta(y)-\mathrm{i}\theta(x)}\mathrm{d}y=\Phi_0(x).\tag{3.7}$$

又显然

$$\lambda_0\int_0^1 K(x,y)\Phi_0(y)\mathrm{d}y=\Phi_0(x).\tag{3.8}$$

两式相减，

$$\int_0^1 K(x,y)\Phi_0(y)[\lambda_1\mathrm{e}^{\mathrm{i}(\theta(y)-\theta(x))}-\lambda_0]\mathrm{d}y=0.$$

因 $K(x,y),\Phi_0(y)$ 为正，方括号内函数恒为零，于是 $\theta(y)-\theta(x)=$ 实常数，显然此时 $\theta(x)=\theta(y)=$ 常数，因此

$$\psi(x)=\mathrm{e}^{\mathrm{i}\theta(x)}\Phi_0(x)=k\cdot\Phi_0(x).$$

从而 $\psi(x)$ 与 $\Phi_0(x)$ 相关且 $\lambda_1=\lambda_0$. 但 $\psi(x)$ 为 $\lambda_1=\lambda_0$ 的任意特征函数而又和 $\Phi_0(x)$ 或 $\varphi(x)$ 相关. 可见 λ_0 实际上是单特征值. ■

例 方程

$$\varphi(x)-\lambda\int_0^1(1+xy)\varphi(y)\mathrm{d}y=0$$

的核正值连续、退化，且可看出有一个解 $\varphi(x)=a+bx$. 代入上方程引出代数方程

$$(1-\lambda)a-\frac{\lambda}{2}b=0,$$

$$-\frac{\lambda}{2}a+\left(1-\frac{\lambda}{3}\right)b=0.$$

系数行列式 $1-\frac{4}{3}\lambda+\frac{1}{12}\lambda^2$ 之零点为 $8\pm\sqrt{52}$，即皆为正，是方程的特征值，对应的特征函数为

$$\varphi_+=1-\frac{\sqrt{13}+2}{3}x,\quad \varphi_-=1+\frac{\sqrt{13}-2}{3}x.$$

根据定理 2.3.1 仅保证较小特征值 $\lambda_0=8-\sqrt{32}$ 对应的 φ_- 为正.

第二章习题

1. 求下列积分方程的 $D(\lambda), D(x,y;\lambda), R(x,y;\lambda)$，并在 $D(\lambda)\neq 0$ 时写出解：

(1) $\varphi(x)-\int_0^1 xy\varphi(y)\mathrm{d}y=x$;

(2) $\varphi(x)-\int_a^b x\varphi(y)\mathrm{d}y=\cos x$;

(3) $\varphi(x)-\lambda\int_0^1 \mathrm{e}^{x+y}\varphi(y)\mathrm{d}y=x$;

(4) $\varphi(x)-\lambda\int_0^1 (xy^2+x^2y)\varphi(y)\mathrm{d}y=f(x)$，$f(x)\in C[0,1]$.

2. 以下列函数为核的线性 F-Ⅱ 方程是否有非零特征值($0\leqslant x,y\leqslant 1$)?

(1) $K(x,y)=\sin\pi x\cos\pi y$;

(2) $K(x,y)=xy$;

(3) $K(x,y)=x+y$;

(4) $K(x,y)=x^2+xy+y^2$;

(5) $K(x,y)=1$.

3. 第 2 题中的核满足定理 2.2.7 的条件吗?

4. 应用定理 2.2.7 的推论到以下列函数为核的线性 F-Ⅱ 方程上去，其中 $0\leqslant x,y\leqslant 1$：

(1) $K(x,y)=\mathrm{e}^{x-y}$;

(2) $K(x,y)=xy$；

(3) $K(x,y)=x+y$.

5. 下列核满足定理 2.3.1 的条件吗？用该定理的证明方法求一个正特征值 λ_0：

(1) $K(x,y)=x^2+y^2$；

(2) $K(x,y)=x^2-y^2$；

(3) $K(x,y)=x^2y+xy^2$；

(4) $K(x,y)=1$；

(5) $K(x,y)=-1$；

(6) $K(x,y)=\sin 2\pi x\ \sin 2\pi y$.

6. 设 $K(x,y)$ 在 $0\leqslant x,y\leqslant 1$ 上连续，$K(x,y)\geqslant 0$ 且 $\int_0^1 K(x,z)K(z,y)\mathrm{d}z$ 为正，证明这时方程(1.1) 至少有一个正特征值.

第三章　对称核与特征值理论

3.1　紧算子和自伴算子

本章在 Hilbert 空间 H 中讨论，所讲的算子都是线性算子.

定义 3.1.1　设 K 是 $H \to H$ 的线性算子. 若 K 把任何有界无穷集变为致密集，则称 K 为 H 上的**紧算子**[①]（或**全连续算子**）. 也就是说，若 $\{\varphi_n\} \in H$，$\|\varphi_n\| \leqslant M$，$n = 1,2,\cdots$，则必存在子序列 $\{\varphi_{n_k}\} \subset \{\varphi_n\}$，使 $K\varphi_{n_k}$ 为收敛序列.

因为 H 是 Hilbert 空间，$K\varphi_{n_k}$ 是收敛序列与 $K\varphi_{n_k}$ 是 Cauchy 序列等价.

易见，紧算子必为有界算子.

紧算子的下列性质常常用到.

1°　若 K_1, K_2 为 H 上的紧算子，α_1, α_2 为复常数，则 $\alpha_1 K_1 + \alpha_2 K_2$ 为 H 上的紧算子.

2°　若 K 和 L 分别为 H 上的紧算子和线性有界算子，则 LK 及 KL 皆为 H 上的紧算子.

1°,2° 利用定义 3.1.1 很容易证明.

由 2° 可看出，若 K_1, K_2 皆紧，则 K_1K_2 及 K_2K_1 也紧. 特别，若 K 紧则 K^n 紧 $(n \geqslant 2)$.

3°　设 $\{K_n\}$ 为 H 上的紧算子序列，且 $\lim\limits_{n\to\infty} \|K_n - K\| = 0$，则 K 在 H 上紧.

证　设 X, Y 分别为线性赋范及 Banach 空间，由泛函分析知道，$X \to Y$ 的一切线性有界算子集合 $L(X,Y)$ 构成一 Banach 空间，所以 $X = Y = H$ 时 $L(X,Y) \equiv L(H)$ 亦然. 故 K 为线性有界算子. 至于紧性可利用定理 1.6.6 证得. 实际上，设 $S = \{\varphi | \varphi \in H, \|\varphi\| \leqslant M\}$，由假设 K_nS 致密，又

---

①　把 H 空间换为 Banach 空间，也可类似定义紧算子.

$$\|K_n\varphi - K\varphi\| \leqslant \|K_n - K\|\|\varphi\| \leqslant M\|K_n - K\| \to 0,$$

即 $K_n\varphi$ 关于 $\varphi \in S$ 一致趋于 $K\varphi$. 从而 KS 致密. ∎

定义 3.1.2 设 K 为线性空间 E 上的线性算子, 对于数 μ, 存在 $\varphi \in E$, $\varphi \neq 0$, 使

$$K\varphi = \mu\varphi,$$

则称 μ 为算子 K 的**特征值**, φ 为相应于 μ 的**特征函数**.

当 K 是积分算子时, 我们总像 1.4 节(4.13)那样定义, 即对于数 λ, 存在 $\varphi \neq 0$, 使

$$\varphi - \lambda K\varphi = 0$$

时, 分别称 λ 和 φ 为积分方程的特征值和特征函数.

这两种定义不统一, 但根据上下文的意思是可以分辨清楚的. 而且它们有关系 $\lambda = \dfrac{1}{\mu}$.

4° *若 K 为 H 上的紧算子, 则非零特征值 μ 对应的特征子空间必为有限维的*①.

证 $\mu \neq 0$ 对应的特征函数若有无限个, 则必可取出可列个 $\{f_n\}$, 按 Gram-Schmidt 手续标准正交化为 $\{\varphi_n\}$. 由于 K 紧, 对于 $\|\varphi_n\| = 1$, 必有 $\{\varphi_{n'}\} \subset \{\varphi_n\}$ 使 n', m' 充分大时

$$\|K\varphi_{n'} - K\varphi_{m'}\| \to 0.$$

但另一方面注意到 $(\varphi_{n'}, \varphi_{m'}) = 0\ (m' \neq n')$, $\|\varphi_{n'}\| = \|\varphi_{m'}\| = 1$, 从而

$$\|\varphi_{n'} - \varphi_{m'}\|^2 = \|\varphi_{n'}\|^2 + \|\varphi_{m'}\|^2 - (\varphi_{n'}, \varphi_{m'}) - (\varphi_{m'}, \varphi_{n'}) = 2,$$

于是

$$\|K\varphi_{n'} - K\varphi_{m'}\| = |\mu|\,\|\varphi_{n'} - \varphi_{m'}\| = \sqrt{2}\,|\mu| \not\to 0.$$

从这一矛盾便得定理的结论. ∎

现利用以上性质判断 $H = L_2[a,b]$ (a, b 有限或无限) 上的积分算子的紧性. 设

$$Kf = \int_a^b K(x,y) f(y) \mathrm{d}y. \tag{1.1}$$

当 $K(x,y) \in L_2[a,b]$ 时, 定理 1.2.3 的证明中已阐明 K 是 L_2 上的线性有界算子, 而且有重要不等式

$$\|K\| \leqslant \left(\int_a^b\int_a^b |K(x,y)|^2 \mathrm{d}x\mathrm{d}y\right)^{\frac{1}{2}}. \tag{1.2}$$

---

① 对 Banach 空间, 本性质也成立.

我们逐步证明 K 是 L_2 上的紧算子.

(1) 当 $K(x,y)$ 在 $a\leqslant x,y\leqslant b$ 上连续，且 a,b 有限时，K 为 L_2 上的紧算子.

证 设 $|K(x,y)|\leqslant M$, $a\leqslant x,y\leqslant b$, 又设 $\{f_n\}\subset L_2[a,b]$, $\|f_n\|\leqslant N$, 则

$$|Kf_n|\leqslant\int_a^b|K(x,y)||f_n(y)|\,\mathrm{d}y\leqslant M\cdot N\sqrt{b-a}.$$

对于 $\varepsilon>0$, 必存在 $\delta(\varepsilon)>0$, 使当 $|x_1-x_2|<\delta$ 时，有

$$|Kf_n(x_1)-Kf_n(x_2)|\leqslant\|f_n\|\left(\int_a^b|K(x_1,y)-K(x_2,y)|^2\mathrm{d}y\right)^{\frac{1}{2}}$$
$$<\varepsilon N,\quad n=1,2,\cdots.$$

由 Arzelà 定理，存在 $\{f_{n_k}\}\subset\{f_n\}$ 使 Kf_{n_k} 一致收敛于连续函数 $g(x)$，当然 Kf_{n_k} 更平均收敛于 $g(x)\in L_2[a,b]$. ■

(2) 当 $K(x,y)\in L_2[a,b]$, a,b 为有限时，K 为 $L_2[a,b]$ 上的紧算子.

证 $L_2[a,b]$ 是 $C[a,b]$ 的完备化空间，对 $K(x,y)\in L_2[a,b]$ 必存在 $K_n(x,y)\in C[a,b]$, 使

$$\lim_{n\to\infty}\int_a^b\int_a^b|K(x,y)-K_n(x,y)|^2\mathrm{d}x\,\mathrm{d}y=0. \tag{1.3}$$

令

$$K_nf=\int_a^bK_n(x,y)f(y)\mathrm{d}y.$$

由(1)，K_n 是 $L_2[a,b]\to L_2[a,b]$ 上的紧算子. K_n, K 皆线性有界，且由(1.2),(1.3),

$$\|K_n-K\|\leqslant\left(\int_a^b\int_a^b|K(x,y)-K_n(x,y)|^2\mathrm{d}x\,\mathrm{d}y\right)^{\frac{1}{2}}\to 0,\quad n\to\infty.$$

由紧算子性质 3°, (2) 获证. ■

(3) 当 $K(x,y)\in L_2[-\infty,+\infty]$ 时，K 为 $L_2[-\infty,+\infty]$ 上的紧算子.

证 注意

$$\lim_{n\to\infty}\int_{-n}^n\int_{-n}^n|K(x,y)|^2\mathrm{d}x\,\mathrm{d}y=\int_{-\infty}^{\infty}\int_{-\infty}^{\infty}|K(x,y)|^2\mathrm{d}x\,\mathrm{d}y. \tag{1.4}$$

令

$$K_n(x,y)=\begin{cases}K(x,y), & -n\leqslant x,y\leqslant n,\\ 0, & \text{其它}.\end{cases}$$

作

$$K_nf=\int_{-\infty}^{\infty}K_n(x,y)f(y)\mathrm{d}y=\int_{-n}^{n}K(x,y)f(y)\mathrm{d}y.$$

因为

$$\int_{-\infty}^{\infty}\int_{-\infty}^{\infty}|K_n(x,y)|^2\mathrm{d}x\,\mathrm{d}y=\int_{-n}^{n}\int_{-n}^{n}|K(x,y)|^2\mathrm{d}x\,\mathrm{d}y$$
$$\leqslant\int_{-\infty}^{\infty}\int_{-\infty}^{\infty}|K(x,y)|^2\mathrm{d}x\,\mathrm{d}y,$$

所以 K_n 是$L_2[-\infty,+\infty]\to L_2[-\infty,+\infty]$的线性有界算子. 由(2), 实际上 K_n 还是$L_2[-n,n]\to L_2[-n,n]$的紧算子.

现证 K_n 是$L_2[-\infty,+\infty]\to L_2[-\infty,+\infty]$的紧算子. 事实上, 设对任意的 f_m, $\|f_m\|_{L_2[-\infty,+\infty]}\leqslant M$, 亦即$\|f_m\|_{L_2[-n,n]}\leqslant M$, 由于 K_n 在 $L_2[-n,n]$上紧, 故必有$\{f_{m_k}\}\subset\{f_m\}$使

$$\|K_nf_{m_k}-K_nf_{m_{k'}}\|_{L_2[-\infty,+\infty]}=\|K_nf_{m_k}-K_nf_{m_{k'}}\|_{L_2[-n,n]}$$
$$\to 0,\quad 当\ k,k'\to\infty.$$

最后由(1.2),

$$\|K_n-K\|\leqslant\left(\int_{-\infty}^{\infty}\int_{-\infty}^{\infty}|K_n(x,y)-K(x,y)|^2\mathrm{d}x\,\mathrm{d}y\right)^{\frac{1}{2}}$$
$$=\left[\left(\int_{-\infty}^{\infty}\int_{-\infty}^{\infty}-\int_{-n}^{n}\int_{-n}^{n}\right)|K(x,y)|^2\mathrm{d}x\,\mathrm{d}y\right]^{\frac{1}{2}}$$
$$\to 0,\quad n\to\infty.$$

由紧算子性质 3°, (3) 获证. ∎

至于$K(x,y)\in L_2[a,b]$, 当a,b中有一个无穷时, K亦为$L_2[a,b]$上的紧算子. 证明与(3) 类似.

总之我们由(1),(2),(3) 得到了:

定理 3.1.1 设 $K(x,y)\in L_2[a,b]$, a,b 有限或无限, 则积分算子(1.1) 是 $L_2[a,b]$ 上的紧算子.

当 $K(x,y)$ 是弱奇性核时, 可以证明(1.1) 是 $C[a,b]$ 到 $C[a,b]$ 的紧算子①, 其中 a,b 为有限.

$K(x,y)$ 为 L_2 核或弱奇性核时对应的积分算子为紧算子, 由性质 4°, 非零特征值μ对应的特征子空间必为有限维的. 这与第一章Fredholm定理的有关结论一致.

定义 3.1.3 设 K 是 H 上的线性有界算子, 若存在线性有界算子 K^*,

---

① 见 B. И. 斯米尔诺夫著《高等数学教程》第四卷一分册, 人民教育出版社, 1979 年, 第 56 ～ 59 页.

对于任意的 $f,g \in H$，使得

$$(Kf,g) = (f,K^* g),$$

则称 K^* 为 K 的**伴随算子**.

泛函分析中证明了这样的 K^* 是存在的. 若 $K^* = K$，或即

$$(Kf,g) = (f,Kg)$$

对任何 $f,g \in H$ 成立，则称 K 为 H 上的**自伴算子**.

自伴算子有如下常用性质.

1° *若 K 为 H 上的自伴算子，则其特征值为实数.*

证 设 $Kf = \mu f$，$f \neq 0$，因 $(Kf,f) = (f,Kf)$，即 $\mu(f,f) = \overline{\mu}(f,f)$，从而 $\mu = \overline{\mu}$. ∎

2° *设 K 为 H 上的自伴算子，则对应于不同特征值的特征函数互相正交.*

证 设 $Kf_1 = \mu_1 f_1$，$Kf_2 = \mu_2 f_2$，$\mu_1 \neq \mu_2$，因 $(Kf_1,f_2) = (f_1,Kf_2)$，即 $\mu_1(f_1,f_2) = \mu_2(f_1,f_2)$，从而 $(f_1,f_2) = 0$. ∎

注 在可分的 Hilbert 空间(即含有可列稠密子集的 H 空间)中，可以证明一个正交集合至多含可列个元素. 若 K 是可分 H 空间上的紧自伴算子，则由 2°，非零特征值至多可列个，而每个非零特征值对应的线性无关的特征函数至多有限个，因此非零特征值的特征函数全体至多构成一可列集. 由 2° 及 Gram-Schmidt 手续必可将其特征函数标准正交化. 因 $L_2[a,b]$ 是可分的 H 空间，故它有上述性质.

下述性质显然：

3° *若 K 为 H 上的自伴算子，则 K^n 亦为 H 上的自伴算子，$n \geqslant 2$.*

定义 3.1.4 当积分算子(1.1) 的核满足

$$K(x,y) = \overline{K(y,x)}$$

时，称 $K(x,y)$ 为**共轭对称核**，简称**对称核**或 **Hermite 核**.

设 $K(x,y) \in L_2[a,b]$，容易证明 $K(x,y)$ 为对称核的充分必要条件是对任意的 $\varphi,\psi \in L_2[a,b]$ 有

$$(K\varphi,\psi) = (\varphi,K\psi).$$

所以与 L_2 对称核相应的积分算子(1.1) 是紧自伴算子.

若 $K(x,y)$ 为对称核，容易看出其叠核亦为对称核.

3.2 特征值存在定理

对于 H 上的紧自伴算子，有下列重要的关于特征值的存在定理.

定理 3.2.1 设 K 为 H 上的紧自伴算子，且 $K\neq 0$（或即 $\|K\|\neq 0$），则至少 $\pm\|K\|$ 之一为 K 的特征值.

证 本定理是要证明：存在 $g\neq 0$，使

$$Kg=\pm\|K\|g \tag{2.1}$$

中至少有一式成立. 若能证明这一点，则必

$$K^2g=\|K\|^2g. \tag{2.2}$$

反之，(2.2) 成立时，(2.1) 之一必成立. 事实上，

$$(K^2-\|K\|^2)g=(K+\|K\|)(K-\|K\|)g=0.$$

若 $h=(K-\|K\|)g\neq 0$，则 $(K+\|K\|)h=0$，故 $-\|K\|$ 为 K 的特征值；若 $h=0$，则 $\|K\|$ 为 K 的特征值. 所以只要证紧自伴算子 K^2 有特征值 $\|K\|^2$ 即可，亦即要证明(2.2) 成立.

由 $\|K\|$ 的定义，

$$\|K\|=\sup_{\|f\|=1}\|Kf\|. \tag{2.3}$$

对于 $\varepsilon_n>0$，$\varepsilon_n\to 0$，必有 $\|f_n\|=1$，使 $\|K\|-\varepsilon_n<\|Kf_n\|\leqslant\|K\|$，从而

$$\lim_{n\to\infty}\|Kf_n\|=\|K\|. \tag{2.4}$$

因 K^2 紧，对于 $\|f_n\|=1$，必有子序列，仍记为 f_n，使 K^2f_n 收敛到 $f\in H$. 因 $\|K\|\neq 0$，可写 $f=\|K\|^2\dfrac{f}{\|K\|^2}\triangleq\|K\|^2g$，$g\in H$，使

$$\left\|K^2f_n-\|K\|^2g\right\|\to 0,\quad n\to\infty. \tag{2.5}$$

若我们能证明

$$\|f_n-g\|\to 0,\quad g\neq 0 \tag{2.6}$$

（因 $\|f_n\|=1$，这时 $g\neq 0$），则由 K^2 的连续性（因 K^2 为线性有界）必有

$$\|K^2f_n-K^2g\|\to 0. \tag{2.7}$$

由(2.5) 及极限的唯一性可得到(2.2)，于是命题将获证. 然而(2.6) 与

$$\left\|\|K\|^2f_n-\|K\|^2g\right\|\to 0,\quad n\to\infty \tag{2.8}$$

等价. 故只须证(2.8). 我们这样来估计：

$$\begin{aligned}\left\|\|K\|^2g-\|K\|^2f_n\right\|\leqslant&\left\|\|K\|^2g-K^2f_n\right\|+\left\|K^2f_n-\|Kf_n\|^2f_n\right\|\\&+\left\|\|Kf_n\|^2f_n-\|K\|^2f_n\right\|.\end{aligned} \tag{2.9}$$

当 $n\to\infty$ 时，由(2.5)，上式右端第一项趋于零，第三项为

$$\left|\|Kf_n\|^2-\|K\|^2\right|\|f_n\|=\left|\|Kf_n\|^2-\|K\|^2\right|,$$

由(2.4) 可知其趋于零. 至于中间一项将其平方后，有

$$\begin{aligned}
&\|K^2 f_n - \|Kf_n\|^2 f_n\|^2 \\
&= \|K^2 f_n\|^2 + \|Kf_n\|^4 - \|Kf_n\|^2 (K^2 f_n, f_n) - \|Kf_n\|^2 (f_n, K^2 f_n) \\
&= \|K^2 f_n\|^2 + \|Kf_n\|^4 - 2\|Kf_n\|^2 (Kf_n, Kf_n) \\
&= \|K^2 f_n\|^2 - \|Kf_n\|^4 = \|K \cdot Kf_n\|^2 - \|Kf_n\|^4 \\
&\leqslant \|K\|^2 \|Kf_n\|^2 - \|Kf_n\|^4 = \|Kf_n\|^2 (\|K\|^2 - \|Kf_n\|^2).
\end{aligned}$$

由(2.4)，它趋于零，有了以上分析就不难写出证明了. ∎

为叙述简单起见，凡本书涉及的紧自伴算子，皆设 $K \neq 0$，不另声明.

注 1 定理中的自伴条件是重要的. 例如取非对称核

$$K(x,y) = \sin \pi x \cos \pi y, \quad 0 \leqslant x, y \leqslant 1,$$

算子(1.1) 无特征值(见 1.4 节注 1).

又如 K 为 Volterra 积分算子且 $K(x,y) \in L_2[a,b]$ 时，$\varphi - \lambda K\varphi = 0$ 对任何 λ 只有零解，故无特征值. 这时

$$Kf = \int_a^x K(x,y) f(y) \mathrm{d}y, \quad f(x) \in L_2[a,b].$$

令

$$K^*(x,y) = \begin{cases} K(x,y), & y \leqslant x, \\ 0, & y > x, \end{cases}$$

则 $Kf = \int_a^b K^*(x,y) f(y) \mathrm{d}y$,

$$\begin{aligned}
\int_a^b \int_a^b |K^*(x,y)|^2 \mathrm{d}x \mathrm{d}y &= \int_a^b \int_a^x |K(x,y)|^2 \mathrm{d}x \mathrm{d}y \\
&\leqslant \int_a^b \int_a^b |K(x,y)|^2 \mathrm{d}x \mathrm{d}y < +\infty,
\end{aligned}$$

从而 K 是 $L_2[a,b]$ 上的紧算子. 但注意这时即使 $K(x,y) = \overline{K(y,x)}$, K^* 也不见得是自伴算子. 例如 $K(x,y) = 1 = \overline{K(y,x)}$，故

$$K^*(x,y) = \begin{cases} 1, & y \leqslant x, \\ 0, & y > x, \end{cases} \quad \overline{K^*(y,x)} = \begin{cases} 0, & y < x, \\ 1, & y \geqslant x. \end{cases}$$

两者并不相等. 故 K^*，或者说 K 作为 Volterra 算子并不是自伴算子.

注 2 定理的证明过程表明所得特征值 μ 的模为

$$|\mu| = \|K\| = \sup_{\|f\|=1} \|Kf\|,$$

由(2.4) 可求出一串 $\|f_n\| = 1$，使 $\|Kf_n\| \to |\mu|$，这说明 $|\mu|$ 具有某种极值性质，据此可求特征值最大模的近似值.

这个定理说明，H 上的紧自伴算子 $\|K\| \neq 0$ 至少有一个特征值存在. 下面举出仅有这样一个特征值(且为单特征值) 存在的例子.

例 设积分算子

$$Kf = \int_a^b K(x,y)f(y)\mathrm{d}y,$$

其中 $f(x) \in L_2[a,b]$，又

$$K(x,y) = \alpha(x)\,\overline{\alpha(y)},$$

其中 $\alpha(x) \in L_2[a,b]$，$\alpha(x) \neq 0$，显然 K 是 $L_2[a,b]$ 上的紧自伴算子. 因为

$$K\alpha(x) = \int_a^b \alpha(x)\,\overline{\alpha(y)}\alpha(y)\mathrm{d}y = \|\alpha\|^2\alpha(x),$$

所以 $\|\alpha\|^2$ 及 $\alpha(x)$ 分别为 K 的非零特征值及相应特征函数，另外可以证明没有别的非零特征值了. 事实上，设 $b(x)$ 为另一非零特征值 β 对应的特征函数，则

$$Kb(x) = \beta b(x), \quad \beta \neq 0.$$

另外

$$Kb(x) = \left(\int_a^b \overline{\alpha(y)}b(y)\mathrm{d}y\right)\alpha(x),$$

故

$$\left(\int_a^b \overline{\alpha(y)}b(y)\mathrm{d}y\right)\alpha(x) - \beta b(x) = 0.$$

从而 $\alpha(x)$，$b(x)$ 线性相关. 可见它们是同一特征值的特征函数，故知 K 有唯一的单特征值 $\|\alpha\|^2 > 0$，且由定理 3.2.1 可看出 $\|K\| = \|\alpha\|^2$.

3.3 展开定理

定理 3.3.1 (Hilbert-Schmidt) 设 H 为可分的 Hilbert 空间，K 是 H 上的紧自伴算子，$\{\mu_i\}$ 为 K 的不为零的特征值的全体(有限或可列个，按重数计)，$\{\varphi_i\}$ 为相应的标准正交的特征函数的全体，则 $f \in H$ 时，

$$Kf = \sum_i \mu_i (f,\varphi_i)\varphi_i \tag{3.1}$$

按 H 中的范数意义收敛，且可排列诸 μ_i 使得

$$|\mu_1| \geqslant |\mu_2| \geqslant \cdots. \tag{3.2}$$

若 μ_i 有无穷个，则

$$\lim_{n\to\infty}\mu_n = 0. \tag{3.3}$$

证 证明的方法是这样的：首先通过某种途径找出部分的特征值及特征函数，然后逐步找出它们的全部. 由于 H 是可分的，其特征函数至多可列

个，因而可设它们已标准正交化. 然后从找出的特征值及特征函数中发现 μ_i 及 Kf 的展开规律.

(1) 找出$\{\mu_i\}$及$\{\varphi_i\}$

由上节特征值存在定理，至少 $\pm\|K\|$ 之一必为特征值. 设 $\mu=\|K\|$ 为 k 重特征值，记作 $\mu_1=\mu_2=\cdots=\mu_k=\|K\|$，其对应标准正交特征函数为 φ_1，$\varphi_2,\cdots,\varphi_k$；对应于 $\mu=-\|K\|$，有 $n-k$ 重，记为 $\mu_{k+1}=\cdots=\mu_n=-\|K\|$，其对应标准正交特征函数为 $\varphi_{k+1},\cdots,\varphi_n$(也可能 $k=0$ 或 $n=k$).

令

$$K_n f=Kf-\sum_{i=1}^{n}\mu_i(f,\varphi_i)\varphi_i, \tag{3.4}$$

K_n 是 $H\to H$ 的线性有界算子. 线性明显，有界则可从

$$\|K_n f\|\leqslant(n+1)\|K\|\|f\|$$

看出. 若$\|K_n\|=0$，即 K_n 为零算子，则

$$Kf=\sum_{i=1}^{n}\mu_i(f,\varphi_i)\varphi_i,$$

定理得证. 若$\|K_n\|\neq 0$，则须进一步找出 K 的其它特征值及特征函数. 这需要下列一些辅助命题.

设 H_n 为 $\varphi_1,\varphi_2,\cdots,\varphi_n$ 张成的线性子空间，$H_n^{\perp}$ 为 H_n 的正交补空间.

命题 1° H_n 及 $H_n^{\perp}$ 皆为线性闭子空间，且关于算子 K 为不变子空间.

因任何 n 维线性赋范空间与 n 维欧氏空间同构，由后者闭可推出前者闭；其次，当 $f=\sum_{i=1}^{n}\alpha_i\varphi_i\in H_n$ 时

$$Kf=\sum_{i=1}^{n}\alpha_i K\varphi_i=\sum_{i=1}^{n}\alpha_i\mu_i\varphi_i\in H_n.$$

从而 H_n 为不变子空间.

对 $H_n^{\perp}$ 而言，对任意的 $f_1,f_2\in H_n^{\perp}$，c_1,c_2 为常数，有

$$(c_1f_1+c_2f_2,\varphi_i)=c_1(f_1,\varphi_i)+c_2(f_2,\varphi_i)=0,\quad i=1,2,\cdots,n.$$

所以 $c_1f_1+c_2f_2\in H_n^{\perp}$；又设$\{f_m\}\subset H_n^{\perp}$，$f_m\to f$，则由$(f_m,\varphi_i)=0$可推得$(f,\varphi_i)=0$，$i=1,2,\cdots,n$，故 $f\in H_n^{\perp}$；最后由 $f\in H_n^{\perp}$ 得

$$(Kf,\varphi_i)=(f,K\varphi_i)=\mu_i(f,\varphi_i)=0,\quad i=1,2,\cdots,n,$$

故 $Kf\in H_n^{\perp}$. 命题得证. ■

注意此时 H_n 及 $H_n^{\perp}$ 均为 Hilbert 子空间.

所谓 H 空间的子空间 A 与 B 之直和是指

$$A \oplus B = \{f_1 + f_2 \mid f_1 \in A,\ f_2 \in B,\ A \perp B\}.$$

命题 2° $H = H_n \oplus H_n^{\perp}$.

证 由 Hilbert 空间的投影定理①，命题立即得证. ∎

若记 $f_1 \in H_n$，$f^{\perp} \in H_n^{\perp}$，由命题 2° 对任何 $f \in H$ 有

$$f = f_1 + f^{\perp}.$$

因 $f_1 \in H_n$，故

$$f_1 = \sum_{i=1}^{n} (f_1, \varphi_i)\varphi_i = \sum_{i=1}^{n} (f_1 + f^{\perp}, \varphi_i)\varphi_i = \sum_{i=1}^{n} (f, \varphi_i)\varphi_i.$$

从而我们有

$$f = \sum_{i=1}^{n} (f, \varphi_i)\varphi_i + f^{\perp}, \quad f^{\perp} \in H_n^{\perp}. \tag{3.5}$$

命题 3°

$$K_n f = K f^{\perp}. \tag{3.6}$$

证 由(3.4),(3.5),

$$K_n f = Kf - \sum_{i=1}^{n} \mu_i (f, \varphi_i)\varphi_i = K\Big(f - \sum_{i=1}^{n} (f, \varphi_i)\varphi_i\Big) = K f^{\perp}.$$ ∎

由于 $H_n^{\perp}$ 关于 K 不变，本命题说明 K_n 是 $H \to H_n^{\perp}$ 的线性有界算子，相当于 K 由 $H_n^{\perp} \to H_n^{\perp}$ 的作用.

命题 4° 当 $\|K_n\| \neq 0$ 时，K 是 $H_n^{\perp}$ 上的紧自伴算子，其在 $H_n^{\perp}$ 上的范数为 $\|K_n\|$.

证 由于 K 在 H 上线性有界、自伴，在子空间 $H_n^{\perp}$ 上更不待言. 现证 K 在 $H_n^{\perp}$ 上的紧性. 任取 $\{f_m\} \subset H_n^{\perp}$，$\|f_m\| \leqslant M$，由 K 在 H 上的紧性，必存在 $\{f_{m'}\} \subset \{f_m\}$ 使 $Kf_{m'} \to g \in H$，但 $Kf_{m'} \in H_n^{\perp}$ 且 $H_n^{\perp}$ 为 Hilbert 空间，于是 $g \in H_n^{\perp}$，从而 K 在 $H_n^{\perp}$ 上紧.

其次

$$\|K_n\| = \sup_{\substack{\|f\|=1 \\ f \in H}} \|K_n f\| = \sup_{\|f^{\perp}\| \leqslant 1} \|K f^{\perp}\| = \sup_{\substack{\|f\|=1 \\ f \in H_n^{\perp}}} \|K f\|,$$

---

① 见夏道行等编《实变函数与泛函分析》下册，第二版，高等教育出版社，1985 年，第 276 页.

从而 K 在 $H_n^{\perp}$ 的范数为 $\|K_n\|$. ■

注意 $\|K_n\|$ 与 $\|K\|$ 的关系，

$$\|K_n\| = \sup_{\substack{\|f\|=1 \\ f\in H_n^{\perp}}} \|Kf\| \leqslant \sup_{\substack{\|f\|=1 \\ f\in H}} \|Kf\| = \|K\|.$$

但是按我们现在的作法有

命题 5° $\|K_n\| < \|K\|$.

证 用反证法. 设

$$\|K_n\| = \sup_{\substack{\|f\|=1 \\ f\in H_n^{\perp}}} \|Kf\| = \|K\|.$$

由存在定理，至少 $\pm\|K_n\| = \pm\|K\|$ 之一为 K 看做 $H_n^{\perp}$ 中算子时的特征值，其相应属于 $H_n^{\perp}$ 的特征函数也必定是把 K 当做原先 H 中算子时相应于这个特征值的特征函数. 因此至少存在某个 $\varphi_j \in H_n^{\perp}$，这与作法 $\varphi_1, \varphi_2, \cdots, \varphi_n \in H_n$ 矛盾. 故 $\|K_n\| < \|K\|$. ■

注 所谓按"作法"，即是把 $\pm\|K\|$ 对应的所有特征函数张成空间 H_n. 若不是这样作，比如说，$|\mu_1| = |\mu_2| = \cdots = |\mu_n|$，将 μ_1 对应的 φ_1 张成 H_1，H_1 的正交补仍记为 $H_1^{\perp}$，那么命题 5° 将不真.（见后面(2)之 1°).

现仍回到原定理证明上来. 由命题 4°，K 是 $H_n^{\perp}$ 上的紧自伴算子，且设范数 $\|K_n\| \neq 0$. 依定理 3.2.1，至少 $\pm\|K_n\|$ 之一为其特征值，设为 $\mu_{n+1}, \cdots, \mu_m$；$|\mu_{n+1}| = \cdots = |\mu_m| = \|K_n\|$，其标准正交特征函数为 $\varphi_{n+1}, \cdots, \varphi_m$；$m > n$. 由命题 5° 看出

$$|\mu_1| = \cdots = |\mu_n| > |\mu_{n+1}| = \cdots = |\mu_m|.$$

作

$$K_m f = Kf - \sum_{i=1}^{m} \mu_i (f, \varphi_i) \varphi_i.$$

$\varphi_1, \varphi_2, \cdots, \varphi_m$ 张成 H_m，其正交补为 $H_m^{\perp}$，把 n 换为 m 时命题 1° ~ 5° 同样成立. 当 $\|K_m\| = 0$ 时，

$$Kf = \sum_{i=1}^{m} \mu_i (f, \varphi_i) \varphi_i,$$

定理得证；当 $\|K_m\| \neq 0$，利用命题 4°，即 K 是 $H_m^{\perp}$ 上的紧自伴算子，又可找出 $H_m^{\perp}$ 上 K 的特征值及特征函数，如此继续下去，最终有两种可能：或者到某步特征值、特征函数只有有限个就停止了；或者可无限地进行下去，但因 H 是可分空间，至多可列个步骤而已.

(2) 找出特征值的规律

证明中我们看出

$$|\mu_1| = \cdots = |\mu_n| > |\mu_{n+1}| = \cdots = |\mu_m| > \cdots. \tag{3.7}$$

这说明特征值有如下性质：

1° 特征值存在定理中的 μ 是 K 作用于相应空间中模最大的特征值. 设 H_n 是由 $\varphi_1,\varphi_2,\cdots,\varphi_n$ 张成的空间($n=1,2,\cdots$). 由命题 4°, K 是 $H_1^{\perp},\cdots,H_m^{\perp},\cdots$ 上的紧自伴算子，其范数分别为 $\|K_1\|,\cdots,\|K_m\|,\cdots$. 而且

$$\|K\| = |\mu_1|,\ \|K_1\| = |\mu_2|,\ \|K_2\| = |\mu_3|,\ \cdots,$$
$$\|K_{n-1}\| = |\mu_n|,\ \|K_n\| = |\mu_{n+1}|,\ \cdots,\ \|K_m\| = |\mu_{m+1}|,\ \cdots,$$

即

$$\|K\| = \|K_1\| = \cdots = \|K_{n-1}\| > \|K_n\| = \cdots = \|K_{m-1}\| > \|K_m\| = \cdots$$

这表明对任意的正整数 p 仍只能写

$$\|K_p\| \leqslant \|K\| \quad (\text{即命题 } 5° \text{ 的注}).$$

2° 把(3.7)写成按模不增的形式就是(3.2).

3° 证 $\lim\limits_{n\to\infty}\mu_n = 0$, 事实上因 $|\mu_n| > 0$, 且 $|\mu_n|$ 单调不增必存在

$$\lim_{n\to\infty}|\mu_n| = \inf_n|\mu_n| = l \geqslant 0.$$

现证明 $l > 0$ 不可能. 否则的话，将有

$$\left\|\frac{1}{\mu_n}\varphi_n\right\| \leqslant \frac{1}{l}.$$

由 K 的紧性，存在 $\{\varphi_{n'}\}\subset\{\varphi_n\}$, $K\left(\frac{1}{\mu_{n'}}\varphi_{n'}\right) = \varphi_{n'}$ 为 Cauchy 序列，即 $n',m'\to\infty$ 时，$\|\varphi_{n'} - \varphi_{m'}\| \to 0$, 这与 $\|\varphi_{n'} - \varphi_{m'}\| = \sqrt{2} \not\to 0$ 相矛盾，故 $l = 0$.

(3) 证明 $K_p f \to 0$, $p\to\infty$.

由(1)的命题 3°,4° 及(2)之 1°, 对任意整数 p,

$$\|K_p f\| = \|K f^{\perp}\| \leqslant \|K_p\|\|f^{\perp}\| = |\mu_{p+1}|\|f^{\perp}\|. \tag{3.8}$$

由(3.5),

$$\|f^{\perp}\| \leqslant \|f\| + \left(\sum_{i=1}^{p}|(f,\varphi_i)|^2\right)^{\frac{1}{2}}. \tag{3.9}$$

又由 Bessel 不等式，

$$\left(\sum_{i=1}^{p}|(f,\varphi_i)|^2\right)^{\frac{1}{2}} \leqslant \|f\|. \tag{3.10}$$

将(3.9),(3.10)代入(3.8), 且由(2)之 3°,

$$\|K_p f\| \leqslant 2\|f\||\mu_{p+1}| \to 0, \quad p\to\infty.$$

这就得出(3.1).

按定理证明方法找出的非零特征值和特征函数(有限或可列个)必然是完全系. 若不然, 设还另有特征值 $\nu \neq 0$ 及相应特征函数 $\psi \neq 0$, 有 $K\psi = \nu\psi$. 另一方面, 由(3.1)式, $\nu\psi = \sum_i \mu_i(\psi, \varphi_i)\varphi_i$, 但 ψ 必与 φ_i 正交, 且因 $\nu \neq 0$, 从而 $\psi = 0$, 矛盾. 证毕.

本定理说明对值域中任意元素 Kf 可以作Fourier展开, 对于定义域中任一元 $f \in H$ 的展开有如下定理:

定理3.3.2 $H, K, \{\mu_i\}, \{\varphi_i\}$ 的假定同上定理. 对于任何 $f \in H$ 有

$$f = \sum_i (f, \varphi_i)\varphi_i + f_0, \quad f_0 \in N(K), \tag{3.11}$$

其中 $N(K)$ 为 K 的零空间, 和式中的项有限或可列, 可列时是指按 H 中的范数收敛.

证 设 K 的标准正交的特征函数全体(有限或可列个)张成空间 H_0, 其正交补为 $H_0^{\perp}$. 如果 H_0 是闭子空间, 由投影定理, 对任意 $f \in H$,

$$f = f_1 + f_2, \quad f_1 \in H_0, f_2 \in H_0^{\perp}.$$

由 H_0 的定义, 并注意到$(f_2, \varphi_i) = 0$, $i = 1, 2, \cdots$, 有

$$f_1 = \sum_i \alpha_i \varphi_i = \sum_i (f_1, \varphi_i)\varphi_i = \sum_i (f, \varphi_i)\varphi_i.$$

故只须证 H_0 为闭子空间, 且 $H_0^{\perp} = N(K)$ 即可. 若 H_0 有限维, 则显然为闭子空间. 设 H_0 无限维, 考虑与 H_0 同构的空间 l_2, l_2 是由坐标为$(\alpha_1, \cdots, \alpha_n, \cdots)$且 $\sum_{i=1}^{\infty} |\alpha_i|^2 < +\infty$ 的元素组成的空间, 由泛函分析知道 l_2 为完备线性赋范空间, 故 H_0 亦然.

又若 $f \in N(K)$, 由上一定理

$$0 = Kf = \sum_i \mu_i(f, \varphi_i)\varphi_i,$$

从而$(f, \varphi_i) = 0$, 于是 $f \in H_0^{\perp}$; 反之若 $f \in H_0^{\perp}$, $(f, \varphi_i) = 0$, 由上一定理

$$Kf = \sum_i \mu_i(f, \varphi_i) = 0,$$

从而 $f \in N(K)$. 故 $N(K) = H_0^{\perp}$. ∎

当 K 为积分算子(1.1)时, 其核的展开有如下定理.

定理3.3.3 设 $H = L_2[a, b]$, a, b 有限或无限,

$$Kf = \int_a^b K(x, y)f(y)\mathrm{d}y,$$

$f(x) \in L_2[a,b]$，$K(x,y) \in L_2[a,b]$，$K(x,y) \not\equiv 0$，$K(x,y) = \overline{K(y,x)}$，$\{\mu_i\}$，$\{\varphi_i\}$ 同定理 3.3.1，则

$$K(x,y) = \sum_{i=1}^{\infty} \mu_i \varphi_i(x) \overline{\varphi_i(y)}. \tag{3.12}$$

和式按 L_2 的范数收敛(当 μ_i 有限个时，(3.12) 中 $K(x,y)$ 表为相应的有限和).

证 μ_i 为有限个时，结论明显. 现讨论无限个的情形. 因在 $L_2[a,b;a,b]$ 空间中，内积

$$\begin{aligned}(\varphi_i(x)\overline{\varphi_i(y)}, \varphi_j(x)\overline{\varphi_j(y)}) &= \int_a^b\int_a^b \varphi_i(x)\overline{\varphi_i(y)}\,\overline{\varphi_j(x)}\,\varphi_j(y)\,\mathrm{d}x\,\mathrm{d}y \\ &= (\varphi_i, \varphi_j)^2 = \begin{cases}0, & i \neq j, \\ 1, & i = j.\end{cases}\end{aligned}$$

所以 $\{\varphi_i(x)\overline{\varphi_i(y)}\}$ 是 $L_2[a,b;a,b]$ 中的标准正交系. 因为

$$\begin{aligned}(K(x,y), \varphi_i(x)\overline{\varphi_i(y)}) &= \int_a^b\int_a^b K(x,y)\varphi_i(y)\overline{\varphi_i(x)}\,\mathrm{d}x\,\mathrm{d}y \\ &= \frac{1}{\lambda_i}\int_a^b |\varphi_i(x)|^2\,\mathrm{d}x = \mu_i,\end{aligned}$$

为证明(3.12) 即须证

$$\begin{aligned}&\left\| K(x,y) - \sum_{i=1}^{n} \mu_i \varphi_i(x)\overline{\varphi_i(y)} \right\| \\ &= \int_a^b\int_a^b |K(x,y)|^2\,\mathrm{d}x\,\mathrm{d}y - \sum_{i=1}^{n}\mu_i^2 \to 0, \quad n \to \infty.\end{aligned}$$

或即须证

$$\sum_{i=1}^{\infty}\mu_i^2 = \int_a^b\int_a^b |K(x,y)|^2\,\mathrm{d}x\,\mathrm{d}y. \tag{3.13}$$

当 x_0 固定时，如果 $K(x_0,y)$ 对 y 能展开为

$$\begin{aligned}K(x_0,y) &= \sum_{i=1}^{\infty}\left(\int_a^b K(x_0,y)\varphi_i(y)\,\mathrm{d}y\right)\overline{\varphi_i(y)} \\ &= \sum_{i=1}^{\infty}\mu_i\varphi_i(x_0)\overline{\varphi_i(y)}\end{aligned} \tag{3.14}$$

按 $L_2[a,b]$ 的范数收敛，则利用 $K(x,y) = \overline{K(y,x)}$，有

$$K(y,x_0) = \sum_{i=1}^{\infty}\mu_i\,\overline{\varphi_i(x_0)}\varphi_i(y). \tag{3.15}$$

这时必有关于 y 的封闭性方程

$$\sum_{i=1}^{\infty}\mu_i^2|\varphi_i(x_0)|^2=\int_a^b|K(y,x_0)|^2\mathrm{d}y=\int_a^b|K(x_0,y)|^2\mathrm{d}y \tag{3.16}$$

成立. 利用 Lebesgue 逐项积分定理对 x_0 积分就得(3.13). 为证明(3.14) 或等价的(3.15), 注意到 $f\in H_0^{\perp}$ 时

$$\begin{aligned}0=Kf&=\int_a^b K(x,y)f(y)\mathrm{d}y=(f(y),\overline{K(x,y)})\\&=(f(y),K(y,x)).\end{aligned}$$

从而当 x 固定时 $K(y,x)\in H_0$, 按上定理中 H_0 的定义,

$$K(y,x)=\sum_{i=1}^{\infty}\left(\int_a^b K(y,x)\overline{\varphi_i(y)}\mathrm{d}y\right)\varphi_i(y)=\sum_{i=1}^{\infty}\mu_i\overline{\varphi_i(x)}\varphi_i(y).$$

这就得到(3.15). ∎

推论 在定理 3.3.3 假设下,

$$\sum_i\mu_i^2=\int_a^b\int_a^b|K(x,y)|^2\mathrm{d}x\,\mathrm{d}y\quad(\mu_i\text{ 有限或可列个}).$$

关于积分算子值域中的函数的绝对一致展开有如下定理:

定理 3.3.4 设 $H=L_2[a,b]$, a,b 为有限,

$$Kf=\int_a^b K(x,y)f(y)\mathrm{d}y,$$

其中 $f\in L_2[a,b]$;

$$\int_a^b|K(x,y)|^2\mathrm{d}y\leqslant M^2, \tag{3.17}$$

$K(x,y)\not\equiv 0$, $K(x,y)=\overline{K(y,x)}$, $\{\mu_i\}$, $\{\varphi_i\}$ 同定理 3.3.1, 则

$$Kf=\sum_{i=1}^{\infty}\mu_i(f,\varphi_i)\varphi_i$$

为绝对一致收敛(μ_i 有限时, 上式右端为有限和).

证 仅就 μ_i 无限时证明. 由(3.17) 及 a,b 有限知 $K(x,y)\in L_2$, 按定理 3.3.1, 可按平均收敛展开,

$$Kf=\sum_{i=1}^{\infty}\mu_i(f,\varphi_i)\varphi_i. \tag{3.18}$$

要证明上式为绝对一致展开, 只须证上式右端绝对一致收敛即可, 因为(3.18) 右端一致收敛时必平均收敛, 由平均收敛极限之唯一性知必绝对一致地收敛于 Kf.

考虑 m,n 充分大时($m>n$),

$$\sum_{i=n}^{m}|\mu_i(f,\varphi_i)\varphi_i| \leqslant \Big(\sum_{i=n}^{m}|(f,\varphi_i)|^2\Big)^{\frac{1}{2}}\Big(\sum_{i=n}^{m}|\mu_i\varphi_i|^2\Big)^{\frac{1}{2}}. \qquad (3.19)$$

由(3.16),(3.17)，$\sum_{i=1}^{\infty}\mu_i^2|\varphi_i(x)|^2 \leqslant M^2$，更有

$$\Big(\sum_{i=n}^{m}\mu_i^2|\varphi_i(x)|^2\Big)^{\frac{1}{2}} \leqslant M. \qquad (3.20)$$

由 Bessel 不等式 $\sum_{i=1}^{\infty}|(f,\varphi_i)|^2 \leqslant \|f\|^2$，知左边级数收敛，从而 n,m 充分大时有

$$\sum_{i=n}^{m}|(f,\varphi_i)|^2 < \varepsilon, \qquad (3.21)$$

ε 为任意小，将(3.20),(3.21) 代入(3.19) 有

$$\sum_{i=n}^{m}|\mu_i(f,\varphi_i)\varphi_i| < M\varepsilon \quad (m,n\text{ 充分大，关于 }x\text{ 一致}).$$ ■

3.4 含紧自伴算子的 Fredholm 方程

设 $H,K,\{\mu_i\},\{\varphi_i\}$ 同定理 3.3.1，我们来考虑线性 F-Ⅱ 方程

$$\varphi-\lambda K\varphi = f, \quad f\in H \qquad (4.1)$$

及线性 F-Ⅰ 方程

$$K\varphi = f, \quad f\in H \qquad (4.2)$$

在 H 中的求解问题以及解如何用特征值及特征函数来表示的问题①. 特别，当 K 是 Fredholm 积分算子(1.1) 时就得到相应积分方程的解. 本节中为行文简洁起见，恒假定 μ_i 有可列个，当然所有结果对 μ_i 只有有限个时成立更无问题.

3.4.1 线性 F-Ⅱ 方程

假定方程(4.1) 在 H 中有解，根据定理 3.3.1、定理 3.3.2，可写

$$\varphi = \sum_{n=1}^{\infty}(\varphi,\varphi_n)\varphi_n+\varphi_0, \quad K\varphi_0 = 0. \qquad (4.3)$$

---

① 这里的 F-Ⅰ,F-Ⅱ 方程意义比 1.1 节的定义已有扩充. 这里是算子方程，K 为线性有界算子，但不限于积分算子.

$$f=\sum_{n=1}^{\infty}(f,\varphi_n)\varphi_n+f_0,\quad Kf_0=0, \tag{4.4}$$

$$K\varphi=\sum_{n=1}^{\infty}\mu_n(\varphi,\varphi_n)\varphi_n. \tag{4.5}$$

将它们代入(4.1)，得

$$\sum_{n=1}^{\infty}(\varphi,\varphi_n)\varphi_n+\varphi_0-\lambda\sum_{n=1}^{\infty}\mu_n(\varphi,\varphi_n)\varphi_n=\sum_{n=1}^{\infty}(f,\varphi_n)\varphi_n+f_0.$$

从而

$$\varphi_0=f_0,\quad (1-\lambda\mu_n)(\varphi,\varphi_n)=(f,\varphi_n). \tag{4.6}$$

以下分两种情况讨论：

(1) 设 $\lambda\neq\frac{1}{\mu_n}\ (n=1,2,\cdots)$，将 $(\varphi,\varphi_n)=\frac{(f,\varphi_n)}{1-\lambda\mu_n}$ 代入(4.3)，则有

$$\varphi=\sum_{n=1}^{\infty}\frac{(f,\varphi_n)}{1-\lambda\mu_n}\varphi_n+f_0. \tag{4.7}$$

由假设 $|1-\mu_n\lambda|>0$，且因 $\mu_n\to 0$，故存在 N，使当 $n>N$ 时，$|\lambda\mu_n|<\frac{1}{2}$，从而

$$|1-\lambda\mu_n|\geqslant 1-|\lambda|\,|\mu_n|\geqslant\frac{1}{2}.$$

取 $k=\min\left\{\frac{1}{2},\min\limits_{1\leqslant n\leqslant N}|1-\mu_n\lambda|\right\}$，则

$$|1-\lambda\mu_n|\geqslant k>0$$

对任何 n 成立，故

$$\sum_{n=1}^{\infty}\left|\frac{(f,\varphi_n)}{1-\lambda\mu_n}\right|^2\leqslant\frac{1}{k^2}\sum_{n=1}^{\infty}|(f,\varphi_n)|^2\leqslant\frac{1}{k^2}\|f\|^2<+\infty, \tag{4.8}$$

从而上式左边的级数收敛，这意味着(4.7) 是有意义的，$\varphi\in H$. (4.7) 还可以改写为

$$\begin{aligned}\varphi&=f_0+\sum_{n=1}^{\infty}\frac{(1-\lambda\mu_n)(f,\varphi_n)\varphi_n}{1-\lambda\mu_n}+\lambda\sum_{n=1}^{\infty}\frac{\mu_n}{1-\lambda\mu_n}(f,\varphi_n)\varphi_n\\&=f+\lambda\sum_{n=1}^{\infty}\frac{\mu_n}{1-\lambda\mu_n}(f,\varphi_n)\varphi_n.\end{aligned} \tag{4.9}$$

(4.9) 的确是(4.1) 的解，只须代入(4.1) 直接验证即知. 又由于有解必为形式(4.9)，故(4.9) 是(4.1) 的唯一解.

(2) 设对某个或某些 n，$\lambda=\frac{1}{\mu_n}$，此时如果(4.1) 有解，由(4.6) 知

$$(f,\varphi_n)=0.$$

即 f 与齐次方程

$$\varphi - \frac{1}{\mu_n}K\varphi = 0 \tag{4.10}$$

的任何解正交，由(4.6)知，对 $\lambda = \frac{1}{\mu_n}$ 的 n，(φ, φ_n) 可以任意；而对 $\lambda \neq \frac{1}{\mu_n}$ 的 n，仍有

$$(\varphi, \varphi_n) = \frac{(f, \varphi_n)}{1 - \lambda\mu_n}.$$

由(4.3)，这时解的形式为

$$\varphi = f_0 + \sum_{1-\lambda\mu_n \neq 0} \frac{(f, \varphi_n)}{1 - \lambda\mu_n}\varphi_n + \sum_{1-\lambda\mu_n = 0} c_n\varphi_n,$$

其中 c_n 为任意常数，上式可改写为

$$\varphi = f_0 + \sum_{1-\lambda\mu_n \neq 0} \frac{1 - \lambda\mu_n}{1 - \lambda\mu_n}(f, \varphi_n)\varphi_n + \lambda \sum_{1-\lambda\mu_n \neq 0} \frac{\mu_n(f, \varphi_n)}{1 - \lambda\mu_n}\varphi_n + \sum_{1-\lambda\mu_n = 0} c_n\varphi_n.$$

注意对于 $1 - \lambda\mu_n = 0$ 的 n，有$(f, \varphi_n) = 0$，上式又可写为

$$\begin{aligned}\varphi &= f_0 + \sum_n (f, \varphi_n)\varphi_n + \lambda \sum_{1-\lambda\mu_n \neq 0} \frac{\mu_n(f, \varphi_n)}{1 - \lambda\mu_n}\varphi_n + \sum_{1-\lambda\mu_n = 0} c_n\varphi_n \\ &= f + \lambda \sum_{1-\lambda\mu_n \neq 0} \frac{\mu_n(f, \varphi_n)}{1 - \lambda\mu_n}\varphi_n + \sum_{1-\lambda\mu_n = 0} c_n\varphi_n. \end{aligned} \tag{4.11}$$

(4.11) 的确为解，直接代入(4.1) 验证即知.

反之，若 f 与(4.10)的任何解正交，即$(f, \varphi_n) = 0$，即方程(4.1)必有解(4.11)，将其代入(4.1) 验证即知.

总之，由(1)，(2) 的讨论，我们得到如下定理.

定理 3.4.1 设 $H, K, \{\mu_i\}, \{\varphi_i\}$ 同定理 3.3.1（特别是，K 为 H 上的紧自伴算子），则

(1) 当 $\lambda \neq \frac{1}{\mu_n}$ $(n = 1, 2, \cdots)$ 时，方程(4.1) 对一切 $f \in H$，有唯一 $\in H$ 的解(4.9)；

(2) 当对于某些 n，$\lambda = \frac{1}{\mu_n}$ 时，当且仅当 f 与 (4.10) 的任何解正交即 $(f, \varphi_n) = 0$ 时，方程(4.1) 有解(4.11)，其中 c_n 是任意常数.

注意本定理就是 Fredholm 择一定理在对称核积分方程的特殊形式(假设 K 是以对称核 $K(x, y) \in L_2$ 为核的 Fredholm 型积分算子). 不过齐次方程是否有非零解换成了 λ 是否等于某些 $\frac{1}{\mu_n}$. 又因为(4.1) 的齐次方程和伴随齐次

方程此时为同一方程，即

$$\psi-\overline{\left(\frac{1}{\mu_n}\right)}K^*\psi=\psi-\frac{1}{\mu_n}K\psi=0.$$

所以 f 与(4.10) 的解正交即是 f 与伴随齐次方程的解正交.

3.4.2 线性 F-Ⅰ 方程

设方程(4.2) 在 H 中有解(4.3)，代入(4.2)，得

$$\sum_{n=1}^{\infty}\mu_n(\varphi,\varphi_n)\varphi_n=\sum_{n=1}^{\infty}(f,\varphi_n)\varphi_n+f_0.$$

这就得到如下必要条件：

1° $f_0=0$；

2° $f\in R(K)\subseteq\overline{R(K)}=N^{\perp}(K^*)=N^{\perp}(K)$，其中 $R(K)$ 为 K 的值域空间；

3° 以 $(\varphi,\varphi_n)=\dfrac{(f,\varphi_n)}{\mu_n}$ 代入(4.3)，得

$$\varphi=\sum_{n=1}^{\infty}\frac{(f,\varphi_n)}{\mu_n}\varphi_n+\varphi_0\quad(\varphi_0\in N(K)\text{ 可任意}),\tag{4.12}$$

且必须

$$\sum_{n=1}^{\infty}\frac{|(f,\varphi_n)|^2}{\mu_n^2}<+\infty.\tag{4.13}$$

以上 1° 与 2° 并不独立. 即当 $f\in N^{\perp}(K)$ 时，它所对应的 $f_0=0$. 实际上，因 $f_0\in N(K)$，故

$$0=(f,f_0)=\Big(\sum_n(f,\varphi_n)\varphi_n+f_0,f_0\Big)=\|f_0\|^2.$$

于是 $f_0=0$.

定理 3.4.2 设 $H,K,\{\mu_n\},\{\varphi_n\}$ 同前定理，$f\in H$，则

(1) 方程(4.2) 在 H 中可解的必要充分条件是 $f\perp N(K)$，且(4.13) 成立，这时解为(4.12)；

(2) 方程(4.2) 在 H 中有唯一解的充分必要条件是 $N(K)$ 只有零元，且(4.13) 成立，这时解为

$$\varphi=\sum_n\frac{(f,\varphi_n)}{\mu_n}\varphi_n.\tag{4.14}$$

证 (1) 必要性已证. 现证充分性. $f\in N^{\perp}(K)$，必有 $f_0=0$，于是

$$f = \sum_n (f,\varphi_n)\varphi_n = \sum_n \frac{(f,\varphi_n)}{\mu_n}\mu_n\varphi_n$$

$$= \sum_n K\left(\frac{(f,\varphi_n)\varphi_n}{\mu_n} + \varphi_0\right) = K\left(\sum_n \frac{(f,\varphi_n)}{\mu_n}\varphi_n + \varphi_0\right)$$

$$= K\varphi.$$

这证明了(4.12)为解.(4.13)成立保证了 $\varphi \in H$.

(2) 有唯一解时,解必为(4.12)之形.因解唯一,故 $\varphi_0 = 0$,即 $N(K) = \{0\}$.反之,若 $N(K) = \{0\}$,则 $(f,0) = 0$,而 $f \in N^{\perp}(K)$,由(1)必有解,且形式必为

$$\varphi = \sum_n \frac{(f,\varphi_n)}{\mu_n}\varphi_n + 0 = \sum_n \frac{(f,\varphi_n)}{\mu_n}\varphi_n,$$

即(4.2)有唯一解,同样(4.13)保证了 $\varphi \in H$. ∎

3.5 二阶正则微分算子

3.5.1 Sturm-Liouville 问题

求解某些二阶偏微分方程的边值问题,常常可化为求解下列形式的常微分方程的边值问题

$$\begin{cases} u''(x) + \alpha_1(x)u'(x) + (\alpha_2(x) + \lambda\beta(x))u(x) = f(x), \quad 0 \leqslant x \leqslant 1, \\ R_1(u) = a_1 u(0) + a_2 u'(0) = \eta_1, \\ R_2(u) = b_1 u(1) + b_2 u'(1) = \eta_2, \end{cases} \tag{5.1}$$

其中 a_i, b_i, η_i 为实常数,λ 为复常数,$\alpha_i(x), \beta(x), f(x)$ 为 $[0,1]$ 上的连续实函数,

$$|a_1|^2 + |a_2|^2 \neq 0, \quad |b_1|^2 + |b_2|^2 \neq 0,$$

$u(x)$ 是未知函数.以上问题称为 **Sturm-Liouville 问题**,简记为 S-L 问题.

如果我们令

$$p(x) = e^{\int \alpha_1(x)\mathrm{d}x},$$

用 $-p(x)$ 乘原方程两端并改变函数的记号可将方程改写为

$$-(p(x)u'(x))' + (q(x) - \lambda r(x))u(x) = g(x). \tag{5.2}$$

其中 $p(x), p'(x), q(x), g(x), r(x)$ 皆为 $[0,1]$ 上的实连续函数且 $p(x) > 0$.

为了求解(5.1)，我们引进微分算子

$$Lu = -(p(x)u')' + q(x)u. \tag{5.3}$$

首先考虑较简单的下列诸问题

$$\begin{cases} Lu = g(x), \\ R_i(u) = \eta_i, \quad i = 1,2; \end{cases} \tag{5.4}$$

$$\begin{cases} Lu = g(x), \\ R_i(u) = 0, \quad i = 1,2; \end{cases} \tag{5.5}$$

$$\begin{cases} Lu = 0, \\ R_i(u) = 0, \quad i = 1,2. \end{cases} \tag{5.6}$$

(5.4),(5.5),(5.6) 分别称为 **Sturm 非齐次问题、半齐次问题、齐次问题**.

Sturm 半齐次问题是关键，因为齐次问题是半齐次问题的特例，自不待言；而非齐次问题也可如下化为半齐次问题，若有已知函数 $\Phi(x) \in C^2[0,1]$，且使 $R_i(\Phi) = \eta_i\ (i = 1,2)$，又设(5.4) 有解

$$u = \Phi + v,$$

代入(5.4) 有

$$\begin{cases} Lv = g - L\Phi, \\ R_i(v) = 0, \quad i = 1,2. \end{cases}$$

于是成为半齐次问题. 而 $\Phi(x)$ 很容易求得：令

$$\Phi(x) = A_0 x + A_1$$

通过 $R_i(\Phi) = \eta_i$，$i = 1,2$，立即可定出 A_0, A_1.

定义 如果 L 为二阶线性微分算子，其定义域及算子值域中的函数 u 及 Lu 皆属于 $L_2[a,b]$ 且 u 满足问题给定的边界条件，则称这样的函数组成的类为 **J 类**，记为 $u \in J$.

半齐次问题(5.5) 的求解问题的实质就是问是否存在形如

$$Ku = \int_0^1 K(x,y)u(y)\mathrm{d}y \tag{5.7}$$

的积分算子 K，使得对一切 $u \in L_2[0,1]$，有 $Ku \in J$，且

$$LKu = u. \tag{5.8}$$

也就是说微分算子 L 是否存在右逆积分算子 K 使(5.8) 成立①. 若(5.8) 果然成立，那么

$$u = Kg \tag{5.9}$$

就是半齐次问题(5.5) 的解，我们一定会问：L 何时存在逆 K？其逆是否

① 以后将证明，这种 K 如果存在，也是 L 的左逆算子.

唯一？逆 K 有什么性质？如何找出逆 K？在一定条件下可以对上述问题作出肯定的回答，所谓找出逆 K，即是寻求 K 的核 $K(x,y)$. 我们可以证明，在一定条件下，$K(x,y)$ 是连续的而且是共轭对称的，因此 K 是紧自伴算子. $K(x,y)$ 称为 **Green 函数**(关于 Green 函数的确切定义，后面再给出).

现在重新回到 S-L 问题

$$\begin{cases}Lu = g(x) + \lambda r(x)u, \\ R_i(u) = \eta_i, \quad i = 1,2.\end{cases} \tag{5.10}$$

与 Sturm 问题一样，S-L 问题(5.10) 的关键是半齐次问题

$$\begin{cases}Lu = g(x) + \lambda r(x)u, \\ R_i(u) = 0\end{cases} \tag{5.11}$$

的求解. 如果我们把上式中的 $g(x) + \lambda r(x)u$ 视为已知函数，这就是 Sturm 半齐次问题. 由(5.9)，问题(5.11) 化为积分方程

$$u(x) - \lambda\int_0^1 r(y)K(x,y)u(y)\mathrm{d}y = F_1(x)$$

的求解，其中

$$F_1(x) = \int_0^1 K(x,y)g(y)\mathrm{d}y$$

为已知函数，并暂设 $K(x,y)$ 已求出. 不妨设 $r(x) > 0$[①]，用 $\sqrt{r(x)}$ 乘上方程两端：

$$\sqrt{r(x)}u(x) - \lambda\int_0^1 \sqrt{r(x)r(y)}K(x,y)\sqrt{r(y)}u(y)\mathrm{d}y = \sqrt{r(x)}F_1(x).$$

令

$$\omega(x) = \sqrt{r(x)}u(x), \quad F(x) = F_1(x)\sqrt{r(x)},$$

$$K_1(x,y) = \sqrt{r(x)r(y)}K(x,y),$$

得

$$\omega(x) - \lambda\int_0^1 K_1(x,y)\omega(y)\mathrm{d}y = F(x). \tag{5.12}$$

它是一个对称连续核的积分方程. 如果能证明(5.10) 与(5.12) 的可解性等价，则前者的求解问题，就化为后者的求解问题，而这在上一节中已经研究过了.

综上所述，求解边值问题(5.1) 的关键是寻求定义在 J 类上的微分算子(5.3) 的右逆积分算子(5.7)，亦即求 Green 函数 $K(x,y)$.

---

① 否则的话，必存在实数 τ，使 $r(x) > \tau$，在(5.11) 中令 $r_1(x) = r(x) - \tau$，在(5.3) 中令 $q_1(x) = q(x) - \lambda\tau$，则化为已知情形.

另外，在线性微分方程中常常考虑所谓特征问题，即 S-L 齐次问题中，当λ为何值时有满足齐次边界条件的非零解，这个λ称为微分方程的特征值，对应λ的非零解称为微分方程的特征函数. 这样的特征值，特征函数是否存在？特征函数是否构成完备系(也就是能否按特征函数系展开空间中的元素)？这是二阶偏微分方程分离变量法的理论基础，根据前面所述可以明白，这个问题可化为相应紧自伴的积分算子K来讨论，即K是否存在特征值及特征函数，特征函数系是否完备的问题.

3.5.2 二阶正则微分算子的逆

1. δ函数的物理背景

δ函数在探求二阶正则微分算子的逆积分算子中起着重要作用，我们来介绍它的物理背景及形式意义.

古典函数是描写"每一点都有一个数"的一种对应. 例如线段$[a,b]$上的线密度为连续函数$\rho(x)$，则$[a,x]$上总质量为

$$m(x)=\int_a^x\rho(t)\mathrm{d}t,\quad a<x<b.$$

反之，$\rho(x)=m'(x)$.

如果单位质量集中在$x=0$，即

$$m(x)=\begin{cases}0, & x\neq 0,\\ 1, & x=0,\end{cases}\quad a\leqslant x\leqslant b,$$

则得密度分布为

$$\rho(x)=\begin{cases}0, & x\neq 0,\\ \infty, & x=0,\end{cases}\quad x\in[a,b].\tag{$*$}$$

这个密度分布不符合古典函数定义，不能简单理解为几乎处处为零的函数. 否则，在 Lebesgue 意义下，将有

$$\int_a^b\rho(x)\mathrm{d}x=0,$$

而由物理意义明显地应有

$$\int_a^b\rho(x)\mathrm{d}x=1.\tag{$**$}$$

由($*$),($**$)所定义的密度分布$\rho(x)$虽然不是古典的函数，但它毕竟是客观世界中一种数量的反映. 我们称之为**δ函数**. 按照上述质量集中分布，记

$$\int_a^b\delta(x)\mathrm{d}x=1,\quad [a,b]\text{ 包含原点},$$

$$\int_a^b\delta(x)\mathrm{d}x=0,\quad [a,b]\text{ 不包含原点},$$

而一定要按古典函数那样定义的话，则有

$$\delta(x)=\begin{cases}0, & x\neq 0,\\ \infty, & x=0.\end{cases}$$

δ 函数的一个常用性质是，对任意连续函数 $u(x)$，$a\leqslant x\leqslant b$，有

$$\int_a^b \delta(x-y)u(y)\mathrm{d}y=u(x). \tag{5.13}$$

这可形式地说明如下，用中值定理的思想，

$$\begin{aligned}\int_a^b \delta(x-y)u(y)\mathrm{d}y &= \int_{x-\varepsilon}^{x+\varepsilon}\delta(x-y)u(y)\mathrm{d}y\\ &= u(x^*)\int_{x-\varepsilon}^{x+\varepsilon}\delta(x-y)\mathrm{d}y\\ &= u(x^*),\quad a<x^*<b.\end{aligned}$$

当 $\varepsilon\to 0$ 时得(5.13).

上面对 δ 函数只作了形式地引进，因为这里只是把它作为探求二阶正则微分算子的逆积分算子的手段，而由此所求出的逆积分算子是否正确，要依靠最后的检验，并不要 δ 函数的严格理论. δ 函数是一种广义函数，而广义函数要用泛函方法来定义，关于广义函数的定义及运算性质，读者可参看有关书籍①，这里就不详细介绍了.

2. 我们先来考虑这样一类二阶微分算子，它们将是我们今后要定义的二阶正则微分算子的特例.

考虑二阶微分算子

$$Lu=-(p(x)u')'+q(x)u, \tag{5.14}$$

其中 $p'(x),q(x)$ 为$[0,1]$上连续的实函数，$p(x)>0$. L 定义在 u 及 Lu 皆属于 $L_2[0,1]$，且 u 满足边界条件

$$\begin{aligned}&a_1u(0)+a_2u'(0)=0,\quad |a_1|^2+|a_2|^2\neq 0,\\ &b_1u(1)+b_2u'(1)=0,\quad |b_1|^2+|b_2|^2\neq 0\end{aligned} \tag{5.15}$$

的类 J 上，其中 a_i,b_i 为实数.

首先我们看出，在边界条件(5.15)之下，微分算子是自伴的，即对任意的 $u,v\in J$ 有

$$(Lu,v)=(u,Lv)$$

(不过我们注意这里所说的自伴与 3.1 节有点不同；3.1 节要求算子是有界的，而这里的 L 可能是无界的). 这是因为

① 例如，夏道行等编《实变函数与泛函分析》下册第七章，第二版，高等教育出版社，1985 年.

$$
\begin{aligned}
&(Lu,v)-(u,Lv)\\
&=\int_0^1\left\{[-(p(x)u')'+q(x)u]\bar{v}-[-(p(x)\bar{v}')'+q(x)\bar{v}]u\right\}\mathrm{d}x\\
&=p(x)(u\bar{v}'-u'\bar{v})\Big|_0^1\\
&=p(1)(u(1)\bar{v}'(1)-u'(1)\bar{v}(1))-p(0)(u(0)\bar{v}'(0)-u'(0)\bar{v}(0)).
\end{aligned}
\tag{5.16}
$$

由于

$$
\begin{aligned}
a_1u(0)+a_2u'(0)=0,\quad a_1v(0)+a_2v'(0)=0,\\
b_1u(1)+b_2u'(1)=0,\quad b_1v(1)+b_2v'(1)=0,
\end{aligned}
$$

设 $b_1\neq 0$, 则

$$
u(1)=-\frac{b_2}{b_1}u'(1),\quad \bar{v}(1)=-\frac{b_2}{b_1}\bar{v}'(1).
$$

于是

$$
u(1)\,\bar{v}'(1)-u'(1)\,\bar{v}(1)=-\frac{b_2}{b_1}u'(1)\,\bar{v}'(1)+\frac{b_2}{b_1}u'(1)\,\bar{v}'(1)=0.
$$

当 $b_1=0$ 时, 显然

$$
u'(1)=\bar{v}'(1)=0,
$$

仍有

$$
u(1)\,\bar{v}'(1)-u'(1)\,\bar{v}(1)=0.
$$

于是(5.16) 右端第一个方括号为零. 同样可证第二个方括号也为零. 故 L 自伴. 这一条件是保证逆积分算子 K 自伴的前提(假如 K 存在的话), 因为

$$
(Ku,v)=(Ku,LKv)=(LKu,Kv)=(u,Kv)\tag{5.17}
$$

现在我们来寻求 L 的逆积分算子 K:

$$
Ku=\int_0^1 K(x,y)u(y)\mathrm{d}y\tag{5.18}
$$

使得

$$
LKu=u,\tag{5.19}
$$

并且 $Ku\in J$.

首先假定 K 存在, 形式地进行运算, 找出 $K(x,y)$ 的表达式, 然后再严格地检验 $K(x,y)$ 是我们所要求的核函数.

设(5.19) 成立, 利用(5.13),

$$
\int_0^1[-(p(x)K_x(x,y))_x+q(x)K(x,y)]u(y)\mathrm{d}y=\int_0^1\delta(x-y)u(y)\mathrm{d}y.
$$

这里暂设 $u(x)$ 是连续的(以后将去掉这个条件), 于是需要

$$
-(p(x)K_x(x,y))_x+q(x)K(x,y)=\delta(x-y).\tag{5.20}
$$

为使 Ku 满足边界条件(5.15)，须

$$\begin{aligned} a_1K(0,y)+a_2K_x(0,y)=0, \\ b_1K(1,y)+b_2K_x(1,y)=0. \end{aligned} \tag{5.21}$$

我们视 y 为常数来求解(5.20)，(5.21).

当 $x<y$ 时，

$$\begin{cases} -(p(x)K_x(x,y))_x+q(x)K(x,y)=0, \\ a_1K(0,y)+a_2K_x(0,y)=0. \end{cases}$$

由线性常微分方程理论知，有满足齐次方程线性无关的函数 $u_1(x)$ 及 $u_2(x)$ 使

$$K(x,y)=c_1(y)u_1(x)+c_2(y)u_2(x).$$

由边界条件可得

$$\begin{aligned} & a_1c_1(y)u_1(0)+a_1c_2(y)u_2(0)+a_2c_1(y)u_1'(0)+a_2c_2(y)u_2'(0) \\ & =c_1(y)(a_1u_1(0)+a_2u_1'(0))+c_2(y)(a_1u_2(0)+a_2u_2'(0)) \\ & =0 \end{aligned} \tag{5.22}$$

可以断定，上式右端两个方括号不全为零. 否则，若

$$\begin{cases} a_1u_1(0)+a_2u_1'(0)=0, \\ a_1u_2(0)+a_2u_2'(0)=0, \end{cases}$$

由于 a_1,a_2 不全为零，于是

$$\begin{vmatrix} u_1(0) & u_1'(0) \\ u_2(0) & u_2'(0) \end{vmatrix}=0.$$

这与 $u_1(x),u_2(x)$ 为线性无关相矛盾. 于是(5.22) 中 $c_1(y)$ 与 $c_2(y)$ 线性相关. 不妨设

$$c_2(y)=\alpha c_1(y).$$

于是

$$\begin{aligned} K(x,y) &= c_1(y)u_1(x)+\alpha c_1(y)u_2(x) \\ &= c_1(y)(u_1(x)+\alpha u_2(x)) \\ &\equiv c_1(y)k_1(x), \end{aligned} \tag{5.23}$$

其中 $k_1(x)\not\equiv 0$，否则 $u_1(x),u_2(x)$ 又将线性相关. 显然 $k_1(x)$ 在[0,1]上有连续的二阶导数.

同理，当 $x>y$ 时，求解

$$\begin{cases} -(p(x)K_x(x,y))_x+q(x)K(x,y)=0, \\ b_1K(1,y)+b_2K_x(1,y)=0, \end{cases} \tag{5.24}$$

得出

$$K(x,y)=c_2(y)k_2(x)\text{①}. \tag{5.25}$$

$k_2(x)\neq 0$, $k_2(x)$ 在$[0,1]$上有连续的二阶导数. 综合(5.23),(5.25), 得

$$K(x,y)=\begin{cases}c_1(y)k_1(x), & x<y,\\ c_2(y)k_2(x), & x>y.\end{cases} \tag{5.26}$$

要求出 $K(x,y)$ 须定出 $c_1(y)$ 及 $c_2(y)$, 故还须对 $K(x,y)$ 附加一些条件. 首先设 $K(x,y)$ 在 $x=y$ 时连续, 于是 $c_1(y)k_1(y)=c_2(y)k_2(y)$, 或

$$c_1(y)k_1(y)-c_2(y)k_2(y)=0. \tag{5.27}$$

另设 $K(x,y)$ 作为 x 的函数在 $x\neq y$ 时 $K_x(x,y),K_{xx}(x,y)$ 连续, 且 $K_x(y+0,y),K_x(y-0,y)$ 存在. 在(5.20)中对 x 从 $y-\varepsilon$ 积分至 $y+\varepsilon$,

$$\int_{y-\varepsilon}^{y+\varepsilon}[-(p(x)K_x(x,y))_x+q(x)K(x,y)]\mathrm{d}x$$

$$=\int_{y-\varepsilon}^{y+\varepsilon}\delta(x-y)\mathrm{d}x=\int_0^1\delta(x-y)\mathrm{d}x=1.$$

或者

$$-p(y+\varepsilon)K_x(y+\varepsilon,y)+p(y-\varepsilon)K_x(y-\varepsilon,y)+\int_{y-\varepsilon}^{y+\varepsilon}q(x)K(x,y)\mathrm{d}x=1.$$

令 $\varepsilon\to 0$, 则

$$K_x(y-0,y)-K_x(y+0,y)=\frac{1}{p(y)}.$$

为使上式满足, 由(5.26)知, 等价于要求

$$c_1(y)k_1'(y)-c_2(y)k_2'(y)=\frac{1}{p(y)}. \tag{5.28}$$

若

$$\begin{vmatrix}k_1(y) & -k_2(y)\\ k_1'(y) & -k_2'(y)\end{vmatrix}\neq 0,$$

由(5.27),(5.28)联立, 可解出

$$c_1(y)=\frac{k_2(y)}{p(y)(k_1'(y)k_2(y)-k_2'(y)k_1(y))},$$

$$c_2(y)=\frac{k_1(y)}{p(y)(k_1'(y)k_2(y)-k_2'(y)k_1(y))}.$$

代入(5.26)有

$$K(x,y)=\begin{cases}\dfrac{k_2(y)k_1(x)}{w(y)}, & x\leqslant y,\\[2mm] \dfrac{k_1(y)k_2(x)}{w(y)}, & x\geqslant y.\end{cases} \tag{5.29}$$

---

① 注意这里的 $c_2(y)$ 已不是前面的 $c_2(y)$.

其中

$$w(y)=p(y)(k_1'(y)k_2(y)-k_2'(y)k_1(y)).$$

我们来证明 $w(y)$ 是一常数. 事实上，只要注意到 $k_1(x),k_2(x)$ 满足方程

$$-(p(x)k_i'(x))'+q(x)k_i(x)=0,\quad i=1,2.$$

$w(y)$ 的导数确实恒等于零：

$$\begin{aligned}w'(y)&=(pk_1'k_2-pk_2'k_1)'\\&=p'k_1'k_2+pk_1''k_2+pk_1'k_2'-p'k_2'k_1-pk_2''k_1-pk_2'k_1'\\&=k_2(pk_1')'-k_1(pk_2')'=k_2qk_1-k_1qk_2=0.\end{aligned}$$

用 w 记这个常数，且用 1.1 节的记号，(5.29) 可写为

$$K(x,y)=\frac{k_1(x_<)k_2(x_>)}{w}.\tag{5.30}$$

这样我们在 $w\neq0$ 的条件下形式地求出 Green 函数(5.30). 注意 $w\neq0$ 这个条件是很重要的，因为当 $w\neq0$ 时，方可从(5.27),(5.28) 中解出 $c_1(y)$ 及 $c_2(y)$，从而求出(5.30)，且 $K(x,y)$ 有意义；若 $w=0$，则 $k_1(x)$ 与 $k_2(x)$ 线性相关，容易证明(反证法) (5.27),(5.28) 必然无解.

下面给出 Green 函数的确切定义.

定义 3.5.1 所谓 $K(x,y)$ 是算子 L 的 **Green 函数**，是指满足下列条件的函数：

(1) $K(x,y)$ 在 $0\leqslant x,y\leqslant1$ 上连续；

(2) $K(x,y)$ 作为 x 的函数，在 $x\neq y$ 时 $K_x(x,y),K_{xx}(x,y)$ 连续；

(3) $x=y$ 时 $K_x(x,y)$ 有第一类间断点，且

$$K_x(y+0,y)-K_x(y-0,y)=-\frac{1}{p(y)};\tag{5.31}$$

(4) 以 $K(x,y)$ 为核的积分算子，对任意 $u\in L_2[0,1]$,

$$Ku=\int_0^1K(x,y)u(y)\mathrm{d}y,\quad Ku\in J,$$

且 $LKu=u$.

3. 现在我们证明 $w\neq0$ 时，Green 函数是存在的. 由我们的作法，从(5.30) 出发，定义中的条件(1),(2),(3) 是明显的. 现证明(4). 设 $u(x)\in L_2[0,1]$，则

$$v(x)\triangleq Ku=\frac{1}{w}\Big(k_2(x)\int_0^xk_1(y)u(y)\mathrm{d}y+k_1(x)\int_x^1k_2(y)u(y)\mathrm{d}y\Big),$$

$$v'(x)=\frac{1}{w}\Big(k_2'(x)\int_0^xk_1(y)u(y)\mathrm{d}y+k_1'(x)\int_x^1k_2(y)u(y)\mathrm{d}y\Big).$$

这里对 x 求导是对[0,1] 几乎处处的 x 可以进行的.

$v(x)$ 是满足边界条件的：

$$a_1 v(0)+a_2 v'(0)=\frac{1}{w}(a_1 k_1(0)+a_2 k_1'(0))\int_0^1 k_2(y)u(y)\mathrm{d}y=0,$$

$$b_1 v(1)+b_2 v'(1)=\frac{1}{w}(b_1 k_2(1)+b_2 k_2'(1))\int_0^1 k_1(y)u(y)\mathrm{d}y=0.$$

又因

$$\begin{aligned}-(p(x)v')'=&\frac{-p'(x)}{w}\Big(k_2'(x)\int_0^x k_1(y)u(y)\mathrm{d}y+k_1'(x)\int_x^1 k_2(y)u(y)\mathrm{d}y\Big)\\&-\frac{p(x)}{w}\Big(k_2''(x)\int_0^x k_1(y)u(y)\mathrm{d}y+k_2'(x)k_1(x)u(x)\\&+k_1''(x)\int_x^1 k_2(y)u(y)\mathrm{d}y-k_1'(x)k_2(x)u(x)\Big),\end{aligned}$$

$$\begin{aligned}-(p(x)v')'+q(x)v=&\frac{1}{w}\Big\{[-(p\,k_2')'+q\,k_2]\int_0^x k_1(y)u(y)\mathrm{d}y\\&+[-(p\,k_1')'+q\,k_1]\int_x^1 k_2(y)u(y)\mathrm{d}y\Big\}\\&-\frac{p(x)}{w}u(x)(k_2'k_1-k_1'k_2)\\=&u(x).\end{aligned}$$

这就证明了 $LKu=u$. 显然 v 及 Lv 皆属于 $L_2[0,1]$. 条件(4) 获证.

4. 逆积分算子 K 的存在条件

从前面讨论中知道，L 的逆积分算子存在的必要充分条件是 $w\neq 0$，但验证这个条件必须知道 $k_1(x),k_2(x)$，这是不方便的，我们希望从问题本身直接判断有无逆算子 K 存在. 这就有如下的定理：

定理 3.5.1 定义在 J 类上的微分算子(5.14) 有逆积分算子(5.18) ($Ku\in J$) 的必要充分条件是：$\lambda=0$ 不是微分算子(5.14) 的特征值，或即，齐次边值问题

$$\begin{cases}Lu=0,\\R_i(u)=0,\quad i=1,2\end{cases}$$

仅有零解.

证 设 L 有逆积分算子 K，则 $u=Kg=K0=0$，即 $\lambda=0$ 不是微分算子(5.14) 的特征值.

反之，要证明 $\lambda=0$ 不为 L 特征值时，L 有逆 K；或者证明 L 无逆时，$\lambda=0$ 为 L 之特征值亦可. 设 L 没有逆，则 $w=0$，由

$$w=w(y)=p(y)(k_1'(y)k_2(y)-k_2'(y)k_1(y))$$

知

$$k_1'(y)k_2(y)-k_2'(y)k_1(y)=0,$$

由 k_1,k_2 线性相关，不妨设

$$k_2(x)=\beta k_1(x),\quad \beta\neq 0.$$

因为 $k_1(x)\not\equiv 0$，且满足

$$-(p(x)k_1'(x))'+q(x)k_1(x)=0,$$
$$a_1k_1(0)+a_2k_1'(0)=0,$$
$$b_1k_1(1)+b_2k_1'(1)=0.$$

这就是说 $\lambda=0$ 为 L 之特征值. ∎

5. $\lambda=0$ 不为 L 的特征值时，L 的逆积分算子是唯一的，亦即 Green 函数是唯一的.

设 L 有逆积分算子 K_1,K_2，使对任何 $u\in L_2[0,1]$，有

$$\begin{cases}LK_ju=u,\\ R_i(K_ju)=0,\quad i,j=1,2,\end{cases}$$

则

$$\begin{cases}L(K_1u-K_2u)=0,\\ R_i(K_1u-K_2u)=0,\quad i=1,2.\end{cases}$$

由于 $\lambda=0$ 不是 L 的特征值，亦即以上边值问题仅有零解，即对任何 u，有

$$K_1u=K_2u,$$

故 $K_1=K_2$. 证毕.

6. L 的逆积分算子 K 的性质

1° K 为紧自伴算子且 $K\neq 0$. 由(5.30)看出 $K(x,y)$ 在 $0\leqslant x,y\leqslant 1$ 上连续，且为对称核，$K(x,y)\not\equiv 0$. 而自伴性与从(5.16)推出(5.17)的结果相吻合.

2° K 为右逆亦为左逆算子. 因为从

$$\begin{cases}Lu=-(p(x)u')'+q(x)u,\\ R_i(u)=0,\quad i=1,2,\end{cases}$$

视 $-(p(x)u')'+q(x)u$ 为已知函数时，有解

$$u=K[-(p(x)u')'+q(x)u],$$

即 $u=KLu$，故 K 为 L 之左逆算子.

3° K 与 L 的特征值互为倒数，而且有相同的特征函数. 事实上，设 μ_n 及 $\varphi_n\neq 0$ 使 $K\varphi_n=\mu_n\varphi_n$，则 $LK\varphi_n=\mu_nL\varphi_n$，即

$$L\varphi_n=\frac{1}{\mu_n}\varphi_n.$$

反之，设有 $\varphi_n \neq 0$ 及 λ_n 使 $L\varphi_n = \lambda_n\varphi_n$，则 $KL\varphi_n = \lambda_n K\varphi_n$，即

$$K\varphi_n = \frac{1}{\lambda_n}\varphi_n.$$

7. $\lambda = 0$ 不为 L 的特征值时，L 的特征函数系成为完备系. 由定理 3.3.2 因 K 是紧自伴算子，设 $\{\mu_i\}$ 为 K 的非零特征值的集合，$\{\varphi_i\}$ 为相应标准正交特征函数的集合，对于任意 $f \in L_2[0,1]$，

$$f = \sum_{i=1}^{\infty}(f,\varphi_i)\varphi_i + f_0, \quad Kf_0 = 0.$$

要证明 $\{\varphi_i\}$ 完备，只须证明 $N(K) = \{0\}$，事实上由 $Kf_0 = 0$ 知，必有 $LKf_0 = f_0 = 0$. 故

$$f = \sum_{i=1}^{\infty}(f,\varphi_i)\varphi_i.$$

级数在平均意义下收敛.

如果 $f \in J$，即

$$\begin{cases} Lf = -(p(x)f')' + q(x)f, \\ R_i(f) = 0, \quad i = 1,2, \end{cases}$$

且 $f, Lf \in L_2[0,1]$，于是，当逆算子存在时，

$$f = K[-(p(x)f')' + q(x)f].$$

又 $K(x,y)$ 连续，满足

$$\int_0^1 |K(x,y)|^2 \mathrm{d}y \leqslant M^2,$$

根据定理 3.3.4，$f = \sum_{i=1}^{\infty}(f,\varphi_i)\varphi_i$ 为绝对一致收敛.

综上讨论，我们得到如下小结性的命题.

定理 3.5.2 定义在 J 类上的微分算子(5.14)有紧自伴的逆积分算子(5.18)($Ku \in J$)的必要充分条件是 $\lambda = 0$ 不是微分算子 L 的特征值. 这时

(1) 逆积分算子是唯一的，K 为 L 的右逆亦为左逆；

(2) L 与 K 有相同的特征函数，其特征值互为倒数；

(3) K 或 L 的标准正交特征函数系 $\{\varphi_i\}$ 构成 $L_2[0,1]$ 的完备系，即对任意 $f \in L_2[0,1]$，有

$$f = \sum_{i=1}^{\infty}(f,\varphi_i)\varphi_i; \quad (\text{平均收敛})$$

(4) 当 $f \in J$ 时，上述展式绝对一致收敛.

例 1 微分算子

$$\begin{cases} Lu = -u'', \\ u(0) = u(1) = 0. \end{cases}$$

L 定义在 $u, u'' \in L_2[0,1]$ 且满足边界条件的类上，这是算子(5.14) 的特例.

由齐次方程 $Lu = 0$ 解得 $u(x) = c_1 x + c_2$，由边界条件得 $u(x) \equiv 0$，故 $\lambda = 0$ 不是算子 L 的特征值，于是 L 的逆存在. 现在来求 Green 函数，要使 $LKu = u$，即

$$L\int_0^1 K(x,y)u(y)\mathrm{d}y = \int_0^1 \delta(x-y)u(y)\mathrm{d}y$$

或 $LK(x,y) = \delta(x-y)$，亦即

$$\begin{cases} -K_{xx}(x,y) = \delta(x-y), \\ K(0,y) = K(1,y) = 0. \end{cases} \tag{5.32}$$

当 $x < y$ 时，

$$K(x,y) = c_1(y) + c_2(y)x,$$

由 $K(0,y) = 0$，有 $c_1(y) = 0$；当 $x > y$ 时，

$$K(x,y) = c_3(y) + c_4(y)x.$$

由 $K(1,y) = 0$ 知，$c_4(y) = -c_3(y)$，于是

$$K(x,y) = \begin{cases} c_2(y)x, & x < y, \\ c_3(y)(1-x), & x > y. \end{cases}$$

因要求 $K(x,y)$ 在 $x = y$ 连续，故

$$c_2(y)y = c_3(y)(1-y).$$

于是

$$K(x,y) = \begin{cases} c_3(y)(1-y)\dfrac{x}{y}, & x \leqslant y, \\ c_3(y)(1-x), & x \geqslant y. \end{cases}$$

将(5.32) 对 x 积分，对任何充分小的 $\varepsilon > 0$，有

$$\int_{y-\varepsilon}^{y+\varepsilon} -K_{xx}(x,y)\mathrm{d}x = \int_{y-\varepsilon}^{y+\varepsilon} \delta(x-y)\mathrm{d}x = 1,$$

$$-K_x(y+\varepsilon,y) + K_x(y-\varepsilon,y) = 1.$$

即

$$c_3(y) + c_3(y)(1-y)\frac{1}{y} = 1,$$

得 $c_3(y) = y$. 故

$$K(x,y) = x_<(1-x_>) = \begin{cases} x(1-y), & x \leqslant y, \\ y(1-x), & x \geqslant y. \end{cases}$$

虽然我们是假设 $u(x)$ 连续，并且用形式做法得到 $K(x,y)$ 的，但由于前面的

论证，我们的做法是有理论保证的.

下面我们来求 L 的特征函数系. 由

$$-u''=\lambda u,$$

已证明 $\lambda=0$ 不是特征值. 其次，$\lambda<0$ 时也不是特征值. 因这时上述方程的一般解为

$$u(x)=c_1\mathrm{e}^{\sqrt{-\lambda}x}+c_2\mathrm{e}^{-\sqrt{-\lambda}x}.$$

代入边界条件，得

$$\begin{cases}c_1+c_2=0,\\ c_1\mathrm{e}^{\sqrt{-\lambda}}+c_2\mathrm{e}^{-\sqrt{-\lambda}}=0.\end{cases}$$

此时显然

$$\begin{vmatrix}1 & 1\\ \mathrm{e}^{\sqrt{-\lambda}} & \mathrm{e}^{-\sqrt{-\lambda}}\end{vmatrix}\neq 0.$$

于是 $c_1=c_2=0$，$u(x)\equiv 0$. 再者，$\lambda=a+b\mathrm{i}\ (b\neq 0)$ 也不是特征值. 因为

$$u(x)=c_1\mathrm{e}^{(c+d\mathrm{i})x}+c_2\mathrm{e}^{-(c+d\mathrm{i})x},$$

其中 $(c+d\mathrm{i})^2=a+b\mathrm{i}$，代入边界条件

$$\begin{cases}c_1+c_2=0,\\ c_1\mathrm{e}^{c+d\mathrm{i}}+c_2\mathrm{e}^{-(c+d\mathrm{i})}=0.\end{cases}$$

显然

$$\begin{vmatrix}1 & 1\\ \mathrm{e}^{c+d\mathrm{i}} & \mathrm{e}^{-(c+d\mathrm{i})}\end{vmatrix}\neq 0.$$

从而 $c_1=c_2=0$，$u(x)\equiv 0$.

所以，只有 $\lambda>0$ 时才有可能为特征值. 此时

$$u(x)=c_1\cos\sqrt{\lambda}x+c_2\sin\sqrt{\lambda}x.$$

由 $u(0)=0$，$c_1=0$，

$$u(x)=c_2\sin\sqrt{\lambda}x.$$

由 $u(1)=0$，求得

$$\lambda=n^2\pi^2,\quad n=1,2,\cdots.$$

$\sin n\pi x$ 为齐次方程的非零解，令

$$\int_0^1 c_2^2(\sin n\pi x)^2\,\mathrm{d}x=1,\quad c_2=\sqrt{2},$$

故 $\{\lambda_n\}=\{n^2\pi^2\}$，$\{\varphi_n(x)\}=\{\sqrt{2}\sin n\pi x\}$ 为特征值及标准正交特征函数系，而且是 $L_2[0,1]$ 中的完备系，对任何 $f(x)\in L_2[0,1]$，恒有

$$f(x)=\sum_{n=1}^{\infty}\left(\int_0^1\sqrt{2}\sin n\pi y\, f(y)\mathrm{d}y\right)\sqrt{2}\sin n\pi x.$$

右端级数平均收敛. 若 $f,f''\in L_2[0,1]$ 且 $f(0)=f(1)=0$，由

$$\begin{cases}Lf=-f'',\\ f(0)=f(1)=0,\end{cases}$$

有 $f=K(-f'')$，且上述展开为绝对一致收敛.

3.5.3 一般情况

上段所考虑的二阶微分算子和边界条件还是比较特殊的. 现考虑更一般的算子

$$Lu=\frac{1}{r(x)}[-(p(x)u')'+q(x)u] \tag{5.33}$$

和更一般的混合边界条件

$$\begin{aligned}a_1u(0)+a_2u'(0)+a_3u(1)+a_4u'(1)=0,\\ b_1u(0)+b_2u'(0)+b_3u(1)+b_4u'(1)=0\end{aligned} \tag{5.34}$$

的情况. 其中 a_i,b_i 为实数，$r(x),p'(x),q(x)$ 为$[0,1]$上的实连续函数，$r(x)>0$，$p(x)>0$.

我们首先还是考虑边界条件如前的情况，即

$$\begin{cases}Lu=\dfrac{1}{r(x)}[-(p(x)u')'+q(x)u],\\ a_1u(0)+a_2u'(0)=0,\quad |a_1|+|a_2|\neq 0,\\ b_1u(1)+b_2u'(1)=0,\quad |b_1|+|b_2|\neq 0.\end{cases} \tag{5.35}$$

一般说来，在这样的边界条件下，我们得不到 L 的自伴性. 这主要是因为我们考虑的空间不够理想. 如果我们考虑所谓带权的 L_2 空间，即 $L_2([0,1],r)$，在这个空间中的内积和范数分别定义为

$$(f,g)_r=\int_0^1 r(x)f(x)\,\overline{g(x)}\mathrm{d}x,$$

$$\|f\|_r=\left(\int_0^1 r(x)\,|f(x)|^2\mathrm{d}x\right)^{\frac{1}{2}},$$

还假设 $0<r_0\leqslant r(x)\leqslant r_1$，用$\|\cdot\|$及$\|\cdot\|_r$分别记$L_2[0,1]$及$L_2([0,1],r)$中的范数，则

$$r_0^{\frac{1}{2}}\|f\|\leqslant\|f\|_r\leqslant r_1^{\frac{1}{2}}\|f\|.$$

由这个不等式立即看出 $L_2[0,1]$ 与 $L_2([0,1],r)$ 有完全相同的元素. 而且 $L_2([0,1],r)$ 是连续函数类关于范数$\|\cdot\|_r$的完备化空间. 因为，对于任意的这种 $f\in L_2([0,1],r)$ 必 $f\in L_2[0,1]$，由于 $L_2[0,1]$ 是连续函数类关于范

数$\|\cdot\|$的完备化，故存在连续函数序列 $f_n \in L_2[0,1]$ 也必 $f_n \in L_2([0,1],r)$ $(n=1,2,\cdots)$，使

$$\|f_n - f\|_r \leqslant r_1^{\frac{1}{2}} \|f_n - f\| \to 0, \quad n \to \infty.$$

由于加权的缘故，我们就能像(5.16)那样证明

$$(Lu, v)_r = (u, Lv)_r.$$

注意 L 是定义在 u 及 Lu 皆属于 $L_2([0,1],r)$ 且满足边界条件的类 J 上，对任意的 $u,v \in J$，上式成立.

在上述一系列假设下，关于算子(5.35)的逆，有完全与定理3.5.2相同的结论. 只要逐字逐句重复前面的论证就行了. 不过要注意换为相应空间 $L_2([0,1],r)$，逆积分算子的形式相应为

$$Ku = \int_0^1 r(y) K(x,y) u(y) \mathrm{d}y, \quad Ku \in J.$$

使得 $LKu = u$，即须

$$\int_0^1 r(y) LK(x,y) u(y) \mathrm{d}y = u(x) = \int_0^1 r(y) \frac{\delta(x-y)}{r(x)} u(y) \mathrm{d}y,$$

$$LK(x,y) = \frac{\delta(x-y)}{r(x)}.$$

或

$$\begin{cases} -(p(x) K_x(x,y))_x + q(x) K(x,y) = \delta(x-y), \\ a_1 K(0,y) + a_2 K_x(0,y) = 0, \\ b_1 K(1,y) + b_2 K_x(1,y) = 0. \end{cases}$$

与上段(5.20),(5.21)完全相同，故 $w \neq 0$ 时，仍有

$$K(x,y) = \frac{k_1(x_<) k_2(x_>)}{w}.$$

容易看出，K 是自伴的，即对任何的 $u,v \in L_2([0,1],r)$，

$$(Ku, v)_r = (u, kv)_r.$$

另外，K 是紧的. 所谓紧，是要证明在 $L_2([0,1],r)$ 空间内，在范数$\|\cdot\|_r$的意义下紧. 首先对任何的 $f \in L_2([0,1],r)$，有 $f \in L_2[0,1]$，从而 $Kf \in L_2[0,1]$，于是 $Kf \in L_2([0,1],r)$. 也就是说 K 是 $L_2([0,1],r)$ 到自身的映照. 又对于任何的$\|f_n\|_r \leqslant M$，有$\|f_n\| \leqslant r_0^{-\frac{1}{2}} M$，因算子 K 在 $L_2[0,1]$ 上紧，故存在$\{f_{n'}\} \subset \{f_n\}$，使

$$\|Kf_{n'} - Kf_{m'}\|_r \leqslant r_1^{\frac{1}{2}} \|Kf_{n'} - Kf_{m'}\| \to 0, \quad n', m' \to \infty.$$

现在，考虑一般情况.

定义 3.5.2 二阶微分算子

$$Lu=\frac{1}{r(x)}[-(p(x)u')'+q(x)u],$$

$$\left.\begin{aligned}&a_1u(0)+a_2u'(0)+a_3u(1)+a_4u'(1)=0,\quad \sum_{i=1}^{4}|a_i|\neq 0,\\&b_1u(0)+b_2u'(0)+b_3u(1)+b_4u'(1)=0,\quad \sum_{i=1}^{4}|b_i|\neq 0,\end{aligned}\right\}\tag{5.36}$$

其中 a_i,b_i 为实数，$r(x),p'(x),q(x)$ 是$[0,1]$上的实连续函数，$r(x)>0$，$p(x)>0$. 算子 L 定义在 J 类上，对于任意 $u,v\in J$ 有

$$(Lu,v)_r=(u,Lv)_r,$$

则称 L 为 $L_2([0,1],r)$ 上的**正则微分算子**.

显然前面研究的两种算子都是正则微分算子的特例. 但在一般情况下，不是总能保证 L 的自伴性.

可以证明，二阶正则微分算子具有与定理 3.5.2 完全相同的结论，不过空间要换成相应的 $L_2([0,1],r)$.

3.5.4 零特征值的情形

一般，如果 L 有零特征值，则定理 3.5.2 不成立；这时在全空间 $L_2[0,1]$ 中不存在 L 的逆积分算子. 但我们可以在 $L_2[0,1]$ 的一个子空间上去找，其方法如下.

设 $\lambda_0=0$ 的一切特征函数张成空间 H_0，设 H_0 为有限维，即由 $\varphi_{0,1}(x),\cdots,\varphi_{0,n}(x)$ 张成. 设 $H_0^{\perp}$ 为 H_0 的正交补空间. 显然 $H_0,H_0^{\perp}$ 均为线性闭子空间，从而为 Hilbert 空间，并且

$$L_2=H_0\oplus H_0^{\perp}.$$

限制 L 在 $H_0^{\perp}$ 上，则 L 在 $H_0^{\perp}$ 上存在着紧自伴的逆积分算子 K，于是当 $u\in H_0^{\perp}$ 时应要求 $Lu\in H_0^{\perp}$. 对于 $H_0^{\perp}$ 若 K 存在，则对 $u\in H_0^{\perp}$，有

$$LKu=u=\int_0^1\delta(x-y)u(y)\mathrm{d}y,$$

$$LK(x,y)=\delta(x-y).\tag{5.37}$$

但 $\delta(x-y)$ 并不与 $\varphi_{0,k}(x)$ 正交，$k=1,2,\cdots,n$. 我们令

$$\delta^*(x-y)=\delta(x-y)-\sum_{j=1}^{n}\varphi_{0,j}(x)\overline{\varphi_{0,j}(y)},$$

则 $\delta^*(x-y)$ 就与 $\varphi_{0,k}(x)$ 正交：

$$\int_0^1\delta^*(x,y)\overline{\varphi_{0,k}(x)}\mathrm{d}x=\overline{\varphi_{0,k}(y)}-\overline{\varphi_{0,k}(y)}=0.$$

同时当 $u(x) \in H_0^{\perp}$ 时，有

$$
\begin{aligned}
&\int_0^1 \delta^*(x-y)u(y)\mathrm{d}y \\
&= \int_0^1 \delta(x-y)u(y)\mathrm{d}y - \sum_{j=1}^{n}\varphi_{0,j}(x)\int_0^1 u(y)\overline{\varphi_{0,j}(y)}\mathrm{d}y \\
&= u(x).
\end{aligned}
$$

因此将(5.37)换成

$$
LK(x,y) = \delta^*(x-y) \tag{5.38}
$$

就比较合理，另外 $K(x,y)$ 是 $H_0^{\perp}$ 上紧自伴算子 K 的核. 设 μ_i,φ_i 分别为 K 在 $H_0^{\perp}$ 上的非零特征值及标准正交的特征函数，根据展开定理 3.3.3,

$$
K(x,y) = \sum_{i=1}^{\infty}\mu_i\varphi_i(x)\overline{\varphi_i(y)},
$$

所以当 x 固定时，$K(x,y) \in H_0^{\perp}$，于是

$$
\int_0^1 K(x,y)\overline{\varphi_{0,k}(y)}\mathrm{d}y = 0, \quad k = 1,2,\cdots,n. \tag{5.39}
$$

例 2

$$
\begin{aligned}
Lu &= -u'', \\
u(0) - u(1) &= 0, \\
u'(0) - u'(1) &= 0.
\end{aligned}
$$

设 L 定义在类 J 上，边界条件是混合的，容易验证，对任何 $u,v \in J$，有

$$
(Lu,v) = (u,Lv).
$$

这是因为

$$
(Lu,v) - (u,Lv) = (-u'\bar{v} + u\bar{v}')\Big|_0^1 = 0.
$$

考虑

$$
Lu = \lambda u.
$$

当 $\lambda \geqslant 0$ 时

$$
u(x) = c_1\sin\sqrt{\lambda}x + c_2\cos\sqrt{\lambda}x.
$$

由边界条件

$$
\begin{gathered}
c_2(1-\cos\sqrt{\lambda}) - c_1\sin\sqrt{\lambda} = 0, \\
\sqrt{\lambda}c_2\sin\sqrt{\lambda} + \sqrt{\lambda}c_1(1-\cos\sqrt{\lambda}) = 0,
\end{gathered}
$$

令

$$
\begin{vmatrix}
1-\cos\sqrt{\lambda} & -\sin\sqrt{\lambda} \\
\sqrt{\lambda}\sin\sqrt{\lambda} & \sqrt{\lambda}(1-\cos\sqrt{\lambda})
\end{vmatrix} = 2\sqrt{\lambda}(1-\cos\sqrt{\lambda}) = 0.
$$

求得特征值为

$$
\lambda_0 = 0, \quad \lambda_n = 4n^2\pi^2, \; n = 1,2,\cdots.
$$

对应的标准正交的特征函数为

$$\varphi_0(x)=1,\quad \varphi_{n,e}(x)=\sqrt{2}\cos 2n\pi x,\quad \varphi_{n,0}(x)=\sqrt{2}\sin 2n\pi x,$$
$$n=1,2,\cdots.$$

以上除了 $\lambda_0=0$ 对应一个特征函数 $\varphi_0(x)=1$ 外，其余每个特征值对应两个特征函数.

在本例中 $H_0=\{1\}$，

$$\delta^*(x-y)=\delta(x-y)-1.$$

令

$$-K_{xx}(x,y)=\delta(x-y)-1,$$

以及由下列 4 个条件：$K(0,y)-K(1,y)=0$，$K_x(0,y)-K_x(1,y)=0$，$K(x,y)$ 在 $x=y$ 时连续，$\int_0^1 K(x,y)\mathrm{d}y=0$ 可得出

$$K(x,y)=\frac{1}{12}-\frac{1}{2}(x_>-x_<)+\frac{1}{2}(x-y)^2.$$

对应的积分算子 K 为 $L_2[0,1]$ 上的紧自伴算子，且在 $H_0^\perp$ 上 K 为 L 的逆算子.

根据展开定理 3.3.2，对任意 $f(x)\in L_2[0,1]$，

$$f(x)=\sum_{n=1}^{\infty}\Big[\Big(\int_0^1 f(y)\sqrt{2}\sin 2\pi ny\ \mathrm{d}y\Big)\sqrt{2}\sin 2\pi nx$$
$$+\Big(\int_0^1 f(y)\sqrt{2}\cos 2\pi ny\ \mathrm{d}y\Big)\sqrt{2}\cos 2\pi nx\Big]+f_0,$$

$f_0\in N(K)=H_0=\{1\}$. 两边对 x 积分可求出

$$f_0=\int_0^1 f(x)\mathrm{d}x.$$

级数收敛是指在 L_2 的范数意义下.

3.5.5 非正则微分算子的情形

微分方程

$$u''+\frac{1}{x}u'+\Big(\lambda-\frac{\nu^2}{x^2}\Big)u=0,\quad 0\leqslant x\leqslant 1$$

称为 ν 阶 Bessel 方程. 它的两个线性无关解记之为 $J_\nu(\sqrt{\lambda}x)$ 及 $N_\nu(\sqrt{\lambda}x)$[①] 分别称为第一类及第二类 **Bessel** 函数. 其中

---

① $N_\nu(x)$，又称 Neumann 函数，形式较复杂，因暂不利用，故不写出.

$$J_{\nu}(x)=\left(\frac{x}{2}\right)^{\nu}\sum_{k=0}^{\infty}\frac{\left(\mathrm{i}\left(\frac{x}{2}\right)\right)^{2k}}{k\,!\,\Gamma(k+\nu+1)}.$$

原方程可改写为

$$\frac{1}{x}\left[-(xu')'+\frac{\nu^2}{x}u\right]=\lambda u.$$

它启发我们研究算子

$$Lu=\frac{1}{x}\left[-(xu')'+\frac{\nu^2}{x}u\right].$$

为简单计，只考虑 $\nu=1$ 的情形：

$$Lu=\frac{1}{x}\left[-(xu')'+\frac{1}{x}u\right].$$

与(5.36)对照，

$r(x)=x$, 在 $x=0$ 处 $r(x)=0$;

$p(x)=x$, 在 $x=0$ 处 $p(x)=0$;

$q(x)=\dfrac{1}{x}$, 在 $x=0$ 处不连续.

边界条件也只能加在 $x=1$ 处，自伴性无法验证. 这样的算子不满足正则微分算子的条件，称为**非正则微分算子，或奇异微分算子**. 下面说明对于这样的算子，L 的逆仍可能存在.

例 3 求微分算子

$$Lu=\frac{1}{x}\left[-(xu')'+\frac{1}{x}u\right], \tag{5.40}$$

$$u(1)=0$$

的逆积分算子.

当然应当考虑空间 $L_2([0,1],x)$ 且定义

$$(f,g)_x=\int_0^1 xf(x)\,\overline{g(x)}\,\mathrm{d}x,\quad \|f\|_x=\left(\int_0^1 x|f(x)|^2\mathrm{d}x\right)^{\frac{1}{2}}.$$

由于 $\|f\|_x\leqslant\|f\|$, 可见 $L_2[0,1]\subseteq L_2([0,1],x)$, 但 $f(x)=x^{-\alpha}\left(\frac{1}{2}\leqslant\alpha\leqslant1\right)$ 属于 $L_2([0,1],x)$ 而不属于 $L_2[0,1]$, 从而 $L_2[0,1]\subset L_2([0,1],x)$. 假设

$$Ku=\int_0^1 yK(x,y)u(y)\mathrm{d}y.$$

须要求

$$\begin{cases}\dfrac{1}{x}\left[-(xK_x(x,y))_x+\dfrac{1}{x}K(x,y)\right]=\delta(x-y),\\ K(1,y)=0.\end{cases}$$

将上面方程改写为

$$-\left[K_{xx}(x,y)+\left(\frac{1}{x}K(x,y)\right)_x\right]=\delta(x-y),$$

$$K(x,y)=\begin{cases}c_1(y)x+\dfrac{c_2(y)}{x}, & x<y,\\ c_3(y)x+\dfrac{c_4(y)}{x}, & x>y.\end{cases}$$

由于 x 属于 $L_2([0,1],x)$，而 $\frac{1}{x}$ 不属于 $L_2([0,1],x)$ 故令 $c_2(y)=0$，又由于 $K(1,y)=0$，故 $c_4(y)=-c_3(y)$. 假设 $K(x,y)$ 在 $x=y$ 连续并要求

$$\int_{y-\varepsilon}^{y+\varepsilon}\left[-(xK_x(x,y))_x+\frac{1}{x}K(x,y)\right]\mathrm{d}x=1,$$

可求得

$$K(x,y)=\frac{1}{2}x_<\left(\frac{1}{x_>}-x_>\right).$$

容易计算出，对任何 $u,v\in L_2([0,1],x)$，

$$(Ku,v)_x=(u,Kv)_x,$$

即 K 为 $L_2([0,1],x)$ 上的自伴算子. 另外，K 亦为 $L_2([0,1],x)$ 上的紧算子. 实际上，设 $\|f_n\|_x\leqslant M$，则 $\|\sqrt{x}f_n(x)\|=\|f_n\|_x\leqslant M$，记

$$\widetilde{K}f=\int_0^1\sqrt{xy}K(x,y)f(y)\mathrm{d}y,$$

则 $\widetilde{K}$ 在 $L_2[0,1]$ 上紧，从而存在 $\{\sqrt{x}f_{n'}\}\subset\{\sqrt{x}f_n\}$，使

$$\|\widetilde{K}\sqrt{x}f_{n'}-\widetilde{K}\sqrt{x}f_{m'}\|\to 0,\quad n',m'\to\infty.$$

但 $\|Kf\|_x=\|\widetilde{K}\sqrt{x}f\|$，故

$$\|Kf_{n'}-Kf_{m'}\|_x=\|\widetilde{K}\sqrt{x}f_{n'}-\widetilde{K}\sqrt{x}f_{m'}\|\to 0,\quad n',m'\to\infty.$$

K 的特征值 μ 为超越方程

$$J_1\left(\frac{1}{\sqrt{\mu_n}}\right)=0$$

的根，因为 Bessel 函数满足方程

$$LJ_1\left(\frac{x}{\sqrt{\mu_n}}\right)=\frac{1}{\mu_n}J_1\left(\frac{x}{\sqrt{\mu_n}}\right)$$

及边界条件，用 $\{k_nJ_1(\sqrt{\lambda_x}x)\}$ 记相应于 $\mu_n=\frac{1}{\lambda_n}$ 的特征函数，且 k_n 这样选取，使得

$$k_n^2\int_0^1 xJ_1^2(\sqrt{\lambda_n}x)\mathrm{d}x=1.$$

由于 L 的逆存在，由 $Kf=0$ 可推出 $LKf=f=0$，从而 $\{k_n J_1(\sqrt{\lambda_n}x)\}$ 构成 $L_2([0,1],x)$ 的完备系. 对于任意的 $f(x)\in L_2([0,1],x)$ 有

$$f(x)=\sum_{n=1}^{\infty}\left(\int_0^1 yk_nJ_1(\sqrt{\lambda_n}y)f(y)\mathrm{d}y\right)k_nJ_1(\sqrt{\lambda_n}x).$$

级数是按 $L_2([0,1],x)$ 的范数收敛的.

3.6 展开定理(续)、正算子

定理 3.2.3 中核 $K(x,y)$ 的 Fourier 展开在平均收敛意义下成立. 那么在什么条件下能绝对一致地展开呢? 另外，叠核 $K_n(x,y)$ 可否按特征函数展开呢?这些是本节所要讨论的问题. 我们先从后者开始.

3.6.1 关于叠核的展开

定理 3.6.1 设 $K(x,y)\in L_2[a,b]$ 不恒为零，为自伴算子的核，a,b 有限或无限，$\{\mu_i\},\{\varphi_i\}$①为对应非零特征值及标准正交特征函数集合. 则叠核可展开为

$$K_n(x,y)=\sum_{i=1}^{\infty}\mu_i^n\varphi_i(x)\overline{\varphi_i(y)},\quad n\geqslant 2. \tag{6.1}$$

右端级数当一个变量固定时对另一个变量为平均收敛，且

$$\int_a^b K_n(x,y)\mathrm{d}x=\sum_{i=1}^{\infty}\mu_i^n,\quad n\geqslant 2. \tag{6.2}$$

证 当 $n=2$ 时

$$K_2(x,y)=\int_a^b K(x,z)K(z,y)\mathrm{d}z. \tag{6.3}$$

在定理 3.3.1 中，视算子 K 作用在 $f(z)=K(z,y)$ (把 y 固定)，则

$$\begin{aligned}K_2(x,y)&=\sum_{i=1}^{\infty}\mu_i(K(z,y),\varphi_i(z))\varphi_i(x)\\&=\sum_{i=1}^{\infty}\mu_i^2\overline{\varphi_i(y)}\varphi_i(x)\quad(\text{对 } x \text{ 平均收敛}).\end{aligned} \tag{6.4}$$

由对称性，x 固定时，上式对 y 平均收敛.

设(6.1) 成立，则

① 本节中的 $\{\mu_i\},\{\varphi_i\}$ 均设为可列集，而为有限集时，情况自明.

$$\begin{aligned}K_{n+1}(x,y)&=\int_a^b K(x,z)K_n(z,y)\mathrm{d}z\\&=\sum_{i=1}^{\infty}\mu_i(K_n(z,y),\varphi_i(z))\varphi_i(x)\\&=\sum_{i=1}^{\infty}\mu_i\Big(\sum_{j=1}^{\infty}\mu_j^n\varphi_j(z)\,\overline{\varphi_j(y)},\varphi_i(z)\Big)\varphi_i(x)\\&=\sum_{i=1}^{\infty}\mu_i^{n+1}\,\overline{\varphi_i(y)}\varphi_i(x).\end{aligned}$$

现在来证明(6.2). 由 $\mu_i\to 0$ 知，存在着正整数 i_0，当 $i\geqslant i_0$ 时，

$$|\mu_i|^n|\varphi_i(x)|^2\leqslant|\mu_i|^2|\varphi_i(x)|^2,\quad n\geqslant 2. \tag{6.5}$$

但

$$K_2(x,x)=\sum_{i=1}^{\infty}\mu_i^2|\varphi_i(x)|^2,$$

由于右端为正项级数，故可逐项积分，得

$$\int_a^b K_2(x,x)\mathrm{d}x=\sum_{i=1}^{\infty}\mu_i^2.$$

所以由(6.5)有

$$\int_a^b\sum_{i=i_0}^{\infty}\mu_i^n|\varphi_i(x)|^2\mathrm{d}x=\sum_{i=i_0}^{\infty}\int_a^b\mu_i^n|\varphi_i(x)|^2\mathrm{d}x=\sum_{i=i_0}^{\infty}\mu_i^n. \tag{6.6}$$

显然对于有限项有

$$\int_a^b\sum_{i=1}^{i_0-1}\mu_i^n|\varphi_i(x)|^2\mathrm{d}x=\sum_{i=1}^{i_0-1}\mu_i^n. \tag{6.7}$$

在(6.1)中令 $y=x$，然后积分，考虑到(6.6)及(6.7)就得到(6.2). ∎

本定理中级数(6.1)是一个变量固定时对另一变量按 L_2 的范数平均收敛. 那么何时绝对一致收敛呢? 在 $n\geqslant 2$ 时有如下定理.

定理3.6.2 设$\int_a^b|K(x,y)|^2\mathrm{d}y\leqslant M^2$，$a,b$为有限，其余假设同定理3.6.1，则当 $n\geqslant 2$ 时，

$$K_n(x,y)=\sum_{i=1}^{\infty}\mu_i^n\varphi_i(x)\,\overline{\varphi_i(y)} \tag{6.8}$$

当一个变量固定时，对另一变量为绝对一致收敛.

证 在所设条件下 $K_n(x,y)$ 的 Fourier 展式有定理 3.6.1 关于收敛性的结论. 又 $n\geqslant 2$ 时，

$$K_n(x,y)=\int_a^b K(x,z)K_{n-1}(z,y)\mathrm{d}z$$

视 y 固定时为算子 K 值域中 x 的函数，根据定理 3.3.4，(6.8) 当 y 固定时是关于 x 绝对一致收敛的. 同样 x 固定时对 y 也绝对一致收敛. ∎

定理 3.6.3 设 $K(x,y)$ 在 $a\leqslant x,y\leqslant b$ 连续，a,b 为有限，其余条件同定理 3.6.1，则展式(6.8) 当 $n\geqslant 2$ 时关于 $a\leqslant x,y\leqslant b$ 为绝对一致收敛.

证 由假设必有上定理的结论. 当 $n=2$ 时有不等式

$$\left|\mu_i^2\varphi_i(x)\overline{\varphi_i(y)}\right|\leqslant\frac{1}{2}\left(|\mu_i\varphi_i(x)|^2+|\mu_i\varphi_i(y)|^2\right). \tag{6.9}$$

在(6.8) 中，当 $n=2$ 时令 $x=y$ 有

$$K_2(x,x)=\sum_{i=1}^{\infty}\mu_i^2|\varphi_i(x)|^2. \tag{6.10}$$

因 $K(x,y)$ 连续，级数各项非负、连续，由 Dini 定理知，(6.10) 在 $[a,b]$ 上一致收敛. 再由(6.9) 知，$n=2$ 时命题成立.

又 i 充分大时有(6.5)，故 $n>2$ 时命题成立. ∎

注 $n=1$ 时本定理并不成立. 但可证明对一个变量一致地关于另一个变量为平均收敛. 例如，计算表明

$$\begin{aligned}&\int_a^b\left|K(x,y)-\sum_{i=1}^n\mu_i\varphi_i(x)\overline{\varphi_i(y)}\right|^2\mathrm{d}x\\&=\int_a^b|K(x,y)|^2\mathrm{d}x-\sum_{i=1}^n\mu_i^2|\varphi_i(y)|^2\\&=K_2(y,y)-\sum_{i=1}^n\mu_i^2|\varphi_i(y)|^2.\end{aligned}$$

由于(6.10) 一致收敛，从而上式 $n\to\infty$ 时关于 y 一致地趋于零. 由对称性，同样可证展式对 x 一致地关于 y 平均收敛. 回答 $n=1$ 时，何时对 $a\leqslant x,y\leqslant b$ 一致收敛，将是以下的 Mercer 定理.

3.6.2 Mercer 定理

定义 3.6.1 设 K 为 H 上的自伴算子(K 为线性，有界或无界). 若对任意的 $f\in H$，

$$(Kf,f)\geqslant 0, \tag{6.11}$$

则称 K 为 H 上的**正算子**.

推论 3.6.1 若 K 为 H 上的线性有界算子且当 $f\in H$ 时，$(Kf,f)\geqslant 0$，则 K 为正算子.

这是因为，从泛函分析知道，线性有界算子 K 为自伴的充要条件是对任何 f，(Kf,f) 为实数.

推论3.6.2 若 K 为 H 上的线性有界算子，则 KK^* 和 K^*K 皆为正算子.

这时 K^*K 及 KK^* 皆线性有界，且对 $f\in H$，

$$(KK^*f,f)=\|K^*f\|\geqslant 0.$$

从而 KK^* 为正算子. 同理 K^*K 为正算子.

特别地，若 K 线性有界且自伴，则 K^2 为正算子.

推论3.6.3 设 K 为 H 上的紧自伴算子，则 K 为正算子的充要条件是 K 的所有特征值非负.

证 由(3.1)，(3.11)，得

$$(Kf,f)=\sum_i\mu_i|(f,\varphi_i)|^2. \tag{6.12}$$

当 $\mu_i\geqslant 0$ 时 $(Kf,f)\geqslant 0$，K 在 H 上为正算子. 反之，若对一切 $f\in H$，$(Kf,f)\geqslant 0$ 时必所有 $\mu_i\geqslant 0$. 否则，若有某 $\mu_{i_0}<0$，则取 $f=\varphi_{i_0}$，于是便有 $(K\varphi_{i_0},\varphi_{i_0})=\mu_{i_0}<0$，这与对任意的 $f\in H$，$(Kf,f)\geqslant 0$ 矛盾. ■

由必要性证明看出，只要 $(Kf,f)\geqslant 0$，即可推出 K 的特征值为非负.

3.5 节例 1、例 2 中的积分算子 K 均为正算子，因为它们的特征值非负. 而 L 为正算子可由定义直接检验，也可由 K 为正算子导出. 事实上 $\forall u\in L_2[0,1]$，则 $u_1=Ku\in L_2[0,1]$，

$$(Lu,u)=(Lu,KLu)=(Ku_1,u_1)\geqslant 0.$$

至于 3.5 节例 3 中的非正则微分算子(5.40)，即

$$\begin{cases}Lu=\dfrac{1}{x}\Big[-(xu')'+\dfrac{1}{x}u\Big],\\ u(1)=0,\end{cases}$$

我们只知道特征值是超越方程

$$J_1(\sqrt{\lambda})=0$$

的根，并不能求出它们的具体值. 曾证明 L 有紧自伴的逆积分算子 K，易由 K 自伴证明 L 自伴，而且因为

$$\begin{aligned}(Lu,u)_x&=\int_0^1\Big[-(xu')'+\frac{1}{x}u\Big]\bar{u}\,\mathrm{d}x\\&=-xu'\bar{u}\Big|_0^1+\int_0^1\Big(x|u'|^2+\frac{1}{x}|u|^2\Big)\mathrm{d}x\end{aligned}$$

$$= \int_0^1 \left(x |u'|^2 + \frac{1}{x} |u|^2 \right) dx \geqslant 0.$$

从而L为正算子且L的一切特征值$\lambda_i \geqslant 0$. 但可证明$\lambda = 0$不是特征值，因若$Lu = 0$，必有$(Lu, u)_x = 0$，从而$u \equiv 0$.

引理3.6.1 设$K(x,y)$在$0 \leqslant x, y \leqslant 1$上连续且为$L_2[0,1]$上正算子的核，则当$0 \leqslant x \leqslant 1$时，$K(x,x) \geqslant 0$.

证 用反证法. 若存在x_0使$K(x_0,x_0) < 0$，则必存在$\delta > 0$，使当$|x - x_0| < \delta$，$|y - x_0| < \delta$时，$K(x,y) < 0$. 令

$$f(x) = \begin{cases} 1, & |x - x_0| \leqslant \delta, \\ 0, & |x - x_0| > \delta, \end{cases}$$

则

$$(Kf, f) = \int_{x_0-\delta}^{x_0+\delta} \int_{x_0-\delta}^{x_0+\delta} K(x,y) \, dx \, dy < 0,$$

与K为正算子矛盾. ∎

定理3.6.4 (Mercer) 设$K(x,y)$在$0 \leqslant x, y \leqslant 1$上连续($K(x,y) \not\equiv 0$)，且为$L_2[0,1]$上正算子的核，则

$$K(x,y) = \sum_{i=1}^{\infty} \mu_i \varphi_i(x) \overline{\varphi_i(y)}. \tag{6.13}$$

展式对$0 \leqslant x, y \leqslant 1$为绝对一致收敛，其中$\{\mu_i\}$,$\{\varphi_i(x)\}$同前.

证 由定理3.3.3，展式(6.13)在L_2平均收敛意义下成立. 为证明本定理只须证(6.13)右端为绝对一致收敛即可，又因$\mu_i > 0$，

$$\left| \sum_{i=n}^{m} \mu_i \varphi_i(x) \overline{\varphi_i(y)} \right| \leqslant \left(\sum_{i=n}^{m} \mu_i |\varphi_i(x)|^2 \right)^{\frac{1}{2}} \left(\sum_{i=n}^{m} \mu_i |\varphi_i(y)|^2 \right)^{\frac{1}{2}},$$

故只须证级数$\sum_{i=1}^{\infty} \mu_i |\varphi_i(x)|^2$对$0 \leqslant x \leqslant 1$为一致收敛即可. 现分三步进行：

(1) 证$\sum_{i=1}^{\infty} \mu_i |\varphi_i(x)|^2$逐点收敛. 令

$$K^{(n)}(x,y) = K(x,y) - \sum_{i=1}^{n} \mu_i \varphi_i(x) \overline{\varphi_i(y)},$$

由

$$\varphi_i(x) = \frac{1}{\mu_i} \int_0^1 K(x,y) \varphi_i(y) \, dy$$

可看出$\varphi_i(x)$是连续的，所以$K^{(n)}(x,y)$在$0 \leqslant x, y \leqslant 1$连续，且易见

$$K^{(n)}(x,y)=\overline{K^{(n)}(y,x)}.$$

设以 $K^{(n)}(x,y)$ 及 $K(x,y)$ 为核的积分算子(1.1)为 K_n 及 K，则 K_n 为紧自伴算子，K 的特征值非负，由定理 3.3.1 证明中(1)之命题 3°，

$$K_n f = Kf - \sum_{i=1}^{n}\mu_i(f,\varphi_i)\varphi_i = Kf^{\perp}$$

K_n 是从 $H_n^{\perp}\to H_n^{\perp}$ 的算子，按定理 3.3.1 的作法，K 在 $H_n^{\perp}$ 上的特征值为 $\mu_{n+1},\mu_{n+2},\cdots$，且全部为正，它们亦为紧自伴算子 K_n 的特征值. 由推抡 3.6.3，K_n 为正算子. 根据引理 3.6.1，$K^{(n)}(x,x)\geqslant 0$，即

$$\sum_{i=1}^{n}\mu_i|\varphi_i(x)|^2\leqslant K(x,x)\leqslant M. \tag{6.14}$$

这就得到(1).

(2) 证 y_0 固定时有展式

$$K(x,y_0)=\sum_{i=1}^{\infty}\mu_i\varphi_i(x)\overline{\varphi_i(y_0)} \tag{6.15}$$

对 x 绝对一致收敛.

因为由(1)及(6.14)，当 n,m 充分大时有

$$\left|\sum_{i=n}^{m}\mu_i\varphi_i(x)\overline{\varphi_i(y_0)}\right|^2\leqslant\sum_{i=n}^{m}\mu_i|\varphi_i(x)|^2\sum_{i=n}^{m}\mu_i|\varphi_i(y_0)|^2\leqslant M\varepsilon,$$

从而(6.15)对 x 绝对一致收敛.

另由定理 3.6.3 的注知，(6.13)对 $y\in[0,1]$ 一致地关于 x 为平均收敛，于是当 y_0 固定时更有

$$K(x,y_0)=\sum_{i=1}^{\infty}\mu_i\varphi_i(x)\overline{\varphi_i(y_0)}$$

关于 x 平均收敛. 由平均收敛之唯一性知(6.15)右端关于 x 绝对一致地收敛于 $K(x,y_0)$.

(3) 证明 $K(x,x)=\sum_{i=1}^{\infty}\mu_i|\varphi_i(x)|^2$ 关于 x 一致收敛. 由(2)成立着

$$K(y_0,y_0)=\sum_{i=1}^{\infty}\mu_i|\varphi_i(y_0)|^2,$$

右端级数为逐点收敛. 由于它的各项非负，且收敛于连续函数 $K(y_0,y_0)$，由 Dini 定理知，它一致收敛于 $K(y,y)$. ∎

推论 3.6.4 设 $K(x,y)$ 在 $0\leqslant x,y\leqslant 1$ 上连续且是具有有限个负特征值的自伴算子的核，则 Mercer 定理的结论仍成立.

证 设算子 K 的特征值自 μ_{n+1} 起为正，则核

$$K^{(n)}(x,y)=K(x,y)-\sum_{i=1}^{n}\mu_i\varphi_i(y)\overline{\varphi_i(y)} \tag{6.16}$$

连续，共轭对称，其对应算子 K_n 的特征值为正，由推论 3.6.3，K_n 为正算子. 将 Mercer 定理应用于 $K^{(n)}(x,y)$，有

$$K^{(n)}(x,y)=\sum_{i=n+1}^{\infty}\mu_i\varphi_i(x)\overline{\varphi_i(y)}.$$

级数对 $0\leqslant x,y\leqslant 1$ 绝对一致收敛. 考虑到(6.16)，便有(6.13). ∎

推论 3.6.5 假设同推论 3.6.4，则

$$\int_0^1 K(x,x)\mathrm{d}x=\sum_{i=1}^{\infty}\mu_i. \tag{6.17}$$

证 由推论 3.6.4 得(6.13)，在(6.13)中令 $y=x$ 逐项积分便得(6.17). ∎

推论 3.6.5 是代数中行列式的迹等于特征值之和这一命题的推广.

定理 3.3.3 的推论曾断言 $\sum\limits_{i=1}^{\infty}\mu_i^2<+\infty$，对连续的正算子有更强的结论

$$\sum_{i=1}^{\infty}\mu_i<+\infty.$$

例 1

$$Lu=-u'',$$
$$u(0)=u(1)=0$$

是 3.5 节例 1 中的算子，曾求出

$$K(x,y)=x_<(1-x_>),$$
$$\mu_n=\frac{1}{n^2\pi^2},\quad n=1,2,\cdots.$$

由(6.17)，

$$\int_0^1 x_<(1-x_>)\mathrm{d}x=\frac{1}{\pi^2}\sum_{n=1}^{\infty}\frac{1}{n^2}=\frac{1}{6}.$$

例 2

$$Lu=-u'',$$
$$u(0)-u(1)=0,$$
$$u'(0)-u'(1)=0$$

是 3.5 节例 2 中的算子，曾求出

$$K(x,y)=\frac{1}{12}-\frac{1}{2}(x_>-x_<)+\frac{1}{2}(x-y)^2.$$

K 的非零特征值为

$$\mu_n = \frac{1}{4n^2\pi^2}, \quad n = 1,2,\cdots.$$

从而

$$\int_0^1 K(x,x)\mathrm{d}x = \frac{2}{4\pi^2}\sum_{n=1}^{\infty}\frac{1}{n^2} = \frac{1}{12}.$$

上式出现倍数 2 是因为每一特征值重数为 2，而(6.17) 和式中的特征值是按重数累计的.

例 3
$$Lu = \frac{1}{x}\Big[-(xu')' + \frac{1}{x}u\Big],$$
$$u(1) = 0$$

是 3.5 节中的例 3. 它的特征值为 $J_1(\sqrt{\lambda_n}) = 0$ 的根. 我们曾求出

$$K(x,y) = \frac{1}{2}x_<\left(\frac{1}{x_>} - x_>\right).$$

考虑到我们是在 $L_2([0,1],x)$ 上讨论的，故(6.17) 应为

$$\sum_{i=1}^{\infty}\mu_i = \int_0^1 xK(x,x)\mathrm{d}x = \int_0^1 \frac{1}{2}x^2\left(\frac{1}{x} - x\right)\mathrm{d}x = \frac{1}{8}.$$

可注意的是，这里我们并不知道每个 μ_i 之值，却能确定它们之和.

3.7 正则微分算子的特征值

本节从 Hilbert 空间中紧自伴算子的特征值理论出发，来得到正则微分算子关于特征值方面的一些信息. 即证明二阶正则微分算子至多有有限个负特征值.

首先引进比正算子更广意义的半有界算子.

定义 3.7.1 设 K 为 H 上的自伴算子(不一定有界). 若对于一切 $f \in H$，存在着实数 λ^*，使

$$(Kf,f) \geqslant \lambda^*(f,f) \quad ((Kf,f) \leqslant \lambda^*(f,f)),$$

则称 K 为**下半(上半) 有界算子**.

显然正算子是下半有界算子(取 $\lambda^* = 0$ 即可).

推论 3.7.1 设 K 为 H 上的紧自伴算子，则 K 为下半有界算子的充分必要条件是存在实数 λ^*，使 K 的一切特征值 $\mu_i \geqslant \lambda^*$.

证 (1) 必要性. 设存在 λ^*，使对任何 $f \in H$ 有

$$(Kf,f)\geqslant\lambda^*(f,f),$$

则必有一切 $\mu_i\geqslant\lambda^*$. 若不然，存在某 i_0，使 $\mu_{i_0}<\lambda^*$，取 $f=\varphi_{i_0}$，则

$$(K\varphi_{i_0},\varphi_{i_0})=\mu_i<\lambda^*(\varphi_{i_0},\varphi_{i_0}),$$

与假设矛盾.

(2) 充分性. 若存在实数 λ^* 使一切 $\mu_i\geqslant\lambda^*$，则当 $\lambda^*\geqslant 0$ 时

$$(Kf,f)=\sum_i\mu_i|(f,\varphi_i)|^2\geqslant 0=0\cdot(f,f),$$

即 K 是正算子，当然 K 下半有界. 当 $\lambda^*<0$ 时，

$$\begin{aligned}(Kf,f)&=\sum_i\mu_i|(f,\varphi_i)|^2\geqslant\lambda^*\sum_i|(f,\varphi_i)|^2\\&\geqslant\lambda^*\Big(\sum_i|(f,\varphi_i)|^2+\|f_0\|^2\Big)\\&=\lambda^*(f,f),\end{aligned}$$

其中 $f_0\in N(K)$. ∎

引理 3.7.1 设 K 为 H 上的紧自伴算子，M 是 H 的子空间. 若对某实数 λ^* 及一切 $f\in M$ 有

$$(Kf,f)\leqslant\lambda^*(f,f),$$

并设 n 为不超过 λ^* 的 K 的特征值的个数(包括重数)，则 $n\geqslant\dim M$.

证 设 K 的特征值中，$\mu_1,\mu_2,\cdots,\mu_n\leqslant\lambda^*$. 对应的标准正交特征函数 $\varphi_1,\varphi_2,\cdots,\varphi_n$ 张成子空间 H_0，对任何 $f\in H_0$，

$$f=\sum_{i=1}^n(f,\varphi_i)\varphi_i,$$

$$(Kf,f)=\sum_{i=1}^n\mu_i|(f,\varphi_i)|^2\leqslant\lambda^*(f,f).$$

由投影定理，

$$H=H_0\oplus H_0^{\perp}.$$

对任何 $f\in H_0^{\perp}$，分两种情况考虑：先设 $\mu=0$ 不是 K 在 $H_0^{\perp}$ 上的特征值，则

$$f=\sum_{i=n+1}^{\infty}(f,\varphi_i)\varphi_i,$$

$$(Kf,f)=\sum_{i=n+1}^{\infty}\mu_i|(f,\varphi_i)|^2>\lambda^*(f,f),\quad f\in H_0^{\perp}.$$

次设 $\mu=0$ 是 K 在 $H_0^{\perp}$ 上的特征值，则必 $\lambda^*<0$，从而

$$f=\sum_{i=n+1}^{\infty}(f,\varphi_i)\varphi_i+f_0,\quad f_0\in N(K),$$

$$(Kf,f) = \sum_{i=n+1}^{\infty} \mu_i |(f,\varphi_i)|^2 > \lambda^* \sum_{i=n+1}^{\infty} |(f,\varphi_i)|^2$$

$$> \lambda^* \Big(\sum_{i=n+1}^{\infty} |(f,\varphi_i)|^2 + \|f_0\|^2 \Big) = \lambda^* (f,f).$$

总之，$f \in H_0^{\perp}$ 时，$(Kf,f) > \lambda^*(f,f)$. 然而 $f \in M$ 时，

$$(Kf,f) \leqslant \lambda^*(f,f),$$

所以 $f \in H_0$，即 $M \subseteq H_0$，故 $n \geqslant \dim M$. ∎

引理3.7.2 设 K_1, K_2 均为 H 上的紧自伴算子，对任何 $f \in H$ 有

$$(K_2 f,f) \leqslant (K_1 f,f).$$

设对某实数 λ^*，K_1 的一切不超过 λ^* 的特征值(包括重数)

$$\mu_1, \mu_2, \cdots, \mu_{n_1} \leqslant \lambda^*$$

以及 K_2 的一切不超过 λ^* 的特征值(包括重数)

$$\nu_1, \nu_2, \cdots, \nu_{n_2} \leqslant \lambda^*,$$

则 $n_2 \geqslant n_1$.

证 设 $\mu_1, \mu_2, \cdots, \mu_{n_1}$ 对应的特征函数张成子空间为 M，其维数为 n_1. 当 $f \in M$ 时，$f = \sum_{i=1}^{n_1} (f,\varphi_i)\varphi_i$，

$$(K_2 f,f) \leqslant (K_1 f,f) = \sum_{i=1}^{n_1} \mu_i |(f,\varphi_i)|^2 \leqslant \lambda^* \sum_{i=1}^{n_1} |(f,\varphi_i)|^2$$

$$= \lambda^*(f,f).$$

由上一引理知，$n_2 \geqslant n_1$. ∎

定理3.7.1 二阶正则(自伴)微分算子(5.36)至多有有限个负特征值. 从而二阶正则微分算子是下半有界算子.

证 分三种情况证明：

(1) 设 $\lambda = 0$ 不为(5.36)中 L 的特征值，且设 $q(x) > 0$，此时必存在紧自伴的逆积分算子 K，使

$$-(p(x)K_x(x,y))_x + q(x)K(x,y) = \delta(x-y).$$

引入辅助微分算子

$$\begin{cases} \tilde{L}u = \dfrac{1}{r(x)}[-(p(x)u')' + q(x)u], \\ u(0) = u(1) = 0. \end{cases}$$

边界条件是分离型的，必自动地有

$$(\widetilde{L}u,v)_r=(u,\widetilde{L}v)_r,$$

即 $\widetilde{L}$ 自伴，又

$$\begin{aligned}(\widetilde{L}u,u)_r&=\int_0^1[-(p(x)u')'+q(x)u]\,\overline{u}\mathrm{d}x\\&=\int_0^1[p(x)|u'|^2+q(x)|u|^2]\mathrm{d}x\geqslant 0,\end{aligned}$$

故 $\widetilde{L}$ 为正算子. 这时 $\lambda=0$ 不是 $\widetilde{L}$ 的特征值. 因为，当 $\widetilde{L}u=0$ 时有$(\widetilde{L}u,u)_r=0$，由上式知 $q(x)|u|=0$，因此 $u=0$. 从而 $\widetilde{L}$ 有紧自伴的逆积分算子 $\widetilde{K}$，且 $\widetilde{K}$ 为正算子. 事实上，设 $\widetilde{K}u=u_1$，有

$$(\widetilde{K}u,u)_r=(\widetilde{K}u,\widetilde{L}\widetilde{K}u)_r=(u_1,\widetilde{L}u_1)_r=(\widetilde{L}u_1,u_1)_r\geqslant 0,$$

故 $\widetilde{K}$ 的特征值

$$\mu_1\geqslant\mu_2\geqslant\cdots(\to 0);$$

$\widetilde{L}$ 的特征值为 $\lambda_1=\dfrac{1}{\mu_1}$, $\lambda_2=\dfrac{1}{\mu_2}$, …, 且

$$0<\lambda_1\leqslant\lambda_2\leqslant\cdots(\to+\infty).$$

仅有有限个特征值的可能性可以排除，因为根据定理 3.5.2，$\widetilde{K}$ 的特征函数系在 $L_2([0,1],r)$ 中完备，而有限个特征函数是不能构成完备系的.

又 $\widetilde{K}(x,y)$ 满足

$$\begin{cases}-(p(x)\widetilde{K}_x(x,y))_x+q(x)\widetilde{K}(x,y)=\delta(x-y),\\ \widetilde{K}(0,y)=\widetilde{K}(1,y)=0,\end{cases}$$

比较 K 及 $\widetilde{K}$ 有

$$\left(-\frac{\partial}{\partial x}p(x)\frac{\partial}{\partial x}+q(x)\right)(K(x,y)-\widetilde{K}(x,y))=0.$$

由线性微分方程理论，有满足上述齐次方程的线性无关函数 $u_1(x),u_2(x)$ 使

$$D(x,y)\equiv K(x,y)-\widetilde{K}(x,y)=a(y)u_1(x)+b(y)u_2(x),$$

$D(x,y)$ 是自伴的退化算子 D 的核. 它除了零特征值为无穷阶以外，最多有两个非零特征值. 又

$$(Kf,f)=((\widetilde{K}+D)f,f)=(\widetilde{K}f,f)+(Df,f)\geqslant(Df,f).$$

取 λ^* 为任意的负数. 设一切不超过λ^* 的K及D的特征值个数(包括重数)分别为 n_K 和 n_D. 但不管 λ^* 如何在负实轴上变化均有

$$n_D\leqslant 2.$$

由引理 7.2，$n_K\leqslant n_D\leqslant 2$. 即 K 的负特征值最多不超过两个，从而对 L 亦有同样的断言.

(2) 设 $q(x)>0$，但 $\lambda=0$ 为 L 的特征值. 设 $\lambda=0$ 的特征函数空间为 H_0，在 $H_0^{\perp}$ 上求 L 的逆 K，由(1)，K 在 $H_0^{\perp}$ 上至多有两个负特征值，因此 L 在 $H_0^{\perp}$ 上从而在全空间上也至多有两个负特征值.

(3) 设 $q(x)$ 不恒为正，因 $r(x)$, $q(x)$ 在 $[0,1]$ 上连续且 $r(x)>0$，由连续函数性质知，必存在实数 τ，使

$$q(x)-\tau r(x)>0.$$

令

$$L_\tau u=\frac{1}{r(x)}[-(p(x)u')'+(q(x)-\tau r(x))u],$$

其特征值 $\{\lambda_n\}$ 中至多有两个负特征值，且 $\lambda_n\to+\infty$.

令 $L_\tau\varphi_n=\lambda_n\varphi_n$，则

$$L\varphi_n=(\lambda_n+\tau)\varphi_n.$$

故 $\lambda_n+\tau$ 为 L 的特征值. 由于 $\lambda_n\to+\infty$，必存在正整数 N，使当 $n>N$ 时，$\lambda_n+\tau\geqslant 0$. 故 L 至多有有限个负特征值. ■

例 1

$$\begin{cases}Lu=-u'',\\ u(0)=0,\quad hu(1)+u'(1)=0.\end{cases}$$

考虑比较算子

$$\begin{cases}\tilde{L}u=-u'',\\ u(0)=u(1)=0.\end{cases}$$

由例 1, $\tilde{L}$ 是正算子，L 和 $\tilde{L}$ 的核分别为

$$\widetilde{K}(x,y)=x_<(1-x_>),$$

$$K(x,y)=\frac{x_<(1+h-hx_>)}{1+h}\quad(\text{已设 } h\neq-1).$$

这时

$$D(x,y)=K(x,y)-\widetilde{K}(x,y)=\frac{xy}{1+h},$$

$$\varphi(x)=\frac{\lambda}{1+h}x\int_0^1 y\varphi(y)\mathrm{d}y\equiv\frac{\lambda}{1+h}x\cdot A.$$

乘以 x，积分有 $\lambda=3(1+h)\neq 0$ 为特征值.

(1) $h>-1$ 时，$\lambda>0$，D 为正算子，

$$(Kf,f)=(\widetilde{K}f,f)+(Df,f)\geqslant(\widetilde{K}f,f)\geqslant 0.$$

取 $\lambda^*=0$，则有 $n_{\widetilde{K}}=0$ 从而 $n_K=0$. 故 K 从而 L 无负特征值.

(2) $h<-1$ 时，$\lambda<0$，

$$(Kf,f)\geqslant(Df,f),$$

$n_D = 1$, 故 $n_K \leqslant n_D = 1$. 从而 L 最多有一个负特征值. 事实上可以解

$$\begin{cases} -u'' = \lambda u, \\ u(0) = 0, \quad hu(1) + u'(1) = 0, \end{cases}$$

则 $u = \sin\sqrt{\lambda}x$, 满足条件 $u(0) = 0$. 第二个边界条件导致

$$\tan\sqrt{\lambda} = -\frac{\sqrt{\lambda}}{h}.$$

若 λ 为负, 令 $\sqrt{\lambda} = \mathrm{i}\rho\ (\rho > 0)$ 则得

$$\mathrm{th}\,\rho = -\frac{\rho}{h}.$$

当 $h < -1$ 时, 此方程确有一个正解. 从而 L 有一个负特征值.

(3) $h = -1$ 时, $u = x$ 满足边界条件且 $Lx = 0$. 故零为 L 的特征值.

最后说明一下, 定理 3.7.1 并不限于二阶正则微分算子, 可以推广到高阶算子. 令

$$Lu \equiv \frac{1}{r(x)} \sum_{k=0}^{n} (-1)^k (p_k(x) u^{(k)})^{(k)}.$$

设一切 $p_k(x)$ 有 k 阶连续导数, $r(x)$ 连续, $p_k(x) > 0$, $r(x) > 0$; 边界条件取为

$$\sum_{k=0}^{2n-1} a_{ik} u^{(k)}(0) + \sum_{k=0}^{2n-1} b_{ik} u^{(k)}(1) = 0, \quad i = 1, 2, \cdots, 2n.$$

$$\sum_{k=0}^{2n-1} |a_{ik}| + |b_{ik}| \neq 0.$$

设 u 与 $Lu \in L_2([0,1], r)$ 且 u 满足边界条件. 还假设算子在这样的边界条件下对称, 即

$$(Lu, v)_r = (u, Lv)_r.$$

在这种情况下, 可证算子 L 是下半有界的, 至多有有限个负特征值.

3.8 特征值的近似值

在求解微分方程的边值问题以及求解对称核的积分方程时, 特征值起着很重要的作用, 其解是用特征值及特征函数表示出来的. 但是特征值的精确值往往不易直接求得. 本节介绍求绝对值最大的特征值的近似方法.

1. 从积分算子出发

设 K 为紧自伴算子, $\{\mu_i\}$, $\{\varphi_i\}$ 分别为 K 的特征值及特征函数, 且

$$|\mu_1| \geqslant |\mu_2| \geqslant \cdots.$$

因为 $Kf = \sum_{n=1}^{\infty} \mu_n (f, \varphi_n) \varphi_n$，从而

$$\frac{\|Kf\|}{\|f\|} = \left(\frac{\sum_{n=1}^{\infty} \mu_n^2 |(f, \varphi_n)|^2}{\sum_{n=1}^{\infty} |(f, \varphi_n)|^2} \right)^{\frac{1}{2}} \leqslant |\mu_1|.$$

取 $f = \varphi_1$ 时，$\frac{\|K\varphi_1\|}{\|\varphi_1\|} = |\mu_1|$. 于是

$$|\mu_1| = \sup_{f \neq 0} \frac{\|Kf\|}{\|f\|} = \sup_{\|f\|=1} \|Kf\|. \tag{8.1}$$

因此，对任意的 $f \neq 0$，有

$$|\mu_1| \geqslant \frac{\|Kf\|}{\|f\|}, \tag{8.2}$$

从而得到 $|\mu_1|$ 的一个下界估计式.

又由 $\sum_{n=1}^{\infty} \mu_n^2 = \int_a^b K_2(x, x) \mathrm{d}x$，得

$$|\mu_1| \leqslant \sqrt{\int_a^b K_2(x, x) \mathrm{d}x}. \tag{8.3}$$

此即 $|\mu_1|$ 的一个上界估计.

若 $K(x, y)$ 连续且为正算子的核，由 $\sum_{n=1}^{\infty} \mu_n = \int_a^b K_2(x, x) \mathrm{d}x$，得

$$\mu_1 \leqslant \int_a^b K(x, x) \mathrm{d}x, \tag{8.4}$$

也是一个上界估计.

另外，由展式

$$\sum_{i=1}^{\infty} \mu_i^n = \int_a^b K_n(x, x) \mathrm{d}x, \quad n \geqslant 2 \tag{8.5}$$

可以证明，当一切 $\mu_i > 0$ 时，有

$$\lim_{n \to \infty} \left(\int_a^b K_n(x, x) dx \right)^{\frac{1}{n}} = \mu_1. \tag{8.6}$$

事实上，由(8.5)，

$$\int_a^b K_n(x, x) \mathrm{d}x = \mu_1^n \sum_{k=1}^{\infty} \left(\frac{\mu_k}{\mu_1} \right)^n.$$

当 $k \to \infty$ 时，$\mu_k \to 0$，故存在 $k_0 > 0$，使当 $k > k_0$ 时，

$$0 < \left(\frac{\mu_k}{\mu_1}\right)^n < q^n < 1.$$

从而 $n \to \infty$ 时，$\left(\frac{\mu_k}{\mu_1}\right)^n$ 对 k 一致地趋于零. 设

$$\lim_{n\to\infty}\sum_{k=1}^{\infty}\left(\frac{\mu_k}{\mu_1}\right)^n = \lim_{n\to\infty}\left(\sum_{k=1}^{k_0}+\sum_{k=k_0+1}^{\infty}\right)\left(\frac{\mu_k}{\mu_1}\right)^n \triangleq N \geqslant 1,$$

故 $n \to \infty$ 时$(1 \leqslant N \leqslant k_0)$

$$\left[\sum_{k=1}^{\infty}\left(\frac{\mu_k}{\mu_1}\right)^n\right]^{\frac{1}{n}} = e^{\frac{1}{n}\ln\sum\limits_{k=1}^{\infty}\left(\frac{\mu_k}{\mu_1}\right)^n} \to e^{0\cdot\ln N} = 1.$$

因此(8.6) 成立，这是较快逼近 μ_1 的公式.

例 1

$$Lu = -u'',$$

$$u(0) = u(1) = 0$$

是 3.5 节例 1 中的算子，逆积分算子 K 的核为

$$K(x,y) = x_{<}(1-x_{>}).$$

取 $f=1$，$Kf = \frac{1}{2}x(1-x)$，由(8.2)，

$$|\mu_1| \geqslant \|Kf\| = \left[\int_0^1 \frac{1}{4}x^2(1-x)^2\mathrm{d}x\right]^{\frac{1}{2}} = \frac{1}{\sqrt{120}}.$$

我们已经知道 $\mu_1 = \frac{1}{\pi^2}$，从而

$$\pi \leqslant (120)^{\frac{1}{4}} = 3.31\cdots. \tag{8.7}$$

由(8.4)

$$\frac{1}{\pi^2} = \mu_1 \leqslant \int_0^1 K(x,x)\mathrm{d}x = \frac{1}{6},$$

$$\pi \geqslant \sqrt{6} = 2.45\cdots. \tag{8.8}$$

更好的估计是利用(8.3)，

$$\frac{1}{\pi^4} = \mu_1^2 \leqslant \int_0^1 K_2(x,x)\mathrm{d}x = \int_0^1\left(\int_0^1 K^2(x,y)\mathrm{d}y\right)\mathrm{d}x$$

$$= \int_0^1 \frac{x^2(1-x)^2}{3}\mathrm{d}x = \frac{1}{90}.$$

于是

$$\pi \geqslant (90)^{\frac{1}{4}} = 3.08\cdots. \tag{8.9}$$

结合(8.7) 和(8.9)，$3.08 \leqslant \pi \leqslant 3.31$.

2. 从微分算子出发

用上述方法时必须先求出 Green 函数，有时这并不容易做到. 下面介绍一种方法直接从微分算子本身来估计最小特征值.

设 L 为正则微分算子，且标准正交的特征函数$\{\varphi_i\}$构成 H 中的完备系. 当 $f\in H$ 时，$f=\sum\limits_{n=1}^{\infty}(f,\varphi_n)\varphi_n$. 又 $Lf\in H$，从而 $Lf=\sum\limits_{n=1}^{\infty}\lambda_n(f,\varphi_n)\varphi_n$，

$$\frac{\|Lf\|}{\|f\|}=\left(\frac{\sum\limits_{n=1}^{\infty}\lambda_n^2|(f,\varphi_n)|^2}{\sum\limits_{n=1}^{\infty}|(f,\varphi_n)|^2}\right)^{\frac{1}{2}}. \tag{8.10}$$

设 L 为正算子，且 λ_1 为它的最小特征值. 由(8.10)

$$\frac{\|Lf\|}{\|f\|}\geqslant\lambda_1,$$

当 $f=\varphi_1$ 时，$\dfrac{\|L\varphi_1\|}{\|\varphi_1\|}=\lambda_1$. 故

$$\lambda_1=\inf_{\|f\|=1}\|Lf\|.$$

于是当 $f\neq 0$ 时

$$\lambda_1\leqslant\frac{\|Lf\|}{\|f\|} \tag{8.11}$$

得到 λ_1 的一个上界估计，或等价地 $\|f\|=1$ 时

$$\lambda_1\leqslant\|Lf\|. \tag{8.12}$$

例 2 L 同例 1. L 定义域中的函数 f 必须使得 $f''\in L_2[0,1]$ 且 $f(0)=f(1)=0$. 如

$$f(x)=x(1-x)$$

就满足这个要求. $\|f\|=\dfrac{1}{\sqrt{30}}$, $Lf=-f''(x)=2$,

$$\|Lf\|=2.$$

因 $\lambda_1=\pi^2$，利用(8.11)，$\pi^2\leqslant 2\sqrt{30}$，即

$$\pi\leqslant(120)^{\frac{1}{4}}, \tag{8.13}$$

与(8.7)一致.

例 3

$$Lu=\frac{1}{x}\left[-(xu')'+\frac{1}{x}u\right],$$

$$u(1)=0.$$

这是 3.5 节例 3，曾求出

$$K(x,y)=\frac{1}{2}x_<\left(\frac{1}{x_>}-x_>\right).$$

考虑到此时为 $L_2([0,1],x)$ 空间，有

$$K_2(x,x)=\int_0^1 yK^2(x,y)\mathrm{d}y=\frac{1}{8}x^4-\frac{1}{8}x^2-\frac{1}{4}x^2\ln x.$$

由(8.3)(但应考虑相应带权的 $L_2([0,1],x)$ 空间)

$$\mu_1^2\leqslant\int_0^1 xK_2(x,x)\mathrm{d}x=\frac{1}{192}.$$

若记 $\tau^2=\lambda_1\left(=\frac{1}{\mu_1}\right)$，则

$$\tau\geqslant(192)^{\frac{1}{4}}=3.72\cdots. \tag{8.14}$$

我们还可命 $f(x)=x(1-x)$，利用(8.11)，

$$\|f\|=\left[\int_0^1 x^3(1-x)^2\mathrm{d}x\right]^{\frac{1}{2}}=\frac{1}{\sqrt{60}},$$

$$Lf(x)=3.$$

从而$\|Lf\|=\frac{3}{2}\sqrt{2}$，并且因 $\lambda_1=\tau^2$，

$$\tau\leqslant\left(\frac{3}{2}\sqrt{2}\sqrt{60}\right)^{\frac{1}{2}}=(270)^{\frac{1}{4}}=4.05\cdots. \tag{8.15}$$

回忆起 μ_1 满足

$$J_1\left(\frac{1}{\sqrt{\mu_1}}\right)=0.$$

$J_1(\tau)$ 的第一个正零点为 $\tau=3.8317\cdots$.

由(8.14),(8.15)得到 τ 的下界和上界的估计. 若在(8.11)中更好地选取 $f(x)$ 或(8.6)中用更高的 n 值去近似 μ_1 以代替(8.3)，这些估计可得到进一步的改进.

第三章习题

1. 设 K 是 Banach 空间上的全连续算子，证明与 K 的非零特征值相应的特征子空间必定是有限维的.

2. 证明 $\mu=0$ 是退化核的积分算子的无穷阶特征值.

3. 设 $Kf=\int_a^b K(x,y)f(y)\mathrm{d}y$, $K(x,y)\in L_2[a,b]$, $f(x)\in L_2[a,b]$,

证明：

(1) K^* 为 K 伴随算子的充要条件是 K^* 对应的核 $K^*(x,y)=\overline{K(y,x)}$；

(2) K 为自伴算子的充要条件是 $K(x,y)=\overline{K(y,x)}$.

4. 若 $K(x,y)$ 为 L_2 对称核，则对任意的 $\varphi\in L_2$，$(K\varphi,\varphi)$ 为实数.

5. 设 $K(x,y)$ 为 L_2 对称核，证明：

(1) 叠核 $K_n(x,y)$ 也是 L_2 对称核；

(2) 若 $K(x,y)\not\equiv 0$，则叠核 $K_n(x,y)\not\equiv 0$；

(3) 若 $K(x,y)$ 不是退化核，则叠核 $K_n(x,y)$ 也不是退化核.

6. 设 K 为 H 上的线性有界算子，证明 $\|K\|=0$ 的充要条件是对任意的 $\varphi\in H$，$K\varphi=0$. 若 K 为 $L_2[a,b]$ 上的积分算子

$$Kf=\int_a^b K(x,y)f(y)\mathrm{d}y,$$

且核为 L_2 核，则 $\|K\|=0$ 的充要条件为 $K(x,y)=0$ (a. e.).

7. 证明下列积分方程无特征值：

(1) $\varphi(x)=\lambda\int_0^\pi \sin x\,\sin 2y\,\varphi(y)\mathrm{d}y$；

(2) $\varphi(x)=\lambda\int_0^\pi (\sin x\,\sin 2y+\sin 3x\,\sin 4y)\varphi(y)\mathrm{d}y$；

(3) $\varphi(x)=\lambda\int_{-1}^1 (x^4-x^2)(4y^3+3y)\varphi(y)\mathrm{d}y$.

8. 求下列积分方程的特征值及特征函数：

(1) $\varphi(x)=\lambda\int_0^\pi \sin x\,\sin y\,\varphi(y)\mathrm{d}y$；

(2) $\varphi(x)=\lambda\int_0^1 2\mathrm{e}^x\mathrm{e}^y\varphi(y)\mathrm{d}y$；

(3) $\varphi(x)=\lambda\int_0^1 (xy+x^2y^2)\varphi(y)\mathrm{d}y$；

(4) $\varphi(x)=\lambda\int_{-\pi}^\pi (\cos x\,\cos 5y+\cos 5x\,\cos y)\varphi(y)\mathrm{d}y$.

9. 设 $Kf=\int_0^1 K(x,y)f(y)\mathrm{d}y$，其中 $K(x,y)$ 为 L_2 对称核. 证明 K 为退化算子的充要条件是 K 仅有有限个非零特征值.

10. 设 K 为 H 上的紧自伴算子，$\|K\|\neq 0$. 证明：

(1) 存在 $\|f_0\|=1$，使得集合 $\{\|Kf\|\,\big|\,\|f\|=1\}$ 达到其上确界；

(2) 存在 $\|f_0\|=1$，使得集合 $\{|(Kf,f)|\,\big|\,\|f\|=1\}$ 达到其上确界；

(3) 存在 $\|f_0\|=1$，$\|g_0\|=1$，使得集合 $\{|(Kf,g)|\,\big|\,\|f\|=\|g\|=1\}$

达到其上确界.

11. 设 $K(x,y)$ 为 L_2 对称核，其非零特征值集合完全系为$\{\lambda_i\}$（有限或可列个），则

(1) $\{\lambda_i^n\}$ 为 $K_n(x,y)$ 的特征值集合的完全系；

(2) 若 $\varphi(x)$ 是 n 次叠核 $K_n(x,y)$ 的任一特征函数，则 $\varphi(x)$ 或者为 $K(x,y)$ 的特征函数，或者可表示为 $K(x,y)$ 两个特征函数的线性组合.

12. 设 K 为可分 Hilbert 空间 H 上的紧自伴算子，$\mu_i \neq 0$，φ_i 为 K 的特征值及相应特征函数. 证明对任何 $f \in H$，有展式

$$K^n f = \sum_i \mu_i^n (f,\varphi_n)\varphi_i, \quad n \geqslant 1$$

（若 K 有无穷个特征值，右端级数意指平均收敛）.

13. 若 $K(x,y) = \overline{K(y,x)}$，$K(x,y) \not\equiv 0$，且

$$\int_a^b |K(x,y)|^2 \mathrm{d}y \leqslant M^2 < +\infty,$$

a,b 为有限，则对任意 $f(x) \in L_2[a,b]$ 有

$$K^n f = \sum_{i=1}^{\infty} \mu_i^n (f,\varphi_i)\varphi_i, \quad n \geqslant 1$$

右端级数是绝对一致收敛的.

14. 设$K(x,y)$ 为 L_2 对称核，则以$K_{2n}(x,y)$ 为核的积分算子

$$K^{2n} f = \int_a^b K_{2n}(x,y) f(y) \mathrm{d}y$$

是正算子.

15. 设$K(x,y)$在$0 \leqslant x,y \leqslant 1$上连续且为正算子的核，$\{\lambda_n\}$ 为其特征值集合. 证明 Fredholm 行列式

$$D(\lambda) = \prod_{n=1}^{\infty} \left(1 - \frac{\lambda}{\lambda_n}\right).$$

16. 求下列微分算子的逆积分算子，并求出其所有特征值及特征函数：

(1) $Lu = -u''$,

$u(0) = u'(1) = 0$;

(2) $Lu = -u''$,

$u(0) + u(1) = 0$,

$u'(0) + u'(1) = 0$.

17. 设

$$Lu = -u'',$$
$$u(0) - u(1) = 0,$$
$$u'(0) - u'(1) = 0.$$

又 H_0 是 $\varphi_0(x)=1$ 张成的空间. 证明 L 在 $H_0^{\perp}$ 上的逆积分算子的核为

$$K(x,y)=\frac{1}{12}-\frac{1}{2}(x_{>}-x_{<})+\frac{1}{2}(x-y)^2.$$

18. 在 $L_2([0,1],x)$ 上求微分算子

$$Lu=\frac{1}{x}\Big[-(xu')'+\frac{4}{x}u\Big],$$
$$u(1)=0$$

的逆积分算子.

19. 证明微分算子

$$Lu=\frac{1}{x}\Big[-(xu')'+\frac{1}{x}u\Big],$$
$$hu(1)+u'(1)=0$$

当 $h>-1$ 时为正算子，当 $h<-1$ 时至多有一个负特征值.

提示：考虑比较算子

$$\tilde{L}u=\frac{1}{x}\Big[-(xu')'+\frac{1}{x}u\Big],$$
$$u(1)=0.$$

20. 用 Hilbert-Schmidt 展开定理求下列方程的解：

(1) $\varphi(x)-\lambda\int_0^1 x_{<}(1-x_{>})\varphi(y)\mathrm{d}y=f(x)$；

(2) $\varphi(x)-\lambda\int_0^{\pi}\sin x_{<}\cos x_{>}\varphi(y)\mathrm{d}y=3$；

(3) $\varphi(x)-\frac{\lambda}{l}\int_0^{l}x_{<}(l-x_{>})\varphi(y)\mathrm{d}y=\cos\frac{\pi}{l}x$；

(4) $\varphi(x)-\lambda\int_0^1 x_{<}\varphi(y)\mathrm{d}y=\cos\frac{\pi}{2}x$.

第四章　第一种方程

前面几章基本上介绍第二种方程的理论，对第一种方程只在个别地方论及. 本章将介绍第一种方程的基本知识，先介绍 F-Ⅰ 方程，然后介绍 V-Ⅰ 方程，并且均限在线性方程的范围内讨论.

4.1　F-Ⅰ 方程概述

考虑线性 F-Ⅰ 方程

$$\int_a^b K(x,y)g(y)\mathrm{d}y = f(x), \tag{1.1}$$

其中 $f(x), K(x,y) \in L_2$, a,b 有限或无限，并在 L_2 中求解未知函数 $g(x)$. 方程(1.1) 可解性的讨论一般比较复杂，下面先举出一些实例说明.

例 1

$$\int_{-\pi}^{\pi} \cos(x-y)\,\varphi(y)\mathrm{d}y = \mathrm{e}^x.$$

令

$$A = \int_{-\pi}^{\pi} \cos y\,\varphi(y)\mathrm{d}y, \quad B = \int_{-\pi}^{\pi} \sin y\,\varphi(y)\mathrm{d}y, \tag{1.2}$$

则方程可写为

$$A\cos x + B\sin x = \mathrm{e}^x,$$

其中，A,B 为二常数. 令 $x=0,\pi$ 时，将有 $A=1$ 及 $A=-\mathrm{e}^\pi$，矛盾. 故原方程无解.

例 2

$$\int_{-\pi}^{\pi} \cos(x-y)\,\varphi(y)\mathrm{d}y = \cos x + \sin x,$$

$$A\cos x + B\sin x = \cos x + \sin x,$$

其中 A,B 同上例. 由此可见，

$$A = \int_{-\pi}^{\pi} \cos y\,\varphi(y)\mathrm{d}y = 1, \tag{1.3}$$

$$B = \int_{-\pi}^{\pi} \sin y\,\varphi(y)\mathrm{d}y = 1. \tag{1.4}$$

故令 $\varphi(x)=a\cos x+b\sin x$ 代入上式得 $a=b=\frac{1}{\pi}$.

$$\varphi_0(x)=\frac{1}{\pi}(\cos x+\sin x)$$

为解. 但我们注意，若令

$$\psi(x)=a_0+\sum_{n=2}^{\infty}(a_n\cos nx+b_n\sin nx),$$

则

$$\int_{-\pi}^{\pi}\cos(x-y)\,\psi(y)\,\mathrm{d}y=0.$$

这就是说齐次方程有无穷个解，且解空间是无穷维的. 故原方程的一般解为

$$\varphi(x)=\psi(x)+\varphi_0(x).$$

或者这样来看：由(1.3)及(1.4)看出，只能确定 $\varphi(x)$ 的两个 Fourier 系数 a_1 和 b_1，而其余的系数可任意. 故方程的解空间是无穷维的.

显然，若(1.1)的相应齐次方程仅有零解，则(1.1)如有解，必定唯一. 读者可举出例子说明齐次方程的解空间为有限维的情形(维数 $n=0$ 及 $n\geqslant 1$). 不难证明，$K(x,y)$ 为退化核时，齐次方程的解空间一定是无穷维的. 但如果对解的表达式作出一定限制时，有时也只能有唯一解.

例 3 设

$$K(x,y)=\sum_{i=1}^{n}a_i(x)b_i(y),$$

其中 $a_i(x),b_i(y)\in L_2[a,b]$，且 $\{a_i(x)\}$ 及 $\{b_i(y)\}$ 分别线性无关.

若此时(1.1)有解，则

$$f(x)=\sum_{i=1}^{n}a_i(x)\int_a^b b_i(y)g(y)\mathrm{d}y\equiv\sum_{i=1}^{n}f_ia_i(x),\tag{1.5}$$

其中

$$f_i=\int_a^b b_i(y)g(y)\mathrm{d}y.$$

特别地，我们来求形如

$$g(x)=\sum_{j=1}^{n}g_j\overline{b_j(x)}\tag{1.6}$$

的解(当然解不一定是这种形式，不过这里只求这种形式的解). 将(1.5)，(1.6)代入(1.1)并注意到 $a_i(x)$ 线性无关，得到

$$\sum_{j=1}^{n}B_{ij}g_j=f_i,\quad i=1,2,\cdots,n.$$

其中

$$B_{ij}=\int_a^b b_i(x)\,\overline{b_j(y)}\,\mathrm{d}y. \tag{1.7}$$

我们可以证明 $\det(b_{ij})\neq 0$，从而唯一地决定 g_j，代入(1.6)，于是获得原方程形如(1.6) 的唯一解.

至于这行列式不为零可以这样证明：因 $b_i(x)$ 线性无关，将其标准正交化为 $\varphi_i(x)$，这时 $b_i(x)$ 可用 $\varphi_i(x)$ 线性表示，反之亦然. 设

$$b_i(x)=\sum_{j=1}^n a_{ij}\varphi_j,$$

则 $\det\boldsymbol{A}=\det(a_{ij})\neq 0$，

$$B_{ij}=(b_i,b_j)=\sum_{k=1}^n a_{ik}\,\overline{a_{jk}},$$

故 $\det(B_{ij})=|\det\boldsymbol{A}|^2\neq 0$.

对于一般形式的方程(1.1)，可如下法转化为对称核的第一种方程. 令

$$Kg=\int_a^b K(x,y)g(y)\mathrm{d}y,\quad K^*g=\int_a^b\overline{K(y,x)}g(y)\mathrm{d}y,$$

则(1.1) 成为

$$Kg=f. \tag{1.8}$$

两边用 K^* 作用，得

$$K^*Kg=K^*f.$$

令 $K_1=K^*K$，$F=K^*f$，则得对称核方程

$$K_1g=F, \tag{1.9}$$

其中

$$K_1(x,y)=\int_a^b\overline{K(z,x)}K(z,y)\mathrm{d}z, \tag{1.10}$$

而且

$$\begin{aligned}&\int_a^b\int_a^b|K_1(x,y)|^2\mathrm{d}x\,\mathrm{d}y\\ \leqslant&\int_a^b\int_a^b\left|\overline{K(z,x)}\right|^2\mathrm{d}z\,\mathrm{d}x\cdot\int_a^b\int_a^b|K(z,y)|^2\mathrm{d}z\,\mathrm{d}y\\ =&\left(\int_a^b\int_a^b|K(x,y)|^2\mathrm{d}x\,\mathrm{d}y\right)^2<+\infty.\end{aligned}$$

即 $K_1(x,y)$ 是 L_2 的对称核.

从上看到，若(1.1) 有解，则必为(1.9) 的解；反之不一定. 但可从(1.9) 求得解后代回(1.1) 检验，便知是否为(1.1) 的解.

方程(1.9) 虽可用3.4节中3.4.2段的方法来处理，但一般说来特征值和

特征函数并不容易求出，因此我们还要作新的探索．例如，我们可用逐次逼近法求解．为此我们要建立起新的特征理论．

4.2 特征值存在定理

定义 4.2.1 设对某复数λ，存在同时不恒为零的函数$\varphi(x)$和$\psi(x)$使得

$$\begin{aligned}\varphi &= \lambda K\psi,\\ \psi &= \lambda K^*\varphi,\end{aligned} \tag{2.1}$$

则称λ为方程(1.1)的**特征值**，而$\varphi(x)$，$\psi(x)$称为相应于λ的**相伴特征函数对**．

显然$\lambda=0$不可能为(1.1)的特征值．下面的定理可以证明λ必为实数．因而我们不妨认为$\lambda>0$，相反的情形只须将(2.1)中的$\psi(x)$改作$-\psi(x)$．

可以证明，当核为对称核时，定义中的(2.1)可简化并且等价为一个方程

$$\varphi=\lambda K\varphi. \tag{2.2}$$

事实上，当$K(x,y)$对称时，则$K^*=K$，令$\psi=\varphi$，于是形式(2.2)可写为(2.1)．反之，设(2.1)成立，则得

$$\varphi=\lambda K(\lambda K\varphi)=\lambda^2K^2\varphi, \tag{2.3}$$

或即

$$(I+\lambda K)(I-\lambda K)\varphi=0,\quad \varphi\neq 0. \tag{2.4}$$

如$(I-\lambda K)\varphi=0$，则(2.2)已成立；若$\varphi_1=(I-\lambda K)\varphi\neq 0$，则$\varphi_1=-\lambda K\varphi_1$，(2.2)也成立(其中$\lambda$改写为$-\lambda$，$\varphi$改写为$\varphi_1$)．

下面是方程(1.1)的特征值存在定理．

定理 4.2.1 设$K(x,y)\in L_2[a,b]$，a,b有限或无限，则方程(1.1)存在着一组正特征值$\{\lambda_i\}$，

$$0<\lambda_1\leqslant\lambda_2\leqslant\cdots$$

及标准正交的相伴特征函数对$\{\varphi_i,\psi_i\}$．

证 我们这样来分析：首先设定理成立，即存在着λ_i及φ_i,ψ_i，分别为(1.1)的特征值及相伴特征函数对．由(2.1)，

$$\psi_i=\lambda_iK^*\varphi_i=\lambda_iK^*(\lambda_iK\psi_i)=\lambda_i^2K_1\psi_i, \tag{2.5}$$

这里仍记$K_1=K^*K$，又

$$\varphi_i=\lambda_iK\psi_i=\lambda_iK(\lambda_iK^*\varphi_i)\equiv\lambda_i^2K_2\varphi_i, \tag{2.6}$$

其中记 $K_2 = KK^*$. 对应的核为

$$K_2(x,y) = \int_a^b K(x,z)\,\overline{K(y,z)}\,\mathrm{d}z.$$

它也是对称的 L_2 核. (2.5),(2.6) 表明 λ_i^2,ψ_i 及 λ_i^2,φ_i 分别为紧自伴算子 K_1, K_2 的特征值和特征函数，也就是说(1.1) 的特征值和特征函数对可以从紧自伴算子 K_1,K_2 的特征值及特征函数完全组中去寻找，这种找法不可能会有遗漏. 若能证明这样找到的 $\lambda_i,\varphi_i,\psi_i$ 皆满足(2.1)，则 $\{\lambda_i\}$ 及 $\{\varphi_i,\psi_i\}$ 就构成了方程(1.1) 特征值及特征函数对的完全组.

下面具体证明本定理.

(1) 求 K_1,K_2 的特征值及特征函数. 注意到,

$$K_1 = K^*K,\quad K_2 = KK^*,$$

由推论 3.6.1 至推论 3.6.3 知 K_1,K_2 为正算子(必自伴且特征值为正)，紧算子. 又由 3.2 节特征值存在定理知，K_1,K_2 皆存在特征值及特征函数. 可设 $\lambda_i^2,\psi_i(x)$ 及 $\mu_i^2,\varphi_i(x)$ 分别为 K_1,K_2 的特征值及标准正交的特征函数的完全组. 不过这样做就有一个问题：$\{\lambda_i^2\}$ 是否和 $\{\mu_i^2\}$ 相同? 为了绕过这一困难，我们进行如下：

首先，设 $\{\lambda_i^2\},\{\psi_i(x)\}$ 为算子 K_1 的特征值及正交标准特征函数的完全组，即

$$\psi_i = \lambda_i^2 K_1 \psi_i. \tag{2.7}$$

再令

$$\varphi_i = \lambda_i K \psi_i. \tag{2.8}$$

我们将证明这样求得的 $\{\lambda_i\}$ (不妨设 $\lambda_i > 0$) 及 $\{\varphi_i,\psi_i\}$ 构成方程(1.1) 的特征值及标准正交特征函数对的完全组. 为此我们先来证明(2).

(2) 这样求得的 $\{\lambda_i^2\}$ 及 $\{\varphi_i(x)\}$ 是算子 K_2 的特征值及标准正交特征函数的完全组. 因为由(2.8),(2.7),

$$\varphi_i = \lambda_i K\psi_i = \lambda_i K(\lambda_i^2 K_1 \psi_i) = \lambda_i^2 KK^*(\lambda_i K\psi_i) = \lambda_i^2 K_2 \varphi_i.$$

表明 λ_i^2,φ_i 确系 K_2 的特征值及特征函数. 今证明其完全性. 为此只须证明若 K_2 有特征值 λ_0^2 及特征函数 φ_0，即

$$\varphi_0 = \lambda_0^2 K_2 \varphi_0 \tag{2.9}$$

则必存在着 $\psi_0 \neq 0$ 使得 ψ_0 满足

$$\psi_0 = \lambda_0^2 K_1 \psi_0,\quad 且\ \varphi_0 = \lambda_0 K\psi_0$$

即可. 因为这事实上说明 K_2 的任何特征值及特征函数都可以从 K_1 的完全组 $\{\lambda_i^2\},\{\psi_i\}$ 通过(2.8) 求 $\{\varphi_i\}$ 而得到.

我们这样来作 ψ_0，令

$$\psi_0 = \lambda_0 K^* \varphi_0.$$

显然 $\psi_0 \neq 0$，且由上式及(2.9)，有

$$\psi_0 = \lambda_0 K^* (\lambda_0^2 K_2 \varphi_0) = \lambda_0^2 K^* K(\lambda_0 K^* \varphi_0) = \lambda_0^2 K_1 \psi_0.$$

于是

$$\varphi_0 = \lambda_0^2 K_2 \varphi_0 = \lambda_0^2 K K^* \varphi_0 = \lambda_0 K(\lambda_0 K^* \varphi_0) = \lambda_0 K \psi_0.$$

这就证实了(2)的断言.

(3) 最后我们证明这样得到的$\{\lambda_i\}$,$\{\varphi_i,\psi_i\}$是方程(1.1)的特征值及特征函数对的完全组. 根据我们开始的分析，只须证明：$\lambda_i,\varphi_i,\psi_i$ 满足(2.1)即可. 而(2.8)本身表明满足(2.1)中的第一式. 故只须证(2.1)中第二式成立. 事实上，由(2.7),(2.8),

$$\psi_i = \lambda_i^2 K^* K \psi_i = \lambda_i K^* (\lambda_i K \psi_i) = \lambda_i K^* \varphi_i. \quad ■$$

4.3 展开定理、可解条件

本节及下节均设$\{\lambda_i\}$及$\{\varphi_i,\psi_i\}$为(1.1)的特征值及标准正交特征函数对的完全组. 若无附加说明，均设 $K(x,y) \in L_2$，积分限 a,b 为有限或无限.

定理4.3.1 设 $g(x) \in L_2[a,b]$，则 $f = Kg$ 在平均收敛意义下可展成

$$f(x) = \sum_{i=1}^{\infty} a_i \varphi_i(x), \quad a_i = (f,\varphi_i). \tag{3.1}$$

证
$$\begin{aligned}\left\| f - \sum_{i=1}^{n} a_i \varphi_i \right\|^2 &= \| f \|^2 - \sum_{i=1}^{n} |a_i|^2 \\ &= \| Kg \|^2 - \sum_{i=1}^{n} |(f,\varphi_i)|^2 \\ &= (K_1 g, g) - \sum_{i=1}^{n} |(Kg,\varphi_i)|^2 \\ &= \sum_{i=1}^{\infty} \frac{1}{\lambda_i^2} |(g,\psi_i)|^2 - \sum_{i=1}^{n} \frac{1}{\lambda_i^2} |(g,\psi_i)|^2.\end{aligned}$$

又由 Bessel 不等式，

$$\sum_{i=1}^{\infty} |(f,\varphi_i)|^2 = \sum_{i=1}^{\infty} |(g,K^*\varphi_i)|^2 = \sum_{i=1}^{\infty} \frac{1}{\lambda_i^2} |(g,\psi_i)|^2 \leqslant \| f \|^2.$$

知上式当 $n \to \infty$ 时趋于零. ■

推论 假设 a,b 有限，$g\in L_2$，且

$$\int_a^b |K(x,y)|^2 \leqslant M^2, \tag{3.2}$$

则(3.1) 绝对一致收敛.

证 由定理知(3.1) 平均收敛，现只须证 $m>n$，$n,m\to\infty$ 时，$\sum_{i=n}^m |a_i\varphi_i(x)|$ 关于 x 一致趋于零即可. 事实上，

$$\left(\sum_{i=n}^m |a_i\varphi_i(x)|\right)^2 \leqslant \sum_{i=n}^m \lambda_i^2 |a_i|^2 \sum_{i=n}^m \frac{|\varphi_i(x)|^2}{\lambda_i^2}.$$

由(2.1) 及 Bessel 不等式，

$$\sum_{i=1}^\infty \frac{|\varphi_i(x)|^2}{\lambda_i^2} \leqslant \int_a^b |K(x,y)|^2 dy \leqslant M^2,$$

$$\sum_{i=1}^\infty \lambda_i^2 |a_i|^2 = \sum_{i=1}^\infty \lambda_i^2 |(f,\varphi_i)|^2 = \sum_{i=1}^\infty |(g,\psi_i)|^2 \leqslant \|g\|^2,$$

故 m,n 充分大时，$\sum_{i=n}^m |a_i\varphi_i(x)| \leqslant M\varepsilon$. ∎

定理 4.3.2 设 $f(x)\in L_2[a,b]$，则 $F(x)=K^*f$ 在平均收敛意义下可展为

$$F(x)=\sum_{i=1}^\infty C_i\psi_i(x),\quad C_i=(F,\psi_i). \tag{3.3}$$

证明类似于定理 4.3.1.

推论 假设 a,b 有限，$f\in L_2$，且

$$\int_a^b |K(x,y)|^2 \mathrm{d}x \leqslant M^2, \tag{3.4}$$

则级数(3.3) 绝对一致收敛.

证明类似于定理 4.3.1 的推论.

当 $K(x,y)$ 在 $a\leqslant x,y\leqslant b$ 上连续，a,b 有限时，则(3.1)，(3.2) 皆为绝对一致收敛.

定理 4.3.3 (Picard) 当 $\{\varphi_i\}$ 为完全系时，方程(1.1) 可解的必要充分条件是级数

$$\sum_{i=1}^\infty \lambda_i^2 |a_i|^2 \tag{3.5}$$

收敛，其中 $a_i=(f,\varphi_i)$.

证 必要性. 设存在 $g \in L_2$, 使 $f = Kg$, 则

$$(g,\psi_i) = (g,\lambda_i K^* \varphi_i) = \lambda_i (Kg,\varphi_i) = \lambda_i (f,\varphi_i) = \lambda_i a_i.$$

由 Bessel 不等式

$$\sum_{i=1}^{\infty} \lambda_i^2 |a_i|^2 \leqslant \|g\|^2 < +\infty$$

知(3.5)收敛.

充分性. 由于(3.5)收敛, 根据 Riesz-Fischer 定理①, 必存在 $g \in L_2$, 使得 $g = \sum_{i=1}^{\infty} \lambda_i a_i \psi_i$, 且

$$\left\| g - \sum_{i=1}^{n} \lambda_i a_i \psi_i \right\| \to 0, \quad n \to \infty.$$

现证 g 就是(1.1)的解. 令

$$\varphi = f - Kg.$$

只须证 $\varphi = 0$, 或由 $\{\varphi_i\}$ 的完全性只须证 $(\varphi,\varphi_i) = 0$, $i = 1,2,\cdots$. 事实上,

$$\begin{aligned}(\varphi,\varphi_i) &= (f - Kg,\varphi_i) = (f,\varphi_i) - (Kg,\varphi_i) \\ &= a_i - \frac{1}{\lambda_i}(g,\psi_i) = a_i - \frac{1}{\lambda_i}\left(\sum_{j=1}^{\infty} \lambda_j a_j \psi_j, \psi_i\right) \\ &= a_i - a_i = 0.\end{aligned}$$

■

定理 4.3.4 设 $f \in L_2[a,b]$, 令

$$\tilde{g}_n = \sum_{i=1}^{n} \lambda_i a_i \psi_i, \quad a_i = (f,\varphi_i). \tag{3.6}$$

则

(1) 当且仅当 $\{\varphi_i\}$ 关于 f 是完备时(即指 $\{\varphi_i\}$ 关于 f 的 Parseval 等式成立), $K\tilde{g}_n$ 平均收敛于 $f(x)$;

(2) 当方程(1.1)的解存在时, $K\tilde{g}_n$ 平均收敛于 $f(x)$.

证 $K\tilde{g}_n = \sum_{i=1}^{n} \lambda_i a_i K\psi_i = \sum_{i=1}^{n} a_i \varphi_i$,

$$\|f - K\tilde{g}_n\|^2 = \|f\|^2 - \sum_{i=1}^{n} |a_i|^2.$$

上式当 $n \to \infty$ 时趋于零的充要条件为

---

① 见夏道行等编《实变函数论与泛函分析》下册, 第二版, 高等教育出版社, 1985年, 第 291 页.

$$\| f \|^2 = \sum_{i=1}^{\infty} |a_i|^2,$$

这就证明了结论(1).

当方程(1.1)存在解 $g \in L_2[a,b]$ 即 $Kg = f$ 时，则由定理4.3.1，$K\tilde{g}_n$ 平均收敛于 $f(x)$. 这就得到结论(2). ▮

注 在定理的情况(2)中，若 a,b 有限，且(3.2)成立，则由定理4.3.1，$K\tilde{g}_n$ 一致收敛于 $f(x)$.

定理4.3.5 设 $g(x) \in L_2[a,b]$，并且方程(1.1)的解存在，则

(1) 当且仅当 $\{\psi_i(x)\}$ 关于 $g(x)$ 完备时，$\tilde{g}_n(x)$ 平均收敛于 $g(x)$；

(2) 当 $g = K^* h$, $h \in L_2[a,b]$ 时，$\tilde{g}_n(x)$ 平均收敛于 $g(x)$.

证

$$\begin{aligned}\| \tilde{g}_n - g \|^2 &= \left\| \sum_{i=1}^{n} \lambda_i a_i \psi_i - g \right\|^2 \\ &= \| g \|^2 + \sum_{i=1}^{n} \lambda_i^2 |a_i|^2 - \sum_{i=1}^{n} \lambda_i a_i (\psi_i, g) \\ &\quad - \sum_{i=1}^{n} \lambda_i \overline{a_i (\psi_i, g)}.\end{aligned}$$

当(1.1)有解 $g \in L_2[a,b]$ 时

$$a_i = (f, \varphi_i) = (Kg, \varphi_i) = \frac{1}{\lambda_i}(g, \psi_i).$$

代入上式有

$$\| \tilde{g}_n - g \|^2 = \| g \|^2 - \sum_{i=1}^{n} \lambda_i^2 |a_i|^2.$$

上式当 $n \to \infty$ 时趋于零当且仅当 $\{\psi_i\}$ 对 g 的 Parseval 等式成立.

特别，$g = K^* h$ 时，由定理4.3.2知，$\tilde{g}_n(x)$ 平均收敛于 $g(x)$. ▮

注 若(2)中 a,b 有限，且(3.4)成立，则由定理4.3.2的推论知，$\tilde{g}_n(x)$ 一致收敛于 $g(x)$.

4.4 收敛性定理

假定方程(1.1)有解，我们作迭代序列

$$g_n(x) = g_{n-1}(x) + F(x) - K_1 g_{n-1}, \quad n = 1,2,\cdots, \tag{4.1}$$

其中 $F(x) = K^* f$, $K_1 = K^* K$, 对于任意取的初值 $g_0(x) \in L_2[a,b]$,

$g_n(x)$ 是否平均收敛？且是否平均收敛于(1.1) 的解 $g(x)$？本节专门讨论这一问题.

引理 4.4.1 设 $g_0 \in L_2[a,b]$，则(4.1) 中的 g_n 可写为

$$g_n = g_0 + \frac{I-(I-K_1)^n}{K_1}(F-K_1 g_0), \quad n=1,2,\cdots. \tag{4.2}$$

证 令

$$r_n = g_n - g_{n-1}, \tag{4.3}$$

则

$$g_n = r_n + g_{n-1} = r_n + r_{n-1} + g_{n-2} = \cdots = \sum_{i=1}^{n} r_i + g_0. \tag{4.4}$$

以下来求 r_i. 由(4.1),(4.3),

$$r_n = F - K_1 g_{n-1}, \quad r_{n-1} = F - K_1 g_{n-2}.$$

两式相减，又由(4.3),

$$r_n - r_{n-1} = -K_1(g_{n-1} - g_{n-2}) = -K_1 r_{n-1}.$$

于是

$$\begin{aligned} r_n &= r_{n-1} - K_1 r_{n-1} = (I-K_1) r_{n-1} = (I-K_1)^2 r_{n-2} = \cdots \\ &= (I-K_1)^{n-1} r_1 = (I-K_1)^{n-1}(g_1 - g_0) \\ &= (I-K_1)^{n-1}(F - K_1 g_0). \end{aligned}$$

代入(4.4),

$$\begin{aligned} g_n &= g_0 + \sum_{i=1}^{n} (I-K_1)^{i-1}(F-K_1 g_0) \\ &= g_0 + \frac{I-(I-K_1)^n}{K_1}(F-K_1 g_0). \end{aligned}$$ ∎

引理 4.4.2 命 $F_n(x) = K_1 g_n$，$f_n(x) = K g_n$，$C_{in} = \int_a^b F_n(x)\overline{\psi_i(x)}\mathrm{d}x$，则

$$C_{in} = (F_n, \psi_i) = \frac{1}{\lambda_i}(f_n, \varphi_i) = \frac{1}{\lambda_i^2}(g_n, \psi_i). \tag{4.5}$$

证 因为

$$\begin{aligned} C_{in} &= (F_n, \psi_n) = (K^* K g_n, \psi_i) = (f_n, K\psi_i) = \frac{1}{\lambda_i}(f_n, \varphi_i) \\ &= \frac{1}{\lambda_i}(g_n, K^* \varphi_i) = \frac{1}{\lambda_i^2}(g_n, \psi_i). \end{aligned}$$

同理，若 $F = K_1 g$，$f = Kg$，令 $C_i = (F, \psi_i)$，则有

$$C_i = (F, \psi_i) = \frac{1}{\lambda_i}(f, \varphi_i) = \frac{1}{\lambda_i^2}(g, \psi_i). \tag{4.6}$$

∎

引理4.4.3 在平均收敛意义下

$$F_n = \sum_{i=1}^{\infty} C_{in}\psi_i, \tag{4.7}$$

$$f_n = \sum_{i=1}^{\infty} \lambda_i C_{in}\varphi_i. \tag{4.8}$$

又若 $h_0 \in L_2[a,b]$，取 $g_0 = K^* h_0$ 则有

$$g_n = \sum_{i=1}^{\infty} \lambda_i^2 C_{in}\psi_i. \tag{4.9}$$

证 由定理 4.3.1 及(4.5) 有展式

$$f_n = Kg_n = \sum_{i=1}^{\infty}(f_n, \varphi_i)\varphi_i = \sum_{i=1}^{\infty}\lambda_i C_{in}\varphi_i.$$

由定理 3.3.1 有展式

$$F_n = K_1 g_n = \sum_{i=1}^{\infty}(F_n, \psi_i)\psi_i = \sum_{i=1}^{\infty} C_{in}\psi_i.$$

最后取 $g_0 = K^* h_0$，$h_0 \in L_2$，则由(4.1)，

$$\begin{aligned} g_1 &= g_0 + F - K_1 g_0 = K^* h_0 + K^* f - K^* K g_0 \\ &= K^*(h_0 + f - f_0) \equiv K^* h_1. \end{aligned}$$

因 $h_0, f, f_0 = Kg_0$ 皆属于 $L_2[a,b]$，于是

$$h_1 = h_0 + f - f_0 \in L_2, g_1 \in L_2[a,b].$$

一般地可归纳得到

$$g_n = K^* h_n, h_n = h_{n-1} + f - f_0 \in L_2, \quad n = 1, 2, \cdots.$$

由定理 4.3.2 及(4.5) 有展式

$$g_n = K^* h_n = \sum_{i=1}^{\infty}(g_n, \psi_i)\psi_i = \sum_{i=1}^{\infty}\lambda_i^2 C_{in}\psi_i.$$

∎

读者可自行证明，假设 a, b 有限，若附加条件(3.2) 时，则(4.8) 为绝对一致收敛. 若有附加条件(3.4) 时，则(4.7)，(4.9) 为绝对一致收敛.

为着下面需要，不失一般性，可设

$$\int_a^b\int_a^b |K(x,y)|^2 \mathrm{d}x\,\mathrm{d}y < 2. \tag{4.10}$$

引理4.4.4 C_{in}, C_i 同前，则

$$C_{in}-C_i=\mu_i^n(C_{i0}-C_i), \tag{4.11}$$

其中

$$\mu_i=1-\frac{1}{\lambda_i^2}. \tag{4.12}$$

而且 $|\mu_i|<1$, $\mu_{i+1}\geqslant\mu_i$, 且 $\lim\limits_{n\to\infty}\mu_i=1$.

证 关键是证明(4.11). 现在对(4.1)两边关于 ψ_i 作内积

$$\begin{aligned}(g_n,\psi_i)&=(g_{n-1},\psi_i)+(F,\psi_i)-(K_1g_{n-1},\psi_i)\\&=(F,\psi_i)+\left(1-\frac{1}{\lambda_i^2}\right)(g_{n-1},\psi_i)\\&=(F,\psi_i)+\mu_i(g_{n-1},\psi_i)\\&=(F,\psi_i)+\mu_i((F,\psi_i)+\mu_i(g_{n-2},\psi_i))\\&=(F,\psi_i)(1+\mu_i)+\mu_i^2(g_{n-2},\psi_i)=\cdots\\&=(F,\psi_i)(1+\mu_i+\cdots+\mu_i^{n-1})+\mu_i^n(g_0,\psi_i)\\&=\lambda_i^2(1-\mu_i^n)(F,\psi_i)+\mu_i^n(g_0,\psi_i).\end{aligned}$$

由(4.5), 上式为

$$\lambda_i^2C_{in}=\lambda_i^2(1-\mu_i^n)C_i+\mu_i^nC_{i0}\lambda_i^2.$$

由此就立即得到(4.11).

由(2.1)及Bessel不等式, 对$[a,b]$上几乎处处的 x, 有

$$\sum_{i=1}^{\infty}\frac{|\varphi_i(x)|^2}{\lambda_i^2}\leqslant\int_a^b|K(x,y)|^2\mathrm{d}y.$$

逐项积分, 得

$$0<\frac{1}{\lambda_i^2}\leqslant\sum_{i=1}^{\infty}\frac{1}{\lambda_i^2}\leqslant\int_a^b\int_a^b|K(x,y)|^2\mathrm{d}y\,\mathrm{d}x<2.$$

故

$$-1<\mu_i=1-\frac{1}{\lambda_i^2}<1.$$

由 $\lambda_i\leqslant\lambda_{i+1}$ 且 $\lim\limits_{i\to\infty}\lambda_i=+\infty$ 得 $\mu_i\leqslant\mu_{i+1}$ 及 $\lim\limits_{i\to\infty}\mu_i=1$. ∎

引理 4.4.5

$$\lim_{n\to\infty}\sum_{i=1}^{\infty}|C_{in}-C_i|^2=0, \tag{4.13}$$

$$\lim_{n\to\infty}\sum_{i=1}^{\infty}\lambda_i^2|C_{in}-C_i|^2=0. \tag{4.14}$$

若方程(1.1)的解存在, 则

$$\lim_{n\to\infty}\sum_{i=1}^{\infty}\lambda_i^4|C_{in}-C_i|^2=0. \tag{4.15}$$

证 (1) $F_0-F=K_1g_0-K^*f$, $f\in L_2$, $g_0\in L_2$. 由引理 4.4.3 及定理 4.3.2，在平均收敛意义下有

$$F_0=\sum_{i=0}^{\infty}C_{i0}\psi_i,\quad F=\sum_{i=1}^{\infty}C_i\psi_i,$$

及

$$F_0-F=\sum_{i=1}^{\infty}(C_{i0}-C_i)\psi_i.$$

由 Parseval 等式，

$$\sum_{i=1}^{\infty}|C_{i0}-C_i|^2=\|F_0-F\|^2<+\infty.$$

由引理 4.4.4，

$$\sum_{i=1}^{\infty}|C_{in}-C_i|^2=\sum_{i=1}^{\infty}\mu_i^{2n}|C_{i0}-C_i|^2, \tag{4.16}$$

$$|C_{in}-C_i|^2\leqslant|C_{i0}-C_i|^2.$$

以右端为通项的级数的收敛性可推出级数(4.16)关于 n 一致收敛；在(4.16)两边令 $n\to\infty$ 取极限，便得(4.13).

(2) 因 $f_0=Kg_0$，由引理 4.4.3，

$$f_0=\sum_{i=1}^{\infty}\lambda_iC_{i0}\varphi_i,\quad (\text{平均收敛})$$

而对 f 只能有

$$f\sim\sum_{i=1}^{\infty}\lambda_iC_i\psi_i.$$

上式右端为左端函数的 Fourier 级数，因而关于 $f_0-f=Kg_0-f$ 有

$$f_0-f\sim\sum_{i=1}^{\infty}\lambda_i(C_{i0}-C_i)\varphi_i.$$

由 Bessel 不等式，

$$\sum_{i=1}^{\infty}\lambda_i^2|C_{i0}-C_i|^2\leqslant\|f_0-f\|^2<+\infty.$$

又有

$$\lambda_i^2|C_{in}-C_i|^2=\lambda_i^2|\mu_i^n(C_{i0}-C_i)|^2\leqslant\lambda_i^2|C_{i0}-C_i|^2,$$

按照(1)中类似的推理，得(4.14).

(3) 方程(1.1)有解时，存在着 $g\in L_2[a,b]$，使 $f=Kg$. 由定理 4.3.1，

$$f=\sum_{i=1}^{\infty}(f,\varphi_i)\varphi_i=\sum_{i=1}^{\infty}\lambda_i C_i\varphi_i.$$

而

$$\lambda_i C_i=(f,\varphi_i)=(Kg,\varphi_i)=\frac{1}{\lambda_i}(g,\psi_i),$$

故

$$(g,\psi_i)=\lambda_i^2 C_i.$$

又因 $f_0=Kg_0$，同样可得 $(g_0,\psi_i)=\lambda_i^2 C_{i0}$. 于是

$$g_0-g\sim\sum_{i=1}^{\infty}\lambda_i^2(C_{i0}-C_i)\psi_i.$$

由 Bessel 不等式，

$$\sum_{i=1}^{\infty}\lambda_i^4|C_{i0}-C_i|^2\leqslant\|g-g_0\|^2<+\infty.$$

同(1)中类似推理，使得(4.15). ■

定理 4.4.1 $F_n=K_1 g_n$ 平均收敛于 F.

证 由引理 4.4.3 及定理 4.3.2，有

$$K_1 g_n=\sum_{i=1}^{\infty}C_{in}\psi_i,\quad F=\sum_{i=1}^{\infty}C_i\psi_i.$$

故由(4.13)，

$$\|K_1 g_n-F\|^2=\sum_{i=1}^{\infty}|C_{in}-C_i|^2\to 0,\quad n\to\infty.$$ ■

定理 4.4.2 (1) 当且仅当 $\{\varphi_i\}$ 关于 f 完备时，$Kg_n=f_n$ 平均收敛于 f.

(2) 当方程(1.1)可解时，f_n 平均收敛于 f.

证 由引理 4.4.3，$f_n=Kg_n=\sum_{i=1}^{\infty}\lambda_i C_{in}\varphi_i$，$f\sim\sum_{i=1}^{\infty}\lambda_i C_i\varphi_i$，

$$\begin{aligned}\|Kg_n-f\|^2&=\|f\|^2+\sum_{i=1}^{\infty}\lambda_i^2|C_{in}|^2-(Kg_n,f)-\overline{(Kg_n,f)}\\&=\|f\|^2+\sum_{i=1}^{\infty}\lambda_i^2|C_{in}|^2-\sum_{i=1}^{\infty}\lambda_i C_{in}(\varphi_i,f)-\sum_{i=1}^{\infty}\lambda_i\overline{C_{in}}\,\overline{(\varphi_i,f)}\\&=\|f\|^2+\sum_{i=1}^{\infty}\lambda_i^2|C_{in}|^2-\sum_{i=1}^{\infty}\lambda_i^2 C_{in}\overline{C_i}-\sum_{i=1}^{\infty}\lambda_i^2\overline{C_{in}}C_i\\&=\sum_{i=1}^{\infty}\lambda_i^2|C_{in}-C_i|^2-\sum_{i=1}^{\infty}\lambda_i^2|C_i|^2+\|f\|^2.\end{aligned}$$

$n\to\infty$ 时，由(4.14)，右端第一项趋于零. 为要上式趋零须且只须

$$\| f\|^2 = \sum_{i=1}^{\infty}\lambda_i^2 |C_i|^2. \tag{4.17}$$

这就得到(1).

当(1.1) 可解时，由定理 4.3.1，f 可在平均收敛意义下展开为

$$f = \sum_{i=1}^{\infty}\lambda_i C_i\varphi_i,$$

从而(4.17) 成立，由(1) 知(2) 成立. ∎

定理 4.4.3 设方程(1.1) 的解 g 存在，且 $g_0 = K^* h_0$，$h_0\in L_2[a,b]$.

(1) 当且仅当 $\{\psi_i\}$ 关于 g 完备时，g_n 平均收敛于 g.

(2) 若 $g = K^* h$，$h\in L_2[a,b]$，则 g_n 平均收敛于 g.

证 当(1.1) 有解时，作 g 的 Fourier 级数：

$$g\sim\sum_{i=1}^{\infty}\lambda_i^2 C_i\psi_i.$$

又由引理 4.4.3 有展式 $g_n = \sum_{i=1}^{\infty}\lambda_i^2 C_{in}\psi_i$. 故

$$\begin{aligned}\| g_n - g\| &= \| g\|^2 + \sum_{i=1}^{\infty}\lambda_i^4 |C_{in}|^4 - \sum_{i=1}^{\infty}\lambda_i^4 C_{in}\overline{C_i} - \sum_{i=1}^{\infty}\lambda_i^4\overline{C_{in}}C_i\\ &= \sum_{i=1}^{\infty}\lambda_i^4 |C_{in} - C_i|^2 - \sum_{i=1}^{\infty}\lambda_i^4 |C_i|^2 + \| g\|^2.\end{aligned}$$

由(4.15)，上式第一项当 $n\to\infty$ 时趋于零，所以上式趋于零当且仅当 $\{\psi_i\}$ 关于 g 完备，故得(1).

当 $g = K^* h$，$h\in L_2[a,b]$ 时，由定理 4.3.2 有展式

$$g = \sum_{i=1}^{\infty}\lambda_i^2 C_{in}\psi_i.$$

这意味着 $\{\psi_i\}$ 关于 g 完备. 由(1) 得(2). ∎

最后，我们回到(4.1)，假设 $f\in L_2$，$K(x,y)\in L_2$，若方程(1.1) 的解存在. 任取 $h_0\in L_2$，取初值近似值

$$g_0 = K^* h_0.$$

在 $\{\psi_i\}$ 关于 g 完备时或方程 $K^* h = g$ 有解时，由定理 4.4.3，

$$\| g_n - g\|\to 0,\quad n\to\infty.$$

由定理 4.4.1，

$$\| F_n - F\| = \| K_1 g_n - F\|\to 0.$$

因 K_1 为连续算子，故当 $g_n \to g$ 时必有

$$K_1 g_n \to K_1 g = F.$$

这表明 g 为方程(1.9)的解. 而且此时 g 必为(1.1)的解，因为由定理 4.4.2 (2)，

$$\| Kg_n - f \| \to 0,$$

由 K 的连续性，在 $Kg_n = f_n$ 中取极限有 $Kg = f$.

4.5 正定核、另一逼近法

在上节逼近法中，要求(1.1)可解，且 $K^* h = g$ 也有解(或至少 $\{\psi_i\}$ 对 g 完备). 这些条件是十分苛刻的. 如果对核 $K(x,y)$ 作一些限制，比如下面要讲的正算子的核的情况，则只须(1.1)有解，就可采用别的逼近法.

定义 4.5.1 设 $K(x,y) \in L_2[a,b]$，对任意 $\varphi \in L_2[a,b]$，a,b 有限或无限，$\varphi \neq 0$ 时有

$$(K\varphi,\varphi) > 0 \tag{5.1}$$

$$((K\varphi,\varphi) < 0),$$

则称 $K(x,y)$ 为**正(负)定核**.

推论 4.5.1 $K(x,y)$ 为正(负)定核，必为对称核.

推论 4.5.2 正核(即正算子的核)$K(x,y)$ 为正定核的充要条件是 $\{\varphi_i\}$ 为完全系，其中 $\{\varphi_i\}$ 是紧自伴算子 K 的非零特征值对应的标准正交特征函数集合.

证 由定理 3.3.1 及定理 3.3.2，

$$(K\varphi,\varphi) = \sum_{k=1}^{\infty} \frac{1}{\lambda_k} |(\varphi,\varphi_k)|^2. \tag{5.2}$$

设 $\{\varphi_i\}$ 完全，即由 $(\varphi,\varphi_i) = 0$，$i = 1,2,\cdots$，就有 $\varphi = 0$. 对于任意 $\varphi \neq 0$，$\varphi \in L_2$，这时必有

$$(K\varphi,\varphi) > 0.$$

否则若有 $(K\varphi,\varphi) = 0$，由(5.2)，$(\varphi,\varphi_i) = 0$，从而 $\varphi = 0$，矛盾.

反之，若对任何 $\varphi \neq 0$，$\varphi \in L_2$ 有(5.1)，则 $\{\varphi_i\}$ 必定是完全的. 若不然，则必存在着 $\varphi_0 \neq 0$，使

$$(\varphi_0,\varphi_i) = 0, \quad i = 1,2,\cdots.$$

因而

$$(K\varphi_0,\varphi_0)=\sum_{k=1}^{\infty}\frac{|(\varphi_0,\varphi_k)|^2}{\lambda_k}=0.$$

与(5.1) 矛盾. ■

注意推论 4.5.2 中的正核是指正算子的核，而不是说核本身一定取正值. 为区别起见，后者称为**正值核**.

定理 4.5.1 设 $K(x,y)\in L_2$ 为正定核，$f\in L_2[a,b]$，又设方程(1.1) 的解存在，则由

$$g_n=g_{n-1}+\lambda(f-f_{n-1}) \tag{5.3}$$

确定的迭代序列平均收敛于方程(1.1) 的解，其中 $f_{n-1}=Kg_{n-1}$，$g_0\in L_2[a,b]$ 可任意选定，$0<\lambda<\lambda_1$，λ_1 为方程(1.1) 的最小正特征值.

证 设 $g(x)$ 为(1.1) 的解，令

$$u_n(x)=g_n(x)-g(x). \tag{5.4}$$

则由(5.3)，(5.4)，

$$g_n-g_{n-1}=u_n-u_{n-1}=\lambda(f-f_{n-1})=\lambda K(g-g_{n-1})=-\lambda Ku_{n-1}.$$

于是

$$u_n=u_{n-1}-\lambda Ku_{n-1}.$$

两边与 φ_i 作内积，并记 $\alpha_{in}=(u_n,\varphi_i)$，则

$$\alpha_{in}=\alpha_{i,n-1}-\lambda(Ku_{n-1},\varphi_i)=\alpha_{i,n-1}-\frac{\lambda}{\lambda_i}\alpha_{i,n-1}$$

$$=\left(1-\frac{\lambda}{\lambda_i}\right)\alpha_{i,n-1}=\cdots=\left(1-\frac{\lambda}{\lambda_i}\right)^n\alpha_{i0}.$$

其中

$$0<\frac{\lambda}{\lambda_i}<\frac{\lambda_1}{\lambda_i}\leqslant 1,$$

$$0\leqslant 1-\frac{\lambda}{\lambda_i}<1. \tag{5.5}$$

由推论 4.5.2，$\{\varphi_i\}$ 为完全系，故 Parseval 等式成立，即

$$\|u_n\|^2=\sum_{i=1}^{\infty}|\alpha_{in}|^2=\sum_{i=1}^{\infty}\left(1-\frac{\lambda}{\lambda_i}\right)^{2n}|\alpha_{i0}|^2,\quad n=0,1,2,\cdots. \tag{5.6}$$

当 $n=0$ 时有

$$\|u_0\|=\sum_{i=1}^{\infty}|\alpha_{i0}|^2.$$

上式表明，对任何 $\varepsilon>0$，存在着正整数 $M>0$，使得

$$\sum_{i=M}^{\infty}|\alpha_{i0}|^2<\frac{\varepsilon}{2}.$$

由于(5.5)，对这个 M 及 ε，有正整数 $N>0$，使 $n>N$ 时

$$\sum_{i=1}^{M-1}\left(1-\frac{\lambda}{\lambda_i}\right)^{2n}|\alpha_{i0}|^2<\frac{\varepsilon}{2}.$$

于是由(5.6)有

$$\begin{aligned}\|u_n\|^2&=\left(\sum_{i=1}^{M-1}+\sum_{i=M}^{\infty}\right)|\alpha_{in}|^2\\&\leqslant\sum_{i=1}^{M-1}\left(1-\frac{\lambda}{\lambda_i}\right)^{2n}|\alpha_{i0}|^2+\sum_{i=M}^{\infty}|\alpha_{i0}|^2<\varepsilon.\end{aligned}$$

由(5.4)，此即 $\|g-g_n\|\to 0$. ■

例 解 F-Ⅰ方程

$$\int_0^{\pi}\sin x_<\cos x_>\varphi(y)\mathrm{d}y=x-\frac{x}{2\pi}.$$

解 原方程可写为

$$\cos x\int_0^x\sin y\,\varphi(y)\mathrm{d}y+\sin x\int_x^{\pi}\cos y\,\varphi(y)\mathrm{d}y=x-\frac{x^2}{2\pi}.\tag{5.7}$$

假设方程有解，微分得

$$-\sin x\int_0^x\sin y\,\varphi(y)\mathrm{d}y+\cos x\int_x^{\pi}\cos y\,\varphi(y)\mathrm{d}y=1-\frac{x}{\pi}.\tag{5.8}$$

在(5.7)两端用 $x=0$ 代入时，左右皆为零，故(5.8)与(5.7)等价. 再微分(5.8)得

$$-\cos x\int_0^x\sin y\,\varphi(y)\mathrm{d}y-\sin x\int_x^{\pi}\cos y\,\varphi(y)\mathrm{d}y-\varphi(x)=-\frac{1}{\pi}.\tag{5.9}$$

又因(5.8)两端用 $x=\pi$ 代入皆为零，故(5.9)与(5.8)从而与(5.7)等价. 利用原式，有

$$\varphi(x)=\frac{1}{\pi}-x+\frac{x^2}{2\pi},$$

代入原方程验证确系原方程之解. 由等价性可知解还是唯一的.

4.6 V-Ⅰ方程

考虑 V-Ⅰ方程

$$\int_0^x K(x,y)\varphi(y)\mathrm{d}y=f(x)\tag{6.1}$$

的求解问题.

1. **微分法**

首先看出 $f(0)=0$. 设 $K(x,y)$, $f(x)$ 对 x 可微，满足积分号下求导的条件，则

$$K(x,x)\varphi(x)+\int_0^x \frac{\partial K(x,y)}{\partial x}\varphi(y)\mathrm{d}y=f'(x). \tag{6.2}$$

又设 $K(x,x)\neq 0$，则

$$\varphi(x)+\int_0^x \frac{K_x(x,y)}{K(x,x)}\varphi(y)\mathrm{d}y=\frac{f'(x)}{K(x,x)}. \tag{6.3}$$

若新方程的核为 L_2 核，且右端亦属于 $L_2[0,1]$，则(6.3)有唯一解. 注意(6.3)与(6.1)等价，从而原方程有唯一解.

2. **积分法**

令

$$\Psi(x)=\int_0^x \varphi(y)\mathrm{d}y, \tag{6.4}$$

代入(6.1)，分部积分，得

$$K(x,x)\Psi(x)-\int_0^x \frac{\partial}{\partial y}K(x,y)\Psi(y)\mathrm{d}y=f(x).$$

设 $K(x,x)\neq 0$,

$$\Psi(x)-\int_0^x \frac{K_y(x,y)}{K(x,x)}\Psi(y)\mathrm{d}y=\frac{f(x)}{K(x,x)}. \tag{6.5}$$

若(6.5)中积分核为 L_2 核，且右端属于 $L_2[a,b]$，则原方程有唯一解.

例 解方程

$$\int_0^x \cos a(x-y)\ \varphi(y)\mathrm{d}y=\sin ax.$$

解 因 $\sin ax\Big|_{x=0}=0$，故原方程等价于求导后的方程

$$\varphi(x)-a\int_0^x \sin a(x-y)\ \varphi(y)\mathrm{d}y=a\cos ax.$$

要使方程有解必须 $\varphi(0)=a$. 再求导，得等价方程

$$\varphi'(x)=a\int_0^x \cos a(x-y)\ \varphi(y)\mathrm{d}y-a^2\sin ax=0.$$

故 $\varphi(x)$ 为常数，又 $\varphi(0)=a$，于是 $\varphi(x)=a$. 经验证，确为原方程的解，且为唯一解.

3. **Abel 方程**

这里指形如

$$\int_0^x \frac{\varphi(y)}{(x-y)^\alpha}\mathrm{d}y=f(x),\quad 0<\alpha<1$$

的方程. 上面两种方法均失效. 因 $x=y$ 时方程的核无意义. 将方程写成

$$\int_0^z \frac{\varphi(z)}{(z-y)^\alpha}\mathrm{d}y = f(z).$$

用 $1/(x-z)^\beta$ 乘上式两端，$0<\beta<1$，并积分，得

$$\int_0^x \frac{\mathrm{d}z}{(x-z)^\beta}\int_0^z \frac{\varphi(y)}{(z-y)^\alpha}\mathrm{d}y = \int_0^x \frac{f(z)}{(x-z)^\beta}\mathrm{d}z,$$

或即

$$\int_0^x\left[\int_y^x \frac{\mathrm{d}z}{(x-z)^\beta(z-y)^\alpha}\right]\varphi(y)\mathrm{d}y = \int_0^x \frac{f(y)}{(x-y)^\beta}\mathrm{d}y.$$

在左端内层积分中，令 $z=y+(x-y)u$，得

$$\begin{aligned}\int_y^x \frac{\mathrm{d}z}{(x-z)^\beta(z-y)^\alpha} &= \frac{1}{(x-y)^{\alpha+\beta-1}}\int_0^1 \frac{\mathrm{d}u}{u^\alpha(1-u)^\beta}\\ &= \frac{1}{(x-y)^{\alpha+\beta-1}}\frac{\Gamma(1-\alpha)\Gamma(1-\beta)}{\Gamma(2-\alpha-\beta)}.\end{aligned}$$

故

$$\int_0^x \frac{\varphi(y)}{(x-y)^{\alpha+\beta-1}}\mathrm{d}y = \frac{\Gamma(2-\alpha-\beta)}{\Gamma(1-\alpha)\Gamma(1-\beta)}\int_0^x \frac{f(y)}{(x-y)^\beta}\mathrm{d}y.$$

令 $\beta=1-\alpha$，则有

$$\begin{aligned}\int_0^x \varphi(y)\mathrm{d}y &= \frac{\Gamma(1)}{\Gamma(\alpha)\Gamma(1-\alpha)}\int_0^x \frac{f(y)}{(x-y)^{1-\alpha}}\mathrm{d}y\\ &= \frac{\sin\alpha\pi}{\pi}\int_0^x \frac{f(y)}{(x-y)^{1-\alpha}}\mathrm{d}y.\end{aligned}$$

如果右端导数存在，则

$$\varphi(x) = \frac{\sin\alpha\pi}{\pi}\frac{\mathrm{d}}{\mathrm{d}x}\int_0^x \frac{f(y)}{(x-y)^{1-\alpha}}\mathrm{d}y.$$

特别，当 $\alpha=\frac{1}{2}$ 时，有解

$$\varphi(x) = \frac{1}{\pi}\frac{\mathrm{d}}{\mathrm{d}x}\int_0^x \frac{f(y)}{(x-y)^{\frac{1}{2}}}\mathrm{d}y.$$

这种情况 1823 年 Abel 在求解关于等时降落轨迹的问题中就探讨过.

第四章习题

1. 举例说明 $\int_a^b K(x,y)\varphi(y)\mathrm{d}y=0$ 的解空间为零维、$n\geqslant 1$ 维及无穷维的情形.

2. 解退化核方程：

(1) $\int_0^1 (x-y)e^y\varphi(y)dy = x+2$；

(2) $\int_{-1}^1 (6x^2y+4xy^2)g(y)dy = 3x^2+4x$.

3. 设 $f(x)\in L_2$，$K(x,y)\in L_2$，

$$F(x)=K^* f=\int_a^b \overline{K(y,x)}f(y)dy,$$

$\psi_i(x)$ 为方程(1.1) 满足定义 4.2.1 的特征函数，则

$$F(x)=\sum_{i=1}^{\infty}C_i\psi_i(x),\quad C_i=(F,\psi_i)$$

为平均收敛. 若假设 a,b 有限且

$$\int_a^b |K(x,y)|^2dx \leqslant M^2 < +\infty,$$

则上述级数为绝对一致收敛.

4. 设 $f(x)\in L_2[a,b]$，a,b 为有限，且

$$\int_a^b |K(x,y)|^2dx \leqslant M^2 < +\infty,$$

证明引理 4.4.3 中的(4.7) 为绝对一致收敛.

5. 解 F-Ⅰ 方程：$\int_0^1 \mathrm{sh}(x_>-1)\ \mathrm{sh}x_<\ \varphi(y)dy = x(1-x)$.

6. 解 V-Ⅰ 方程：

(1) $\int_0^x e^{x-y}\varphi(y)dy = f(x)$，$f(0)=0$；

(2) $\int_0^x \sin a(x-y)\ \varphi(y)dy = x^2$，$a\neq 0$.

7. 定义推广的 Abel 方程形如

$$\int_a^x \frac{\varphi(y)dy}{(p(x)-p(y))^{\alpha}} = f(x),\quad 0<\alpha<1,\ a\leqslant x\leqslant b,$$

$p'(x), f'(x)$ 皆在$[a,b]$ 上连续. 证明 $f(a)=0$ 时，方程有解

$$\varphi(x)=\frac{\sin\alpha\pi}{\pi}\frac{d}{dx}\int_a^x \frac{p'(y)f(y)}{(p(x)-p(y))^{1-\alpha}}dy,$$

并且求下列方程的解：

(1) $\int_0^x \frac{\varphi(y)}{(x^2-y^2)^{1/2}}dy = x$，$x>0$；

(2) $x\int_0^x \frac{\varphi(y)}{(x^2-y^2)^{1/2}}dy = g(x)$，$g(0)=0$.

先写出一般解式，然后当 $g(x)=x^n$ 时解式如何？

第五章　积分变换理论与卷积型方程

积分变换的理论主要指 Fourier 变换及其由它衍生的 Laplace 变换，Hankel 变换以及 Mellin 变换. 它们是求解各类卷积型积分方程及某些类型偏微分方程的理论基础. 本章讨论积分变换的理论及其上述求解中的应用.

积分变换的理论在下一章中对 L_2 中奇异积分方程及 Winer-Hopf 方程的求解也起着重要的作用.

5.1　L_1 中的 Fourier 变换

定义 5.1.1　若 $f(x) \in L_1[-\infty, +\infty]$，记

$$F(f) = \frac{1}{\sqrt{2\pi}}\int_{-\infty}^{\infty} f(x)\mathrm{e}^{\mathrm{i}sx}\,\mathrm{d}x, \tag{1.1}$$

或记

$$\hat{f}(s) = \frac{1}{\sqrt{2\pi}}\int_{-\infty}^{\infty} f(x)\mathrm{e}^{\mathrm{i}sx}\,\mathrm{d}x, \tag*{(1.1)$'$}$$

称 $F(f)$ 或即 $\hat{f}(s)$ 为 $f(x)$ **在 L_1 中的 Fourier 变换**，其中 s 为实数，$F(f)$ 称为 f 的**象**，而 f 称为 $F(f)$ 的**原象**.

显然，右端的积分是存在的，且可认为

$$F(f) = \hat{f}(s) = \lim_{\substack{A\to+\infty \\ B\to-\infty}}\int_{B}^{A} f(x)\mathrm{e}^{\mathrm{i}sx}\,\mathrm{d}x. \tag{1.2}$$

(1.1) 或(1.1)$'$ 中出现系数$\frac{1}{\sqrt{2\pi}}$为的是和后面的反演公式形式对称，便于记忆. 用 $F(f)$ 或 $\hat{f}(s)$ 表示函数的 Fourier 变换各有优点：前者强调对 f 作变换，后者强调变换后的函数以 s 为自变量. 根据我们的需要，这两个记号选择使用.

为了强调是 L_1 意义下的 Fourier 变换，有时我们写 $F(f)$ 为 $F_1(f)$，以区别于后面 5.2 节中在 L_2 意义下的 Fourier 变换，后者将记为 $F_2(f)$. 在明显不

会混淆时均简记为 $F(f)$.

L_1 意义下的 Fourier 变换有如下基本性质.

定理 5.1.1 设 $f(x)\in L_1[-\infty,+\infty]$.

(1) 若 $g(x)=f(x)e^{-i\alpha x}$, α 为实数, 则

$$\hat{g}(s)=\hat{f}(s-\alpha). \tag{1.3}$$

(2) 若 $g(x)=f(x-\alpha)$, α 为实数, 则

$$\hat{g}(s)=\hat{f}(s)e^{i\alpha s}. \tag{1.4}$$

(3) 若 $g(x)=\overline{f(-x)}$, 则

$$\hat{g}(s)=\overline{\hat{f}(s)}. \tag{1.5}$$

(4) 若 $g(x)=f\left(\dfrac{x}{\lambda}\right)$ 且 $\lambda>0$, 则

$$\hat{g}(s)=\lambda\hat{f}(\lambda s). \tag{1.6}$$

证 (1) $$\hat{g}(s)=\frac{1}{\sqrt{2\pi}}\int_{-\infty}^{\infty}f(x)e^{-i\alpha x}e^{isx}\,dx$$
$$=\frac{1}{\sqrt{2\pi}}\int_{-\infty}^{\infty}f(x)e^{ix(s-\alpha)}\,dx=\hat{f}(s-\alpha).$$

(2) $$\hat{g}(s)=\frac{1}{\sqrt{2\pi}}\int_{-\infty}^{\infty}f(x-\alpha)e^{isx}\,dx$$
$$=\frac{1}{\sqrt{2\pi}}\int_{-\infty}^{\infty}f(u)e^{isu}e^{i\alpha s}\,du=e^{i\alpha s}\hat{f}(s).$$

(3) $$\hat{g}(s)=\frac{1}{\sqrt{2\pi}}\int_{-\infty}^{\infty}\overline{f(-x)}e^{isx}\,dx=\frac{1}{\sqrt{2\pi}}\int_{-\infty}^{\infty}\overline{f(u)}e^{-isu}\,du$$
$$=\overline{\frac{1}{\sqrt{2\pi}}\int_{-\infty}^{\infty}f(u)e^{isu}\,du}=\overline{\hat{f}(s)}.$$

(4) $$\hat{g}(s)=\frac{1}{\sqrt{2\pi}}\int_{-\infty}^{\infty}f\left(\frac{x}{\lambda}\right)e^{isx}\,dx$$
$$=\frac{\lambda}{\sqrt{2\pi}}\int_{-\infty}^{\infty}f(u)e^{is\lambda u}\,du=\lambda\hat{f}(\lambda s)\quad(\lambda>0).$$ ∎

定理 5.1.2(积分号下求导) 若 $f(x)\in L_1[-\infty,+\infty]$, $g(x)=ixf(x)\in L_1[-\infty,+\infty]$, 则 $\hat{f}'(s)=\hat{g}(s)$, 亦即

$$\hat{f}'(s)=\frac{1}{\sqrt{2\pi}}\int_{-\infty}^{\infty}ixf(x)e^{isx}\,dx. \tag{1.7}$$

证 当 $t \neq s$ 时,

$$\frac{\hat{f}(t)-\hat{f}(s)}{t-s}=\frac{1}{\sqrt{2\pi}}\int_{-\infty}^{\infty} f(x)\,\frac{e^{itx}-e^{isx}}{t-s}\,dx$$
$$=\frac{1}{\sqrt{2\pi}}\int_{-\infty}^{\infty} f(x)e^{isx}\,\frac{e^{i(t-s)x}-1}{t-s}\,dx$$
$$=\frac{1}{\sqrt{2\pi}}\int_{-\infty}^{\infty} f(x)e^{isx}\varphi(x,t-s)\,dx.$$

其中已令

$$\varphi(x,u)=\frac{e^{iux}-1}{u},\quad u\neq 0.$$

因为$|u|$充分小时,

$$|\varphi(x,u)|=\frac{2\left|\sin\frac{xu}{2}\right|}{|u|}\leqslant\frac{2\left|\frac{xu}{2}\right|}{|u|}=|x|,$$

于是

$$|f(x)e^{isx}\varphi(x,t-s)|\leqslant|x|\,|f(x)|.$$

又当 $u\to 0$ 时, $\varphi(x,u)\to ix$. 由控制收敛定理得(1.7). ■

定义 5.1.2 所谓两个函数 $f(x)$ 及 $g(x)$ 的卷积是指

$$\int_{-\infty}^{\infty} f(x-y)g(y)\,dy, \tag{1.8}$$

只要这个积分存在,并记为$(f*g)(x)$.

令 $u=x-y$, 易见

$$\int_{-\infty}^{\infty} f(x-y)g(y)\,dy=\int_{-\infty}^{\infty} f(y)g(x-y)\,dy, \tag{1.9}$$

即

$$(f*g)(x)=(g*f)(x). \tag*{(1.9)$'$}$$

定理 5.1.3(**卷积定理**) 设 $f(x),g(x)\in L_1[-\infty,+\infty]$, 则

$$h(x)=(f*g)(x)\in L_1[-\infty,+\infty],$$

且

$$F(f*g)=\sqrt{2\pi}F(f)F(g) \tag{1.10}$$

(或即 $\widehat{f*g}=\sqrt{2\pi}\hat{f}\cdot\hat{g}$).

证 根据 Fubini 换序定理,

$$\int_{-\infty}^{\infty}|h(x)|\,dx\leqslant\int_{-\infty}^{\infty}\left(\int_{-\infty}^{\infty}|f(x-y)|\,|g(y)|\,dy\right)dx$$
$$=\|g\|_1\|f\|_1<+\infty.$$

于是 $h(x)\in L_1$，仍然利用 Fubini 定理有

$$F(f*g)=\frac{1}{\sqrt{2\pi}}\int_{-\infty}^{\infty}\left(\int_{-\infty}^{\infty}f(x-y)g(y)\mathrm{d}y\right)\mathrm{e}^{\mathrm{i}sx}\,\mathrm{d}x$$
$$=\frac{1}{\sqrt{2\pi}}\int_{-\infty}^{\infty}\left(\int_{-\infty}^{\infty}f(x-y)\mathrm{e}^{\mathrm{i}sx}\,\mathrm{d}x\right)g(y)\mathrm{d}y$$
$$=\hat{f}(s)\int_{-\infty}^{\infty}g(y)\mathrm{e}^{\mathrm{i}sy}\,\mathrm{d}y=\sqrt{2\pi}\hat{f}(s)\hat{g}(s).\quad\blacksquare$$

定义 5.1.1 是从 f 求象 $F(f)$ 的公式. 反之，知象如何求原象，这就是反演问题. 下面介绍极为重要的反演定理. 在此之前要有一系列引理，它们本身也具有独立的意义.

引理 5.1.1 设 $f(x)\in L_p[-\infty,+\infty]$, $1\leqslant p<+\infty$, 记

$$f_y(x)=f(x-y),\tag{1.11}$$

则映照 f_y 是 $R=[-\infty,+\infty]\to L_p$ 关于 y 的一致连续映照.

证 对任意的 $\varepsilon>0$ 及 $f(x)\in L_p$，因 $p\geqslant1$，故必存在连续函数 $g(x)$，它在某一区间 $[-A,A]$ 之外为零，且

$$\|f-g\|_p\leqslant\varepsilon.\text{①}$$

又因 $g(x)$ 在整个实数轴上一致连续，故必存在 $\delta\in(0,A)$，使当 $|s-t|<\delta$ 时

$$|g(s)-g(t)|<(3A)^{-\frac{1}{p}}\varepsilon.$$

于是

$$\|g_s-g_t\|_p^p=\int_{-\infty}^{\infty}|g(x-s)-g(x-t)|^p\mathrm{d}x$$
$$<(3A)^{-1}\varepsilon^p(2A+\delta)<\varepsilon^p,$$

从而

$$\|f_s-f_t\|_p\leqslant\|f_s-g_s\|_p+\|g_s-g_t\|_p+\|g_t-f_t\|_p$$
$$=\|f-g\|_p+\|g_s-g_t\|_p+\|g-f\|_p<3\varepsilon.\quad\blacksquare$$

引理 5.1.2 若 $f\in L_1$，则 $\hat{f}(s)$ 在 $(-\infty,+\infty)$ 中一致连续，且

$$\lim_{s\to\pm\infty}\hat{f}(s)=0,\tag{1.12}$$

及

---

① 见夏道行等编《实变函数论与泛函分析》下册，第二版，高等教育出版社，1985年，第 69 页.

$$\|\hat{f}\|_\infty \leqslant \frac{1}{\sqrt{2\pi}}\|f\|_1. \tag{1.13}$$

证 由(1.1)，

$$|\hat{f}(s)| \leqslant \frac{1}{\sqrt{2\pi}}\int_{-\infty}^{\infty}|f(x)|\mathrm{d}x = \frac{1}{\sqrt{2\pi}}\|f\|_1.$$

于是得到(1.13). 由此可见，$f \in L_1$ 时它的象 $\hat{f} \in L_\infty$(但不能断言 $\hat{f} \in L_1$!). 其次

$$|\hat{f}(s+h) - \hat{f}(s)| \leqslant \frac{1}{\sqrt{2\pi}}\int_{-\infty}^{\infty}|f(x)||\mathrm{e}^{\mathrm{i}hx}-1|\mathrm{d}x. \tag{1.14}$$

因为

$$|f(x)||\mathrm{e}^{\mathrm{i}hx}-1| \leqslant 2|f(x)|$$

且 $h \to 0$ 时，$\mathrm{e}^{\mathrm{i}hx} \to 1$，由控制收敛定理，当 $h \to 0$ 时(1.14) 左端对 s 一致地趋于零. 从而 $\hat{f}(s)$ 在$(-\infty, +\infty)$ 中一致连续. 最后来证明(1.12). 因

$$\begin{aligned}\hat{f}(s) &= -\frac{1}{\sqrt{2\pi}}\int_{-\infty}^{\infty} f(x)\mathrm{e}^{\mathrm{i}sx+\pi\mathrm{i}}\mathrm{d}x \\ &= -\frac{1}{\sqrt{2\pi}}\int_{-\infty}^{\infty} f(x)\mathrm{e}^{\mathrm{i}s(x+\frac{\pi}{s})}\mathrm{d}x \quad (|s| \text{ 充分大时}, s \neq 0) \\ &= -\frac{1}{\sqrt{2\pi}}\int_{-\infty}^{\infty} f\left(u-\frac{\pi}{s}\right)\mathrm{e}^{\mathrm{i}su}\mathrm{d}u. \end{aligned} \tag{1.15}$$

将(1.1) 与(1.15) 相加，得

$$2\hat{f}(s) = \frac{1}{\sqrt{2\pi}}\int_{-\infty}^{\infty}\mathrm{e}^{\mathrm{i}su}\left(f(u) - f\left(u-\frac{\pi}{s}\right)\right)\mathrm{d}x.$$

注意到(1.11) 及上一引理，故当$|s| \to +\infty$ 时

$$2|\hat{f}(s)| \leqslant \frac{1}{\sqrt{2\pi}}\left\|f_0 - f_{\frac{\pi}{s}}\right\|_1 \to 0. \quad \blacksquare$$

(1.12) 式也称为 **Riemann-Lebesgue** 引理. 我们今后要用到它.

为了后面的需要，引入至关重要的一对辅助函数，它们是

$$H(s) = \mathrm{e}^{-|s|}, \tag{1.16}$$

$$h_\lambda(x) = \frac{1}{2\pi}\int_{-\infty}^{\infty} H(\lambda s)\mathrm{e}^{-\mathrm{i}sx}\mathrm{d}s \quad (\lambda > 0). \tag{1.17}$$

简单计算表明

$$h_\lambda(x) = \frac{1}{2\pi}\int_{-\infty}^{\infty}\mathrm{e}^{-|\lambda s|}\mathrm{e}^{-\mathrm{i}sx}\mathrm{d}s = \frac{\lambda}{\pi(\lambda^2+x^2)},$$

且

$$\int_{-\infty}^{\infty} h_\lambda(x)\mathrm{d}x = 1. \tag{1.18}$$

引理5.1.3 若 $f \in L_1$，则

$$(f * h_\lambda)(x) = \frac{1}{\sqrt{2\pi}}\int_{-\infty}^{\infty} H(\lambda s)\hat{f}(s)\mathrm{e}^{-\mathrm{i}xs}\,\mathrm{d}s. \tag{1.19}$$

证 由(1.17)及 Fubini 定理，

$$\begin{aligned}(f * h_\lambda)(x) &= \int_{-\infty}^{\infty} f(x-y)\mathrm{d}y \cdot \frac{1}{\sqrt{2\pi}}\int_{-\infty}^{\infty} H(\lambda s)\mathrm{e}^{-\mathrm{i}sy}\,\mathrm{d}s \\ &= \frac{1}{\sqrt{2\pi}}\int_{-\infty}^{\infty}\left(\frac{1}{\sqrt{2\pi}}\int_{-\infty}^{\infty} f(x-y)\mathrm{e}^{\mathrm{i}s(x-y)}\,\mathrm{d}y\right)H(\lambda s)\mathrm{e}^{-\mathrm{i}sx}\,\mathrm{d}s \\ &= \frac{1}{\sqrt{2\pi}}\int_{-\infty}^{\infty} H(\lambda s)\hat{f}(s)\mathrm{e}^{-\mathrm{i}sx}\,\mathrm{d}s.\end{aligned}$$

∎

在(1.19)中令 $\lambda \to 0$，粗略地看，若 $\hat{f} \in L_1$，右端就趋于

$$\frac{1}{\sqrt{2\pi}}\int_{-\infty}^{\infty} \hat{f}(s)\mathrm{e}^{-\mathrm{i}xs}\,\mathrm{d}s.$$

若能证明左端有

$$\lim_{\lambda \to 0}(f * h_\lambda)(x) = f(x),$$

则得到用 $\hat{f}(s)$ 表示 $f(x)$ 的反演公式

$$f(x) = \frac{1}{\sqrt{2\pi}}\int_{-\infty}^{\infty} \hat{f}(s)\mathrm{e}^{-\mathrm{i}sx}\,\mathrm{d}s.$$

为证实这一点，我们还需要如下引理.

引理5.1.4 若 $g \in L_\infty$，且在 x 处连续，则

$$\lim_{\lambda \to 0}(g * h_\lambda)(x) = g(x). \tag{1.20}$$

证 由(1.18)，

$$\begin{aligned}&(g * h_\lambda)(x) - g(x) \\ &= \int_{-\infty}^{\infty}(g(x-y) - g(x))h_\lambda(y)\mathrm{d}y \\ &= \int_{-\infty}^{\infty}(g(x-y) - g(x))\frac{1}{\lambda}h_1\left(\frac{y}{\lambda}\right)\mathrm{d}y \\ &= \int_{-\infty}^{\infty}(g(x-\lambda s) - g(x))h_1(s)\mathrm{d}s,\end{aligned} \tag{1.21}$$

其中

$$h_\lambda(y) = \frac{1}{\pi}\frac{\lambda}{\lambda^2 + y^2} = \frac{1}{\lambda} \cdot \frac{1}{\pi\left[1 + \left(\frac{y}{\lambda}\right)^2\right]} \equiv \frac{1}{\lambda}h_1\left(\frac{y}{\lambda}\right).$$

又

$$|g(x-\lambda s)-g(x)|\leqslant 2\|g\|_{\infty},$$

而

$$\int_{-\infty}^{\infty}\|g\|_{\infty}h_1(s)\mathrm{d}s=\|g\|_{\infty}\int_{-\infty}^{\infty}\frac{\mathrm{d}s}{1+s^2}<+\infty,$$

由控制收敛定理，在(1.21)中令 $\lambda\to 0$ 便有(1.20). ∎

注 引理中 $g(x)$ 在 x 处连续若改为对于某一串 $\lambda_n\to 0$，$x_n\equiv x-\lambda_n s\to x$，有 $g(x_n)$ 点态收敛于 $g(x)$，则由证明可知

$$\lim_{\lambda_n\to 0}(g*h_{\lambda_n})(x)=g(x). \tag{1.22}$$

引理 5.1.5 若 $1\leqslant p<+\infty$ 且 $f\in L_p$，则

$$\lim_{\lambda\to 0}\|f*h_\lambda-f\|_p=0. \tag{1.23}$$

证 设 $1<p<+\infty$，由(1.18)及 Hölder 不等式，

$$\begin{aligned}&|(f*h_\lambda)(x)-f(x)|^p\\ \leqslant&\left(\int_{-\infty}^{\infty}|f(x-y)-f(x)|h_\lambda(y)\mathrm{d}y\right)^p\\ =&\left(\int_{-\infty}^{\infty}|f(x-y)-f(x)|h_\lambda^{1/p}(y)h_\lambda^{1/q}(y)\mathrm{d}y\right)^p\\ \leqslant&\int_{-\infty}^{\infty}|f(x-y)-f(x)|^p h_\lambda(y)\mathrm{d}y\left(\int_{-\infty}^{\infty}h_\lambda(y)\mathrm{d}y\right)^{\frac{p}{q}}\\ =&\int_{-\infty}^{\infty}|f(x-y)-f(x)|^p h_\lambda(y)\mathrm{d}y,\end{aligned}$$

其中 $\dfrac{1}{p}+\dfrac{1}{q}=1$. 但 $p=1$ 时以上不等式明显成立，于是 $1\leqslant p<+\infty$ 时，

$$\begin{aligned}&\left\|(f*h_\lambda)(x)-f(x)\right\|_p^p\\ \leqslant&\int_{-\infty}^{\infty}\left(\int_{-\infty}^{\infty}|f(x-y)-f(x)|^p\mathrm{d}x\right)h_\lambda(y)\mathrm{d}y\\ =&\int_{-\infty}^{\infty}\left\|f_y-f\right\|_p^p h_\lambda(y)\mathrm{d}y.\end{aligned} \tag{1.24}$$

令 $g(y)=\left\|f_y-f\right\|_p^p$，则

$$g(y)\leqslant(\|f_y\|_p+\|f\|_p)^p=2^p\left\|f\right\|_p^p<+\infty.$$

又由引理 5.1.1，

$$\lim_{y\to 0}g(y)=g(0)=0.$$

将(1.24)的右端变形并利用上一引理，

$$\int_{-\infty}^{\infty}\|f_y-f\|_p^p h_\lambda(y)\mathrm{d}y$$
$$=\int_{-\infty}^{\infty}g(y)h_\lambda(y)\mathrm{d}y=\int_{-\infty}^{\infty}g(y)h_\lambda(-y)\mathrm{d}y$$
$$=\int_{-\infty}^{\infty}g(y)h_\lambda(0-y)\mathrm{d}y=\int_{-\infty}^{\infty}g(0-y)h_\lambda(y)\mathrm{d}y$$
$$=(g*h_\lambda)(0)\to g(0)=0,\ \lambda\to 0.$$

由(1.24)得(1.23). ∎

有了上述准备，我们来叙述重要的反演定理.

定理 5.1.4（反演定理） 若 $f\in L_1$ 及 $\hat{f}\in L_1$，记

$$g(x)=\frac{1}{\sqrt{2\pi}}\int_{-\infty}^{\infty}\hat{f}(s)\mathrm{e}^{-\mathrm{i}xs}\mathrm{d}s, \tag{1.25}$$

则 $g(x)$ 在$(-\infty,+\infty)$中一致连续，$g(\pm\infty)=0$，且

$$f(x)=g(x)\quad (\text{a.e.}\ x). \tag{1.26}$$

证 要证明 $g(x)$ 在$(-\infty,+\infty)$中一致连续及 $g(\pm\infty)=0$，只要逐字逐句重复引理 5.1.2 的推导过程，不赘述. 现专证(1.26). 在引理 5.1.3 中，观察(1.19)左端. 由引理 5.1.5，

$$\lim_{\lambda\to 0}\|f*h_\lambda-f\|_1=0. \tag{1.27}$$

我们知道，在 L_p 空间中，$1\leqslant p<+\infty$，有这样的性质：若 $f_n, f\in L_p$，且

$$\lim_{n\to\infty}\|f_n-f\|_p=0,$$

则必存在子序列 f_{n_k}，使

$$\lim_{k\to\infty}f_{n_k}(x)=f(x)\text{①}\quad (\text{a.e.}),$$

于是由(1.27)知，存在一串 $\lambda_n\to 0$，使

$$\lim_{\lambda_n\to 0}(f*h_{\lambda_n})(x)=f(x)\quad (\text{a.e.}),$$

另一方面，由(1.19)的右端，有

$$|H(\lambda_n s)\hat{f}(s)\mathrm{e}^{-\mathrm{i}xs}|<|\hat{f}(s)|$$

及

$$\lim_{\lambda_n\to 0}H(\lambda_n s)=1.$$

由控制收敛定理，(1.19)右端可以在积分号下取极限. 于是在(1.19)中令

① 见夏道行编《实变函数论与泛函分析》下册，第二版，高等教育出版社，1985 年，第 35 页.

$\lambda_n \to 0$ 时得到 $f(x) = g(x)$ (a. e.). ∎

注 1 (1.26) 可写为

$$f(x) = \frac{1}{\sqrt{2\pi}}\int_{-\infty}^{\infty} \hat{f}(s)\mathrm{e}^{-\mathrm{i}xs}\mathrm{d}s \quad (\text{a. e.}). \tag{1.28}$$

这就是用 $\hat{f}(s)$ 来表示 $f(x)$. (1.1) 与(1.28) 呈现出形式上对称的样子. 把(1.1) 视为右端为 $\hat{f} \in L_1$ 而未知函数为 f 的积分方程的话，那么(1.28) 便是(1.1) 的解.

注 2 引进 Fourier 算子 F 的伴随算子 F^*：

$$F^*(f) = \frac{1}{\sqrt{2\pi}}\int_{-\infty}^{\infty} f(x)\mathrm{e}^{-\mathrm{i}xs}\mathrm{d}x.$$

则(1.28) 意味着对几乎处处的 x 有 $F^*F(f) = f$，即

$$F^*F = I.$$

这就是说，$F^* = F^{-1}$.

注 3 因 F^* ,F 互为伴随算子，故也可这样定义 Fourier 变换，即 $f(x) \in L_1$ 时，定义

$$F(f) = \frac{1}{\sqrt{2\pi}}\int_{-\infty}^{\infty} (x)\mathrm{e}^{-\mathrm{i}xs}\mathrm{d}x$$

为 $f(x)$ 的Fourier变换，可以逐字逐句重复定理5.1.1至定理5.1.4. 特别是反演定理有

$$F^*F = I,$$

或用定义5.1.1的话来讲有 $FF^* = I$. 因此 F^* 为 F 的左逆及右逆算子(要注意 f 及 $\hat{f}$ 同时属于 L_1).

由反演定理立即可得

定理 5.1.5 (唯一性) 若 $f \in L_1$ 且 $\hat{f}(s) = 0$，则 $f(x) = 0$ (a. e.).

本定理说明，若 $f,g \in L_1$，且 $\hat{f} = \hat{g}$ (a. e.)，则 $f = g$ (a. e.)；或者说，若 $f \to \hat{f}$ 是 $L_1 \to L_1$ 的映照，则此映照必是一一的(在 a. e. 意义下).

5.2 L_2 中的 Fourier 变换

若 $f(x) \in L_2[-\infty, +\infty]$，仍然考虑变换(1.1)，则因积分

$$\int_{-\infty}^{\infty} f(x)\mathrm{e}^{\mathrm{i}sx}\mathrm{d}x \tag{2.1}$$

一般不存在，故(1.1)无意义. 事实上，从 $f(x)\in L_2[-\infty,+\infty]$ 一般推不出 $f(x)\in L_1[-\infty,+\infty]$. 然而由于下述的 Plancheral 定理，可以赋予上述积分以新的含意，使得在 L_2 空间中 Fourier 变换理论得以顺利地展开.

5.2.1 Plancheral 定理

定理 5.2.1 (Plancheral) 对于每个 $f\in L_2[-\infty,+\infty]$ 都必存在 $\hat{f}\in L_2[-\infty,+\infty]$ 使得

(1)
$$\|\hat{f}\|_2=\|f\|_2; \tag{2.2}$$

(2) 若 $f\in L_1\cap L_2$，则 $\hat{f}$ 是按 L_1 意义下函数 f 的 Fourier 变换，即

$$\hat{f}=F_1(f)=\frac{1}{\sqrt{2\pi}}\int_{-\infty}^{\infty}f(x)\mathrm{e}^{\mathrm{i}xs}\,\mathrm{d}x;$$

(3) f 与 $\hat{f}$ 存在着下列对称关系：若令

$$\varphi_A(s)=\frac{1}{\sqrt{2\pi}}\int_{-A}^{A}f(x)\mathrm{e}^{\mathrm{i}xs}\,\mathrm{d}x$$

及

$$\psi_A(x)=\frac{1}{\sqrt{2\pi}}\int_{-A}^{A}\hat{f}(s)\mathrm{e}^{-\mathrm{i}sx}\,\mathrm{d}s,$$

则 $\|\varphi_A-\hat{f}\|_2\to 0$，$\|\psi_A-f\|_2\to 0$ (当 $A\to+\infty$ 时)；

(4) $f\to\hat{f}$ 的映照是 $L_2\to L_2$ 的单全(满)射，而且是 $L_2\to L_2$ 的同构映照.

证 本定理的证明较冗长，我们分若干步骤证明.

(a) 首先证明 $f\in L_1\cap L_2$ 时，有 $\|\hat{f}\|_2=\|f\|_2$，而且此时的 $\hat{f}=F_1(f)$.

令 $g=f*\tilde{f}$，其中 $\tilde{f}=\overline{f(-x)}$. 因为 $f\in L_1$，所以 $\tilde{f}\in L_1$，由定理 5.1.3 及(1.5)有 $g\in L_1$，且

$$\hat{g}(s)=\sqrt{2\pi}\hat{f}(s)\overline{\hat{f}(s)}=\sqrt{2\pi}|\hat{f}(s)|^2.$$

由引理 5.1.3，

$$(g*h_\lambda)(0)=\frac{1}{\sqrt{2\pi}}\int_{-\infty}^{\infty}H(\lambda s)\hat{g}(s)\mathrm{d}s=\int_{-\infty}^{\infty}H(\lambda s)|\hat{f}(s)|^2\mathrm{d}s. \tag{2.3}$$

因为

$$\begin{aligned}g(x)&=\int_{-\infty}^{\infty}f(x-y)\overline{f(-y)}\mathrm{d}y\\&=\int_{-\infty}^{\infty}f(x+y)\overline{f(y)}\mathrm{d}y=(f_{-x},f),\end{aligned} \tag{2.4}$$

由内积连续性，(f_{-x},f) 为 f_{-x} 按 L_2 的范数的连续函数，又 $f\in L_2$，由引理 5.1.1，对任意的 $x_n\to x_0$，有

$$\|f_{-x_n}-f_{-x_0}\|_2\to 0,$$

从而 $\lim\limits_{x_n\to x_0} g(x_n)=g(x_0)$. 特别取 $x_0=0$，由(2.4)有

$$\lim_{x_n\to 0} g(x_n)=g(0)=\|f\|_2^2. \tag{2.5}$$

仍由(2.4)，

$$|g(x)|=|(f_{-x},f)|\leqslant\|f_{-x}\|_2\|f\|_2=\|f\|_2^2.$$

根据引理 5.1.4 的注，取 $\lambda_n\to 0$，而 $x_n=0-\lambda_n s$，

$$\lim_{\lambda_n\to 0}(g*h_{\lambda_n})(0)=g(0)=\|f\|_2^2. \tag{2.6}$$

另外考察(2.3)的右端

$$H(\lambda s)|\hat{f}(s)|^2\geqslant 0,$$

且 $\lambda_n\to 0$ 时，$H(\lambda_n s)$ 单调增加地趋于 1，由非负单调增函数积分号下求极限的定理知

$$\lim_{\lambda_n\to 0}\int_{-\infty}^{\infty}H(\lambda_n s)|\hat{f}(s)|^2\mathrm{d}s=\|\hat{f}\|_2^2. \tag{2.7}$$

这样，在(2.3)两端令 $\lambda_n\to 0$ 取极限，由(2.6),(2.7)得

$$\|f\|_2=\|\hat{f}\|_2.$$

证明的过程表明，$\hat{f}$ 是 $f(x)$ 在 L_1 意义下的 Fourier 变换.

(b) 证明对任意的 $f\in L_2$，必存在函数 $\hat{f}\in L_2$，使得

$$\|\varphi_A-\hat{f}\|\to 0\quad(A\to+\infty)$$

(注意这时 $\hat{f}$ 就不能认为是 L_1 意义下的 Fourier 变换)，而且 $\|\hat{f}\|_2=\|f\|_2$.

令

$$f_A(x)=\begin{cases}f(x), & |x|\leqslant A,\\ 0, & |x|>A.\end{cases} \tag{2.8}$$

则 $f_A\in L_1\cap L_2$. 事实上，由 f_A 定义及 Schwarz 公式

$$\int_{-\infty}^{\infty}|f_A(x)|\mathrm{d}x=\int_{-A}^{A}|f(x)|\mathrm{d}x\leqslant\left(\int_{-A}^{A}|f(x)|^2\mathrm{d}x\right)^{\frac{1}{2}}\sqrt{2A}$$
$$\leqslant\sqrt{2A}\|f\|_2<+\infty.$$

故 $f_A\in L_1$，而 $f_A\in L_2$ 更为显然. 另外

$$\|f_A-f\|_2=\left(\int_{-\infty}^{\infty}|f_A(x)-f(x)|^2\mathrm{d}x\right)^{\frac{1}{2}}$$
$$=\left(\int_{-\infty}^{-A}+\int_{A}^{+\infty}\right)|f(x)|^2\mathrm{d}x\to 0\quad(A\to+\infty). \tag{2.9}$$

因为

$$\varphi_A(s)=\frac{1}{\sqrt{2\pi}}\int_{-A}^{A}f(x)\mathrm{e}^{\mathrm{i}sx}\,\mathrm{d}x=\frac{1}{\sqrt{2\pi}}\int_{-\infty}^{\infty}f_A(x)\mathrm{e}^{\mathrm{i}sx}\,\mathrm{d}x=\hat{f}_A,$$

由以上步骤(a) 的结果，

$$\|\varphi_A\|_2=\|\hat{f}_A\|_2=\|f_A\|_2. \tag{2.10}$$

但注意到(2.9)，f_A 为 Cauchy 收敛，从而 φ_A 也为 Cauchy 收敛. 然而 $f_A\in L_2$，从而 $\varphi_A\in L_2$. 根据 L_2 空间的完备性，必存在着元素 $\hat{f}\in L_2$ 使得

$$\|\varphi_A-\hat{f}\|_2\to 0,\quad A\to+\infty. \tag{2.11}$$

在(2.10) 两边令 $A\to+\infty$，由(2.9) 及(2.11) 有

$$\|\hat{f}\|_2=\lim_{A\to\infty}\|\varphi_A\|_2=\lim_{A\to\infty}\|f_A\|_2=\|f\|_2.$$

通过这一段证明，有以下几点值得注意.

注 1 由(2.8),(2.9) 看出，$L_1\cap L_2$ 在 L_2 中稠密.

注 2 证明中如果令

$$\varphi_{AB}(s)=\frac{1}{\sqrt{2\pi}}\int_{B}^{A}f(x)\mathrm{e}^{\mathrm{i}xs}\,\mathrm{d}x,\quad B<A,$$

及

$$f_{AB}(x)=\begin{cases}f(x), & B\leqslant x\leqslant A,\\ 0, & x>A \text{ 及 } x<B.\end{cases}$$

同样可证出存在 $\hat{f}\in L_2$，使

$$\|\varphi_{AB}-\hat{f}\|_2\to 0,\quad A\to+\infty,\ B\to-\infty, \tag{2.12}$$

以及 $\|\hat{f}\|_2=\|f\|_2$.

注 3 当 $f\in L_1$ 时，f 在 L_1 意义下的 Fourier 变换的意义是

$$F_1(f)=\hat{f}(s)=\frac{1}{\sqrt{2\pi}}\int_{-\infty}^{\infty}f(x)\mathrm{e}^{\mathrm{i}xs}\,\mathrm{d}x=\lim_{\substack{A\to+\infty\\ B\to-\infty}}\int_{B}^{A}f(x)\mathrm{e}^{\mathrm{i}xs}\,\mathrm{d}x$$

$$=\lim_{A\to+\infty}\int_{-A}^{A}f(x)\mathrm{e}^{\mathrm{i}xs}\,\mathrm{d}x. \tag{2.13}$$

而当 $f\in L_2$ 时，我们把(2.11) 或(2.12) 这一事实记为

$$\hat{f}=\underset{\substack{A\to+\infty\\ B\to-\infty}}{\mathrm{l.\,i.\,m.}}\,\varphi_{AB}=\underset{A\to+\infty}{\mathrm{l.\,i.\,m.}}\,\varphi_A$$

$$=\underset{\substack{A\to+\infty\\ B\to-\infty}}{\mathrm{l.\,i.\,m.}}\,\frac{1}{\sqrt{2\pi}}\int_{B}^{A}f(x)\mathrm{e}^{\mathrm{i}sx}\,\mathrm{d}x$$

$$=\underset{A\to+\infty}{\mathrm{l.\,i.\,m.}}\,\frac{1}{\sqrt{2\pi}}\int_{-A}^{A}f(x)\mathrm{e}^{\mathrm{i}sx}\,\mathrm{d}x. \tag{2.14}$$

把(2.14) 意义下的 $\hat{f}$ 称为 L_2 意义下的 f 的 **Fourier 变换**，或称为 f 在 L_2 意

义下的象，或写成

$$F_2(f)=\hat{f}.$$

有时把(2.14) 干脆写成

$$F(f)=\hat{f}(s)=\frac{1}{\sqrt{2\pi}}\int_{-\infty}^{\infty}f(x)\mathrm{e}^{\mathrm{i}sx}\,\mathrm{d}x. \tag{2.15}$$

在很多书籍中，不管是 $f\in L_1$ 或是 $f\in L_2$，其 Fourier 变换均写成(2.15)，这时事实上已默认：$f\in L_1$ 时按(2.13) 理解；$f\in L_2$ 时按(2.14) 理解.

注 4 在 L_1 意义下的 Fourier 变换，当 $f\in L_1$ 时，得不出 $\hat{f}\in L_1$；然而在 L_2 意义下，当 $f\in L_2$ 时，$\hat{f}\in L_2$. 这是 L_2 意义下的 Fourier 变换优于 L_1 意义下 Fourier 变换的地方.

下面继续定理的证明.

(c) 证明 $\|\psi_A-f\|_2\to 0,\ A\to+\infty$.

与(b) 一样，令

$$(\hat{f}(s))_A=\begin{cases}\hat{f}(s), & |s|\leqslant A,\\ 0, & |s|>A,\end{cases}\in L_1\cap L_2,$$

则 $\|(\hat{f})_A-\hat{f}\|_2\to 0$，当 $A\to+\infty$. 注意，

$$\psi_A=\frac{1}{\sqrt{2\pi}}\int_{-A}^{A}\hat{f}(s)\mathrm{e}^{-\mathrm{i}sx}\,\mathrm{d}s=\frac{1}{\sqrt{2\pi}}\int_{-\infty}^{\infty}(\hat{f}(s))_A\mathrm{e}^{-\mathrm{i}sx}\,\mathrm{d}s.$$

由于 ψ_A 和 ψ_A 在形式上的对称性，与(a) 类似，有

$$\|\psi_A\|_2=\|(\hat{f})_A\|_2.$$

由于 $(\hat{f})_A$ 按 L_2 的范数收敛于 $\hat{f}$，所以 ψ_A 在 L_2 中 Cauchy 收敛，问题是为什么收敛于 f，亦即为什么

$$\|\psi_A-f\|_2\to 0. \tag{2.16}$$

这是证明的难点.

在(b) 中已证明 F_2 是等距算子，现引入 F_2 的伴随算子. 当 $f\in L_2$ 时，定义为

$$F_2^*(f)=\underset{A\to+\infty}{\mathrm{l.\,i.\,m.}}\int_{-A}^{A}f(x)\mathrm{e}^{-\mathrm{i}sx}\,\mathrm{d}x.$$

这个极限的存在性，由它与 $F_2(f)$ 在形式上的对称性看出，而且 F_2^* 也是等距算子. 其实也可直接证明：因为

$$\begin{aligned}(F_2^*f)(x)&=\underset{A\to+\infty}{\mathrm{l.\,i.\,m.}}\int_{-A}^{A}f(u)\mathrm{e}^{-\mathrm{i}xu}\,\mathrm{d}u=\underset{A\to+\infty}{\mathrm{l.\,i.\,m.}}\int_{-A}^{A}f(-u)\mathrm{e}^{\mathrm{i}xu}\,\mathrm{d}u\\ &=F_2(f(-x)),\end{aligned}$$

从而

$$\|F_2^* f\|_2 = \|F_2(f(-x))\|_2 = \|f(-x)\|_2 = \|f(x)\|_2.$$

要证明(2.16)，事实上只须证明对任何 $f \in L_2$ 有

$$F_2^* F_2 f = f \tag{2.17}$$

即可，因为上式就是

$$f = F_2^* \hat{f} = \underset{A\to+\infty}{\text{l.i.m.}} \int_{-A}^{A} \hat{f}(s) e^{-isx} ds = \underset{A\to+\infty}{\text{l.i.m.}}\, \psi_A.$$

为证明(2.17)又分若干步.

首先证明当 $f \in L_1 \cap L_2$，$\hat{f} \in L_1 \cap L_2$ 时，(2.17)成立. 因 $f \in L_1$，$\hat{f} \in L_1$，由反演定理 5.1.4，对几乎处处的 x，

$$F_1^* F_1 f = f. \tag{2.18}$$

又因 $f \in L_2$，由(a)，$F_1 f = \hat{f} = F_2 f$；同样因 $\hat{f} \in L_2$，由 F 与 F^* 的对称性知

$$F_2^* \hat{f} = F_1^* \hat{f}.$$

从而(2.18)为

$$f = F_1^* F_1 f = F_1^* \hat{f} = F_2^* \hat{f} = F_2^* F_2 f.$$

其次证明 $f \in L_1 \cap L_2$ 时，(2.17)成立.

为此，验证 $f * h_\lambda \in L_1 \cap L_2$，$\widehat{f * h_\lambda} \in L_1 \cap L_2$. 因为

$$\begin{aligned}
&\int_{-\infty}^{\infty} \left| \int_{-\infty}^{\infty} f(x-y) h_\lambda(y) dy \right| dx \\
&\leqslant \int_{-\infty}^{\infty} h_\lambda(y) dy \int_{-\infty}^{\infty} |f(x-y)| d(x-y) \\
&= \|f\|_1 < +\infty,
\end{aligned}$$

于是 $f * h_\lambda \in L_1$. 又因

$$\begin{aligned}
&\int_{-\infty}^{\infty} \left| \int_{-\infty}^{\infty} f(x-y) h_\lambda(y) dy \right|^2 dx \\
&\leqslant \int_{-\infty}^{\infty} \left(\int_{-\infty}^{\infty} |f(x-y)| h_\lambda^{1/2}(y) h_\lambda^{1/2}(y) dy \right)^2 dx \\
&\leqslant \int_{-\infty}^{\infty} \left(\int_{-\infty}^{\infty} |f(x-y)|^2 h_\lambda(y) dy \int_{-\infty}^{\infty} h_\lambda(y) dy \right) dx \\
&= \int_{-\infty}^{\infty} h_\lambda(y) dy \int_{-\infty}^{\infty} |f(x-y)|^2 dx \\
&= \|f\|_2 < +\infty,
\end{aligned}$$

于是 $f * h_\lambda \in L_2$.

根据卷积定理 5.1.3，

$$\widehat{f * h_\lambda} = \sqrt{2\pi} \hat{f} \cdot \hat{h}_\lambda = \sqrt{2\pi} \hat{f} \frac{1}{\sqrt{2\pi}} \int_{-\infty}^{\infty} \frac{\lambda}{\pi(\lambda^2 + x^2)} e^{isx} dx.$$

由留数定理可算出$\widehat{f*h_\lambda}=\hat{f}e^{-|\lambda s|}$,

$$\int_{-\infty}^{\infty}|\hat{f}(s)|e^{-|\lambda s|}ds\leqslant\left(\int_{-\infty}^{\infty}|\hat{f}(s)|^2ds\right)^{\frac{1}{2}}\left(\int_{-\infty}^{\infty}e^{-2|\lambda s|}ds\right)^{\frac{1}{2}}$$

$$=\|f\|_2\left(\int_{-\infty}^{\infty}e^{-2|\lambda s|}ds\right)^{\frac{1}{2}}<+\infty,$$

$$\int_{-\infty}^{\infty}|\hat{f}(s)|^2e^{-2|\lambda s|}ds\leqslant\int_{-\infty}^{\infty}|\hat{f}(s)|^2ds=\|f\|_2^2<+\infty.$$

故$\widehat{f*h_\lambda}\in L_1\cap L_2$. 由上面讨论知

$$F_2^*F_2(f*h_\lambda)=f*h_\lambda. \tag{2.19}$$

当$\lambda\to 0$时，由引理 5.1.5,

$$\lim_{\lambda\to 0}\|f*h_\lambda-f\|_2=0.$$

在(2.19)中令$\lambda\to 0$，取 l. i. m. 意义下的极限，因F_2,F_2^*均为等距算子，故$F_2^*F_2$为连续算子，于是得到

$$F_2^*F_2f=f.$$

最后来证明仅仅设$f\in L_2$时，(2.17)成立.

由本定理证明步骤(b)之下注 1 知，$L_1\cap L_2$在L_2中稠密，因此对任何$f\in L_2$，必有$f_A\in L_1\cap L_2$，使得$\|f_A-f\|_2\to 0$，$A\to+\infty$. 对于f_A有

$$F_2^*F_2f_A=f_A.$$

在上式两端令$A\to+\infty$，在 l. i. m. 意义下取极限便知(2.17)成立，从而有(2.16).

注 我们在(b)中已证明了

$$\hat{f}=\underset{A\to+\infty}{\text{l. i. m.}}\,\varphi_A(s)=\underset{A\to+\infty}{\text{l. i. m.}}\,\frac{1}{\sqrt{2\pi}}\int_{-A}^{A}f(x)e^{ixs}dx,$$

并写成

$$\hat{f}(s)=F_2(f)=\frac{1}{\sqrt{2\pi}}\int_{-\infty}^{\infty}f(x)e^{ixs}dx. \tag{2.20}$$

这里我们又证明了

$$f=\underset{A\to+\infty}{\text{l. i. m.}}\,\psi_A(x)=\underset{A\to+\infty}{\text{l. i. m.}}\,\frac{1}{\sqrt{2\pi}}\int_{-A}^{A}\hat{f}(x)e^{-ixs}dx.$$

类似地可写成

$$f(x)=F_2^*(\hat{f})=\frac{1}{\sqrt{2\pi}}\int_{-\infty}^{\infty}\hat{f}(s)e^{-ixs}ds. \tag{2.21}$$

(2.20),(2.21)构成了L_2中 Fourier 变换的反演公式. 有趣的是，只要$f\in L_2$，反演公式(2.20),(2.21)自动成立，这种自动成立的情况，又是L_2的

Fourier 变换理论优于 L_1 的地方.

(2.21) 也可写成

$$F_2^* F_2 f = f. \tag{2.22}$$

若不会混淆的话，也写成 $F^* Ff = f$. 当然也不难证明 $FF^* f = f$. 这时 $F^* = F^{-1}$ 是 F 的左逆或右逆算子.

(d) 证明定理中的结论(4).

对任意 $f \in L_2$，由(b) 知 $\hat{f} = F_2(f) \in L_2$；反之给定 $g \in L_2$，则同样 $F_2^* g \in L_2$，于是 $F_2(F_2^* g) = g$. 这说明 $f \to \hat{f}$ 的映照是 $L_2 \to L_2$ 的满映照(全射).

又若 $F_2 f_i = \hat{f}_i$, $i = 1,2$, 且 $\hat{f}_2 = \hat{f}_1$ 即 $\hat{f}_2 - \hat{f}_1 = 0$，则由 L_2 中反演公式

$$0 = F_2^* (\hat{f}_2 - \hat{f}_1) = F_2^* (F_2(f_2) - F_2(f_1)) = f_2 - f_1.$$

于是 $f_2 = f_1$，这就是说 $f \to \hat{f}$ 的映照是 $L_2 \to L_2$ 的一一映照(单射).

很容易看出，若 $f_1, f_2 \in L_2$，c_1, c_2 为复常数，则

$$F_2(c_1 f_1 + c_2 f_2) = c_1 F_2(f_1) + c_2 F_2(f_2).$$

另外，容易验证恒等式

$$4f\bar{g} = |f+g|^2 - |f-g|^2 + \mathrm{i}|f+\mathrm{i}g|^2 - \mathrm{i}|f-\mathrm{i}g|^2.$$

当 $f, g \in L_2$ 时，由上式及等距性，得

$$\begin{aligned} 4(f,g) &= \|f+g\|_2^2 - \|f-g\|_2^2 + \mathrm{i}\|f+\mathrm{i}g\|_2^2 - \mathrm{i}\|f-\mathrm{i}g\|_2^2 \\ &= \|\hat{f}+\hat{g}\|_2^2 - \|\hat{f}-\hat{g}\|_2^2 + \mathrm{i}\|\hat{f}+\mathrm{i}\hat{g}\|_2^2 - \mathrm{i}\|\hat{f}-\mathrm{i}\hat{g}\|_2^2 \\ &= 4(\hat{f},\hat{g}), \end{aligned}$$

亦即

$$(f,g) = (\hat{f},\hat{g}). \tag{2.23}$$

故 $f \to \hat{f}$ 的映照是 $L_2 \to L_2$ 的同构映照. (2.2) 及(2.23) 称为 **Parseval 等式**及**广义的 Parseval 等式**. 至此，本定理全部证毕. ∎

注 1 若 H 为 Hilbert 空间，U 是 H 上的线性有界算子，若对任意的 $f \in H$，有

$$\|Uf\| = \|f\|,$$

且 U 的伴随算子 $U^* = U^{-1}$，则称 U 为**保范算子**. 根据这一定义，F_2 是保范算子，同样 F_2^* 也是保范算子.

注 2 L_1 中 Fourier 变换定理 5.1.1 及定理 5.1.2 在 L_2 理论中均成立，不过假设换为 $f \in L_2$，且相应积分要在 L_2 的意义下理解. 例如证明当 $f \in L_2$，$g(x) = f(x)\mathrm{e}^{-\mathrm{i}\alpha x}$，$\alpha$ 为实数，则有

$$\hat{g}(s)=\hat{f}(s-\alpha).$$

事实上，$g_A(x)=f_A(x)\mathrm{e}^{-\mathrm{i}\alpha x}$，$g_A, f_A\in L_1\cap L_2$. 于是由定理5.1.1之(1)，

$$\frac{1}{\sqrt{2\pi}}\int_{-\infty}^{\infty}g_A(x)\mathrm{e}^{\mathrm{i}sx}\mathrm{d}x=\frac{1}{\sqrt{2\pi}}\int_{-\infty}^{\infty}f_A(x)\mathrm{e}^{\mathrm{i}(s-\alpha)x}\mathrm{d}x,$$

或即

$$\frac{1}{\sqrt{2\pi}}\int_{-A}^{A}g(x)\mathrm{e}^{\mathrm{i}sx}\mathrm{d}x=\frac{1}{\sqrt{2\pi}}\int_{-A}^{A}f(x)\mathrm{e}^{\mathrm{i}(s-\alpha)x}\mathrm{d}x.$$

令 $A\to+\infty$ 取 l. i. m. 意义下的极限有 $\hat{g}(s)=\hat{f}(s-\alpha)$.

5.2.2 卷积定理

卷积定理是求解卷积型积分方程及某些偏微分方程的重要工具. 下面我们来介绍它.

定理5.2.2（乘积化为卷积） 若 $f,g\in L_2$，则

$$F^*(\hat{f}\cdot\hat{g})=\frac{1}{\sqrt{2\pi}}f*g,\tag{2.24}$$

或详细写为

$$F_1^*(F_2(f)\cdot F_2(g))=\frac{1}{\sqrt{2\pi}}f*g.\tag{2.24$'$}$$

证 因 $f,g\in L_2$，从而 $\hat{f},\hat{g}\in L_2$，$\hat{f}\cdot\hat{g}\in L_1$，故上式左端是有意义的. 又

$$F^*(\hat{f}\cdot\hat{g})=\frac{1}{\sqrt{2\pi}}\int_{-\infty}^{\infty}\hat{f}(s)\hat{g}(s)\mathrm{e}^{-\mathrm{i}sx}\mathrm{d}s=\frac{1}{\sqrt{2\pi}}(\hat{f}(s),\overline{\overline{\hat{g}(s)}\mathrm{e}^{-\mathrm{i}sx}})$$

$$=\frac{1}{\sqrt{2\pi}}(F(f),\overline{\overline{F(g)}\mathrm{e}^{-\mathrm{i}sx}})$$

$$=\frac{1}{\sqrt{2\pi}}(F^*F(f),F^*(\overline{F(g)}\mathrm{e}^{-\mathrm{i}xs})),\quad(\text{利用(2.23)})$$

而

$$F^*(\overline{F(g)}\mathrm{e}^{-\mathrm{i}sx})=\frac{1}{\sqrt{2\pi}}\int_{-\infty}^{\infty}\overline{\hat{g}(s)\mathrm{e}^{-\mathrm{i}sx}}\mathrm{e}^{-\mathrm{i}ts}\mathrm{d}s$$

$$=\overline{\frac{1}{\sqrt{2\pi}}\int_{-\infty}^{\infty}\hat{g}(s)\mathrm{e}^{\mathrm{i}s(x-t)}\mathrm{d}s}=\overline{g(x-t)}.$$

代入上式有

$$F^*(\hat{f}\cdot\hat{g})=\frac{1}{\sqrt{2\pi}}(f(t),\overline{g(x-t)})=\frac{1}{\sqrt{2\pi}}f*g.$$ ■

注 1 从(2.24)出发，两边作用 F 似乎有卷积化乘积公式

$$F(f*g)=\sqrt{2\pi}\hat{f}\cdot\hat{g}=\sqrt{2\pi}F(f)\cdot F(g).$$

但这样作是不对的，因为不能确定 $f*g$ 是属于 L_1 还是 L_2，因此 $F_1(f*g)$ 或 $F_2(f*g)$ 可能是无意义的.

注 2 若 $f,g\in L_2$，利用广义 Parseval 等式(2.23)可类似地证明(读者可作为习题)

$$F(f\cdot g)=\frac{1}{\sqrt{2\pi}}\hat{f}*\hat{g}, \tag{2.25}$$

$$F^*(f\cdot g)=\frac{1}{\sqrt{2\pi}}F^*(f)*F^*(g), \tag{2.26}$$

$$F(\hat{f}\cdot\hat{g})=\frac{1}{\sqrt{2\pi}}F(\hat{f})*F(\hat{g}). \tag{2.27}$$

为了叙述卷积变乘积的定理，先要如下引理：

引理 5.2.1 设 $f\in L_p, g\in L_1$，$1\leqslant p<+\infty$，则 $f*g\in L_p$，且

$$\left\|\int_{-\infty}^{\infty}f(x-y)g(y)\mathrm{d}y\right\|_p\leqslant\|f\|_p\|g\|_1. \tag{2.28}$$

证 $p=1$ 时结论明显. 设 $1<p<+\infty$. 因 $|f|^p\in L_1$，$g\in L_1$，由定理 5.1.3，

$$\int_{-\infty}^{\infty}|f(x-y)|^p|g(y)|\mathrm{d}y\in L_1.$$

故对几乎处处的 x，

$$\int_{-\infty}^{\infty}|f(x-y)|^p|g(y)|\mathrm{d}y<+\infty,$$

或者说，对固定的几乎处处 x，$|f(x-y)||g(y)|^{\frac{1}{p}}\in L_p$. 而 $g(y)^{\frac{1}{q}}\in L_q$，$\frac{1}{p}+\frac{1}{q}=1$，由 Hölder 不等式，

$$\begin{aligned}|f*g|&\leqslant\int_{-\infty}^{\infty}|f(x-y)||g(y)|^{\frac{1}{p}}|g(y)|^{\frac{1}{q}}\mathrm{d}y\\&\leqslant\left(\int_{-\infty}^{\infty}|f(x-y)|^p|g(y)|\mathrm{d}y\right)^{\frac{1}{p}}\left(\int_{-\infty}^{\infty}|g(y)|\mathrm{d}y\right)^{\frac{1}{q}}.\end{aligned}$$

于是

$$\begin{aligned}\|f*g\|_p&\leqslant\|g\|_1^{1/q}\|g\|_1^{1/p}\left(\int_{-\infty}^{\infty}|f(x-y)|^p\mathrm{d}x\right)^{\frac{1}{p}}\\&=\|g\|_1\|f\|_p<+\infty.\end{aligned}$$

■

注 本引理当 $p=\infty$ 时也成立.

引理 5.2.2 设 $\psi_A(x),\psi(x)\in L_2$.

$$\|\psi_A-\psi\|\to 0 \quad (A\to\infty),$$

又 $\varphi(x)\in L_1$，则

$$\underset{A\to+\infty}{\text{l. i. m.}}\int_{-\infty}^{\infty}\varphi(u)\psi_A(x-u)\,\mathrm{d}u=\int_{-\infty}^{\infty}\varphi(u)\psi(x-u)\,\mathrm{d}u. \tag{2.29}$$

证

$$\left\|\int_{-\infty}^{\infty}\varphi(u)(\psi_A(x-u)-\psi(x-u))\,\mathrm{d}u\right\|_2$$

$$\leqslant\left[\int_{-\infty}^{\infty}\left(\int_{-\infty}^{\infty}|\varphi(u)|^{\frac{1}{2}}|\varphi(u)|^{\frac{1}{2}}|\varphi_A(x-u)-\psi(x-u)|\,\mathrm{d}u\right)^2\mathrm{d}x\right]^{\frac{1}{2}}$$

$$\leqslant\left(\int_{-\infty}^{\infty}|\varphi(u)|\,\mathrm{d}u\right)^{\frac{1}{2}}\left(\int_{-\infty}^{\infty}\int_{-\infty}^{\infty}|\psi_A(x-u)-\psi(x-u)|^2|\varphi(u)|\,\mathrm{d}u\,\mathrm{d}x\right)^{\frac{1}{2}}$$

$$=\|\varphi\|_1\|\psi_A-\psi\|_2\to 0 \quad (A\to\infty).$$ ∎

定理 5.2.3（卷积化为乘积） 设 $f\in L_2$，$g\in L_1$，则

$$F(f*g)=\sqrt{2\pi}F(f)\cdot F(g), \tag{2.30}$$

或详细地写为

$$F_2(f*g)=\sqrt{2\pi}F_2(f)F_1(g). \tag{2.30$'$}$$

证 因 $f\in L_2$，$g\in L_1$，由引理 5.2.1 知 $f*g\in L_2$. 由定理 5.2.1，$\hat{f}\in L_2$；由引理 5.1.2，$\hat{g}\in L_\infty$，从而 $\hat{f}\cdot\hat{g}\in L_2$. 只要能证明

$$F_2^*(\hat{f}\cdot\hat{g})=\frac{1}{\sqrt{2\pi}}f*g, \tag{2.31}$$

然后两边用 F_2 作用，利用 L_2 中的反演公式就可证明(2.30).

现在来证明(2.31). 事实上，

$$\int_{-A}^{A}\hat{f}(s)\hat{g}(s)\mathrm{e}^{-\mathrm{i}sx}\,\mathrm{d}s=\int_{-\infty}^{\infty}\hat{f}_A(s)\hat{g}(s)\mathrm{e}^{-\mathrm{i}sx}\,\mathrm{d}x$$

$$=\int_{-\infty}^{\infty}\left(\frac{1}{\sqrt{2\pi}}\int_{-\infty}^{\infty}g(u)\mathrm{e}^{\mathrm{i}su}\,\mathrm{d}u\right)\hat{f}_A(s)\mathrm{e}^{-\mathrm{i}sx}\,\mathrm{d}s$$

$$=\int_{-\infty}^{\infty}g(u)\left(\frac{1}{\sqrt{2\pi}}\int_{-\infty}^{\infty}\hat{f}_A(s)\mathrm{e}^{-\mathrm{i}s(x-u)}\,\mathrm{d}s\right)\mathrm{d}u$$

（因 $\hat{f}_A\in L_1$，利用 Fubini 定理）

$$= \int_{-\infty}^{\infty} g(u)\left(\frac{1}{\sqrt{2\pi}}\int_{-A}^{A} \hat{f}(s)\mathrm{e}^{-\mathrm{i}s(x-u)}\,\mathrm{d}s\right)\mathrm{d}u$$

$$= \int_{-\infty}^{\infty} g(u)\psi_A(x-u)\,\mathrm{d}u.$$

因 $\hat{f}\cdot\hat{g}\in L_2$，故当 $A\to+\infty$ 时，上式左端趋于

$$\int_{-\infty}^{\infty} \hat{f}(s)\hat{g}(s)\mathrm{e}^{-\mathrm{i}sx}\,\mathrm{d}s = F_2^*(\hat{f}\cdot\hat{g}).$$

由引理 5.2.2，右端趋于

$$\frac{1}{\sqrt{2\pi}}\int_{-\infty}^{\infty} g(u)f(x-u)\,\mathrm{d}u = \frac{1}{\sqrt{2\pi}}g*f = \frac{1}{\sqrt{2\pi}}f*g. \qquad \blacksquare$$

注 当 $f\in L_2$，$g\in L_1$ 时，同时成立着

$$F_2^*(\hat{f}\cdot\hat{g}) = \frac{1}{\sqrt{2\pi}}f*g, \tag{2.32}$$

$$F_2(f*g) = \sqrt{2\pi}F_2(f)F_1(g). \tag{2.33}$$

这就没有定理 5.2.2 注 1 那样的担心，因此应用起来方便.

同样，可以类似地证明，当 $f\in L_2$，$g\in L_1$ 时有

$$F_2^*(f*g) = \sqrt{2\pi}F_2^*(f)F_1^*(g), \tag{2.34}$$

$$F_2(F_2^*(f)F_1^*(g)) = \frac{1}{\sqrt{2\pi}}f*g. \tag{2.35}$$

但注意在同样的假设下，因 $\hat{f}\in L_2$，$\hat{g}\in L_\infty$，于是 $\hat{f}*\hat{g}$ 不一定有意义，所以我们不能考虑 $F(\hat{f}*\hat{g})$ 及 $F^*(\hat{f}*\hat{g})$ 如何化乘积的公式，也不能考虑原象乘积化为象的卷积的公式. 这是应该引起注意的.

5.2.3 特征值定理

定理 5.2.4 设 $f\in L_2$. 在 L_2 意义下记

$$F(f) = \frac{1}{\sqrt{2\pi}}\int_{-\infty}^{\infty} f(x)\mathrm{e}^{\mathrm{i}sx}\,\mathrm{d}x,$$

则线性算子 F 仅有 4 个特征值 $\pm1,\pm\mathrm{i}$，且每个特征值得无限阶的，从而 F 不是 L_2 上的紧算子.

证 在引理 1.4.1 中说过

$$\varphi_n(x) = \frac{1}{\sqrt{2^n n!\sqrt{\pi}}}\mathrm{e}^{\frac{x^2}{2}}\frac{\mathrm{d}^n}{\mathrm{d}x^n}\mathrm{e}^{-x^2},\quad n=0,1,2,\cdots$$

是 $L_2[-\infty,+\infty]$ 中的标准正交完备系. 其次，我们通过计算验证

$$F(\varphi_n)=\mathrm{i}^n\varphi_n(x).\tag{2.36}$$

事实上，

$$\begin{aligned}F(\varphi_n)&=\frac{1}{\sqrt{2\pi}}\frac{1}{\sqrt{2^n n!\sqrt{\pi}}}\int_{-\infty}^{\infty}\mathrm{e}^{\frac{x^2}{2}}\Big[\Big(\frac{\mathrm{d}}{\mathrm{d}x}\Big)^n\mathrm{e}^{-x^2}\Big]\mathrm{e}^{\mathrm{i}sx}\,\mathrm{d}x\\&=\frac{1}{\sqrt{2\pi}\sqrt{2^n n!\sqrt{\pi}}}\mathrm{e}^{\frac{s^2}{2}}\int_{-\infty+\mathrm{i}s}^{+\infty+\mathrm{i}s}\mathrm{e}^{\frac{y^2}{2}}\Big(\frac{\mathrm{d}}{\mathrm{d}y}\Big)^n\mathrm{e}^{-(y-\mathrm{i}s)^2}\,\mathrm{d}y.\quad(\text{令 } y=x+\mathrm{i}s)\end{aligned}$$

因为$\frac{\mathrm{d}}{\mathrm{d}y}\mathrm{e}^{-(y-\mathrm{i}s)^2}=\mathrm{i}\,\frac{\mathrm{d}}{\mathrm{d}s}\mathrm{e}^{-(y-\mathrm{i}s)^2}$，从而

$$\Big(\frac{\mathrm{d}}{\mathrm{d}y}\Big)^n\mathrm{e}^{-(y-\mathrm{i}s)^2}=\mathrm{i}^n\Big(\frac{\mathrm{d}}{\mathrm{d}s}\Big)^n\mathrm{e}^{-(y-\mathrm{i}s)^2},$$

于是

$$\begin{aligned}F(\varphi_n)&=\frac{\mathrm{i}^n\mathrm{e}^{\frac{s^2}{2}}}{\sqrt{2\pi}\sqrt{2^n n!\sqrt{\pi}}}\int_{-\infty+\mathrm{i}s}^{\infty+\mathrm{i}s}\Big(\frac{\mathrm{d}}{\mathrm{d}s}\Big)^n\mathrm{e}^{-s^2}\mathrm{e}^{-\left(\frac{y}{\sqrt{2}}-\mathrm{i}\sqrt{2}s\right)^2}\,\mathrm{d}y\\&=\frac{\mathrm{i}^n\mathrm{e}^{\frac{s^2}{2}}}{\sqrt{2\pi}\sqrt{2^n n!\sqrt{\pi}}}\int_{-\infty}^{\infty}\Big(\frac{\mathrm{d}}{\mathrm{d}s}\Big)^n\mathrm{e}^{-s^2}\mathrm{e}^{-\left(\frac{u-\mathrm{i}s}{\sqrt{2}}\right)^2}\,\mathrm{d}u\quad(\text{令 } u=y-\mathrm{i}s)\\&=\frac{\mathrm{i}^n\mathrm{e}^{\frac{s^2}{2}}}{\sqrt{2\pi}\sqrt{2^n n!\sqrt{\pi}}}\Big(\frac{\mathrm{d}}{\mathrm{d}s}\Big)^n\mathrm{e}^{-s^2}\int_{-\infty}^{\infty}\mathrm{e}^{-\left(\frac{u}{\sqrt{2}}-\frac{\mathrm{i}s}{\sqrt{2}}\right)^2}\,\mathrm{d}u\\&=\frac{\sqrt{2}\mathrm{i}^n\mathrm{e}^{\frac{s^2}{2}}}{\sqrt{2\pi}\sqrt{2^n n!\sqrt{\pi}}}\Big(\frac{\mathrm{d}}{\mathrm{d}s}\Big)^n\mathrm{e}^{-s^2}\int_{-\infty}^{\infty}\mathrm{e}^{-\left(x-\frac{\sqrt{2}}{2}\mathrm{i}s\right)^2}\,\mathrm{d}x\quad\Big(\text{令 } x=\frac{u}{\sqrt{2}}\Big)\\&=\frac{\sqrt{2}\mathrm{i}^n\mathrm{e}^{\frac{s^2}{2}}}{\sqrt{2\pi}\sqrt{2^n n!\sqrt{\pi}}}\Big(\frac{\mathrm{d}}{\mathrm{d}s}\Big)^n\mathrm{e}^{-s^2}\sqrt{\pi}\quad(\text{由留数定理})\\&=\mathrm{i}^n\varphi_n(s).\end{aligned}$$

对于任意的 $f\in L_2$ 有 $f=\sum_{n=0}^{\infty}f_n\varphi_n$. 令 $F(f)=\lambda f$，有

$$\sum_{n=0}^{\infty}f_n\mathrm{i}^n\varphi_n=\lambda\sum_{n=0}^{\infty}f_n\varphi_n.$$

即

$$(\lambda-\mathrm{i}^n)f_n=0,\quad n=0,1,2,\cdots.$$

当 $\lambda\neq\pm1,\pm\mathrm{i}$ 时，对一切 n，$\lambda-\mathrm{i}^n\neq0$，从而 $f_n=0$，于是 $f=0$，故 $\lambda\neq\pm1,\pm\mathrm{i}$ 时不为 F 的特征值. 然而当 $\lambda=1$ 时，f_{4k} 可任意，而 $n\neq4k$ 时，$f_n=0$，因此

$$f = \sum_{k=0}^{\infty} f_{4k}\varphi_{4k}(\not\equiv 0) \text{ 且 } F(f) = f.$$

故 $\lambda = 1$ 为特征值，且 $\lambda = 1$ 为无限阶. 同理可证 $\lambda = -1, \pm \mathrm{i}$ 为特征值，且每个都是无限阶. ∎

5.2.4 Fourier 余弦及正弦变换

若函数 $f(x)$ 仅定义在$[0, +\infty]$上，为了定义 $f(x) \in L_2[0, +\infty]$ 的 Fourier 余弦变换，可作偶延拓

$$\widetilde{f}(x) = \begin{cases} f(x), & x > 0, \\ f(-x), & x < 0. \end{cases}$$

显然 $\widetilde{f}(x) \in L_2[-\infty, +\infty]$. 于是

$$F(\widetilde{f}) = \frac{1}{\sqrt{2\pi}}\int_{-\infty}^{\infty} \widetilde{f}(x)\mathrm{e}^{\mathrm{i}xs}\,\mathrm{d}x = \sqrt{\frac{2}{\pi}}\int_0^{\infty} f(x)\cos xs\,\mathrm{d}x.$$

这时我们定义

$$F_c(f) = \sqrt{\frac{2}{\pi}}\int_0^{\infty} f(x)\cos xs\,\mathrm{d}x. \tag{2.37}$$

为 f 在区间$[0, +\infty]$上的 **Fourier 余弦变换**. 积分是按照 l. i. m. 的意义理解的. Fourier 余弦变换有如下性质：

1° $F_c(f)$ 是 s 的偶函数.

2° F_c 自伴、自逆，即 $F_c^* = F_c = F_c^{-1}$.

事实上，

$$\widetilde{f} = F^* F(\widetilde{f}) = \frac{1}{\sqrt{2\pi}}\int_{-\infty}^{\infty} \mathrm{e}^{-\mathrm{i}sx}F_c(f)\,\mathrm{d}s = \sqrt{\frac{2}{\pi}}\int_0^{\infty} \cos sx\, F_c(f)\,\mathrm{d}s.$$

当 $x > 0$ 时

$$f = \sqrt{\frac{2}{\pi}}\int_0^{\infty} F_c(f)\cos sx\,\mathrm{d}s = F_c F_c(f).$$

这就是 $F_c^* = F_c = F_c^{-1}$.

3° $\|F_c f\|_{L_2[0,\infty]} = \|f\|_{L_2[0,\infty]}$.

由 L_2 意义下算子 F 的保距性有

$$\int_0^{\infty} |f|^2\,\mathrm{d}x = \frac{1}{2}\int_{-\infty}^{\infty} |\widetilde{f}|^2\,\mathrm{d}x = \frac{1}{2}\int_{-\infty}^{\infty} |F(\widetilde{f})|^2\,\mathrm{d}s$$

$$= \int_0^{\infty} |F_c(f)|^2\,\mathrm{d}s.$$

类似地，由广义 Parseval 等式，可证

$$\int_0^\infty F_c(f)\,\overline{F_c(g)}\,\mathrm{d}s=\int_0^\infty f(x)\,\overline{g(x)}\,\mathrm{d}x.$$

4° F_c 有特征值 ± 1，且均为无限阶.

类似地，如对 $f(x)$ 作奇延拓，可得 **Fourier 正弦变换**

$$F_s(f)=\sqrt{\frac{2}{\pi}}\int_0^\infty f(x)\sin sx\ \mathrm{d}x,\tag{2.38}$$

且 $F_s(f)$ 是奇函数；$F_s^*=F_s=F_s^{-1}$；F_s 保距；以 $\pm\mathrm{i}$ 为特征值，且均为无限阶等. 这些都与前相仿，从略.

5.3 Fourier 变换的应用

5.3.1 Fredholm 型卷积方程

首先考虑 F-Ⅰ 卷积方程

$$\int_{-\infty}^\infty K(x-y)\varphi(y)\mathrm{d}y=f(x),\tag{3.1}$$

其中 $K(x)\in L_1[-\infty,+\infty]$，$f(x)\in L_2[-\infty,+\infty]$，而 $\varphi(x)$ 在 $L_2[-\infty,+\infty]$ 中 求解.

在(3.1) 两边作 L_2 意义下的 Fourier 变换，由定理 5.2.3，

$$\sqrt{2\pi}F(K)F(\varphi)=F(f).$$

设 $F(K)\neq 0$，则

$$F(\varphi)=\frac{F(f)}{\sqrt{2\pi}F(K)}.$$

设右端属于 L_2(例如当$|F(K)|\geqslant\delta>0$ 时)，则

$$\varphi=\frac{1}{\sqrt{2\pi}}F^*\left(\frac{F(f)}{F(K)}\right).\tag{3.2}$$

这就是说，(3.1) 如有解，其形式必为(3.2)；反过来，易于验证(3.2) 确是(3.1) 的解. 故(3.1) 有唯一解(3.2).

其次考虑 F-Ⅱ 卷积方程

$$\varphi(x)-\lambda\int_{-\infty}^\infty K(x-y)\varphi(y)\mathrm{d}y=f(x).\tag{3.3}$$

$K(x)$，$f(x)$，$\varphi(x)$ 假设同上. 类似地作 Fourier 变换，有

$$F(\varphi)(1-\sqrt{2\pi}\lambda F(K))=F(f).$$

最后得

$$\varphi = F^*\left(\frac{F(f)}{1-\sqrt{2\pi}\lambda F(K)}\right). \tag{3.4}$$

已假设 $1-\sqrt{2\pi}\lambda F(K) \neq 0$，且(3.4) 右端括号中的函数属于 L_2.

例 1 求解

$$\varphi(x) - \lambda\int_{-\infty}^{\infty} \mathrm{e}^{-|x-y|}\varphi(y)\mathrm{d}y = f(x), \quad f \in L_2. \tag{3.5}$$

解 因为

$$F(\mathrm{e}^{-|x|}) = \sqrt{\frac{2}{\pi}}\frac{1}{1+s^2},$$

按以上步骤有

$$F(\varphi) = \frac{1+s^2}{s^2+1-2\lambda}F(f). \tag{3.6}$$

当且仅当 $\lambda \geqslant \frac{1}{2}$ 时 $s^2+1-2\lambda$ 有实零点，下面假设 $\lambda < \frac{1}{2}$，又因

$$\lim_{s\to\pm\infty}\frac{1+s^2}{s^2+1-2\lambda} = 1,$$

从而$\dfrac{1+s^2}{1+s^2-2\lambda}$ 有界，所以(3.6) 右端属于 L_2，如果记 $a^2 = 1-2\lambda$，则

$$\begin{aligned}
\varphi(x) &= F^*\left[\left(1+\frac{2\lambda}{s^2+a^2}\right)F(f)\right] \\
&= f(x) + 2\lambda F^*\left(\frac{1}{s^2+a^2}\cdot F(f)\right) \\
&= f(x) + \frac{2\lambda}{\sqrt{2\pi}}F^*\left(\frac{1}{s^2+a^2}\right) * F^*F(f) \\
&= f(x) + \frac{2\lambda}{\sqrt{2\pi}}F^*\left(\frac{1}{s^2+a^2}\right) * f.
\end{aligned} \tag{3.7}$$

下面用留数定理计算 $I \equiv F^*\left(\dfrac{1}{s^2+a^2}\right)$.

$x \geqslant 0$ 时，$I = \dfrac{1}{\sqrt{2\pi}}\displaystyle\int_{-\infty}^{\infty}\frac{\mathrm{e}^{-\mathrm{i}xs}}{s^2+a^2}\mathrm{d}s = \sqrt{\frac{\pi}{2}}\frac{\mathrm{e}^{-x\sqrt{1-2\lambda}}}{\sqrt{1-2\lambda}}$；

$x < 0$ 时，$I = \sqrt{\dfrac{\pi}{2}}\dfrac{\mathrm{e}^{\sqrt{1-2\lambda}\,x}}{\sqrt{1-2\lambda}}$.

对 $x \geqslant 0$ 及 $x < 0$ 分别在下半平面及上半平面用留数定理，总有

$$I = \sqrt{\frac{\pi}{2}}\frac{\mathrm{e}^{-\sqrt{1-2\lambda}\,|x|}}{\sqrt{1-2\lambda}}. \tag{3.8}$$

将(3.8) 代入(3.7) 有

$$\varphi(x)=f(x)+\frac{\lambda}{\sqrt{1-2\lambda}}\int_{-\infty}^{\infty}\mathrm{e}^{-\sqrt{1-2\lambda}\,|x-y|}f(y)\mathrm{d}y.$$

附带地，当 $\varphi\in L_2$ 时，不难证明对于

$$K\varphi=\int_{-\infty}^{\infty}\mathrm{e}^{-|x-y|}\varphi(y)\mathrm{d}y$$

的算子 K，有 $\|K\|\leqslant 2$. 事实上，

$$F(K\varphi)=\sqrt{2\pi}F(\mathrm{e}^{-|x|})F(\varphi)=\frac{2}{1+s^2}F(\varphi),$$

$$\|K\varphi\|=\|F(K\varphi)\|=\left\|\frac{2}{1+s^2}F(\varphi)\right\|\leqslant 2\|F(\varphi)\|=2\|\varphi\|.$$

最后考虑含"和核"的方程，例如，F-Ⅰ 含和核的方程

$$\int_{-\infty}^{\infty}K(x+y)\varphi(y)\mathrm{d}y=f(x).\tag{3.9}$$

设 $K(x)\in L_1$，$f(x)\in L_2$，在 L_2 中求解 $\varphi(x)$.

在(3.9) 中令 $y=-u$，然后在(3.9) 两边作 Fourier 变换，注意到 $F(\varphi(-u))=F^*(\varphi(u))$，有

$$\sqrt{2\pi}F(K)F^*(\varphi)=F(f).$$

按照以上类似的讨论(和假设)，得

$$\varphi=F\left(\frac{F(f)}{\sqrt{2\pi}F(K)}\right).$$

至于 F-Ⅱ 含和核的方程

$$\varphi(x)-\lambda\int_{-\infty}^{\infty}K(x+y)\varphi(y)\mathrm{d}y=f(x),\tag{3.10}$$

在 $K(x)$，$f(x)$ 同样假设下也可讨论，留给读者作为习题.

5.3.2 应用于解偏微分方程

用Fourier变换，常可将偏微分方程化为自变量少一个的方程，因而易于求解.

例 2 解热传导方程

$$\begin{cases}\dfrac{\partial u}{\partial t}=\dfrac{\partial^2 u}{\partial x^2}, & t\geqslant 0,-\infty<x<+\infty,\\ u(x,0)=g(x), & g(x)\in L_2[-\infty,+\infty].\end{cases}\tag{3.11}$$

假设方程存在解 $u(x,t)$，且设 u,u_x,u_{xx},u_t 当 t 固定时关于 x 皆属于 $L_2[-\infty,+\infty]$，且 $u(\pm\infty,t)=u_x(\pm\infty,t)=0$. 通过两次分部积分，

$$F(u_{xx})=\frac{1}{\sqrt{2\pi}}\int_{-\infty}^{\infty}u_{xx}\mathrm{e}^{\mathrm{i}sx}\mathrm{d}x=\frac{1}{\sqrt{2\pi}}\left(u_x\mathrm{e}^{\mathrm{i}sx}\Big|_{-\infty}^{+\infty}-\mathrm{i}s\int_{-\infty}^{\infty}\mathrm{e}^{\mathrm{i}sx}\mathrm{d}u\right)$$

$$=-\frac{\mathrm{i}s}{\sqrt{2\pi}}\left(u_x\mathrm{e}^{\mathrm{i}sx}\Big|_{-\infty}^{+\infty}-\mathrm{i}s\int_{-\infty}^{\infty}\mathrm{e}^{\mathrm{i}sx}u\,\mathrm{d}x\right)=-s^2F(u),$$

并假设形式地有

$$F\left(\frac{\partial u}{\partial t}\right)=\frac{\partial F(u)}{\partial t}. \tag{3.12}$$

对(3.11)施以 Fourier 变换，它就化为常微分方程

$$\begin{cases}\dfrac{\partial F(u)}{\partial t}=-s^2F(u),\\ F(u)\Big|_{t=0}=F(g).\end{cases}$$

其解为 $F(u)=\mathrm{e}^{-s^2t}F(g)$. 于是

$$u(x,t)=F^*(\mathrm{e}^{-s^2t}F(g))=\frac{1}{\sqrt{2\pi}}\int_{-\infty}^{\infty}F^*(\mathrm{e}^{-s^2t})g(x-y)\mathrm{d}y.$$

由(2.36)中令 $n=0$ 有 $F(\varphi_0)=\varphi_0$, $\varphi_0=\frac{1}{\sqrt[4]{\pi}}\mathrm{e}^{-\frac{x^2}{2}}$，即

$$F(\mathrm{e}^{-\frac{x^2}{2}})=\mathrm{e}^{-\frac{s^2}{2}}.$$

由定理 5.1.1 之(4)，令 $\lambda=\sqrt{2t}$，则

$$F\left(\mathrm{e}^{-\frac{1}{2}\left(\frac{x}{\sqrt{2t}}\right)^2}\right)=F\left(\mathrm{e}^{-\frac{x^2}{4t}}\right)=\sqrt{2t}\,\mathrm{e}^{-\frac{(\sqrt{2t}\,s)^2}{2}}=\sqrt{2t}\,\mathrm{e}^{-ts^2}.$$

故

$$u(x,t)=\frac{1}{2\sqrt{\pi t}}\int_{-\infty}^{\infty}\mathrm{e}^{-\frac{y^2}{4t}}g(x-y)\mathrm{d}y$$

$$=\frac{1}{2\sqrt{\pi t}}\int_{-\infty}^{\infty}\mathrm{e}^{-\frac{(x-y)^2}{4t}}g(y)\mathrm{d}y. \tag{3.13}$$

最后必须验证(3.13)满足(3.11)及 $u,u_x,u_{xx},u_t\in L_2$，且 $u(\pm\infty,t)=u_x(\pm\infty,t)=0$ 以及(3.12)，以说明以上运算的合理性，请读者自行验证.

例 3　解波动方程

$$\begin{cases}\dfrac{\partial^2 u}{\partial t^2}=\dfrac{\partial^2 u}{\partial x^2},\\ u(x,0)=f(x),\quad \dfrac{\partial u(x,0)}{\partial t}=0,\end{cases} \tag{3.14}$$

其中 $f(x),f'(x),f''(x)\in L_2[-\infty,+\infty]$, $f(\pm\infty)=f'(\pm\infty)=0$. 设(3.14)有解. 且 u,u_x,u_{xx},u_t,u_{tt}，当 t 固定关于 x 皆属于 L_2，又 $u(\pm\infty,t)=$

$u_x(\pm\infty,t)=0$ 以及

$$\frac{\partial^2 F(u)}{\partial t^2}=F\left(\frac{\partial^2 u}{\partial t^2}\right). \tag{3.15}$$

类似于例 2，(3.14) 可化为

$$\begin{cases}\dfrac{\partial^2 F(u)}{\partial t^2}=-s^2F(u),\\ F(u)\Big|_{t=0}=F(f),\quad \dfrac{\partial F(u)}{\partial t}\Big|_{t=0}=0.\end{cases}$$

解得

$$F(u)=F(f)\cos st,$$

从而

$$\begin{aligned}u(x,t)&=\frac{1}{\sqrt{2\pi}}\int_{-\infty}^{\infty}\mathrm{e}^{-\mathrm{i}sx}\cos st\,F(f)\mathrm{d}s\\ &=\frac{1}{2\sqrt{2\pi}}\int_{-\infty}^{\infty}\left[\mathrm{e}^{-\mathrm{i}s(x-t)}+\mathrm{e}^{-\mathrm{i}s(x+t)}\right]F(f)\mathrm{d}s\\ &=\frac{1}{2}\big(f(x+t)+f(x-t)\big).\end{aligned} \tag{3.16}$$

最后应验证，这个解满足(3.14) 以及开始我们假设的各项.

例 4 解波动方程

$$\begin{cases}\dfrac{\partial^2 u}{\partial t^2}=\dfrac{\partial^2 u}{\partial x^2},\\ u(x,0)=0,\quad \dfrac{\partial u(x,0)}{\partial t}=g(x).\end{cases} \tag{3.17}$$

设 $g(x),g'(x)\in L_2[-\infty,+\infty]$，$g(\pm\infty)$ 皆存在，对于任何 x，$\int_0^x g(y)\mathrm{d}y$ 是存在的，我们设它也属于 $L_2[-\infty,+\infty]$.

假设问题有解，且 u,u_x,u_{xx},u_t,u_{tt} 当 t 固定关于 x 皆属于 L_2，且 $u(\pm\infty,t)=u_x(\pm\infty,t)=0$，并设

$$\frac{\partial^2 F(u)}{\partial t^2}=F\left(\frac{\partial^2 u}{\partial t^2}\right).$$

按前例的作法，得

$$\begin{cases}\dfrac{\partial^2 F(u)}{\partial t^2}=-s^2F(u),\\ F(u)\Big|_{t=0}=0,\quad \dfrac{\partial F(u)}{\partial t}\Big|_{t=0}=F(g).\end{cases}$$

解出，得

$$F(u) = \frac{1}{s}F(g)\sin st.$$

应用分部积分

$$F\left(\int_0^x g(y)\mathrm{d}y\right) = \frac{\mathrm{i}}{s}F(g),$$

此处尚须补充假设积出的项为零，则

$$\begin{aligned}u(x,t) &= \frac{1}{\sqrt{2\pi}}\int_{-\infty}^{\infty}\mathrm{e}^{-\mathrm{i}sx}\ \frac{1}{s}F(g)\sin st\ \mathrm{d}s \\ &= -\frac{1}{2\sqrt{2\pi}}\int_{-\infty}^{\infty}[\mathrm{e}^{-\mathrm{i}s(x-t)} - \mathrm{e}^{-\mathrm{i}s(x+t)}]F\left(\int_0^x g(y)\mathrm{d}y\right)\mathrm{d}s \\ &= -\frac{1}{2}\left(\int_0^{x-t} g(y)\mathrm{d}y - \int_0^{x+t} g(y)\mathrm{d}y\right) \\ &= \frac{1}{2}\int_{x-t}^{x+t} g(y)\mathrm{d}y.\end{aligned}$$

最后再验证运算的合理性.

5.4 Laplace 变换

从不同的角度推广 Fourier 变换，衍生出 Laplace 变换、Hankel 变换和 Mellin 变换等. 它们与 Fourier 变换有密切联系，又各有各的特殊用场. 5.4 ~ 5.6 节将逐一地进行简单介绍. 本节先讲 Laplace 变换.

设 $f(x) \in L_2[0,+\infty]$，前已看到，对 $f(x)$ 作偶或奇延拓，可得 Fourier 余弦或正弦变换. 为了得到 Laplace 变换，今作“零延拓”，即令 $x<0$ 时 $f(x) = 0$. 此时 $f(x) \in L_2[-\infty,\infty]$，便可利用 Fourier 变换. 由定理 5.2.1，以下一对互为反演的公式成立：

$$F(f) = \frac{1}{\sqrt{2\pi}}\int_0^{\infty} f(x)\mathrm{e}^{\mathrm{i}sx}\,\mathrm{d}x, \tag{4.1}$$

$$f(x) = \frac{1}{\sqrt{2\pi}\,\mathrm{i}}\int_{-\infty}^{\infty} F(f)\mathrm{e}^{-\mathrm{i}sx}\,\mathrm{d}s. \tag{4.2}$$

(4.1),(4.2) 中的积分收敛当然是按照 l. i. m. 的意义理解的.

在(4.1),(4.2) 中令 $s = \mathrm{i}\sigma$，则

$$F(f) = \frac{1}{\sqrt{2\pi}}\int_0^{\infty}\mathrm{e}^{-\sigma x} f(x)\mathrm{d}x, \tag{4.3}$$

$$f(x) = \frac{1}{\sqrt{2\pi}\,\mathrm{i}}\int_{-\infty\mathrm{i}}^{\infty\mathrm{i}}\mathrm{e}^{\sigma x}F(f)\mathrm{d}\sigma. \tag{4.4}$$

我们作如下定义：

定义 5.4.1 设 $f(x) \in L_2[0,+\infty]$，则称

$$\mathscr{F}(\sigma)=\int_0^{\infty} \mathrm{e}^{-\sigma x} f(x) \mathrm{d} x \tag{4.5}$$

为 $f(x)$ 在$[0,+\infty]$上的**Laplace 变换**. 也可将 $\mathscr{F}(\sigma)$ 换为记号 $L(f)$，前者突出变换后函数的自变量，后者突出对 f 作 Laplace 变换. 这两种记号将同时采用.

由(4.3)，$F(f)=\dfrac{1}{\sqrt{2\pi}}\mathscr{F}(\sigma)$ 代入(4.4)，则

$$f(x)=\frac{1}{2\pi \mathrm{i}}\int_{-\infty \mathrm{i}}^{\infty \mathrm{i}} \mathrm{e}^{\sigma x} \mathscr{F}(\sigma) \mathrm{d} \sigma. \tag{4.6}$$

(4.5),(4.6) 是 Laplace 变换中互为反演的公式，因此后者也可写为

$$f(x)=L^{-1} L(f). \tag{4.7}$$

注 (4.5)中的σ本为纯虚数，但如果σ为一般复数时，只要$\mathrm{Re}\sigma \geqslant 0$，则(4.5)仍然有意义. 因为

$$\mathrm{e}^{-\sigma x} f(x)=\mathrm{e}^{-\mathrm{i}(\operatorname{Im} \sigma) x-(\operatorname{Re} \sigma) x} f(x).$$

当 $\mathrm{Re}\sigma \geqslant 0$，$x \geqslant 0$ 时有

$$\left|\mathrm{e}^{-(\operatorname{Re} \sigma) x} f(x)\right|<|f(x)|,$$

又 $f(x) \in L_2[0,+\infty]$，故 $\mathrm{e}^{-(\operatorname{Re} \sigma) x} f(x) \in L_2[0,+\infty]$.

在 L_2 意义下的 Fourier 变换，Parseval 等式成立，从而也可推出在 Laplace 变换下的类似等式：

$$\int_0^{\infty}|f(x)|^2 \mathrm{d} x=\frac{1}{2\pi \mathrm{i}}\int_{-\infty \mathrm{i}}^{\infty \mathrm{i}}|\mathscr{F}(\sigma)|^2 \mathrm{d} \sigma. \tag{4.8}$$

事实上，由定理 5.2.1，

$$\int_{-\infty}^{\infty}|f(x)|^2 \mathrm{d} x=\int_{-\infty}^{\infty}|F(f)|^2 \mathrm{d} s.$$

若注意到 $x<0$ 时 $f(x)=0$ 及 $s=\sigma \mathrm{i}$，$F(f)=\dfrac{1}{\sqrt{2\pi}}\mathscr{F}(\sigma)$，则有

$$\int_0^{\infty}|f(x)|^2 \mathrm{d} x=\int_{\infty \mathrm{i}}^{-\infty \mathrm{i}}\left|\frac{1}{\sqrt{2\pi}}\mathscr{F}(\sigma)\right|^2 \mathrm{i}\, \mathrm{d} \sigma=\frac{1}{2\pi \mathrm{i}}\int_{-\infty \mathrm{i}}^{\infty \mathrm{i}}|\mathscr{F}(\sigma)|^2 \mathrm{d} \sigma.$$

设 $g(x) \in L_2[0,+\infty]$，且其 Laplace 变换记为

$$L(g)=\mathscr{G}(\sigma)=\int_0^{\infty} g(x) \mathrm{e}^{-\sigma x} \mathrm{d} x.$$

则类似地可得到**广义的 Parseval 等式**

$$\int_0^{\infty} f(x) \overline{g(x)} \mathrm{d} x=\frac{1}{2\pi \mathrm{i}}\int_{-\infty \mathrm{i}}^{\infty \mathrm{i}} \mathscr{F}(\sigma) \overline{\mathscr{G}(\sigma)} \mathrm{d} \sigma. \tag{4.9}$$

以上对 $f(x) \in L_2[0,+\infty]$时定义了 Laplace 变换. 有时 $f(x)$ 并不属于

$L_2[0,+\infty]$, 但

$$e^{-px}f(x)\in L_2[0,+\infty],\quad p>0, \tag{4.10}$$

令 $f_1(x)=e^{-px}f(x)$, 则 $f(x)=e^{px}f_1(x)$, 我们称满足(4.10)的函数 $f(x)$ **为指数增长类的函数**. 对于这样的函数也可以定义 Laplace 变换. 因由(4.5),(4.6),

$$\mathscr{F}(\sigma+p)=\int_0^{+\infty}e^{-\sigma x}e^{-px}f(x)dx, \tag{4.11}$$

$$e^{-px}f(x)=\frac{1}{2\pi i}\int_{-\infty i}^{\infty i}e^{\sigma x}\mathscr{F}(\sigma+p)d\sigma. \tag{4.12}$$

上式用 σ 代替 $\sigma+p$, 则有

$$\mathscr{F}(\sigma)=\int_0^{\infty}e^{-\sigma x}f(x)dx, \tag{4.13}$$

$$f(x)=\frac{1}{2\pi i}\int_{-\infty i+p}^{\infty i+p}e^{\sigma x}\mathscr{F}(\sigma)d\sigma. \tag{4.14}$$

因此我们可作如下定义.

定义 5.4.2 若 $f(x)$ 为指数增长类的函数, 即存在 $p>0$, 使 $e^{-px}f(x)\in L_2[0,+\infty]$, 则称

$$\mathscr{F}(\sigma)=\int_0^{\infty}e^{-\sigma x}f(x)dx$$

为 $f(x)$ 的 **Laplace 变换**. 其中 $\mathrm{Re}\sigma\geqslant p$.

形式上看这个定义与定义 5.4.1 一样. 但那里 $\mathrm{Re}\sigma\geqslant 0$ 而此处 $\mathrm{Re}\sigma\geqslant p$. 这一条件保证(4.13)有意义, 事实上

$$e^{-\sigma x}f(x)=e^{-\sigma x}e^{px}e^{-px}f(x)=e^{-(\sigma-p)x}e^{-px}f(x).$$

因 $e^{-px}f(x)\in L_2[0,+\infty]$, 于是由定义 5.4.1 之注, $\mathrm{Re}(\sigma-p)\geqslant 0$, 即 $\mathrm{Re}\sigma\geqslant p$. 另外注意一点, 反演公式(4.6)与(4.14)也不完全相同, 前者沿虚轴积分, 后者沿直线 $\sigma=p$ 从 $p-\infty i$ 至 $p+\infty i$ 积分.

也可讨论在指数增长类中 Laplace 变换的 **Parseval 等式**. 设 $f(x),g(x)$ 均属指数增长类的函数, 除(4.12),(4.11)成立外, 另成立着

$$\mathscr{G}(\sigma+p)=\int_0^{\infty}e^{-\sigma x}e^{-px}g(x)dx,$$

$$e^{-px}g(x)=\frac{1}{2\pi i}\int_{-\infty i}^{\infty i}e^{\sigma x}\mathscr{F}(\sigma+p)d\sigma.$$

由(4.9)有

$$\begin{aligned}\int_0^{\infty}e^{-2px}f(x)\overline{g(x)}dx&=\frac{1}{2\pi i}\int_{-\infty i}^{\infty i}\mathscr{F}(\sigma+p)\overline{\mathscr{G}(\sigma+p)}d\sigma\\&=\frac{1}{2\pi i}\int_{p-\infty i}^{p+\infty i}\mathscr{F}(\sigma)\overline{\mathscr{G}(\sigma)}d\sigma.\end{aligned} \tag{4.15}$$

由(4.8)有

$$\int_0^{\infty} e^{-2px}|f(x)|^2 dx = \frac{1}{2\pi i}\int_{p-\infty i}^{p+\infty i}|\mathscr{F}(\sigma)|^2 d\sigma. \tag{4.16}$$

定义 5.4.3 若函数 f,g 定义在$[0,+\infty]$而积分

$$\int_0^{\infty} f(x-y)g(y)dy$$

有意义，它称为函数 f 与 g 的卷积，记为

$$f*g=\int_0^x f(x-y)g(y)dy. \tag{4.17}$$

这个卷积的定义与前面卷积的定义是一致的. 如令

$$f^*(x)=\begin{cases} f(x), & x>0, \\ 0, & x<0; \end{cases} \quad g^*(x)=\begin{cases} g(x), & x>0, \\ 0, & x<0, \end{cases}$$

则

$$\begin{aligned} &\int_{-\infty}^{\infty} f^*(x-y)g^*(y)dy \\ &=\left(\int_{-\infty}^0+\int_0^x+\int_x^{\infty}\right)f^*(x-y)g^*(y)dy \\ &=\int_0^x f(x-y)g(y)dy. \end{aligned}$$

显然，$f*g=g*f$.

定理 5.4.1 设 $f(x)\in L_1[0,+\infty]$，$g(x)\in L_2[0,+\infty]$，则 $f*g\in L_2[0,+\infty]$且

$$L(f*g)=L(f)\cdot L(g), \tag{4.18}$$

$$L^{-1}(L(f)L(g))=f*g, \tag{4.19}$$

其中 $L(f*g),L(g),L^{-1}$ 均在 L_2 意义下理解，而 $L(f)$ 中的 L 要在 L_1 意义下理解.（根据本节所作，我们不难把 L_1 意义下的 Fourier 变换推广到 L_1 意义下的 Laplace 变换，这只要对积分的收敛性作相应的理解就行了).

证 设 $x<0$ 时，$f=g=0$，则

$$(f*g)(x)=\int_{-\infty}^{\infty} f(x-y)g(y)dy.$$

由定理 5.2.3，$f*g\in L_2[-\infty,+\infty]$且

$$F(f*g)=\sqrt{2\pi}F(f)F(g). \tag{4.20}$$

它事实上就是(4.18). 因为(4.20)左端为

$$\frac{1}{\sqrt{2\pi}}\int_{-\infty}^{\infty}\mathrm{e}^{\mathrm{i}sx}\left(\int_{-\infty}^{\infty}f(x-y)g(y)\mathrm{d}y\right)\mathrm{d}x$$

$$=\frac{1}{\sqrt{2\pi}}\left(\int_{-\infty}^{\infty}+\int_{0}^{\infty}\right)\mathrm{e}^{\mathrm{i}sx}\left(\int_{0}^{x}f(x-y)g(y)\mathrm{d}y\right)\mathrm{d}x$$

$$=\frac{1}{\sqrt{2\pi}}\int_{0}^{\infty}\mathrm{e}^{-\sigma x}\left(\int_{0}^{x}f(x-y)g(y)\mathrm{d}y\right)\mathrm{d}x \quad (令\ s=\sigma\mathrm{i})$$

$$=\frac{1}{\sqrt{2\pi}}L(f*g),$$

而(4.20) 右端为

$$\sqrt{2\pi}\left(\frac{1}{\sqrt{2\pi}}\mathscr{F}(\sigma)\right)\left(\frac{1}{\sqrt{2\pi}}\mathscr{G}(\sigma)\right)=\frac{1}{\sqrt{2\pi}}\mathscr{F}(\sigma)\mathscr{G}(\sigma)=\frac{1}{\sqrt{2\pi}}L(f)L(g),$$

从而得到(4.18)，再用 L^{-1} 两边作用得(4.19). ▌

Laplace 变换可应用于解 Volterra 型卷积方程及解偏微分方程.

例 1 考虑 V-Ⅱ 卷积型方程

$$\varphi(x)-\lambda\int_{0}^{x}K(x-y)\varphi(y)\mathrm{d}y=f(x), \tag{4.21}$$

其中 $K(x)\in L_1[0,+\infty]$，$f(x)\in L_2[0,+\infty]$，且在 $L_2[0,+\infty]$ 中求解 $\varphi(x)$.

解 设方程有解. 对原方程作 Laplace 变换，得

$$L(\varphi)(1-\lambda L(K))=L(f).$$

设 $1-\lambda L(K)\neq 0$，及

$$L(\varphi)=\frac{L(f)}{1-\lambda L(K)}\in L_2[0,+\infty],$$

则

$$\varphi=L^{-1}\left(\frac{L(f)}{1-\lambda L(K)}\right)=\frac{1}{2\pi\mathrm{i}}\int_{-\infty\mathrm{i}}^{\infty\mathrm{i}}\mathrm{e}^{\sigma x}\frac{L(f)}{1-\lambda L(K)}\mathrm{d}\sigma. \tag{4.22}$$

方程(4.21) 还可在指数增长类中求解. 即设 $\mathrm{e}^{-px}K(x)\in L_1[0,+\infty]$，$\mathrm{e}^{-px}f(x)\in L_2[0,+\infty]$ 且 $\varphi(x)\mathrm{e}^{-px}\in L_2[0,+\infty]$. 在(4.21) 两边同乘以 e^{-px}，得

$$\mathrm{e}^{-px}\varphi(x)-\lambda\int_{0}^{x}\mathrm{e}^{-p(x-y)}K(x-y)\mathrm{e}^{-py}\varphi(y)\mathrm{d}y=\mathrm{e}^{-px}f(x).$$

令

$$\mathrm{e}^{-px}\varphi(x)=\varphi_1(x),\quad \mathrm{e}^{-px}K(x)=K_1(x),\quad \mathrm{e}^{-px}f(x)=f_1(x),$$

则

$$\varphi_1(x)-\lambda\int_{0}^{x}K_1(x-y)\varphi_1(y)\mathrm{d}y=f_1(x).$$

由(4.22)有

$$\varphi_1(x)=\frac{1}{2\pi\mathrm{i}}\int_{-\infty\mathrm{i}}^{\infty\mathrm{i}}\mathrm{e}^{\sigma x}\ \frac{L(f_1)}{1-\lambda L(K_1)}\mathrm{d}\sigma,$$

亦即

$$\varphi(x)=\frac{1}{2\pi\mathrm{i}}\int_{-\infty\mathrm{i}}^{\infty\mathrm{i}}\mathrm{e}^{(\sigma+p)x}\ \frac{\int_0^{\infty}\mathrm{e}^{-(\sigma+p)x}f(x)\mathrm{d}x}{1-\lambda\int_0^{\infty}\mathrm{e}^{-(p+\sigma)x}K(x)\mathrm{d}x}\mathrm{d}\sigma$$

$$=\frac{1}{2\pi\mathrm{i}}\int_{p-\infty\mathrm{i}}^{p+\infty\mathrm{i}}\mathrm{e}^{\sigma x}\ \frac{L(f)}{1-\lambda L(K)}\mathrm{d}\sigma. \tag{4.23}$$

此即在指数增长类中的解，它与(4.22)只是积分路线的不同.

我们来求解方程(在指数增长的类中)

$$\varphi(x)-\lambda\int_0^x\mathrm{e}^{x-y}\varphi(y)\mathrm{d}y=f(x).$$

设 $\mathrm{Re}\lambda\geqslant 0$，$\mathrm{Re}\lambda+1<p$，$p$ 为指长指数. 两端求 Laplace 变换得

$$L(\varphi)(1-\lambda L(\mathrm{e}^x))=L(f).$$

又因

$$L(\mathrm{e}^x)=\int_0^{\infty}\mathrm{e}^{-\sigma x}\,\mathrm{e}^x\,\mathrm{d}x=\int_0^{\infty}\mathrm{e}^{(1-\sigma)x}\mathrm{d}x=\frac{1}{1-\sigma}\mathrm{e}^{(1-\sigma)x}\Big|_0^{+\infty}$$

$$=\frac{1}{1-\sigma}\mathrm{e}^{(1-\mathrm{Re}\,\sigma)x-\mathrm{i}(\mathrm{Im}\,\sigma)x}\Big|_0^{+\infty}=\frac{1}{\sigma-1}.$$

其中我们利用了 $\mathrm{Re}\sigma\geqslant p>1+\mathrm{Re}\lambda\geqslant 1$，从而

$$L(\varphi)=\frac{\sigma-1}{\sigma-(1+\lambda)}L(f).$$

于是

$$\varphi=L^{-1}\left(\left[1+\frac{\lambda}{\sigma-(1+\lambda)}\right]L(f)\right)$$

$$=f+\lambda L^{-1}\left(\frac{1}{\sigma-(\lambda+1)}L(f)\right)$$

$$=f+\lambda\left[L^{-1}\left(\frac{1}{\sigma-(1+\lambda)}\right)\right]*f.$$

而

$$L^{-1}\left(\frac{1}{\sigma-(1+\lambda)}\right)=\frac{1}{2\pi\mathrm{i}}\int_{p-\infty\mathrm{i}}^{p+\infty\mathrm{i}}\frac{\mathrm{e}^{\sigma x}}{\sigma-(1+\lambda)}\mathrm{d}\sigma.$$

令 $f(z)=\dfrac{\mathrm{e}^{zx}}{z-(1+\lambda)}$，作充分大的圆 $|z|=R$，其在半平面 $\mathrm{Re}z\leqslant p$ 内的部分记为 Γ_R，由留数定理及 Jordan 引理，注意到 $\mathrm{Re}\lambda+1<p$，得

$$\left(\lim_{R\to\infty}\int_{\Gamma_R}+\int_{p-\mathrm{i}\infty}^{p+\mathrm{i}\infty}\right)f(z)\mathrm{d}z=2\pi\mathrm{i}\ \mathrm{Res}(f,1+\lambda)=2\pi\mathrm{i}\mathrm{e}^{(1+\lambda)x}.$$

于是得到解

$$\varphi(x)=f(x)+\lambda\int_0^x \mathrm{e}^{(\lambda+1)(x-y)}f(y)\mathrm{d}y.$$

类似地，可讨论 V-Ⅰ 卷积型方程(留作习题)

$$\int_0^x K(x-y)\varphi(y)\mathrm{d}y=f(x).$$

例 2 解偏微分方程

$$\begin{cases}\dfrac{\partial u}{\partial t}=\dfrac{\partial^2 u}{\partial x^2},\\ u(0,t)=u(L,t)=0,\quad u(x,0)=f(x).\end{cases}$$

其中 $0\leqslant x\leqslant L$, $t\geqslant 0$. 设其解为 $u(x,t)$，比较合适的是对 t 作 Laplace 变换. 令

$$U(x,\sigma)=\int_0^\infty \mathrm{e}^{-\sigma t}u(x,t)\mathrm{d}t,\quad \mathrm{Re}\sigma\geqslant 0.$$

形式地设

$$\frac{\partial^2 U(x,\sigma)}{\partial x^2}=\int_0^\infty \mathrm{e}^{-\sigma t}u_{xx}(x,t)\mathrm{d}t.$$

又设 $u(x,+\infty)=0$，由分部积分，有

$$\int_0^\infty \mathrm{e}^{-\sigma t}\frac{\partial u}{\partial t}\mathrm{d}t=-f(x)+\sigma U(x,\sigma).$$

从而

$$\begin{cases}\dfrac{\partial^2 U(x,\sigma)}{\partial x^2}-\sigma U(x,\sigma)=-f(x),\\ U(0,\sigma)=U(L,\sigma)=0.\end{cases}$$

由 3.5 节中 Green 函数的求法，得

$$U(x,\sigma)=\int_0^L \frac{\mathrm{sh}\sqrt{\sigma}x_<\ \mathrm{sh}\sqrt{\sigma}(L-x_>)}{\sqrt{\sigma}\ \mathrm{sh}\sqrt{\sigma}L}f(y)\mathrm{d}y.$$

易见，上式右端积分中的核以 $\sigma=0$ 为可去奇点. 于是

$$\begin{aligned}u(x,t)&=\frac{1}{2\pi\mathrm{i}}\int_{-\mathrm{i}\infty}^{\mathrm{i}\infty}\mathrm{e}^{\sigma t}\int_0^L \frac{\mathrm{sh}\sqrt{\sigma}x_<\ \mathrm{sh}\sqrt{\sigma}(L-x_>)}{\sqrt{\sigma}\ \mathrm{sh}\sqrt{\sigma}L}f(y)\mathrm{d}y\,\mathrm{d}\sigma\\ &=\int_0^L\left(\frac{1}{2\pi\mathrm{i}}\int_{-\mathrm{i}\infty}^{\mathrm{i}\infty}\frac{\mathrm{e}^{\sigma t}\ \mathrm{sh}\sqrt{\sigma}x_<\ \mathrm{sh}\sqrt{\sigma}(L-x_>)}{\sqrt{\sigma}\ \mathrm{sh}\sqrt{\sigma}L}\mathrm{d}\sigma\right)f(y)\mathrm{d}y\\ &=\int_0^L\left(\sum_{n=1}^{\infty}\mathrm{Res}\left(g,-\frac{n^2\pi^2}{L^2}\right)\right)f(y)\mathrm{d}y,\end{aligned}$$

其中 g 为里层积分中的被积函数. 而

$$\sum_{n=1}^{\infty}\mathrm{Res}\left(g,-\frac{n^2\pi^2}{L^2}\right)=\sum_{n=1}^{\infty}\frac{\mathrm{e}^{-\frac{n^2\pi^2t}{L^2}}\,\mathrm{sh}\,\frac{n\pi\mathrm{i}}{L}x_<\,\mathrm{sh}\,\frac{n\pi\mathrm{i}}{L}(L-x_>)}{\frac{L}{2}\mathrm{ch}\,n\pi\mathrm{i}}$$

$$=-\frac{2}{L}\sum_{n=1}^{\infty}\mathrm{e}^{-\frac{n^2\pi^2t}{L^2}}\,\mathrm{sh}\,\frac{n\pi\mathrm{i}}{L}x_<\,\mathrm{sh}\,\frac{n\pi\mathrm{i}}{L}x_>$$

$$=\frac{2}{L}\sum_{n=1}^{\infty}\mathrm{e}^{-\frac{n^2\pi^2t}{L^2}}\sin\frac{n\pi}{L}x\,\sin\frac{n\pi}{L}y.$$

从而

$$u(x,t)=\sum_{n=1}^{\infty}\left(\frac{2}{L}\int_0^L\sin\frac{n\pi y}{L}f(y)\mathrm{d}y\right)\sin\frac{n\pi x}{L}\,\mathrm{e}^{-\frac{n^2\pi^2}{L^2}t}.$$

最后再验证各项运算的合理性，即可证实这确为原方程的解.

5.5 Hankel 变换

Fourier 变换可以推广到多个自变量函数的情形. 设 n 个自变量的函数 $f(x_1,\cdots,x_n)$ 满足

$$\int_{-\infty}^{\infty}\cdots\int_{-\infty}^{\infty}|f(x_1,\cdots,x_n)|^2\mathrm{d}x_1\cdots\mathrm{d}x_n<+\infty, \tag{5.1}$$

则可以证明 Plancheral 定理成立，即对满足(5.1)的 $f(x_1,\cdots,x_n)$，必存在 $\hat{f}(s_1,\cdots,s_n)$，

$$\int_{-\infty}^{\infty}\cdots\int_{-\infty}^{\infty}|\hat{f}(s_1,\cdots,s_n)|^2\mathrm{d}s_1\cdots\mathrm{d}s_n<+\infty,$$

使得以下一对反演公式成立：

$$\hat{f}(s_1,\cdots,s_n)=\frac{1}{(\sqrt{2\pi})^n}\int_{-\infty}^{\infty}\cdots\int_{-\infty}^{\infty}f(x_1,\cdots,x_n)\mathrm{e}^{\mathrm{i}\sum\limits_{k=1}^{n}s_kx_k}\mathrm{d}x_1\cdots\mathrm{d}x_n, \tag{5.2}$$

$$f(x_1,\cdots,x_n)=\frac{1}{(\sqrt{2\pi})^n}\int_{-\infty}^{\infty}\cdots\int_{-\infty}^{\infty}\hat{f}(s_1,\cdots,s_n)\mathrm{e}^{-\mathrm{i}\sum\limits_{k=1}^{n}s_kx_k}\mathrm{d}s_1\cdots\mathrm{d}s_n. \tag{5.3}$$

其中的积分是按照 n 个自变量函数的 L_2 空间的范数收敛的. 这个空间的范数用

$$\|f\|=\left(\int_{-\infty}^{\infty}\cdots\int_{-\infty}^{\infty}|f(x_1,\cdots,x_n)|^2\mathrm{d}x_1\cdots\mathrm{d}x_n\right)^{\frac{1}{2}}$$

来定义. 于是(5.2)中的积分收敛是指

$$\hat{f}(s_1,\cdots,s_n)=\underset{A\to+\infty}{\text{l. i. m.}}\frac{1}{(\sqrt{2\pi})^n}\underset{\sum_{j=1}^{n}x_j^2\leqslant A^2}{\int\cdots\int}f(x_1,\cdots,x_n)\mathrm{e}^{\mathrm{i}\sum_{k=1}^{n}x_ks_k}\mathrm{d}x_1\cdots\mathrm{d}x_n. \tag{5.4}$$

(5.3) 中的积分收敛可作类似的理解.

若 $f(x_1,\cdots,x_n)$, $g(x_1,\cdots,x_n)$ 皆属于 L_2 空间，则有 **Parseval 等式**

$$\int_{-\infty}^{\infty}\cdots\int_{-\infty}^{\infty}f(x_1,\cdots,x_n)\overline{g(x_1,\cdots,x_n)}\mathrm{d}x_1\cdots\mathrm{d}x_n.$$

$$=\int_{-\infty}^{\infty}\cdots\int_{-\infty}^{\infty}\hat{f}(s_1,\cdots,s_n)\overline{\hat{g}(s_1,\cdots,s_2)}\mathrm{d}s_1\cdots\mathrm{d}s_n. \tag{5.5}$$

以上结论的详细证明可参考 S. Bochner-K. Chandrasekharan: *Fourier Transforms*. Annals of Math. Studies, No. 19. Princeton Univ. Press, 1949.

设二元函数 $f(x,y)$ 满足

$$\int_{-\infty}^{\infty}\int_{-\infty}^{\infty}|f(x,y)|^2\mathrm{d}x\,\mathrm{d}y<+\infty, \tag{5.6}$$

把(5.2),(5.3) 具体写为

$$F(s,\sigma)=\frac{1}{2\pi}\int_{-\infty}^{\infty}\int_{-\infty}^{\infty}f(x,y)\mathrm{e}^{\mathrm{i}(xs+y\sigma)}\mathrm{d}x\,\mathrm{d}y, \tag{5.7}$$

$$f(x,y)=\frac{1}{2\pi}\int_{-\infty}^{\infty}\int_{-\infty}^{\infty}F(s,\sigma)\mathrm{e}^{-\mathrm{i}(xs+y\sigma)}\mathrm{d}s\,\mathrm{d}\sigma. \tag{5.8}$$

令

$$\begin{cases}x=r\cos\theta,\\ y=r\sin\theta,\end{cases}\quad\begin{cases}s=\rho\cos\alpha,\\ \sigma=\rho\sin\alpha.\end{cases}$$

及 $f(x,y)=f(r)\mathrm{e}^{\mathrm{i}n\theta}$. 则(5.6) 相当于要求

$$\int_0^{\infty}r|f(r)|^2\mathrm{d}r<+\infty.$$

而(5.7),(5.8) 可写为

$$F(\rho,\alpha)=\frac{1}{2\pi}\int_0^{\infty}\int_0^{2\pi}f(r)\mathrm{e}^{\mathrm{i}\rho r\cos(\theta-\alpha)}\mathrm{e}^{\mathrm{i}n\theta}r\,\mathrm{d}r\,\mathrm{d}\theta$$

$$=\frac{1}{2\pi}\int_0^{\infty}\left(\int_0^{2\pi}\mathrm{e}^{\mathrm{i}(\rho r\cos(\theta-\alpha)+n\theta)}\mathrm{d}\theta\right)rf(r)\mathrm{d}r, \tag{5.9}$$

$$f(r)\mathrm{e}^{\mathrm{i}n\theta}=\frac{1}{2\pi}\int_0^{\infty}\int_0^{2\pi}F(\rho,\alpha)\mathrm{e}^{-\mathrm{i}\rho r\cos(\theta-\alpha)}\rho\,\mathrm{d}\rho\,\mathrm{d}\alpha. \tag{5.10}$$

现引用Bessel函数，以便使(5.9),(5.10)得到进一步的改造. n阶 **Bessel 函数**定义为

$$J_n(z)=\frac{1}{2\pi}\int_0^{2\pi}\mathrm{e}^{\mathrm{i}\left(z\cos t+nt-\frac{n\pi}{2}\right)}\mathrm{d}t, \tag{5.11}$$

则

$$J_n(\rho r)=\frac{1}{2\pi}\int_0^{2\pi}\mathrm{e}^{\mathrm{i}\left(\rho r\cos t+nt-\frac{n\pi}{2}\right)}\mathrm{d}t.$$

令 $t=\theta-\alpha$，则

$$\begin{aligned}J_n(\rho r)&=\frac{1}{2\pi}\int_\alpha^{2\pi+\alpha}\mathrm{e}^{\mathrm{i}\rho r\cos(\theta-\alpha)}\mathrm{e}^{n\theta\mathrm{i}}\mathrm{e}^{-n\alpha\mathrm{i}}\mathrm{e}^{-\frac{n\pi}{2}\mathrm{i}}\mathrm{d}\theta\\&=\mathrm{e}^{-n\mathrm{i}\left(\alpha+\frac{\pi}{2}\right)}\frac{1}{2\pi}\int_0^{2\pi}\mathrm{e}^{\mathrm{i}(\rho r\cos(\theta-\alpha)+n\theta)}\mathrm{d}\theta.\end{aligned}$$

于是(5.9)化为

$$F(\rho,\alpha)=\mathrm{e}^{n\mathrm{i}\left(\alpha+\frac{\pi}{2}\right)}\int_0^\infty rf(r)J_n(\rho r)\mathrm{d}r.$$

将此式代入(5.10)，得

$$\begin{aligned}f(r)\mathrm{e}^{\mathrm{i}n\theta}&=\frac{1}{2\pi}\int_0^\infty\int_0^{2\pi}\left(\int_0^\infty r_1f(r_1)J_n(\rho r_1)\mathrm{d}r_1\right)\mathrm{e}^{-\mathrm{i}\rho r\cos(\theta-\alpha)}\mathrm{e}^{n\mathrm{i}\left(\alpha+\frac{\pi}{2}\right)}\rho\,\mathrm{d}\alpha\,\mathrm{d}\rho\\&=\int_0^\infty\left(\int_0^\infty r_1f(r_1)J_n(\rho r_1)\mathrm{d}r_1\right)\left(\frac{1}{2\pi}\int_0^{2\pi}\mathrm{e}^{\mathrm{i}\rho r\cos(\theta-\alpha-\pi)}\mathrm{e}^{n\mathrm{i}\alpha}\mathrm{e}^{\frac{n}{2}\pi\mathrm{i}}\mathrm{d}\alpha\right)\rho\,\mathrm{d}\rho.\end{aligned}$$

令 $\alpha-\theta-\pi=\alpha_1$，

$$\frac{1}{2\pi}\int_0^{2\pi}\mathrm{e}^{\mathrm{i}\rho r\cos(\theta-\alpha-\pi)}\mathrm{e}^{\mathrm{i}n\alpha}\mathrm{e}^{\frac{n\pi}{2}\mathrm{i}}\mathrm{d}\alpha=\mathrm{e}^{\mathrm{i}n\theta}\frac{1}{2\pi}\int_0^{2\pi}\mathrm{e}^{\mathrm{i}\left(\rho r\cos\alpha_1+n\alpha_1-\frac{n\pi}{2}\right)}\mathrm{d}\alpha_1=\mathrm{e}^{\mathrm{i}n\theta}J_n(\rho r).$$

代入上式有

$$f(r)=\int_0^\infty\rho J_n(\rho r)\left(\int_0^\infty r_1f(r_1)J_n(\rho r_1)\mathrm{d}r_1\right)\mathrm{d}\rho.\tag{5.12}$$

由这个式子出发作如下定义：

定义 5.5.1 设 $\int_0^\infty r|f(r)|^2\mathrm{d}r<+\infty$（或说 $f(r)\in L_2([0,+\infty],r)$）定义 $f(r)$ 的 **Hankel** 变换为

$$\mathscr{H}(f)=\int_0^\infty rJ_n(r\rho)f(r)\mathrm{d}r.\tag{5.13}$$

于是由(5.12)知

$$f(r)=\int_0^\infty\rho J_n(r\rho)\mathscr{H}(f)\mathrm{d}\rho.\tag{5.14}$$

(5.13)与(5.14)构成一对反演公式.

Hankel 变换有如下性质.

(1) $\mathscr{H}$ 为自逆算子.

因为 $\mathscr{H}^2(f)=f$，从而 $\mathscr{H}=\mathscr{H}^{-1}$.

(2) $\mathscr{H}$ 为自伴算子.

设 $\mathscr{H}$ 的伴随算子为 $\mathscr{H}^*$，由定义，

$$\mathscr{H}^*(f)=\int_0^{\infty} rf(r)\,\overline{J_n(\rho r)}\,\mathrm{d}r. \tag{5.15}$$

容易验证$\overline{J_n(\rho r)}=J_n(\rho r)$. 故 $\mathscr{H}^*=\mathscr{H}$.

(3) $\mathscr{H}$为保范算子.

因为$(\mathscr{H}(f),\mathscr{H}(f))_r=(f,\mathscr{H}^*\mathscr{H}(f))_r=(f,\mathscr{H}^{-1}\mathscr{H}(f))_r=(f,f)_r$, 即

$$\|\mathscr{H}(f)\|_r=\|f\|_r.$$

以下举例说明 Hankel 变换的应用.

例 1 解方程

$$\varphi(x)-\lambda\int_0^{\infty} yJ_n(xy)\varphi(y)\mathrm{d}y=f(x).$$

解 设 $f\in L_2([0,+\infty],r)$, 则原方程可写为

$$\varphi-\lambda\mathscr{H}(\varphi)=f. \tag{5.16}$$

两边作 Hankel 变换, 得

$$\mathscr{H}(\varphi)-\lambda\varphi=\mathscr{H}(f). \tag{5.17}$$

当$\lambda^2\neq 1$时, 求解(5.16),(5.17), 解得

$$\varphi=\frac{f+\lambda\mathscr{H}(f)}{1-\lambda^2}. \tag{5.18}$$

例 2 用 Hankel 变换来解带算子$\frac{\partial}{\partial r}\left(r\frac{\partial}{\partial r}\right)$的微分方程:

$$\begin{cases}\dfrac{1}{r}\dfrac{\partial}{\partial r}\left(r\dfrac{\partial u}{\partial r}\right)=\dfrac{\partial u}{\partial t},\\ u(r,0)=f(r),\end{cases} \tag{5.19}$$

其中 $f(r)\in L_2([0,+\infty],r)$.

解 设(5.19)可解, 且$u(r,t),u_t(r,t),u_r(r,t),\frac{\partial}{\partial r}\left(r\frac{\partial u(r,t)}{\partial r}\right)$关于变量 r 皆属于$L_2([0,+\infty],r)$; 又设

$$u(+\infty,t)=\frac{\partial u(+\infty,t)}{\partial r}=0.$$

把 Hankel 变换用于原方程两边, 假设有

$$\mathscr{H}\left(\frac{\partial u}{\partial t}\right)=\frac{\partial}{\partial t}\mathscr{H}(u), \tag{5.20}$$

又两次分部积分

$$\begin{aligned}\mathscr{H}\left(\frac{1}{r}\frac{\partial}{\partial r}\left(r\frac{\partial u}{\partial r}\right)\right)&=\int_0^{\infty}\left(\frac{\partial}{\partial r}\left(r\frac{\partial u}{\partial x}\right)\right)J_0(\rho r)\mathrm{d}r\\&=r\frac{\partial u}{\partial r}J_0(\rho r)\Big|_0^{+\infty}-\int_0^{\infty}\frac{\partial u}{\partial r}\left(r\frac{\partial}{\partial r}J_0(\rho r)\right)\mathrm{d}r\end{aligned}$$

$$
=-ur\frac{\partial}{\partial r}J_0(\rho r)\Big|_0^{+\infty}+\int_0^{\infty}u\Big(\frac{\partial}{\partial r}\Big(r\frac{\partial}{\partial r}J_0(\rho r)\Big)\Big)\mathrm{d}r
$$

$$
=\int_0^{\infty}u\Big(\frac{\partial}{\partial r}\Big(r\frac{\partial}{\partial r}J_0(\rho r)\Big)\Big)\mathrm{d}r.
$$

又因 $J_0(\rho r)$ 满足微分方程(导数是对 r 取的)

$$
J_0''(\rho r)+\frac{1}{r}J_0'(\rho r)+\rho^2J_0(\rho r)=0,
$$

从而

$$
\begin{aligned}
\frac{\partial}{\partial r}\Big(r\frac{\partial}{\partial r}J_0(\rho r)\Big)&=\frac{\partial}{\partial r}(rJ_0'(\rho r))=rJ_0''(\rho r)+J_0'(\rho r)\\
&=r\Big(J_0''(\rho r)+\frac{1}{r}J_0'(\rho r)\Big)\\
&=-r\rho^2J_0(\rho r).
\end{aligned}
$$

于是

$$
\mathscr{H}\Big(\frac{1}{r}\frac{\partial}{\partial r}\Big(r\frac{\partial u}{\partial r}\Big)\Big)=-\rho^2\int_0^{\infty}urJ_0(\rho r)\mathrm{d}r=-\rho^2\mathscr{H}(u).
$$

(5.19) 化为

$$
\begin{cases}
\dfrac{\partial}{\partial t}\mathscr{H}(u)+\rho^2\mathscr{H}(u)=0,\\
\mathscr{H}(u)\Big|_{t=0}=\mathscr{H}(f).
\end{cases}
$$

由此得出

$$
\mathscr{H}(u)=\mathrm{e}^{-\rho^2t}\mathscr{H}(f).
$$

故

$$
\begin{aligned}
u=\mathscr{H}(\mathrm{e}^{-\rho^2t}\mathscr{H}(f))&=\int_0^{\infty}\rho\mathrm{e}^{-\rho^2t}\Big(\int_0^{\infty}r_1f(r_1)J_0(\rho r_1)\mathrm{d}r_1\Big)J_0(\rho r)\mathrm{d}\rho\\
&=\int_0^{\infty}r_1f(r_1)\Big(\int_0^{\infty}\rho\mathrm{e}^{-\rho^2t}J_0(\rho r_1)J_0(\rho r)\mathrm{d}\rho\Big)\mathrm{d}r_1.
\end{aligned}
$$

最后易验证运算的合理性.

5.6 Mellin 变换

Mellin 变换也来源于 Fourier 变换. 设

$$
\int_{-\infty}^{\infty}|f(x)|^2\mathrm{d}x<+\infty. \tag{6.1}
$$

由 Plancheral 定理，有

$$F(f)=\frac{1}{\sqrt{2\pi}}\int_{-\infty}^{\infty}f(x)\mathrm{e}^{\mathrm{i}sx}\mathrm{d}x, \tag{6.2}$$

$$f(x)=\frac{1}{\sqrt{2\pi}}\int_{-\infty}^{\infty}F(f)\mathrm{e}^{-\mathrm{i}sx}\mathrm{d}s. \tag{6.3}$$

首先令 $u=\mathrm{e}^x$，则上二式化为

$$F(f)=\frac{1}{\sqrt{2\pi}}\int_0^{+\infty}f(\ln u)u^{\mathrm{i}s-1}\mathrm{d}u,$$

$$f(\ln u)=\frac{1}{\sqrt{2\pi}}\int_{-\infty}^{\infty}u^{-\mathrm{i}s}F(f)\mathrm{d}s.$$

次设 $\sigma=\mathrm{i}s$，则

$$F(f)=\frac{1}{\sqrt{2\pi}}\int_0^{\infty}f(\ln u)u^{\sigma-1}\mathrm{d}u,$$

$$f(\ln u)=\frac{1}{\sqrt{2\pi}\mathrm{i}}\int_{-\infty\mathrm{i}}^{\infty\mathrm{i}}u^{-\sigma}F(f)\mathrm{d}\sigma.$$

最后将式中 $f(\ln u)$ 用$\sqrt{2\pi}f(u)$ 代替，得

$$F(f)=\int_0^{\infty}f(u)u^{\sigma-1}\mathrm{d}u, \tag{6.4}$$

$$f(u)=\frac{1}{2\pi\mathrm{i}}\int_{-\infty\mathrm{i}}^{\infty\mathrm{i}}u^{-\sigma}F(f)\mathrm{d}\sigma. \tag{6.5}$$

经过这一系列代换，条件(6.1) 等价于

$$\int_0^{\infty}\frac{1}{u}|f(u)|^2\mathrm{d}u<+\infty. \tag{6.6}$$

这样我们可定义 Mellin 变换如下：

定义 5.6.1 设$\int_0^{\infty}\frac{1}{u}|f(u)|^2\mathrm{d}u<+\infty$，称 $f(u)$ 的 **Mellin 变换**为

$$M(\sigma)=\int_0^{\infty}u^{\sigma-1}f(u)\mathrm{d}u, \tag{6.7}$$

其中 $\mathrm{Re}\sigma=0$. 有时记 $M(\sigma)$ 为 $\mathscr{M}(f)$. 在这个定义下，立即有反演公式

$$f(u)=\frac{1}{2\pi\mathrm{i}}\int_{-\infty\mathrm{i}}^{\infty\mathrm{i}}u^{-\sigma}M(\sigma)\mathrm{d}\sigma. \tag{6.8}$$

以上是设 $f(u)\in L_2\left([0,+\infty],\frac{1}{u}\right)$. 同 Laplace 变换类似，可考虑这样的类：即设存在实数 k，使得 $u^kf(u)\in L_2\left([0,+\infty],\frac{1}{u}\right)$，代入(6.7)，(6.8)，有

$$M(\sigma+k)=\int_0^{\infty}u^{\sigma+k-1}f(u)\mathrm{d}u, \tag{6.9}$$

$$u^k f(u)=\frac{1}{2\pi i}\int_{-\infty i}^{\infty i} M(\sigma+k)u^{-\sigma}d\sigma. \tag{6.10}$$

用 σ 代替 $\sigma+k$ 得如下定义.

定义 5.6.2 设存在实数 k，使 $u^k f(u)\in L_2\left([0,+\infty],\frac{1}{u}\right)$，则称

$$M(\sigma)=\int_0^{\infty} u^{\sigma-1}f(u)du, \tag{6.11}$$

$$f(u)=\frac{1}{2\pi i}\int_{k-\infty i}^{k+\infty i} M(\sigma)u^{-\sigma}d\sigma \tag{6.12}$$

为 **Mellin 变换及 Mellin 逆变换**. 其中 $\operatorname{Re}\sigma=k$.

同 Laplace 变换一样，对于(6.7),(6.8)和(6.11),(6.12)的异同，请读者自行作一比较.

Mellin 变换的性质也可从 Fourier 变换推导出来. 例如 $f(x)\in L_2[-\infty,+\infty]$ 时有 Parseval 等式

$$\int_{-\infty}^{\infty}|f(x)|^2dx=\int_{-\infty}^{\infty}|F(f)|^2ds.$$

像本节开始那样历经令 $u=e^x$，$\sigma=is$ 以及用 $\sqrt{2\pi}f(u)$ 代替 $f(\ln u)$ 等步骤，我们得到在 Mellin 变换下的 **Parseval 等式**

$$\int_0^{\infty}\frac{1}{u}|f(u)|^2du=\frac{1}{2\pi i}\int_{-\infty i}^{\infty i}|M(\sigma)|^2d\sigma. \tag{6.13}$$

以上自然假设了 $f(u)\in L_2\left([0,+\infty],\frac{1}{u}\right)$. 类似地，还设 $g(u)\in L_2\left([0,+\infty],\frac{1}{u}\right)$，其 Mellin 变换记为

$$N(\sigma)=\int_0^{\infty}u^{\sigma-1}g(u)du,$$

则有**广义 Parseval 等式**

$$\int_0^{\infty}\frac{1}{u}f(u)\overline{g(u)}du=\frac{1}{2\pi i}\int_{-\infty i}^{\infty i}M(\sigma)\overline{N(\sigma)}d\sigma. \tag{6.14}$$

更一般地，设 $u^k f(u),u^k g(u)\in L_2\left([0,+\infty],\frac{1}{u}\right)$，则因

$$M(\sigma+k)=\int_0^{\infty}u^{\sigma+k-1}f(u)du,$$

$$N(\sigma+k)=\int_0^{\infty}u^{\sigma+k-1}g(u)du,$$

从而

$$\int_0^{\infty}u^{2k-1}f(u)\overline{g(u)}du=\frac{1}{2\pi i}\int_{-\infty i}^{\infty i}M(\sigma+k)\overline{N(\sigma+k)}d\sigma. \tag{6.15}$$

Fourier 变换中的卷积，在代换 $u=e^x$，$v=e^y$ 之下，有

$$(f*g)(x)=\int_{-\infty}^{\infty}f(x-y)g(y)dy=\int_0^{\infty}\frac{1}{v}f\left(\ln\frac{u}{v}\right)g(\ln v)dv.$$

令

$$f_1\left(\frac{u}{v}\right)=f\left(\ln\frac{u}{v}\right),\quad g_1(v)=g(\ln v),$$

则

$$(f_1*g_1)(u)=\int_0^{\infty}\frac{1}{v}f_1\left(\frac{u}{v}\right)g_1(v)dv.$$

这样得到如下定义.

定义 5.6.3 若函数 $f(u)$，$g(u)$ 的积分

$$\int_0^{\infty}\frac{1}{v}f\left(\frac{u}{v}\right)g(v)dv\quad(u>0)\tag{6.16}$$

有意义，称此积分为 f 与 g 的卷积，记为 $(f*g)(u)$.

显然，只要令 $\frac{u}{v}=t$，立即可看出 $f*g=g*f$.

定理 5.6.1 设 $f(u)\in L_1\left([0,+\infty],\frac{1}{u}\right)$，$g(u)\in L_2\left([0,+\infty],\frac{1}{u}\right)$，则 $f*g\in L_2\left([0,+\infty],\frac{1}{u}\right)$ 且

$$\mathcal{M}(f*g)=\mathcal{M}(f)\cdot\mathcal{M}(g),\tag{6.17}$$

或写为

$$\int_0^{\infty}u^{\sigma-1}(f*g)(u)du=M(\sigma)N(\sigma).\tag{6.18}$$

证明可从定理 5.2.3 出发，令 $u=e^x$，$v=e^y$；$\sigma=si$ 以及用 $\sqrt{2\pi}f(u)$ 代替 $f(\ln u)$，用 $\sqrt{2\pi}g(u)$ 代替 $g(\ln u)$ 而得到.

同以前一样，利用卷积定理可以讨论形如

$$\int_0^{\infty}\frac{1}{v}K\left(\frac{u}{v}\right)\varphi(v)dv=f(u),\tag{6.19}$$

以及

$$\varphi(u)-\lambda\int_0^{\infty}\frac{1}{v}K\left(\frac{u}{v}\right)\varphi(v)dv=f(u).\tag{6.20}$$

的方程，留给读者作为习题.

其次，Mellin 变换可用于级数求和. 设 $u^k f(u)\in L_2\left([0,+\infty],\frac{1}{u}\right)$，则

$$f(u)=\frac{1}{2\pi i}\int_{k-i\infty}^{k+i\infty}u^{-\sigma}M(\sigma)d\sigma.$$

若用 n 代替 u，且允许逐项积分，则有

$$\sum_{n=1}^{\infty}f(n)=\frac{1}{2\pi i}\int_{k-i\infty}^{k+i\infty}M(\sigma)\sum_{n=1}^{\infty}\frac{1}{n^{\sigma}}d\sigma$$
$$=\frac{1}{2\pi i}\int_{k-i\infty}^{k+i\infty}M(\sigma)\zeta(\sigma)d\sigma, \tag{6.21}$$

其中 $\zeta(\sigma)=\sum\limits_{n=1}^{\infty}\frac{1}{n^{\sigma}}$ 是著名的 **Riemann-Zeta** 函数. 若右端积分存在便得左端级数之和.

Riemann-Zeta 函数在复平面 $\mathrm{Re}\sigma>1$ 中有定义，可以证明在 $\sigma=1$ 处 $\zeta(\sigma)$ 有留数为 1 的单极点，从而

$$\lim_{\sigma\to 1}(\sigma-1)\zeta(\sigma)=1. \tag{6.22}$$

还可证明，$\zeta(\sigma)$ 满足

$$\pi^{-\frac{\sigma}{2}}\Gamma\left(\frac{\sigma}{2}\right)\zeta(\sigma)=\pi^{-\frac{1-\sigma}{2}}\Gamma\left(\frac{1-\sigma}{2}\right)\zeta(1-\sigma). \tag{6.23}$$

由(6.23)，可把 $\zeta(\sigma)$ 延拓到整个 σ 平面，且仅在 $\sigma=1$ 有一阶极点①.

下面所举的例子要用到解析函数的一些特别知识，其中的计算原理将不详细介绍. 此处旨在使读者对于用 Mellin 变换求和有所了解. 例如求级数

$$S=\sum_{n=1}^{\infty}\frac{\cos nx}{n^2x^2}$$

的和. 可以证明

$$\int_0^{\infty}\frac{\cos ux}{u^2x^2}u^{\sigma-1}du=\frac{x^{-\sigma}2^{\sigma-3}\sqrt{\pi}\Gamma\left(\frac{\sigma-2}{2}\right)}{\Gamma\left(\frac{3-\sigma}{2}\right)},\quad 2<\mathrm{Re}\sigma<3.$$

从而

$$S=\frac{1}{2\pi i}\int_{k-i\infty}^{k+i\infty}\frac{x^{-\sigma}2^{\sigma-3}\sqrt{\pi}\Gamma\left(\frac{\sigma-2}{2}\right)\zeta(\sigma)}{\Gamma\left(\frac{3-\sigma}{2}\right)}d\sigma,\quad 2<k<3.$$

上述积分中的被积函数在 $\sigma=2,1,0$ 处分别有留数为 $\frac{\zeta(2)}{x^2},-\frac{\pi}{2x},\frac{1}{4}$ 的简单极

---

① Riemann-Zeta 函数的性质可参考阿尔福斯著《复分析》第三版，第七章，上海科技出版社，1984 年.

点，又显然

$$\zeta(2)=\sum_{n=1}^{\infty}\frac{1}{n^2}=\frac{\pi^2}{6}.$$

于是由留数定理知

$$S=\frac{\pi^2}{6x^2}-\frac{\pi}{2x}+\frac{1}{4}.$$

最后，我们指出，用 Mellin 变换可以研究一个算子为自反算子的必要条件. 如过去我们知道，算子 F_c, F_s 及 $\mathscr{H}$ 均为自反算子. 那么一般地我们问：核 $K(x)$ 满足什么条件时有下面两式同时成立：

$$T(f)=\int_0^{\infty}f(x)K(xy)\mathrm{d}x, \tag{6.24}$$

$$f(x)=\int_0^{\infty}T(f)K(xy)\mathrm{d}y. \tag{6.25}$$

更一般地问，给定核 $K(x)$，是否存在核 $H(x)$ 使当

$$T(f)=\int_0^{\infty}f(x)K(xy)\mathrm{d}x. \tag{6.26}$$

时有

$$f(x)=\int_0^{\infty}T(f)H(xy)\mathrm{d}y. \tag{6.27}$$

我们用 Mellin 变换来探求其必要条件. 令

$$L(\sigma)=\int_0^{\infty}K(u)u^{\sigma-1}\mathrm{d}u, \tag{6.28}$$

$$M(\sigma)=\int_0^{\infty}H(u)u^{\sigma-1}\mathrm{d}u. \tag{6.29}$$

于是由(6.26)～(6.29)有

$$\begin{aligned}
\int_0^{\infty}T(f)y^{\sigma-1}\mathrm{d}y &= \int_0^{\infty}y^{\sigma-1}\mathrm{d}y\int_0^{\infty}K(xy)f(x)\mathrm{d}x \\
&= \int_0^{\infty}f(x)\left(\int_0^{\infty}y^{\sigma-1}K(xy)\mathrm{d}y\right)\mathrm{d}x \\
&= \int_0^{\infty}x^{-\sigma}f(x)\left(\int_0^{\infty}u^{\sigma-1}K(u)\mathrm{d}u\right)\mathrm{d}x \quad (\text{令 } xy=u) \\
&= L(\sigma)\int_0^{\infty}x^{-\sigma}f(x)\mathrm{d}x \\
&= L(\sigma)\int_0^{\infty}x^{-\sigma}\left(\int_0^{\infty}T(f)H(xy)\mathrm{d}y\right)\mathrm{d}x \\
&= L(\sigma)\int_0^{\infty}T(f)\mathrm{d}y\int_0^{\infty}x^{-\sigma}H(xy)\mathrm{d}x \\
&= L(\sigma)\int_0^{\infty}T(f)y^{\sigma-1}\mathrm{d}y\int_0^{\infty}u^{-\sigma}H(u)\mathrm{d}u \quad (\text{令 } xy=u)
\end{aligned}$$

$$= L(\sigma)\int_0^{\infty} T(f) y^{\sigma-1} \mathrm{d}y \int_0^{\infty} u^{(1-\sigma)-1} H(u) \mathrm{d}u$$

$$= L(\sigma) M(1-\sigma)\int_0^{\infty} T(f) y^{\sigma-1} \mathrm{d}y.$$

于是

$$L(\sigma) M(1-\sigma) = 1. \tag{6.30}$$

当 $H(u) = K(u)$ 时，条件成为

$$L(\sigma) L(1-\sigma) = 1. \tag{6.31}$$

例如 Fourier 正弦变换时，

$$K(u) = \sqrt{\frac{2}{\pi}} \sin u,$$

$$L(\sigma) = \sqrt{\frac{2}{\pi}} \int_0^{\infty} \sin u \, u^{\sigma-1} \mathrm{d}u = \sqrt{\frac{2}{\pi}} \Gamma(\sigma) \sin \frac{\pi\sigma}{2}.$$

于是

$$L(\sigma) L(1-\sigma) = \frac{2}{\pi} \Gamma(\sigma) \Gamma(1-\sigma) \sin \frac{\pi\sigma}{2} \sin \frac{\pi}{2}(1-\sigma)$$

$$= \frac{2}{\pi} \frac{\pi}{\sin \pi\sigma} \sin \frac{\pi\sigma}{2} \cos \frac{\pi\sigma}{2} = 1.$$

这说明 Fourier 正弦变换满足条件(6.31)．类似可以证明，对 Fourier 余弦变换，(6.31) 也成立．至于 Hankel 变换，可将(5.13)，(5.14) 改写成

$$\sqrt{\rho} \mathscr{H}(f) = \int_0^{\infty} \sqrt{r\rho} J_n(r\rho) (\sqrt{r} f(r)) \mathrm{d}r,$$

$$\sqrt{r} f(r) = \int_0^{+\infty} \sqrt{r\rho} J_n(r\rho) (\sqrt{\rho} \mathscr{H}(f)) \mathrm{d}\rho.$$

令 $K(u) = \sqrt{u} J_n(u)$，

$$L(\sigma) = \int_0^{\infty} \sqrt{u} J_n(u) u^{\sigma-1} \mathrm{d}u = \frac{2^{\sigma-\frac{1}{2}} \Gamma\left(\frac{n+\sigma}{2} + \frac{1}{4}\right)}{\Gamma\left(\frac{n-\sigma}{2} + \frac{3}{4}\right)},$$

从而

$$L(\sigma) L(1-\sigma) = \frac{2^{\sigma-\frac{1}{2}} \Gamma\left(\frac{n+\sigma}{2} + \frac{1}{4}\right)}{\Gamma\left(\frac{n-\sigma}{2} + \frac{3}{4}\right)} \cdot \frac{2^{\frac{1}{2}-\sigma} \Gamma\left(\frac{n-\sigma}{2} + \frac{3}{4}\right)}{\Gamma\left(\frac{n+\sigma}{2} + \frac{1}{4}\right)} = 1.$$

条件(6.30)，(6.31) 充分性的讨论比较复杂，例如可参考 E. C. Tichmarch：*Introduction to the Theory of Fourier Integrals*，Clarendon press，Oxford，1948.

第五章习题

1. 设 $f(x) \in L_1[-\infty, +\infty]$, 用下式定义 $f(x)$ 的 Fourier 变换

$$\hat{f}(s) = \frac{1}{\sqrt{2\pi}} \int_{-\infty}^{\infty} f(x) \mathrm{e}^{-isx} \, \mathrm{d}x.$$

证明 $\|\hat{f}\|_\infty \leqslant \frac{1}{\sqrt{2\pi}} \|f\|_1$, $\hat{f}(s)$ 是 $(-\infty, +\infty)$ 内的一致连续函数且

$$\lim_{s \to \pm\infty} \hat{f}(s) = 0.$$

在这种定义下, 定理 5.1.1、定理 5.1.2、定理 5.1.3 如何?

2. 试比较 L_1 和 L_2 的 Fourier 积分理论的异同.

3. 设 $f, g \in L_2[-\infty, +\infty]$, 证明:

(1) $F(f \cdot g) = \frac{1}{\sqrt{2\pi}} \hat{f} * \hat{g}$;

(2) $F^*(f \cdot g) = \frac{1}{\sqrt{2\pi}} F^*(f) * F^*(g)$;

(3) $F(\hat{f} \cdot \hat{g}) = \frac{1}{\sqrt{2\pi}} F(\hat{f}) * F(\hat{g})$.

4. 设 $f \in L_2[-\infty, +\infty]$, $g \in L_1[-\infty, +\infty]$, 证明:

$$F^*(f * g) = \sqrt{2\pi} F^*(f) F^*(g),$$

$$F(F^*(f) \cdot F^*(g)) = \frac{1}{\sqrt{2\pi}} f * g.$$

5. 设 $f(x) \in L_2[0, +\infty]$, 定义 $f(x)$ 的 Fourier 正弦变换为

$$F_s(f) = \sqrt{\frac{2}{\pi}} \int_0^{+\infty} f(x) \sin sx \, \mathrm{d}x.$$

证明: $F_s(f)$ 是奇函数, F_s 为自伴自逆算子, F_s 为保距算子, F 以 $\pm i$ 为特征值且每个特征值皆为无穷阶.

6. 在 L_2 中求解积分方程

$$\varphi(x) - \lambda \int_{-\infty}^{\infty} \mathrm{e}^{-|x-y|} \varphi(y) \mathrm{d}y = \mathrm{e}^{-|x|}.$$

7. 5.3 节例 1 曾证明 $\|K\| \leqslant 2$, 其中

$$K\varphi = \int_{-\infty}^{\infty} \mathrm{e}^{-|x-y|} \varphi(y) \mathrm{d}y,$$

实际上 $\|K\| = 2$, 试证之.

8. 设 $K(x)\in L_1[-\infty,+\infty]$，$f(x)\in L_2[-\infty,+\infty]$，在 $L_2[-\infty,+\infty]$ 内求解方程

$$\varphi(x)-\lambda\int_{-\infty}^{\infty}K(x+y)\varphi(y)\mathrm{d}y=f(x).$$

9. 验证 5.3 节例 2、例 3、例 4 各项运算的合理性.

10. 设 $K(x)\in L_1[-\infty,+\infty]$，证明由

$$Kf=\int_{-\infty}^{\infty}K(x-y)f(y)\mathrm{d}y$$

定义的 K 是 $L_2\rightarrow L_2$ 的有界算子.

11. 在按指数增长的函数类中讨论方程的解

$$\int_0^x K(x-y)\varphi(y)\mathrm{d}y=f(x).$$

设 $\mathrm{e}^{-px}K(x)\in L_1[-\infty,+\infty]$，$\mathrm{e}^{-px}f(x)\in L_2[-\infty,+\infty]$.

12. 解下列偏微分方程：

(1) $\begin{cases}\dfrac{\partial^2 u}{\partial t^2}=\dfrac{\partial^2 u}{\partial x^2},\\ u(x,0)=f(x),\quad \dfrac{\partial u}{\partial t}(x,0)=0,\end{cases}$

$-\infty<x<+\infty,\ t\geqslant 0,\ f(x)\in L_2[-\infty,+\infty]$；

(2) $\begin{cases}\dfrac{\partial u}{\partial t}=\dfrac{\partial^2 u}{\partial x^2},\\ \dfrac{\partial u(0,t)}{\partial x}=\dfrac{\partial u(L,t)}{\partial x}=0,\\ u(x,0)=f(x);\end{cases}$

(3) $\begin{cases}\dfrac{\partial^2 u}{\partial t^2}=\dfrac{\partial^2 u}{\partial x^2},\\ u(x,0)=f(x),\quad \dfrac{\partial u}{\partial t}(x,0)=0,\\ u(0,t)=u(L,t)=0.\end{cases}$

13. 证明定理 5.6.1.

14. 设 $u^kK(u)\in L_1\left([0,+\infty],\dfrac{1}{u}\right)$，$u^kf(u)\in L_2\left([0,+\infty],\dfrac{1}{u}\right)$，在 $u^k\varphi(u)\in L_2\left([0,+\infty],\dfrac{1}{u}\right)$ 中求解方程

$$\varphi(u)-\lambda\int_0^{+\infty}\frac{1}{v}K\left(\frac{u}{v}\right)\varphi(v)\mathrm{d}v=f(u).$$

第六章　投 影 方 法

6.1　Hilbert 变换

考虑积分方程

$$\frac{1}{\pi}\int_a^b \frac{\varphi(y)}{x-y}\mathrm{d}y = f(x), \quad a \leqslant x \leqslant b, \tag{1.1}$$

$$\varphi(x) - \frac{\lambda}{\pi}\int_a^b \frac{\varphi(y)}{x-y}\mathrm{d}y = f(x), \quad a \leqslant x \leqslant b, \tag{1.2}$$

其中 $f(x) \in L_2[a,b]$, a,b 有限或无限，在 $L_2[a,b]$ 中求解. 这里积分核为

$$K(x-y) = \frac{1}{x-y}.$$

若 $a=-\infty$, $b=+\infty$, (1.1),(1.2) 就是卷积型方程，不过其核 $K(x) = \frac{1}{x} \notin L_1[-\infty,+\infty]$. 故不能用卷积公式求解.

首先注意(1.1),(1.2) 中的积分在 $x=y$ 时具有奇异性，因而一般不存在. 这种方程更确切地称为含 Cauchy 核的**奇异积分方程**. 方程中积分的意义是在所谓"主值"意义下理解. 即理解为如下极限的存在:

$$\lim_{\varepsilon\to+0}\left(\int_a^{x-\varepsilon} + \int_{x+\varepsilon}^b\right)\frac{\varphi(y)}{x-y}\mathrm{d}y = \lim_{\varepsilon\to+0}\int_{|y-x|>\varepsilon,\ a\leqslant y\leqslant b}\frac{\varphi(y)}{x-y}\mathrm{d}y. \tag{1.3}$$

定义 6.1.1　当 $a=-\infty$, $b=+\infty$ 时，若极限(1.3) 存在，则称之为 $\varphi(x)$ 的 **Hilbert 变换**，记为

$$H\varphi = \frac{1}{\pi}\int_{-\infty}^{\infty}\frac{\varphi(y)}{x-y}\mathrm{d}y, \quad -\infty < x < +\infty. \tag{1.4}$$

6.1.1　Hilbert 变换的存在性及其性质

设 $\mu(x)$ 是$(-\infty,+\infty)$ 上的有界变差函数，如果极限

$$\overline{\mu}(x) = \lim_{\varepsilon\to+0}\frac{1}{\pi}\int_{|x-y|>\varepsilon}\frac{\mathrm{d}\mu(y)}{x-y} \tag{1.5}$$

存在的话，$\bar{\mu}(x)$ 叫函数，$\mu(x)$ 的 **Hilbert-Stieltjes 变换**. 对于它的存在性有如下定理：

定理 6.1.1 $(-\infty, +\infty)$ 上的有界变差函数 $\mu(x)$ 的 Hilbert-Stieltjes 变换 $\bar{\mu}(x)$ 几乎处处存在.

证明从略[①].

根据本定理可证明(1.4)的存在定理.

定理 6.1.2 若 $\varphi(x) \in L_p[-\infty, +\infty]$，$1 \leqslant p < +\infty$，则 $\varphi(x)$ 的 Hilbert 变换(1.4)几乎处处存在.

证 $p = 1$ 时，设

$$\mu(x) = \int_{-\infty}^{x} \varphi(y)\mathrm{d}y.$$

因 $\varphi \in L_1$，从而 $\mu(x)$ 绝对连续，于是 $\mu(x)$ 为有界变差函数. 此时(1.4)即为(1.5)，由上一定理，(1.4)几乎处处存在.

其次考虑 $1 < p < +\infty$. 设 $\dfrac{1}{p} + \dfrac{1}{q} = 1$，由 Hölder 不等式，

$$\left| \int_{|x-y|>\varepsilon} \frac{\varphi(y)}{x-y}\mathrm{d}y \right| \leqslant \| \varphi \|_p \left(\int_{|x-y|>\varepsilon} \frac{\mathrm{d}y}{|x-y|^q} \right)^{\frac{1}{q}} < +\infty.$$

作

$$\varphi_1(x) = \begin{cases} \varphi(x), & -2a \leqslant x \leqslant 2a, \\ 0, & |x| > 2a, \end{cases} \tag{1.6}$$

其中 a 为任一正数. 当 $\varepsilon > 0$ 充分小时，

$$\begin{aligned} \left| \int_{|x-y|>\varepsilon} \frac{\varphi_1(y)}{x-y}\mathrm{d}y \right| &= \left| \int_{\{|x-y|>\varepsilon\} \cap \{|y| \leqslant 2a\}} \frac{\varphi(y)}{x-y}\mathrm{d}y \right| \\ &\leqslant \int_{|x-y|>\varepsilon} \left| \frac{\varphi(y)}{x-y} \right| \mathrm{d}y < +\infty. \end{aligned}$$

令

$$\varphi_2(x) = \varphi(x) - \varphi_1(x), \tag{1.7}$$

则

---

① 定理的证明冗长. 请参阅河田龙夫著(周民强译)《Fourier 分析》，高等教育出版社，1984 年，第 311 ~ 319 页.

$$\frac{1}{\pi}\int_{|x-y|>\varepsilon}\frac{\varphi(y)}{x-y}\mathrm{d}y=\frac{1}{\pi}\int_{|x-y|>\varepsilon}\frac{\varphi_1(y)}{x-y}\mathrm{d}y+\frac{1}{\pi}\int_{|x-y|>\varepsilon}\frac{\varphi_2(y)}{x-y}\mathrm{d}y$$
$$\equiv I_1+I_2.$$

其中每个积分都是存在的. 当 $-a\leqslant x\leqslant a$ 时，考虑 $\varepsilon\to+0$ 时 I_1,I_2 的极限是否存在. 首先

$$\int_{-\infty}^{\infty}|\varphi_1(x)|\,\mathrm{d}x=\int_{-2a}^{2a}|\varphi(x)|\,\mathrm{d}x\leqslant\|\varphi\|_p(4a)^{\frac{1}{q}}<+\infty,$$

所以 $\varphi_1(x)\in L_1$，由 $p=1$ 时的讨论知 $\lim\limits_{\varepsilon\to+0}I_1$ 对于数轴上几乎处处的 x 是存在的，更在 $|x|\leqslant a$ 上几乎处处存在.

其次，由于 $|y|<2a$ 时 $\varphi_2(y)=0$，所以当 $|x|\leqslant a$ 且 ε 充分小时，

$$I_2=\frac{1}{\pi}\int_{\{|x-y|>\varepsilon\}\cap\{|y|\geqslant 2a\}}\frac{\varphi_2(y)}{x-y}\mathrm{d}y=\frac{1}{\pi}\int_{|y|\geqslant 2a}\frac{\varphi(y)}{x-y}\mathrm{d}y.$$

显然 I_2 存在且与 ε 无关.

上面已证实，$H\varphi(x)$ 对 $[-a,a]$ 中几乎处处的 x 存在，由 a 的任意性可知，对 $(-\infty,+\infty)$ 的几乎处处的 x，$H\varphi(x)$ 存在. ■

关于 Hilbert 变换有如下性质.

定理 6.1.3 设 $f\in L_2[-\infty,+\infty]$，则

(1) $Hf(x)\in L_2[-\infty,+\infty]$；

(2)
$$\|Hf\|_2=\|f\|_2,\quad \|H\|=1;\tag{1.8}$$

(3)
$$F(Hf)=\mathrm{i}\,\mathrm{sgn}\,s\,F(f);\tag{1.9}$$

(4)
$$\lim_{\varepsilon\to+0}\|Hf-(Hf)_\varepsilon\|_2=0,\tag{1.10}$$

其中

$$(Hf)_\varepsilon=\frac{1}{\pi}\int_{|x-y|>\varepsilon}\frac{f(y)}{x-y}\mathrm{d}y;\tag{1.11}$$

(5) （反演公式）若 $H\varphi=f$，$f\in L_2[-\infty,+\infty]$，则

$$\varphi=-Hf=-\frac{1}{\pi}\int_{-\infty}^{\infty}\frac{f(y)}{x-y}\mathrm{d}y;$$

(6)
$$H^*=-H=H^{-1};\tag{1.12}$$

(7) $f\to Hf$ 是 $L_2[-\infty,+\infty]$ 到 $L_2[-\infty,+\infty]$ 的单全映照、同构映照；

(8) 设 $f,g\in L_2$，则有

$$(Hf,\overline{g})=-(f,\overline{Hg}),\tag{1.13}$$
$$(Hf,Hg)=(f,g).\tag{1.14}$$

证 作

$$K_{\varepsilon\eta}(x)=\begin{cases}\dfrac{1}{x}, & 0<\varepsilon\leqslant|x|\leqslant\eta<+\infty,\\ 0, & \text{其它}.\end{cases}$$

令

$$(Hf)_{\varepsilon\eta}(x)\triangleq\frac{1}{\pi}\int_{\varepsilon\leqslant|y|\leqslant\eta}\frac{f(x-y)}{y}\mathrm{d}y$$

$$=\frac{1}{\pi}\int_{-\infty}^{\infty}f(x-y)K_{\varepsilon\eta}(y)\mathrm{d}y=\frac{1}{\pi}f*K_{\varepsilon\eta}. \tag{1.15}$$

因 $f\in L_2$，$K_{\varepsilon\eta}\in L_1$，从而 $f*K_{\varepsilon\eta}\in L_2$，由定理 5.2.3（卷积化为乘积）

$$F((Hf)_{\varepsilon\eta})=\sqrt{\frac{2}{\pi}}F(f)\cdot F(K_{\varepsilon\eta}). \tag{1.16}$$

计算

$$F(K_{\varepsilon\eta})=\frac{1}{\sqrt{2\pi}}\int_{\varepsilon\leqslant|x|\leqslant\eta}\frac{\mathrm{e}^{\mathrm{i}xs}}{x}\mathrm{d}x=\sqrt{\frac{2}{\pi}}\,\mathrm{i}\int_{\varepsilon}^{\eta}\frac{\sin sx}{x}\mathrm{d}x$$

$$=\mathrm{i}(\operatorname{sgn}s)\sqrt{\frac{2}{\pi}}\int_{\varepsilon|s|}^{\eta|s|}\frac{\sin u}{u}\mathrm{d}u, \tag{1.17}$$

$$\lim_{\substack{\varepsilon\to+0\\ \eta\to+\infty}}F(K_{\varepsilon\eta})=\mathrm{i}(\operatorname{sgn}s)\sqrt{\frac{\pi}{2}}.$$

于是由(1.16)得

$$\lim_{\substack{\varepsilon\to+0\\ \eta\to+\infty}}F((Hf)_{\varepsilon\eta})=\mathrm{i}(\operatorname{sgn}s)F(f).$$

显然 $F(K_{\varepsilon\eta})$ 关于 ε,η,s 有界，故存在常数 $M>0$，使

$$|F((Hf)_{\varepsilon\eta})|\leqslant M|F(f)|,$$

从而

$$|F((Hf)_{\varepsilon\eta})-\mathrm{i}\operatorname{sgn}s\,F(f)|^2\leqslant(1+M)^2|F(f)|^2.$$

而 $F(f)\in L_2$，由控制收敛定理

$$\lim_{\substack{\varepsilon\to+0\\ \eta\to+\infty}}\|F((Hf)_{\varepsilon\eta})-\mathrm{i}\operatorname{sgn}s\,F(f)\|^2$$

$$=\lim_{\substack{\varepsilon\to+0\\ \eta\to+\infty}}\int_{-\infty}^{\infty}|F((Hf)_{\varepsilon\eta})-\mathrm{i}\operatorname{sgn}s\,F(f)|^2\mathrm{d}s=0. \tag{1.18}$$

因 $\mathrm{i}\operatorname{sgn}s\,F(f)\in L_2$，它必为某函数 $g(x)\in L_2$ 的 Fourier 变换. 于是由 Parseval 等式得

$$\|F((Hf)_{\varepsilon\eta})-\mathrm{i}\operatorname{sgn}s\,F(f)\|_2=\|(Hf)_{\varepsilon\eta}-g\|_2. \tag{1.19}$$

由(1.18)，(1.19)知

$$\underset{\substack{\varepsilon\to+0\\ \eta\to+\infty}}{\text{l. i. m.}}\,(Hf)_{\varepsilon\eta}=g. \tag{1.20}$$

另由(1.15)及定理 1.2 知

$$\begin{aligned}\lim_{\substack{\varepsilon\to+0\\ \eta\to+\infty}}(Hf)_{\varepsilon\eta}(x)&=\lim_{\substack{\varepsilon\to+0\\ \eta\to+\infty}}\frac{1}{\pi}\int_{\varepsilon\leqslant|x-y|\leqslant\eta}\frac{f(y)}{x-y}\mathrm{d}y\\&=(Hf)(x).\end{aligned} \tag{1.21}$$

从而 $g(x)=(Hf)(x)$, a.e., 而且

$$\begin{aligned}\|Hf\|_2&=\|g\|_2=\|F(g)\|_2=\|\mathrm{i}\,\mathrm{sgn}\,s\,F(f)\|_2\\&=\|F(f)\|_2=\|f\|_2.\end{aligned}$$

这说明 $Hf\in L_2$，于是定理结论(1),(2)成立.

另由 $Hf=g$ 及 $F(g)=\mathrm{i}\,\mathrm{sgn}\,s\,F(f)$ 得

$$F(Hf)=F(g)=\mathrm{i}\,\mathrm{sgn}\,s\,F(f).$$

这就是结论(3).

由(1.21)知

$$\lim_{\eta\to+\infty}(Hf)_{\varepsilon\eta}(x)=(Hf)_{\varepsilon}(x).$$

根据 Fatou 引理

$$\begin{aligned}\|Hf-(Hf)_{\varepsilon}\|_2^2&=\int_{-\infty}^{\infty}\lim_{\eta\to+\infty}|(Hf)(x)-(Hf)_{\varepsilon\eta}(x)|^2\mathrm{d}x\\&\leqslant\varliminf_{\eta\to+\infty}\int_{-\infty}^{\infty}|(Hf)(x)-(Hf)_{\varepsilon\eta}(x)|^2\mathrm{d}x\\&=\varliminf_{\eta\to+\infty}\|Hf-(Hf)_{\varepsilon\eta}\|^2.\end{aligned}$$

然而由(1.19),(1.18)知

$$\begin{aligned}\|Hf-(Hf)_{\varepsilon\eta}\|_2&=\|g-(Hf)_{\varepsilon\eta}\|_2=\|F(g)-F((Hf)_{\varepsilon\eta})\|_2\\&\to0\quad(\varepsilon\to+0,\ \eta\to+\infty),\end{aligned}$$

故得 $\|Hf-(Hf)_{\varepsilon}\|_2\to0\ (\varepsilon\to+0)$，这就是结论(4).

为了证明(5)，对

$$H\varphi=f \tag{1.22}$$

施行 Fourier 变换，由结论(3)，$F(H\varphi)=\mathrm{i}\,\mathrm{sgn}\,s\,F(\varphi)=F(f)$. 从而

$$F(\varphi)=-\mathrm{i}\,\mathrm{sgn}\,s\,F(f)=-F(Hf).$$

两边用 F^* 作用得

$$\varphi=-Hf.$$

若将此解代入(1.22)，有

$$H(-H)f=f.$$

这就是结论(6).

现证明结论(7). 对任何 $f\in L_2$，由(1)知 $Hf\in L_2$；反之，任给 $g\in L_2$，则 $-Hg\in L_2$，且 $H(-Hg)=g$. 这说明 $f\to Hf$ 的映照是 $L_2\to L_2$ 的满(全)映照. 另外若 $f_1,f_2\in L_2$，且 $Hf_1=Hf_2$，则用 $-H$ 作用后有 $f_1=f_2$. 故映照 $f\to Hf$ 是一一映照. 这种映照保持线性关系. 对任意 $f,g\in L_2$，由结论(6)，

$$(Hf,Hg)=(f,H^*Hg)=(f,(-H)Hg)=(f,g).$$

这就得到结论(7)及(8)之(1.14). 最后

$$(Hf,\overline{g})=(f,H^*\overline{g})=(f,-H\overline{g})=-(f,\overline{Hg}).$$

这就是(1.13). ■

对于 $f(x)\in L_p$，$1<p<+\infty$ 时，有如下定理，我们只叙述不证明(暂时也不利用它).

定理 6.1.4 设 $f(x)\in L_p[-\infty,+\infty]$，$1<p<+\infty$，则

(1) $Hf\in L_p[-\infty,+\infty]$；

(2) $\|Hf\|_p\leqslant A_p\|f\|_p$，$A_p$ 是仅依赖于 p 而与 f 无关的常数；

(3) $\|Hf-(Hf)_\varepsilon\|_p\to 0$，$\varepsilon\to+0$；

(4) 设 $f\in L_p$，$g\in L_q$，$1<p<+\infty$，$\dfrac{1}{p}+\dfrac{1}{q}=1$，则

$$(Hf,\overline{g})=-(f,\overline{Hg}),$$
$$(f,g)=(Hf,Hg);$$

(5) 设 $H\varphi=f$，$f\in L_p$，则有反演公式

$$\varphi=-Hf \quad (\text{a. e.}).$$

注 $p=1$ 时，虽 $f\in L_1$，但 Hf 不一定属于 L_1. 例如 $f(x)=\dfrac{1}{1+x^2}$，而 $Hf=\dfrac{x}{1+x^2}$. 若再设 $Hf\in L_1$，则有以上反演性质(5).

6.1.2 一些例子

由 Hilbert 变换的存在性及其性质，结合 Fourier 变换，可以解决一些积分方程的求解.

例 1 解方程

$$K\varphi\equiv\frac{1}{\pi}\int_0^\pi\frac{\sin y}{\cos x-\cos y}\varphi(y)\,\mathrm{d}y=f(x), \tag{1.23}$$

其中 $f(x)\in L_2[0,\pi]$，要求在 $L_2[0,\pi]$ 中求解.

首先，方程的积分在 $x=y$ 有奇性，应理解为主值，它的存在性可以这样看出：令

$$v=\cos y,\quad u=\cos x,\quad \varphi(\arccos v)=\varphi_1(v),$$

则

$$\int_0^{\pi}\frac{\sin y}{\cos x-\cos y}\varphi(y)\mathrm{d}y=\int_{-1}^{1}\frac{\varphi_1(v)}{u-v}\mathrm{d}v,\quad |u|\leqslant 1,$$

而

$$\int_{-1}^{1}|\varphi_1(v)|^2\mathrm{d}v=\int_0^{\pi}\sin y\,|\varphi(y)|^2\mathrm{d}y<\int_0^{\pi}|\varphi(y)|^2\mathrm{d}y<+\infty.$$

令

$$\widetilde{\varphi}_1(v)=\begin{cases}\varphi_1(v), & |v|\leqslant 1,\\ 0, & |v|>1.\end{cases}$$

则

$$\int_0^{\pi}\frac{\sin y}{\cos x-\cos y}\varphi(y)\mathrm{d}y=\int_{-\infty}^{\infty}\frac{\widetilde{\varphi}_1(v)}{u-v}\mathrm{d}v=H\widetilde{\varphi}_1.$$

由定理6.1.2，对几乎处处的 u，$u\in(-\infty,+\infty)$，$H\widetilde{\varphi}_1$ 存在，特别当 $|u|\leqslant 1$ 时 $H\widetilde{\varphi}_1$ 几乎处处存在. 于是上式左端积分在 $0\leqslant x\leqslant\pi$ 中几乎处处存在.

与(1.23)同时，还考虑伴随方程

$$K^*\psi=-\frac{1}{\pi}\int_0^{\pi}\frac{\sin x}{\cos x-\cos y}\psi(y)\mathrm{d}y=g(x),\quad g(x)\in L_2[0,\pi]. \tag{1.24}$$

首先 $\left\{\sqrt{\frac{2}{\pi}}\sin nx\right\}_{n=1}^{n=\infty}$ 及 $\left\{\frac{1}{\sqrt{\pi}}\right\}\cup\left\{\sqrt{\frac{2}{\pi}}\cos n\pi\right\}_{n=1}^{n=\infty}$ 皆为 $L_2[0,\pi]$ 空间中的标准正交完备系. 任意 $\varphi\in L_2[0,\pi]$ 皆可按它们展开. 故先考虑它们在 K 以及 K^* 变换之下的象.

$$\begin{aligned}K\sin nx&=\frac{1}{\pi}\int_0^{\pi}\frac{\sin y\sin ny}{\cos x-\cos y}\mathrm{d}y\\&=\frac{1}{2\pi}\int_0^{\pi}\frac{\cos(n-1)y-\cos(n+1)y}{\cos x-\cos y}\mathrm{d}y\\&=\frac{1}{2\pi}\int_{-\pi}^{\pi}\frac{\mathrm{e}^{\mathrm{i}(n-1)y}-\mathrm{e}^{\mathrm{i}(n+1)y}}{\mathrm{e}^{\mathrm{i}x}+\mathrm{e}^{-\mathrm{i}x}-\mathrm{e}^{\mathrm{i}y}-\mathrm{e}^{-\mathrm{i}y}}\mathrm{d}y\\&=-\frac{1}{2\pi\mathrm{i}}\int_{|z|=1}\frac{z^{n-1}-z^{n+1}}{(z-\mathrm{e}^{\mathrm{i}x})(z-\mathrm{e}^{-\mathrm{i}x})}\mathrm{d}z\quad(\text{令 } z=\mathrm{e}^{\mathrm{i}y})\\&=\cos nx,\quad n=1,2,\cdots.\quad(\text{由留数定理})\end{aligned}$$

用类似方法可计算出

$$K^* \cos nx = \sin nx,\ n = 1,2,\cdots,\quad K^* 1 = 0,$$

从而

$$K^* K \sin nx = \sin nx,\quad n = 1,2,\cdots. \tag{1.25}$$

对任意的 $\varphi \in L_2[0,\pi]$，有

$$\varphi = \sum_{n=1}^{\infty} a_n \sqrt{\frac{2}{\pi}} \sin nx, \tag{1.26}$$

则

$$K^* K\varphi = \sum_{n=1}^{\infty} a_n \sqrt{\frac{2}{\pi}} K^* K \sin nx = \varphi. \tag{1.27}$$

即 $K^* K = I$，K^* 为 K 的左逆算子. 但

$$KK^* \cos nx = \cos nx,\quad n = 1,2,\cdots, \tag{1.28}$$

$$KK^* 1 = 0.$$

故 K^* 不是 K 的右逆算子. 设 $\psi \in L_2[0,\pi]$，

$$\psi = \frac{1}{\sqrt{\pi}} b_0 + \sum_{n=1}^{\infty} \sqrt{\frac{2}{\pi}} b_n \cos nx, \tag{1.29}$$

则

$$KK^* \psi = \sum_{n=1}^{\infty} \sqrt{\frac{2}{\pi}} b_n \cos nx = \psi - \sqrt{\frac{1}{\pi}} b_0 \equiv \psi - c.$$

现在对(1.23)求解. 设(1.23)可解，且其解为(1.26)，代入(1.23)得

$$\sum_{n=1}^{\infty} \sqrt{\frac{2}{\pi}} a_n \cos nx = f(x). \tag{1.30}$$

积分，有

$$\int_0^{\pi} f(x) \mathrm{d}x = 0. \tag{1.31}$$

反之，(1.31)成立时方程(1.23)必有解，且解唯一. 事实上，设由$\{1\}$张成的空间为 H_0，由(1.30)知 $f \in H_0^{\perp} = \{\cos nx\}_1^{\infty}$，则

$$f(x) = \sum_{n=1}^{\infty} \sqrt{\frac{2}{\pi}} a_n \cos nx = \sum_{n=1}^{\infty} \sqrt{\frac{2}{\pi}} K \sin nx$$

$$= K\Big(\sum_{n=1}^{\infty} a_n \sqrt{\frac{2}{\pi}} \sin nx\Big).$$

则右端括号中的函数就是解. 这就是说，$K\varphi = f$ 可解的充要条件是(1.31)成立. 设(1.31)成立，则有解(1.26)，又由(1.30)

$$a_n = \int_0^{\pi} f(y) \sqrt{\frac{2}{\pi}} \cos ny\ \mathrm{d}y,$$

代入(1.26)得

$$\varphi(x)=\sum_{n=1}^{\infty}\left(\int_0^{\pi}f(y)\sqrt{\frac{2}{\pi}}\cos ny\ \mathrm{d}y\right)\sqrt{\frac{2}{\pi}}\sin nx.$$

或者，在(1.23) 两边用 K^* 作用，又可得解的另一形式

$$\varphi=K^*f=-\frac{1}{\pi}\int_0^{\pi}\frac{\sin x\, f(y)\mathrm{d}y}{\cos x-\cos y}. \tag{1.32}$$

最后求解(1.24). 设(1.24) 有解(1.29)，代入(1.24)，得

$$K^*\psi=\sum_{n=1}^{\infty}b_n\sqrt{\frac{2}{\pi}}\sin nx=g(x),$$

$$b_n=\int_{-\infty}^{\infty}\sqrt{\frac{2}{\pi}}\sin ny\, g(y)\mathrm{d}y,\quad n=1,2,\cdots.$$

代回(1.29)，有

$$\psi(x)=\frac{1}{\sqrt{\pi}}b_0+\sum_{n=1}^{\infty}\left(\int_{-\infty}^{\infty}\sqrt{\frac{2}{\pi}}\sin ny\, g(y)\mathrm{d}y\right)\sqrt{\frac{2}{\pi}}\cos nx,$$

b_0 为任意常数. 或者在(1.24) 两边用 K 作用，有

$$\psi-\frac{1}{\sqrt{\pi}}b_0=Kg,$$

即

$$\psi=\frac{1}{\sqrt{\pi}}b_0+Kg=c+\frac{1}{\pi}\int_0^{\pi}\frac{\sin y\, g(y)}{\cos x-\cos y}\mathrm{d}y, \tag{1.33}$$

其中 c 为任意常数.

例 2 求解

$$\frac{1}{\pi}\int_0^{\infty}\frac{\varphi(y)}{x+y}\mathrm{d}y=f(x),\quad x\in[0,+\infty],\ f\in L_2[0,+\infty].$$

解 这个方程令 $y=-u$ 后其核为 $K(x-u)=\frac{1}{x-u}$，但 $K(x)=\frac{1}{x}\notin L_1[0,+\infty]$，故不能按 5.3 节对(3.9) 的方法求解. 现作变换把区间变为 $[-\infty,+\infty]$ 以便利用 Fourier 变换. 令

$$x=\mathrm{e}^{2\xi},\quad y=\mathrm{e}^{2\eta},\quad \psi(\eta)=\varphi(\mathrm{e}^{2\eta})\mathrm{e}^{\eta},\quad g(\xi)=f(\mathrm{e}^{2\xi})\mathrm{e}^{\xi},$$

则原方程化为卷积方程

$$\frac{1}{\pi}\int_{-\infty}^{\infty}\frac{\psi(\eta)}{\mathrm{ch}(\xi-\eta)}\mathrm{d}\eta=g(\xi).$$

按常规作 Fourier 变换

$$\frac{\sqrt{2\pi}}{\pi}F\left(\frac{1}{\mathrm{ch}\,\xi}\right)F(\psi)=F(g).$$

由留数定理算出

$$F\left(\frac{1}{\operatorname{ch}\xi}\right)=\sqrt{\frac{\pi}{2}}\frac{1}{\operatorname{ch}\frac{\pi}{2}s}.$$

代入上式解出 ψ（如果下述积分存在的话），得

$$\psi(\xi)=F^{*}\left(\operatorname{ch}\frac{\pi}{2}s\,F(g)\right)=\frac{1}{\sqrt{2\pi}}\int_{-\infty}^{\infty}\operatorname{ch}\frac{\pi}{2}s\,F(g)\mathrm{e}^{-\mathrm{i}s\xi}\mathrm{d}s.$$

最后回复到原来的变量就得到解.

类似地，可考虑求解方程

$$\varphi(x)-\frac{\lambda}{\pi}\int_{0}^{+\infty}\frac{\varphi(y)}{x+y}\mathrm{d}y=f(x).$$

例 3 $$\frac{1}{\pi}\int_{0}^{+\infty}\frac{\varphi(y)}{x-y}\mathrm{d}y=f(x),\quad x\in[0,+\infty].$$

设 $f(x)\in L_2[0,+\infty]$，在 $L_2[0,+\infty]$ 中求解.

方程中主值积分存在性很容易证明，只须当 $x<0$ 时，令 $\varphi(x)=0$，积分就成为 Hilbert 变换. 由定理 6.1.2 可知对几乎处处的 $x\in[0,+\infty]$，主值积分是存在的.

解法一 依上例同一变换，方程可化为

$$\frac{1}{\pi}\int_{-\infty}^{\infty}\frac{\psi(\eta)}{\operatorname{sh}(\xi-\eta)}\mathrm{d}\eta=g(\xi).$$

按常规解法得出

$$\psi(\xi)=\frac{1}{2\pi\mathrm{i}}\int_{-\infty}^{\infty}g(\eta)\frac{\operatorname{ch}(\xi-\eta)}{\operatorname{sh}(\xi-\eta)}\mathrm{d}\eta.$$

但注意到 $\int_{-\infty}^{\infty}\frac{\mathrm{d}\eta}{\operatorname{sh}(\xi-\eta)}=0$，故

$$\psi(\xi)=c+\frac{1}{2\pi\mathrm{i}}\int_{-\infty}^{\infty}g(\eta)\frac{\operatorname{ch}(\xi-\eta)}{\operatorname{sh}(\xi-\eta)}\mathrm{d}\eta,$$

其中 c 为任意常数. 回复到原变量

$$\varphi(x)=\frac{c}{\sqrt{x}}-\frac{1}{2\pi}\int_{0}^{\infty}\frac{x+y}{x-y}\frac{1}{\sqrt{xy}}f(y)\mathrm{d}y. \tag{1.34}$$

解法二 令 $x=\frac{1}{1+\cos\xi}-\frac{1}{2}$，$y=\frac{1}{1+\cos\eta}-\frac{1}{2}$，

$$\psi(\eta)=\frac{\varphi(y)\sin\eta}{1+\cos\eta},\quad g(\xi)=\frac{f(x)\sin\xi}{1+\cos\xi},$$

则方程化为

$$K^{*}\psi=-\frac{1}{\pi}\int_{0}^{\pi}\frac{\sin\xi}{\cos\xi-\cos\eta}\psi(\eta)\mathrm{d}\eta=g(\xi).$$

由(1.33)，$\psi = c + Kg$，即

$$\varphi(x) = \frac{c}{\sqrt{x}} - \frac{1}{2\pi}\int_0^\infty \frac{x+\frac{1}{2}}{y+\frac{1}{2}} \frac{1}{x-y}\sqrt{\frac{y}{x}} f(y)\mathrm{d}y. \tag{1.35}$$

(1.35) 与(1.34) 外形不同，但两式相减得

$$\left[\frac{1}{2}\int_0^\infty \frac{f(y)\left(y-\frac{1}{2}\right)}{\sqrt{y}\left(y+\frac{1}{2}\right)}\mathrm{d}y\right]\frac{1}{\sqrt{x}} \equiv \frac{c_1}{\sqrt{x}}.$$

可见实质上是一致的.

解法三　令 $x = \dfrac{1}{1+\cos\xi} - \dfrac{1}{2}$，$y = \dfrac{1}{1+\cos\eta} - \dfrac{1}{2}$，

$$\tilde{\psi}(\eta) = \frac{\varphi(y)}{1+\cos\eta},\quad \tilde{g}(\xi) = \frac{f(x)}{1+\cos\xi},$$

则原方程化为

$$K\psi = \frac{1}{\pi}\int_0^\pi \frac{\sin\eta}{\cos\xi - \cos\eta}\tilde{\psi}(\eta)\mathrm{d}\eta = -\tilde{g}(\xi).$$

由例 1 知，当且仅当

$$\int_0^\pi \tilde{g}(\xi)\mathrm{d}\xi = 0$$

时方程有解，且其解为 $\tilde{\psi} = -K^*\tilde{g}$. 回到复变数，即在

$$\int_0^\infty \frac{f(y)}{\sqrt{y}}\mathrm{d}y = 0 \tag{1.36}$$

时有解，其解为

$$\varphi(x) = -\frac{1}{\pi}\int_0^\infty \frac{y+\frac{1}{2}}{\left(x+\frac{1}{2}\right)(x-y)}\sqrt{\frac{x}{y}} f(y)\mathrm{d}y. \tag{1.37}$$

这个解的外形与(1.35) 不同. 但只要将(1.35) 减去(1.37) 得到

$$\frac{c}{\sqrt{x}} - \frac{1}{2\sqrt{x}\left(x+\frac{1}{2}\right)}\int_0^\infty \frac{f(y)}{\sqrt{y}}\mathrm{d}y.$$

但结合条件(1.36) 便知上式为 $c/\sqrt{x}$. 这是合理的.

当然我们一定会同例 2 一样，考虑方程

$$\varphi(x) - \frac{\lambda}{\pi}\int_0^\infty \frac{\varphi(y)}{x-y}\mathrm{d}y = f(x)$$

这里的方法均失效了，详细解法放到下一节去讨论.

例 4 $$\frac{1}{\pi}\int_0^{\infty}\left(\frac{1}{x+y}-\frac{1}{x-y}\right)\varphi(y)\mathrm{d}y = f(x), \tag{1.38}$$

其中 $f(x)\in L_2[0,+\infty]$, $x\in[0,+\infty]$, 在 $L_2[0,+\infty]$ 内求解.

解法一 令 $x=\mathrm{e}^{2\xi}$, $y=\mathrm{e}^{2\eta}$, 将原方程化为卷积方程

$$\frac{1}{\pi}\int_{-\infty}^{\infty}\left(\frac{1}{\mathrm{ch}(\xi-\eta)}-\frac{1}{\mathrm{sh}(\xi-\eta)}\right)\psi(\eta)\mathrm{d}\eta = g(\xi),$$

$\psi(\eta)$, $g(\xi)$ 的意义同例 2. 从而

$$F(\psi)=\frac{\mathrm{ch}\frac{\pi}{2}s}{1-\mathrm{i}\ \mathrm{sh}\frac{\pi}{2}s}F(g),$$

$$\psi(\xi)=\frac{1}{2\pi}\int_{-\infty}^{\infty}g(\xi-\eta)\mathrm{d}\eta\int_{-\infty}^{\infty}\frac{\mathrm{e}^{-\mathrm{i}s\eta}\mathrm{ch}\frac{\pi}{2}s}{1-\mathrm{i}\ \mathrm{sh}\frac{\pi}{2}s}\mathrm{d}s.$$

用留数定理计算内层积分，得

$$\psi(\xi)=\frac{2}{\pi}\int_{-\infty}^{\infty}\frac{g(\xi-\eta)\mathrm{e}^{\eta}}{\mathrm{sh}\,2\eta}\mathrm{d}\eta.$$

回到原变量，则有

$$\varphi(x)=\frac{1}{\pi}\int_0^{\infty}\left(\frac{1}{x+y}+\frac{1}{x-y}\right)f(y)\mathrm{d}y.$$

解法二 将 $\varphi(x)$ 作奇延拓，$f(x)$ 作偶延拓. 在(1.38)中用 $-x$ 替换 x，得

$$\begin{aligned}f(-x)&=\frac{1}{\pi}\int_0^{\infty}\left(\frac{1}{-x+y}-\frac{1}{-x-y}\right)\varphi(y)\mathrm{d}y\\&=-\frac{1}{\pi}\int_0^{-\infty}\left(\frac{1}{-x-y_1}-\frac{1}{-x+y_1}\right)\varphi(-y_1)\mathrm{d}y_1 \quad (\text{令 } y=-y_1)\\&=\frac{1}{\pi}\int_{-\infty}^{0}\left(\frac{1}{x+y}-\frac{1}{x-y}\right)\varphi(y)\mathrm{d}y.\end{aligned} \tag{1.39}$$

(1.38) 与 (1.39) 相加，得

$$f(x)=\frac{1}{2\pi}\int_{-\infty}^{\infty}\left(\frac{1}{x+y}-\frac{1}{x-y}\right)\varphi(y)\mathrm{d}y. \tag{1.40}$$

令

$$H\varphi(x)=\frac{1}{\pi}\int_{-\infty}^{\infty}\frac{\varphi(y)}{x-y}\mathrm{d}y,$$

则

$$H\varphi(-x)=\frac{1}{\pi}\int_{-\infty}^{\infty}\frac{\varphi(-y)}{x-y}\mathrm{d}y=\frac{1}{\pi}\int_{-\infty}^{\infty}\frac{\varphi(y)}{x+y}\mathrm{d}y.$$

改写(1.40) 为

$$\frac{1}{2}(H\varphi(-x)-H\varphi(x))=f(x),$$

两边用 H 作用，根据 $H(-H)\varphi=\varphi$，有

$$\varphi(x)-\varphi(-x)=2Hf=\frac{2}{\pi}\int_{-\infty}^{\infty}\frac{f(y)}{x-y}\mathrm{d}y. \tag{1.41}$$

将上式中 x 换为 $-x$，有

$$\varphi(-x)-\varphi(x)=\frac{2}{\pi}\int_{-\infty}^{\infty}\frac{f(y)}{-x-y}\mathrm{d}y=-\frac{2}{\pi}\int_{-\infty}^{\infty}\frac{f(y)}{x+y}\mathrm{d}y. \tag{1.42}$$

将(1.41) 减去(1.42)，得

$$4\varphi(x)=\frac{2}{\pi}\int_{-\infty}^{\infty}\left(\frac{1}{x-y}+\frac{1}{x+y}\right)f(y)\mathrm{d}y,$$

即

$$\begin{aligned}\varphi(x)&=\frac{1}{2\pi}\int_{-\infty}^{\infty}\left(\frac{1}{x-y}+\frac{1}{x+y}\right)f(y)\mathrm{d}y\\&=\frac{1}{\pi}\int_{0}^{\infty}\left(\frac{1}{x-y}+\frac{1}{x+y}\right)f(y)\mathrm{d}y\quad(x\geqslant 0).\end{aligned}$$

例 5

$$\frac{1}{\pi}\int_{-1}^{1}\frac{\varphi(y)}{x-y}\mathrm{d}y=f(x),$$

其中 $f(x)\in L_2[-1,1]$，$-1\leqslant x\leqslant 1$，积分为主值积分.

令 $|x|>1$，$\varphi(x)=0$，方程左端便化为 Hilbert 积分，故对几乎处处的 $x\in[-1,1]$，主值积分存在.

以下总令 $x=\cos\xi$，$y=\cos\eta$.

解法一 令 $\varphi(\cos\eta)\sin\eta=\psi(\eta)$，$f(\cos\xi)\sin\xi=g(\xi)$，原方程化为

$$K^{*}\psi=-\frac{1}{\pi}\int_{0}^{\pi}\frac{\sin\xi}{\cos\xi-\cos\eta}\psi(\eta)\mathrm{d}\eta=-g(\xi).$$

故

$$\psi(\xi)=c-Kg=c-\frac{1}{\pi}\int_{0}^{\pi}\frac{\sin\eta}{\cos\xi-\cos\eta}g(\eta)\mathrm{d}\eta,$$

或即

$$\varphi(x)=\frac{c}{\sqrt{1-x^{2}}}-\frac{1}{\pi}\int_{-1}^{1}\sqrt{\frac{1-y^{2}}{1-x^{2}}}\frac{f(y)}{x-y}\mathrm{d}y. \tag{1.43}$$

解法二 令 $\varphi(\cos\eta)=\tilde{\psi}(\eta)$，$f(\cos\xi)=\tilde{g}(\xi)$，原方程化为

$$K\tilde{\psi}\equiv\frac{1}{\pi}\int_{0}^{\pi}\frac{\sin\eta}{\cos\xi-\cos\eta}\tilde{\psi}(\eta)\mathrm{d}\eta=\tilde{g}(\xi).$$

它当且仅当$\int_0^{\pi}\tilde{g}(\xi)\mathrm{d}\xi=0$时有解

$$\tilde{\psi}(\xi)=K^*\tilde{g}=-\frac{1}{\pi}\int_0^{\pi}\frac{\sin\xi}{\cos\xi-\cos\eta}\tilde{g}(\eta)\mathrm{d}\eta,$$

或即

$$\varphi(x)=-\frac{1}{\pi}\int_{-1}^{1}\sqrt{\frac{1-x^2}{1-y^2}}\frac{f(y)}{x-y}\mathrm{d}y, \tag{1.44}$$

其中 $f(x)$ 满足

$$\int_{-1}^{1}\frac{f(y)}{\sqrt{1-y^2}}\mathrm{d}y=0. \tag{1.45}$$

利用(1.45) 不难证明，(1.44) 与(1.43) 之间相差为$\frac{c}{\sqrt{1-x^2}}$.

6.2 投影定理

为了求解(1.1),(1.2) 型的奇异积分方程，我们来介绍投影方法. 它们主要基于 L_2 空间的投影定理、乘子定理、边值定理和因子化定理. 本节首先介绍投影定理.

定义 6.2.1 定义空间 L_2^+ 及 L_2^- 分别为如下集合：

$$\begin{aligned}L_2^+&=\{\varphi\mid\varphi\in L_2[-\infty,+\infty];\ F(\varphi)=0,\ s>0\},\\ L_2^-&=\{\varphi\mid\varphi\in L_2[-\infty,+\infty];\ F(\varphi)=0,\ s<0\},\end{aligned} \tag{2.1}$$

容易证明 L_2^+,L_2^- 构成 L_2 的线性闭子空间.

定理 6.2.1 *L_2 空间可以分解为 L_2^+ 与 L_2^- 的直和. 即 $L_2=L_2^+\oplus L_2^-$.*

证 设 $f\in L_2^+$, $g\in L_2^-$，由以上定义知

$$(f,g)=(F(f),F(g))=\int_{-\infty}^{\infty}\hat{f}(s)\overline{\hat{g}(s)}\mathrm{d}s=0.$$

这说明空间 L_2^+ 与 L_2^- 互相正交.

其次显然有

$$L_2^+\oplus L_2^-=\{f+g\mid f\in L_2^+,\ g\in L_2^-\}\subseteq L_2.$$

关键是证明 $L_2\subseteq L_2^+\oplus L_2^-$. 为此对任意 $\varphi\in L_2$，令

$$\varphi_+(x)=\frac{1}{2}(\varphi+\mathrm{i}H\varphi),\quad \varphi_-(x)=\frac{1}{2}(\varphi-\mathrm{i}H\varphi), \tag{2.2}$$

其中 H 是 Hilbert 变换，由定理 6.1.3 知 $\varphi_+, \varphi_- \in L_2$，而且由(2.2)，它们由 φ 唯一确定，计算表明

$$F(\varphi_+) = \frac{1}{2}(F(\varphi) + \mathrm{i}F(H\varphi)) = \frac{1}{2}(F(\varphi) - \operatorname{sgn} s\, F(\varphi))$$

$$= \begin{cases} 0, & s > 0, \\ F(\varphi), & s < 0. \end{cases}$$

同理

$$F(\varphi_-) = \begin{cases} F(\varphi), & s > 0, \\ 0, & s < 0. \end{cases}$$

于是 $\varphi_+ \in L_2^+$，$\varphi_- \in L_2^-$. 由(2.2)

$$\varphi = \varphi_+ + \varphi_-, \tag{2.3}$$

从而 $L_2 \subseteq L_2^+ \oplus L_2^-$. ■

注 1 (2.3) 表明：L_2 中任一元素可分解为 L_2^+ 中的一个元素和 L_2^- 中的一个元素之和，而且这种分解是唯一的. 我们把(2.2) 决定的 φ_+ 及 φ_- 称为 φ 在 L_2^+ 及 L_2^- 上的**投影**. 另外，由(2.2) 还得出

$$H\varphi = -\mathrm{i}(\varphi_+ - \varphi_-). \tag{2.4}$$

这也经常用到.

注 2 $L_2^+ \cap L_2^- = \{0\}$. 事实上，当 $f \in L_2^+ \cap L_2^-$，有 $(f, f) = 0$，即 $f = 0$. 这一性质，在下面求解中将反复用到.

例

$$\varphi(x) - \frac{\lambda}{\pi}\int_{-\infty}^{\infty} \frac{\varphi(y)}{x-y}\mathrm{d}y = f(x), \tag{2.5}$$

其中 $f(x) \in L_2[-\infty, +\infty]$，且方程要在 $L_2[-\infty, +\infty]$ 中求解.

解 利用(2.3) 及(2.4)，原方程化为

$$\varphi_+ + \varphi_- + \mathrm{i}\lambda(\varphi_+ - \varphi_-) = f_+ + f_-.$$

由注 2，

$$\underset{(L_2^+)}{(1+\lambda \mathrm{i})\varphi_+ - f_+} = \underset{(L_2^-)}{-(1-\lambda \mathrm{i})\varphi_- + f_-} = 0.$$

(1) 若 $\lambda \neq \pm \mathrm{i}$，则

$$\varphi_+ = \frac{f_+}{1+\lambda \mathrm{i}}, \quad \varphi_- = \frac{f_-}{1-\lambda \mathrm{i}}.$$

故

$$\varphi = \varphi_+ + \varphi_- = \frac{f_+}{1+\lambda \mathrm{i}} + \frac{f_-}{1-\lambda \mathrm{i}}$$

$$= \frac{(f_+ + f_-) - \lambda \mathrm{i}(f_+ - f_-)}{1+\lambda^2} = \frac{f + \lambda H f}{1+\lambda^2}. \tag{2.6}$$

(2) 若 $\lambda=-\mathrm{i}$, $(1-\lambda\mathrm{i})\varphi_{-}=f_{-}$，于是 $f_{-}=0$，故 φ_{-} 为属于 L_2^- 的任意函数，而 $\varphi_{+}=\frac{f_{+}}{2}$. 从而

$$\varphi=\varphi_{-}+\frac{f_{+}}{2}=\varphi_{-}+\frac{f}{2}.$$

同理可讨论 $\lambda=-\mathrm{i}$ 时，$\varphi=\varphi_{+}+\frac{f}{2}$，$\varphi_{+}$ 是属于 L_2^+ 的任意函数.

从本例出发可以求出方程

$$\frac{1}{\pi}\int_{-\infty}^{\infty}\frac{\varphi(y)}{x-y}\mathrm{d}y=f(x) \tag{2.7}$$

的解. 只要在(2.5)中以 $-\lambda f(x)$ 代替 $f(x)$，然后两端以 λ 除之，且令 $\lambda\to\infty$，这就得到方程(2.7)，相应地在解(2.6)时也进行这样的手续. 得到

$$\varphi=\lim_{\lambda\to\infty}\frac{-\lambda f-\lambda^2 Hf}{1+\lambda^2}=-Hf.$$

这与定理 6.1.3 之结论(5)相一致.

6.3 乘子定理

如果 $\varphi(x)\in L_2^+(L_2^-)$，在求解方程(1.1),(1.2)的过程中，用 $\varphi(x)$ 乘某一函数 $a(x)$ 时，乘积 $a(x)\varphi(x)$ 是否仍属于 L_2^+(或 L_2^-)? 这是本节乘子定理所要回答的问题.

定理 6.3.1 设 $\varphi(x)\in L_2^+$. 记 $z=x+\mathrm{i}y$.

(1) 若 $a(z)$ 在 $y\geqslant 0$ 连续、有界，在 $y>0$ 解析且 $a(x)\in L_2[-\infty,+\infty]$，则 $a(x)\varphi(x)\in L_2^+$.

(2) 若 $a(z)$ 在 $y>0$ 除去 $z=\zeta$ ($\mathrm{Im}\zeta>0$) 处有 n 阶极点外解析；在 $y\geqslant 0$ 除 $z=\zeta$ 外连续且除去 $z=\zeta$ 的任意小的邻域后为有界；$a(x)\in L_2[-\infty,+\infty]$，则对适当的 $\alpha_1,\alpha_2,\cdots,\alpha_n$，

$$a(x)\varphi(x)-\sum_{k=1}^{n}\frac{\alpha_k}{(x-\zeta)^k}\in L_2^+.$$

证 我们注意到结论(1)是(2)的特例，故只须证明结论(2)即可. 显然因 $a(x)$ 有界，$a(x)\varphi(x)\in L_2$. 又 $\frac{1}{x-\zeta}\in L_2$，从而

$$a(x)\varphi(x)-\sum_{k=1}^{n}\frac{\alpha_k}{(x-\zeta)^k}\in L_2.$$

现只须证，适当选取 $\alpha_1,\alpha_2,\cdots,\alpha_n$，使当 $s>0$ 时

$$F\Big(a(x)\varphi(x)-\sum_{k=1}^{n}\frac{\alpha_k}{(x-\zeta)^k}\Big)=0 \tag{3.1}$$

即可，为此我们分以下步骤考虑.

(1) 设

$$c(x)=\sum_{k=1}^{n}\frac{\alpha_k}{(x-\zeta)^k}.$$

求 $c(x)$ 的 Fourier 变换当 $s>0$ 时的值.

命 $s>0$，在上半平面应用留数定理，得

$$\begin{aligned}F(c(x))&=\frac{1}{\sqrt{2\pi}}\sum_{k=1}^{n}\alpha_k\int_{-\infty}^{\infty}\frac{\mathrm{e}^{\mathrm{i}sx}}{(x-\zeta)^k}\mathrm{d}x\\&=\frac{2\pi\mathrm{i}}{\sqrt{2\pi}}\sum_{k=1}^{n}\alpha_k\frac{1}{(k-1)!}\frac{\mathrm{d}^{k-1}}{\mathrm{d}z^{k-1}}\mathrm{e}^{\mathrm{i}sz}\Big|_{z=\zeta}\\&=\sum_{k=1}^{n}\Big(\frac{2\pi\mathrm{i}}{\sqrt{2\pi}}\frac{\mathrm{i}^{k-1}}{(k-1)!}\alpha_k\Big)s^{k-1}\mathrm{e}^{\mathrm{i}s\zeta}.\end{aligned} \tag{3.2}$$

我们只须证明此时 $F(a(x)\varphi(x))$ 有如下形式：

$$\sum_{k=1}^{n}b_k s^{k-1}\mathrm{e}^{\mathrm{i}s\zeta} \tag{3.3}$$

即可，其中 b_k 为常数；因为这样就可选择 α_k，使得(3.1) 成立.

(2) $\varphi\in L_2^+$，设 $F(\varphi)=\hat{\varphi}(s)$，令

$$a_\varepsilon(x)=a(x)\mathrm{e}^{-\varepsilon|x|},\quad \varepsilon>0,$$

则 $a_\varepsilon(x)\in L_2\cap L_1$，设 $F\big(a(x)\mathrm{e}^{-\varepsilon|x|}\big)=\hat{a}_\varepsilon(s)$. 由定理 5.2.2，

$$F\big(\varphi(x)a(x)\mathrm{e}^{-\varepsilon|x|}\big)=\frac{1}{\sqrt{2\pi}}\hat{\varphi}*\hat{a}_\varepsilon=\frac{1}{\sqrt{2\pi}}\int_{-\infty}^{0}\hat{\varphi}(\sigma)\hat{a}_\varepsilon(s-\sigma)\mathrm{d}\sigma. \tag{3.4}$$

(3) 为求出 $s>0$ 时 $\hat{a}_\varepsilon(s)$ 的表达式.

为确定起见不妨设 $\mathrm{Re}\,\zeta>0$. 设 $f(z)=a(z)\mathrm{e}^{\varepsilon z}\mathrm{e}^{\mathrm{i}sz}$，$\Gamma_R$ 为 $|z|=R$ 的反时针方向在第二象限中的部分，在第二象限中应用 Cauchy 定理：

$$\int_{-R}^{0}a(x)\mathrm{e}^{\varepsilon x}\mathrm{e}^{\mathrm{i}sx}\mathrm{d}x+\int_{\Gamma_R}f(z)\mathrm{d}z+\mathrm{i}\int_{0}^{R}a(\mathrm{i}y)\mathrm{e}^{\varepsilon\mathrm{i}y-sy}\mathrm{d}y=0. \tag{3.5}$$

对充分大的 R，

$$\Big|\int_{\Gamma_R}f(z)\mathrm{d}z\Big|=\Big|\int_{\frac{\pi}{2}}^{\pi}a(R\mathrm{e}^{\mathrm{i}\theta})\mathrm{e}^{\varepsilon R\mathrm{e}^{\mathrm{i}\theta}}\mathrm{e}^{\mathrm{i}sR\mathrm{e}^{\mathrm{i}\theta}}\mathrm{i}R\mathrm{e}^{\mathrm{i}\theta}\mathrm{d}\theta\Big|$$

$$\leqslant RM\int_{\frac{\pi}{2}}^{\pi} e^{\varepsilon R\cos\theta} e^{-Rs\sin\theta} d\theta \quad (\text{其中 } M \text{ 为 } |a(z)| \text{ 在 } y \geqslant 0 \text{ 时的上界})$$

$$= RM\int_0^{\frac{\pi}{2}} e^{-\varepsilon R\cos\alpha - sR\sin\alpha} d\alpha = RM\int_0^{\frac{\pi}{2}} e^{-\varepsilon R\sin\left(\frac{\pi}{2}-\alpha\right) - sR\sin\alpha} d\alpha$$

$$\leqslant RM\int_0^{\frac{\pi}{2}} e^{-\varepsilon R\frac{2}{\pi}\left(\frac{\pi}{2}-\alpha\right) - sR\frac{2}{\pi}\alpha} d\alpha$$

$$= \frac{\pi M}{2}\frac{1}{\varepsilon - s}(e^{-sR} - e^{-\varepsilon R}) \to 0 \quad (R \to +\infty).$$

由(3.5)得

$$\int_{-\infty}^0 a(x)e^{\varepsilon x}e^{isx}dx = -i\int_0^{\infty} a(iy)e^{\varepsilon y i}e^{-sy}dy. \tag{3.6}$$

在第一象限中考虑对函数 $g(z) = a(z)e^{-\varepsilon z}e^{isz}$ 用留数定理. 设 Γ'_R 为 $|z| = R$ 在第一象限的部分

$$\int_0^R a(x)e^{-\varepsilon x}e^{isx}dx + \int_{\Gamma'_R} g(z)dz + i\int_R^0 a(iy)e^{-\varepsilon iy - sy}dy$$

$$= 2\pi i\,\mathrm{Res}(g(z),\zeta)$$

$$= \frac{2\pi i}{(n-1)!}\frac{d^{n-1}}{dz^{n-1}}\left[(z-\zeta)^n a(z)e^{-\varepsilon z + isz}\right]\Big|_{z=\zeta}. \tag{3.7}$$

由关于 $a(z)$ 的假设，在 $z = \zeta$ 附近

$$a(z) = b(z) + \sum_{k=1}^n \frac{a_k}{(z-\zeta)^k},$$

其中 $b(z)$ 在 $z = \zeta$ 处解析. 注意 $(z-\zeta)^n b(z)$ 在 $z = \zeta$ 处的 $0,1,\cdots,n-1$ 阶导数均为零. 从而

$$\mathrm{Res}(g(z),\zeta) = \frac{1}{(n-1)!}\sum_{k=1}^n a_k \frac{d^{n-1}}{dz^{n-1}}\left[(z-\zeta)^{n-k}e^{-\varepsilon z + isz}\right]\Big|_{z=\zeta}$$

$$= \frac{1}{(n-1)!}\sum_{k=1}^n a_k \sum_{j=0}^{n-1} C_{n-1}^j \left[(z-\zeta)^{n-k}\right]_{z=\zeta}^{(j)}\left[e^{(-\varepsilon+is)z}\right]_{z=\zeta}^{(n-1-j)}$$

$$= \sum_{k=1}^n \frac{1}{(n-1)!}a_k C_{n-1}^{n-k}(n-k)!(-\varepsilon + is)^{k-1}e^{(is-\varepsilon)\zeta}$$

$$= \sum_{k=1}^n \frac{a_k}{(k-1)!}(is-\varepsilon)^{k-1}e^{(is-\varepsilon)\zeta}.$$

记 $r_k = \frac{2\pi i}{(k-1)!}a_k$ 以及

$$r(s) = \sum_{k=1}^n r_k(is-\varepsilon)^{k-1}e^{(is-\varepsilon)\zeta}, \tag{3.8}$$

类似地可证明 $R \to +\infty$ 时 $\int_{\Gamma'_R} \to 0$，故由(3.7)，

$$\int_0^{\infty} a(x)\mathrm{e}^{-\varepsilon x+\mathrm{i}sx}\mathrm{d}x = r(s)+\mathrm{i}\int_0^{\infty} a(\mathrm{i}y)\mathrm{e}^{-\varepsilon\mathrm{i}y-sy}\mathrm{d}y. \tag{3.9}$$

将(3.6)与(3.9)相加，得

$$\int_{-\infty}^{\infty} a(x)\mathrm{e}^{-\varepsilon|x|}\mathrm{e}^{\mathrm{i}sx}\mathrm{d}x = r(s)+2\int_0^{\infty} a(\mathrm{i}y)\sin\varepsilon y\ \mathrm{e}^{-sy}\mathrm{d}y,$$

从而

$$\hat{a}_{\varepsilon}(s)=\frac{1}{\sqrt{2\pi}}\Big(r(s)+2\int_0^{\infty} a(\mathrm{i}y)\sin\varepsilon y\ \mathrm{e}^{-sy}\mathrm{d}y\Big).$$

代入(3.4)，得

$$F(a(x)\varphi(x)\mathrm{e}^{-\varepsilon|x|})=\frac{1}{2\pi}\int_{-\infty}^{0}\hat{\varphi}(\sigma)\Big\{\sum_{k=1}^{n} r_k[\mathrm{i}(s-\sigma)-\varepsilon]^{k-1}\mathrm{e}^{[\mathrm{i}(s-\sigma)-\varepsilon]\zeta}$$
$$+2\int_0^{\infty} a(\mathrm{i}y)\sin\varepsilon y\ \mathrm{e}^{-(s-\sigma)y}\mathrm{d}y\Big\}\mathrm{d}\sigma. \tag{3.10}$$

(4) 考虑上式当 $\varepsilon\to+0$ 时的极限. 因为

$$|a(x)\varphi(x)\mathrm{e}^{-\varepsilon|x|}\mathrm{e}^{\mathrm{i}sx}|\leqslant|a(x)\varphi(x)|,$$

而 $a(x)\varphi(x)\in L_1[-\infty,\infty]$，由 Lebesgue 控制收敛定理，(3.10)左端可在积分号下取 $\varepsilon\to+0$ 的极限. 对右端可分为两项，其中第一项为

$$\frac{1}{2\pi}\int_{-\infty}^{0}\hat{\varphi}(\sigma)\sum_{k=1}^{n} r_k[\mathrm{i}(s-\sigma)-\varepsilon]^{k-1}\mathrm{e}^{[\mathrm{i}(s-\sigma)-\varepsilon]\zeta}\mathrm{d}\sigma$$
$$=\mathrm{e}^{-\varepsilon\zeta}\frac{1}{2\pi}\int_{-\infty}^{0}\hat{\varphi}(\sigma)\sum_{k=1}^{n} r_k[\mathrm{i}(s-\sigma)-\varepsilon]^{k-1}\mathrm{e}^{\mathrm{i}(s-\sigma)\zeta}\mathrm{d}\sigma,$$

把 $[\mathrm{i}(s-\sigma)-\varepsilon]^{k-1}$ 展开成 ε 的多项式，从而 $\varepsilon\to+0$ 也可取极限；而对另一项，

$$\Big|\frac{1}{\pi}\int_{-\infty}^{0}\hat{\varphi}(\sigma)\Big(\int_0^{\infty} a(\mathrm{i}y)\sin\varepsilon y\ \mathrm{e}^{-(s-\sigma)y}\mathrm{d}y\Big)\mathrm{d}\sigma\Big|$$
$$\leqslant\frac{M_1\varepsilon}{\pi}\int_{-\infty}^{0}|\hat{\varphi}(\sigma)|\frac{1}{(s-\sigma)^2}\mathrm{d}\sigma\to 0,\quad \varepsilon\to+0,$$

其中 $M_1=M\int_0^{\infty} u\mathrm{e}^{-u}\mathrm{d}u$. 这样一来，(3.10)令 $\varepsilon\to+0$ 取极限有

$$F(a(x)\varphi(x))$$
$$=\frac{1}{2\pi}\mathrm{e}^{\mathrm{i}s\zeta}\int_{-\infty}^{0}\hat{\varphi}(\sigma)\sum_{k=1}^{n} r_k[\mathrm{i}(s-\sigma)]^{k-1}\mathrm{e}^{-\mathrm{i}\sigma\zeta}\mathrm{d}\sigma$$
$$=\frac{1}{2\pi}\mathrm{e}^{\mathrm{i}s\zeta}\sum_{k=1}^{n} r_k\mathrm{i}^{k-1}\sum_{j=0}^{k-1} C_{k-1}^{j} s^j\int_{-\infty}^{0}\hat{\varphi}(\sigma)(-\sigma)^{k-1-j}\mathrm{e}^{-\mathrm{i}\sigma\zeta}\mathrm{d}\sigma$$
$$=\mathrm{e}^{\mathrm{i}s\zeta}\sum_{j=0}^{n-1}\frac{1}{j!}s^j\Big(\sum_{k=j+1}^{n} r_k\frac{i^{k-1}(k-1)!}{2\pi(k-1-j)!}\cdot\int_{-\infty}^{0}\varphi(\sigma)\mathrm{e}^{-\mathrm{i}\sigma\zeta}(-\sigma)^{k-1-j}\mathrm{d}\sigma\Big).$$

右端确为(3.3)的形式. ■

注 1 证明中假设了 $\mathrm{Re}\zeta > 0$. 如果 $\mathrm{Re}\zeta < 0$，无非相应地在第二象限用留数定理，在第一象限用Cauchy定理，这一点读者可自行作出. 如果 $\mathrm{Re}\zeta = 0$，则用推广的留数定理可以证明①.

注 2 本定理可推广到 $a(z)$ 在实轴上有有限个点处有弱奇异性的情形. 即除本定理的假设之外，设在实轴上的点 x_i 处，有

$$a(z) = O\left(\frac{1}{(z-x_i)^{\alpha_i}}\right) \quad \mathrm{Im}z > 0,\ 0 < \alpha_i < 1,\ i = 1,2,\cdots,n.$$

定理的结论仍成立. 这只要在证明中应用边界上有有限个点具有弱奇性的Cauchy定理和留数定理即可.

注 3 本定理可推广到上半平面 $y > 0$ 内有有限个极点的情形. 即 $a(z)$ 除了在 $\zeta_1,\zeta_2,\cdots,\zeta_m$ 分别有 $n_1,n_2,\cdots,n_m$ 阶极点外，满足相应的解析、连续、有界等条件，且 $a(x) \in L_2[-\infty,+\infty]$，则存在着 α_{ji}，$j = 1,2,\cdots,n_i$；$i = 1,2,\cdots,m$，使

$$a(x)\varphi(x) - \sum_{k=1}^{m}\sum_{j=1}^{n_k}\frac{\alpha_{jk}}{(x-\zeta_k)^j} \in L_2^+. \tag{3.11}$$

至于在实轴上也有有限个极点的情况也可推广②.

注 4 若 $\varphi(x) \in L_2^-$，只要 $a(x) \in L_2[-\infty,+\infty]$，且在下半平面满足相应的解析、连续、有界等条件时，则存在常数 $\alpha_1,\alpha_2,\cdots,\alpha_n$，使

$$a(x)\varphi(x) - \sum_{k=1}^{n}\frac{\alpha_k}{(x-\zeta)^k} \in L_2^-,$$

其中 $z = \zeta$ 是在下半平面($y < 0$)函数 $a(z)$ 的 n 阶极点. 这时也能作出类似于注1至注3的议论.

例 求解

$$\varphi(x) - \frac{\lambda}{\pi}\int_0^{+\infty}\frac{\varphi(y)}{x-y}\mathrm{d}y = f(x), \quad x > 0. \tag{3.12}$$

已知 $f(x) \in L_2[0,+\infty]$，$\lambda^2 \notin [-\infty,-1]$，且

$$\int_1^{\infty} x|f(x)|^2\mathrm{d}x < +\infty, \tag{3.13}$$

$$\int_0^1 \frac{1}{x}|f(x)|^2\mathrm{d}x < +\infty. \tag{3.14}$$

解 当 $x < 0$ 时，令 $f(x) = \varphi(x) = 0$，则按(2.2)的记号，有

---

①② 见路见可:《推广的留数定理及其应用》，武汉大学学报，自然科学版，1978，No. 3：第1～8页.

$$\begin{aligned}&\varphi_{+}+\varphi_{-}+\mathrm{i}\lambda(\varphi_{+}-\varphi_{-})=f, && x>0,\\&\varphi_{+}+\varphi_{-}=0, && x<0.\end{aligned}$$

或写为

$$\varphi_{-}=-p(x)\varphi_{+}+\frac{f}{1-\lambda\mathrm{i}},\quad -\infty<x<+\infty,\tag{3.15}$$

其中

$$p(x)=\begin{cases}\dfrac{1+\lambda\mathrm{i}}{1-\lambda\mathrm{i}}, & x>0,\\ 1, & x<0.\end{cases}\tag{3.16}$$

设想 $p(x)$ 能写成某一在上下半平面解析函数 $q(z)$ 正边值 $q^{+}(x)=\lim\limits_{y\to+0}q(z)$ 及负边值 $q^{-}(x)=\lim\limits_{y\to-0}q(z)$ 之商，即

$$p(x)=\frac{q^{+}(x)}{q^{-}(x)},$$

则(3.15)为

$$q^{-}\varphi_{-}=-q^{+}\varphi_{+}+\frac{fq^{-}}{1-\lambda\mathrm{i}}.\tag{3.17}$$

这就有希望用乘子定理及投影定理来求解.

我们给出

$$q(z)=(-z)^{\rho},\tag{3.18}$$

$$\rho=\frac{1}{2\pi\mathrm{i}}\ln\frac{1-\lambda\mathrm{i}}{1+\lambda\mathrm{i}}.\tag{3.19}$$

取 $-\pi<\arg\dfrac{1-\lambda\mathrm{i}}{1+\lambda\mathrm{i}}\leqslant\pi$，于是 $|\mathrm{Re}\rho|\leqslant\dfrac{1}{2}$，但在 $\lambda^{2}\notin[-\infty,-1]$ 的假设下容易证明，$|\mathrm{Re}\rho|<\dfrac{1}{2}$. 取定 $q(z)=(-z)^{\rho}=\mathrm{e}^{\rho\ln(-z)}$ 这样的分支：在割开正实轴后，$\ln(-z)$ 在 $z=x<0$ 为实值. 于是

$$q^{+}(x)=\begin{cases}\mathrm{e}^{-\mathrm{i}\pi\rho}x^{\rho}, & x>0,\\ (-x)^{\rho}, & x<0.\end{cases}\tag{3.20}$$

$$q^{-}(x)=\begin{cases}\mathrm{e}^{\mathrm{i}\pi\rho}x^{\rho}, & x>0,\\ (-x)^{\rho}, & x<0.\end{cases}\tag{3.21}$$

容易验证

$$\frac{q^{+}(x)}{q^{-}(x)}=p(x),$$

从而确实可化为(3.17). 另外(3.17)中 $fq^{-}\in L_{2}[-\infty,+\infty]$. 事实上，由(3.21)，且注意 $x<0$ 时 $f=0$，

$$\int_{-\infty}^{\infty}|fq^-|^2\mathrm{d}x=\int_0^{\infty}|f(x)|^2|\mathrm{e}^{2\pi\rho\mathrm{i}}||\mathrm{e}^{(\mathrm{Re}\rho+\mathrm{i}\,\mathrm{Im}\rho)\ln x}|^2\mathrm{d}x$$

$$=\left|\frac{1-\lambda\mathrm{i}}{1+\lambda\mathrm{i}}\right|\int_0^{\infty}x^{2\mathrm{Re}\rho}|f(x)|^2\mathrm{d}x. \tag{3.22}$$

由 $-1<2\mathrm{Re}\rho<1$ 可知:

当 $0<x<1$ 时, $x^{2\mathrm{Re}\rho}<x^{-1}$, 从而

$$\int_0^1 x^{2\mathrm{Re}\rho}|f|^2\mathrm{d}x<\int_0^1\frac{1}{x}|f|^2\mathrm{d}x<+\infty.$$

当 $x>1$ 时, $x^{2\mathrm{Re}\rho}<x$, 从而

$$\int_1^{\infty}x^{2\mathrm{Re}\rho}|f|^2\mathrm{d}x<\int_1^{\infty}x|f|^2\mathrm{d}x<+\infty.$$

回到(3.22), 这意味着 $fq^-\in L_2[-\infty,+\infty]$, 由投影定理, (3.17) 可化为

$$q^-\varphi_--\frac{(fq^-)_-}{1-\lambda\mathrm{i}}=-q^+\varphi_++\frac{(fq^-)_+}{1-\lambda\mathrm{i}}. \tag{3.23}$$

这时还不能断言 $q^-\varphi_-\in L_2^-$, $q^+\varphi_+\in L_2^+$; 因为

$$|q(z)|=|(-z)^{\rho}|=|\mathrm{e}^{(\mathrm{Re}\rho+\mathrm{i}\,\mathrm{Im}\rho)(\ln|z|+\mathrm{i}\theta)}|$$

$$=\mathrm{e}^{-\theta\,\mathrm{Im}\rho}\mathrm{e}^{(\mathrm{Re}\rho)\ln|z|},\quad \theta=\arg z,\ |\theta|\leqslant\pi.$$

当 $\mathrm{Re}\rho>0$ 时 $q(z)$ 在 $z=\infty$ 处无界, $\mathrm{Re}\rho<0$ 时 $q(z)$ 在 $z=0$ 处无界, 当 $\mathrm{Re}\rho=0$ 时 $q(z)$ 在 $y\geqslant0$ 或 $y\leqslant0$ 有界. 在(3.23) 两端同乘以 $\dfrac{1}{x-\mathrm{i}}$, 得

$$\frac{q^-}{x-\mathrm{i}}\varphi_--\frac{(fq^-)_-}{(x-\mathrm{i})(1-\lambda\mathrm{i})}=-\frac{q^+}{x-\mathrm{i}}\varphi_++\frac{(fq^-)_+}{(x-\mathrm{i})(1-\lambda\mathrm{i})}, \tag{3.24}$$

由(3.21), 当 $-\dfrac{1}{2}<\mathrm{Re}\rho<\dfrac{1}{2}$ 时,

$$\int_{-\infty}^{\infty}\left|\frac{q^-}{x-\mathrm{i}}\right|^2\mathrm{d}x=\int_{-\infty}^{0}\frac{(-x)^{2\mathrm{Re}\rho}}{|x-\mathrm{i}|^2}\mathrm{d}x+\left|\frac{1-\lambda\mathrm{i}}{1+\lambda\mathrm{i}}\right|\int_0^{\infty}\frac{x^{2\mathrm{Re}\rho}}{|x-\mathrm{i}|^2}\mathrm{d}x<+\infty.$$

从而 $\dfrac{q^-}{x-\mathrm{i}}\in L_2$. 同样可证 $\dfrac{q^+}{x-\mathrm{i}}\in L_2$.

$$\frac{q(z)}{z-\mathrm{i}}=\frac{(-z)^{\rho}}{z-\mathrm{i}} \tag{3.25}$$

在 $y<0$ 解析, 在 $\mathrm{Re}\rho\geqslant0$ 时从下半平面连续到实轴, 且 $|z|\to\infty$ 时

$$\left|\frac{(-z)^{\rho}}{z-\mathrm{i}}\right|=\frac{\mathrm{e}^{-\theta\,\mathrm{Im}\rho}|z|^{\mathrm{Re}\rho}}{|z-\mathrm{i}|}\leqslant\frac{M|z|^{\mathrm{Re}\rho}}{|z-\mathrm{i}|}\to0. \tag{3.26}$$

从而(3.25) 在下半平面 $y\leqslant0$ 有界. 由乘子定理知, $\dfrac{q^-}{x-\mathrm{i}}\varphi_-\in L_2^-$. 当 $\mathrm{Re}\rho<0$ 时, (3.25) 在 $y<0$ 解析, 可连续延拓到实轴上 $(z\neq0)$, 由(3.26) 知, (3.25) 在 $y\leqslant0$ 除去 $z=0$ 附近外有界. 而在 $z=0$ 附近由(3.26) 看出

$$\left|\frac{(-z)^{\rho}}{z-\mathrm{i}}\right| \leqslant M_1 \frac{1}{|z|^{-\mathrm{Re}\rho}},\quad 0<-\mathrm{Re}\rho<\frac{1}{2}. \tag{3.27}$$

故(3.25)有不足一阶的奇性(弱奇性)，由乘子定理注2仍有$\dfrac{q^-}{x-\mathrm{i}}\varphi_- \in L_2^-$.

因$\dfrac{1}{x-\mathrm{i}}\in L_2$，且$\dfrac{1}{z-\mathrm{i}}$在$y<0$解析，在$y\leqslant 0$连续、有界，故(3.24)左边第二项属于$L_2^-$.

类似的分析用于(3.24)右端两项，由于$\dfrac{(-z)^{\rho}}{z-\mathrm{i}}$及$\dfrac{1}{z-\mathrm{i}}$在$z=\mathrm{i}$处有一阶极点，由乘子定理知存在数$\alpha$，使得右端减去$\dfrac{\alpha}{x-\mathrm{i}}$后仍属于$L_2^+$. 这样(3.24)成为

$$\underset{(L_2^-)}{\frac{q^-}{x-\mathrm{i}}\varphi_-}-\underset{(L_2^-)}{\frac{(fq^-)_-}{(x-\mathrm{i})(1-\lambda\mathrm{i})}}-\underset{(L_2^-)}{\frac{\alpha}{x-\mathrm{i}}}$$

$$=\underbrace{-\frac{q^+}{x-\mathrm{i}}\varphi_+ + \frac{(fq^-)_+}{(x-\mathrm{i})(1-\lambda\mathrm{i})}-\frac{\alpha}{x-\mathrm{i}}}_{(L_2^+)}. \tag{3.28}$$

对于新添的项$\dfrac{1}{x-\mathrm{i}}$，可直接验证，$s<0$时

$$F\left(\frac{1}{x-\mathrm{i}}\right)=0,$$

故$\dfrac{1}{x-\mathrm{i}}\in L_2^-$. 最后由(3.28)右端为零，得

$$\varphi_+=\frac{(fq^-)_+}{q^+(1-\lambda\mathrm{i})}-\frac{\alpha}{q^+}, \tag{3.29}$$

$$\varphi_-=\frac{(fq^-)_-}{q^-(1-\lambda\mathrm{i})}+\frac{\alpha}{q^-}. \tag{3.30}$$

不过我们容易看出$\alpha=0$. 事实上，(3.28)左端为零，于是为可积函数，然而因$\varphi_-\in L_2$，$\dfrac{q^-}{x-\mathrm{i}}\in L_2$，从而$\dfrac{q^-}{x-\mathrm{i}}\varphi_-\in L_1[-\infty,+\infty]$，又$\dfrac{1}{x-\mathrm{i}}\in L_2$，$(fq^-)_-\in L_2$，从而$\dfrac{1}{x-\mathrm{i}}(fq^-)_-\in L_1[-\infty,+\infty]$，于是

$$\int_{-\infty}^{\infty}\left|\frac{\alpha}{x-\mathrm{i}}\right|\mathrm{d}x<+\infty$$

只有$\alpha=0$才行.

由(3.29)，(2.2)，(3.20)，(3.19)，当$x>0$时，

$$\varphi_+ = \frac{\frac{1}{2}(fq^- + \mathrm{i}(fq^-))}{\mathrm{e}^{-\mathrm{i}\pi\rho}x^\rho(1-\lambda\mathrm{i})} = \frac{\frac{1}{2}(f\mathrm{e}^{\pi\mathrm{i}\rho}x^\rho + \mathrm{i}\mathrm{e}^{\pi\rho\mathrm{i}}H(fx^\rho))}{\mathrm{e}^{-\pi\mathrm{i}\rho}x^\rho(1-\lambda\mathrm{i})}$$

$$= \frac{1}{2(1+\lambda\mathrm{i})}x^{-\rho}(fx^\rho + \mathrm{i}H(fx^\rho)).$$

同样 $x>0$ 时，

$$\varphi_- = \frac{1}{2(1-\lambda\mathrm{i})}x^{-\rho}(fx^\rho - \mathrm{i}H(fx^\rho)).$$

由 $\varphi=\varphi_+ + \varphi_-$ 知，$x>0$ 时有

$$\varphi(x) = \frac{f(x)}{1+\lambda^2} + \frac{\lambda x^{-\rho}}{(1+\lambda^2)\pi}\int_0^\infty \frac{f(y)y^\rho}{x-y}\mathrm{d}y. \tag{3.31}$$

相应于(3.12)的第一种方程为

$$\frac{1}{\pi}\int_0^{+\infty}\frac{\varphi(y)}{x-y}\mathrm{d}y = f(x), \tag{3.32}$$

可看成是原方程的 $f(x)$ 用 $-\lambda f(x)$ 替换再在两端除以 λ 令 $\lambda\to\infty$ 而得到. 如果注意到

$$\lim_{\lambda\to\infty}\rho = \lim_{\lambda\to\infty}\frac{1}{2\pi\mathrm{i}}\ln\frac{1-\lambda\mathrm{i}}{1+\lambda\mathrm{i}} = \frac{1}{2},$$

则从(3.31)中进行相应的手续便得方程(3.32)的解

$$\varphi(x) = -\frac{1}{\pi\sqrt{x}}\int_0^\infty \frac{f(y)\sqrt{y}}{x-y}\mathrm{d}y.$$

6.4 边值定理及因子化

在上例的解法中关键是如何将 $p(x)$ 写成一个在上半及下半平面解析函数 $q(z)$ 的正、负边值之商，即 $p(x)=\frac{q^+}{q^-}$，这个过程叫做因子化. 为此我们首先给出**边值定理**.

定理 6.4.1 设 $\varphi(x)\in L_p[-\infty,+\infty]$，$1\leqslant p<+\infty$，则

$$q(z) = \frac{1}{\pi\mathrm{i}}\int_{-\infty}^\infty \frac{\varphi(\tau)}{\tau - z}\mathrm{d}\tau, \quad z = x+\mathrm{i}y, \tag{4.1}$$

在 $y\neq 0$ 时是 z 的解析函数，且

$$\lim_{y\to\pm 0} q(z) = q^\pm(x) = \pm\varphi(x) + \mathrm{i}H\varphi(x) \quad (\text{a.e.}). \tag{4.2}$$

证 首先 $y\neq 0$ 时，(4.1) 是有意义的，当 $p=1$ 时，$\dfrac{1}{\tau-z}$ 在实轴上有界，于是

$$|q(z)|\leqslant\frac{M}{\pi}\|\varphi\|_1.$$

当 $1<p<+\infty$ 时，由 Hölder 不等式

$$|q(z)|\leqslant\|\varphi\|_p\left(\int_{-\infty}^{\infty}\frac{1}{|\tau-z|^q}\mathrm{d}\tau\right)^{\frac{1}{q}}<+\infty\quad(q>1),$$

证解析性时，不妨设 $\mathrm{Im}z>0$. 任取上半平面的一点 z，作以 z 为中心、以充分小的 $2d$ 为半径的邻域 $N_{2d}(z)$，使此邻域全落于上半平面内. 取 $z+h\in N_d(z)$，$h\neq 0$. 与刚才一样也可证明积分

$$\int_{-\infty}^{\infty}\frac{\varphi(\tau)}{(\tau-z)^2}\mathrm{d}\tau$$

是存在的. 估计

$$\begin{aligned}&\left|\frac{q(z+h)-q(z)}{h}-\frac{1}{\pi\mathrm{i}}\int_{-\infty}^{\infty}\frac{\varphi(\tau)}{(\tau-z)^2}\mathrm{d}\tau\right|\\ \leqslant&\frac{1}{\pi}|h|\int_{-\infty}^{\infty}\frac{|\varphi(\tau)|}{|\tau-z-h||\tau-z|^2}\mathrm{d}\tau\\ \leqslant&\frac{|h|}{\pi d^2}\int_{-\infty}^{\infty}\frac{|\varphi(\tau)|}{|\tau-z|}\mathrm{d}\tau\to 0\quad(h\to 0).\end{aligned}$$

这就得到(4.1) 的解析性，而且可以在积分号下求导.

为了证明(4.2)，将(4.1) 写成：

$$\begin{aligned}\frac{1}{\pi\mathrm{i}}\int_{-\infty}^{\infty}\frac{\varphi(\tau)}{\tau-z}\mathrm{d}\tau&=\frac{1}{\pi\mathrm{i}}\int_{-\infty}^{\infty}\frac{\varphi(\tau)(\tau-x+\mathrm{i}y)}{(\tau-x)^2+y^2}\mathrm{d}\tau\\&=\frac{1}{\pi}\int_{-\infty}^{\infty}\frac{\varphi(\tau)y}{(\tau-x)^2+y^2}\mathrm{d}\tau+\mathrm{i}\,\frac{1}{\pi}\int_{-\infty}^{\infty}\frac{\varphi(\tau)(x-\tau)}{(x-\tau)^2+y^2}\mathrm{d}\tau.\end{aligned}$$

令

$$P(x,y)=\frac{y}{x^2+y^2},\quad Q(x,y)=\frac{x}{x^2+y^2}.\tag{4.3}$$

这样 $q(z)=q(x,y)+\mathrm{i}\overline{q}(x,y)$，其中已令

$$q(x,y)=\frac{1}{\pi}\int_{-\infty}^{\infty}\varphi(\tau)P(x-\tau,y)\mathrm{d}\tau,\tag{4.4}$$

$$\overline{q}(x,y)=\frac{1}{\pi}\int_{-\infty}^{\infty}\varphi(\tau)Q(x-\tau,y)\mathrm{d}\tau.\tag{4.5}$$

把 $P(x,y)$,$Q(x,y)$ 分别称为 **Poisson 核**及**共轭 Poisson 核**；积分(4.4) 及

(4.5) 分别称为 **Poisson 积分及共轭 Poisson 积分**.

证明(4.1) 当 $y\to+0$ 时的情形，即须证明

$$\lim_{y\to+0} q(x,y)=\varphi(x)\quad(\text{a.e.}),\tag{4.6}$$

$$\lim_{y\to+0} \overline{q}(x,y)=H\varphi(x)\quad(\text{a.e.}).\tag{4.7}$$

为了对称起见也记 $H\varphi(x)=\overline{\varphi}(x)$ (注意 $\overline{\varphi}(x)$ 不是函数 $\varphi(x)$ 的共轭 $\overline{\varphi(x)}$!).

计算表明

$$\frac{1}{\pi}\int_{-\infty}^{\infty}\frac{y\,\mathrm{d}\tau}{(x-\tau)^2+y^2}=1.\tag{4.8}$$

我们先来证明(4.6)，即须证明

$$\lim_{y\to+0}\frac{1}{\pi}\int_{-\infty}^{\infty}(\varphi(\tau)-\varphi(x))\frac{y\,\mathrm{d}\tau}{(x-\tau)^2+y^2}=0.$$

记左端积分为 I，并写为

$$I=\int_{-\infty}^{\infty}(\varphi(x+\tau)-\varphi(x))\frac{y\,\mathrm{d}\tau}{\tau^2+y^2}$$
$$=\int_{|\tau|\leqslant y}+\int_{|\tau|\geqslant y}\equiv I_1+I_2.$$

对于 I_1，有

$$|I_1|\leqslant\int_{|\tau|\leqslant y}|\varphi(x+\tau)-\varphi(x)|\frac{y\,\mathrm{d}\tau}{\tau^2+y^2}$$
$$\leqslant\frac{1}{y}\int_{|\tau|\leqslant y}|\varphi(x+\tau)-\varphi(x)|\,\mathrm{d}\tau$$
$$=\frac{\int_0^y|\varphi(x+\tau)-\varphi(x)|\,\mathrm{d}\tau}{y}+\frac{\int_{-y}^0|\varphi(x+\tau)-\varphi(x)|\,\mathrm{d}\tau}{y}$$
$$\triangleq I_1'+I_1'',$$

$$I_1'\leqslant\left(\frac{\int_0^y|\varphi(x+\tau)-\varphi(x)|^p\,\mathrm{d}\tau}{y}\right)^{\frac{1}{p}}\to 0\quad(\text{当 } y\to+0 \text{ 时}).\tag{4.9}$$

这是因为 $\varphi(x)\in L_p$，$1\leqslant p<+\infty$ 时，对几乎处处 x 有

$$\lim_{y\to 0}\frac{\int_0^y|\varphi(x+\tau)-\varphi(x)|^p\,\mathrm{d}\tau}{y}=0.\text{①}\tag{*}$$

在 I_1'' 中仍用 Hölder 不等式然后令 $y_1=-y$，知

---

① 见C. A. 捷利亚柯夫斯基著，周晓中等译，《实变函数论习题集》，吉林人民出版社，1982年，第6.77及6.78题.

$$I_1'' \leqslant \left(\frac{\int_0^{y_1} |\varphi(x+\tau)-\varphi(x)|^p \mathrm{d}\tau}{y_1}\right)^{\frac{1}{p}} \to 0 \quad (当\ y_1 \to -0\ 时). \quad (4.10)$$

于是 $\lim\limits_{y\to+0} I_1 = 0$,

$$|I_2| \leqslant y\int_{|\tau|\geqslant y} |\varphi(x+\tau)-\varphi(x)| \frac{1}{\tau^2}\mathrm{d}\tau.$$

现令

$$\chi(t) = \int_0^t |\varphi(x+\tau)-\varphi(x)|\mathrm{d}\tau.$$

由(4.9),(4.10)知，对任意 $\varepsilon > 0$，存在 $\eta > 0$，使 $0 \leqslant t \leqslant \eta$ 时，

$$\chi(t) \leqslant \varepsilon t, \quad -\chi(-t) \leqslant \varepsilon t. \qquad (**)$$

于是再作

$$|I_2| \leqslant y\int_{y\leqslant|\tau|\leqslant\eta} + y\int_{|\tau|>\eta} \equiv I_3 + I_4.$$

对上式右端第一个积分分部积分，则

$$I_3 \leqslant y\left[\frac{\chi(\tau)}{\tau^2}\Big|_y^\eta + \frac{-\chi(-\tau)}{\tau^2}\Big|_y^\eta + 2\left(\int_y^\eta \frac{\chi(\tau)}{\tau^3}\mathrm{d}\tau + \int_y^\eta \frac{-\chi(-\tau)}{\tau^3}\mathrm{d}\tau\right)\right].$$

舍弃正项 $\frac{\chi(y)}{y^2}, \frac{-\chi(-y)}{y^2}$，并利用(**)，

$$I_3 \leqslant y\left(\frac{2\varepsilon\eta}{\eta^2} + 4\int_y^\eta \frac{\varepsilon\tau}{\tau^3}\mathrm{d}\tau\right) = 2y\varepsilon\left(\frac{1}{\eta} - \frac{2}{\eta} + \frac{2}{y}\right)$$

$$= 2y\varepsilon\left(\frac{2}{y} - \frac{1}{\eta}\right) < 2y\varepsilon \cdot \frac{2}{y} = 4\varepsilon.$$

I_4 中的 η 是取定的，故 $y \to +0$ 时它收敛于零，从而有

$$\overline{\lim_{y\to+0}} |I_2| \leqslant 4\varepsilon.$$

由 ε 的任意性知 $I_2 \to 0$. 至此(4.6)获证.

现转向证(4.7). 令

$$\overline{\varphi}_y(x) = \frac{1}{\pi}\int_{|\tau|\geqslant y} \frac{\varphi(x-\tau)}{\tau}\mathrm{d}\tau = \frac{1}{\pi}\int_{|x-u|\geqslant y} \frac{\varphi(u)}{x-u}\mathrm{d}u = (H\varphi)_y.$$

作

$$\begin{aligned}
&\overline{q}(x,y) - \overline{\varphi}_y(x) \\
&= \frac{1}{\pi}\int_{-\infty}^{\infty} \varphi(x-\tau)\frac{\tau}{\tau^2+y^2}\mathrm{d}\tau - \frac{1}{\pi}\int_{|\tau|\geqslant y} \frac{\varphi(x-\tau)}{\tau}\mathrm{d}\tau \\
&= \frac{1}{\pi}\int_{-y}^{y} \varphi(x-\tau)\frac{\tau}{\tau^2+y^2}\mathrm{d}\tau - \frac{1}{\pi}\int_{|\tau|\geqslant y} \varphi(x-\tau)\frac{y^2}{\tau(\tau^2+y^2)}\mathrm{d}\tau
\end{aligned}$$

$$= \frac{1}{\pi}\int_0^y (\varphi(x-\tau)-\varphi(x+\tau))\frac{\tau}{\tau^2+y^2}\mathrm{d}\tau$$

$$-\frac{y^2}{\pi}\int_y^\infty (\varphi(x-\tau)-\varphi(x+\tau))\frac{1}{\tau(\tau^2+y^2)}\mathrm{d}\tau$$

$$= I_5 - I_6.$$

由 $p=1$ 时的(*)，对几乎处处的 x，

$$|I_5| \leqslant \frac{1}{\pi y}\int_0^y |\varphi(x-\tau)-\varphi(x+\tau)|\mathrm{d}\tau$$

$$\leqslant \frac{1}{\pi y}\int_0^y |\varphi(x+\tau)-\varphi(x)|\mathrm{d}\tau + \frac{1}{\pi(-y)}\int_0^{-y}|\varphi(x+\tau)-\varphi(x)|\mathrm{d}\tau$$

$$\to 0 \quad (y\to+0).$$

$$|I_6| \leqslant \frac{y^2}{\pi}\int_y^\infty \frac{|\varphi(x-\tau)-\varphi(x+\tau)|}{\tau^3}\mathrm{d}\tau$$

$$\leqslant \frac{y^2}{\pi}\int_y^\infty \frac{|\varphi(x-\tau)-\varphi(x)|}{\tau^3}\mathrm{d}\tau + \frac{y^2}{\pi}\int_y^\infty \frac{|\varphi(x+\tau)-\varphi(x)|}{\tau^3}\mathrm{d}\tau$$

$$= \frac{y^2}{\pi}\int_{|\tau|\geqslant y} \frac{|\varphi(x+\tau)-\varphi(x)|}{\tau^3}\mathrm{d}\tau.$$

完全重复估计 I_2 的作法(虽外形稍有不同，证法的实质不变，留作习题)，得出 $I_6\to 0$. 这就证明了

$$\lim_{y\to+0}(\overline{q}(x,y)-\overline{\varphi}_y(x)) = 0 \quad (\text{a. e.}).$$

又由定理 6.1.2 知

$$\lim_{y\to+0}\overline{\varphi}_y(x) = \lim_{y\to+0}(H\varphi)_y = H\varphi = \overline{\varphi}(x) \quad (\text{a. e.}).$$

故得到(4.7).

最后考虑(4.2) 中 $y\to-0$ 时的结果. 令 $y_1=-y$，则

$$q(z) = \frac{1}{\pi\mathrm{i}}\int_{-\infty}^\infty \frac{\varphi(\tau)}{\tau-x-\mathrm{i}y}\mathrm{d}\tau = \frac{1}{\pi\mathrm{i}}\int_{-\infty}^\infty \frac{\varphi(\tau)}{\tau-x+\mathrm{i}y_1}\mathrm{d}\tau$$

$$= -\frac{1}{\pi}\int_{-\infty}^\infty \frac{\varphi(\tau)y_1}{(\tau-x)^2+y_1^2}\mathrm{d}\tau + \frac{\mathrm{i}}{\pi}\int_{-\infty}^\infty \frac{\varphi(\tau)(x-\tau)}{(x-\tau)^2+y_1^2}\mathrm{d}\tau$$

$$= -q(x,y)+\mathrm{i}\overline{q}(x,y_1)$$

$$\to -\varphi(x)+\mathrm{i}H\varphi(x) \quad (y_1\to+0),$$

对几乎处处的 x 成立. 至此定理全部证完. ∎

现在我们可以介绍**因子化定理**.

定理 6.4.2 设 $p(x)\neq 0$，$p(x)$ 为分段连续的复函数，且满足如下条件：

(1) $\lim\limits_{|x|\to+\infty} p(x) = 1$;

(2) 在各有限连续段中取 $\ln p(x)$ 为任一确定分支，而与 $\pm\infty$ 相连接的连续段中取 $\ln p(x)$ 为这样的分支，使得

$$\lim_{x\to+\infty}\ln p(x)=0,$$

且设 $\lim\limits_{x\to-\infty}\ln p(x)=0$；

(3) 设 $\ln p(x)\in L_2[-\infty,+\infty]$，则存在着 $y\neq 0$ 时的解析函数 $q(z)$，使得

$$p(x)=\frac{q^+(x)}{q^-(x)},\tag{4.11}$$

其中 $q^\pm(x)=\lim\limits_{y\to\pm 0}q(z)$.

在证明之前有一点要说明. 令 $p(x)=|p(x)|\mathrm{e}^{\mathrm{i}\theta(x)}$ 由假设(1),(2),

$$0=\lim_{x\to+\infty}\ln p(x)=\lim_{x\to+\infty}(\ln|p(x)|+\mathrm{i}\theta(x))=\mathrm{i}\lim_{x\to+\infty}\theta(x).$$

所以 $\lim\limits_{x\to+\infty}\theta(x)=0$. 又

$$1=\lim_{x\to-\infty}p(x)=\lim_{x\to-\infty}|p(x)|\mathrm{e}^{\mathrm{i}\theta(x)}=\lim_{x\to-\infty}\mathrm{e}^{\mathrm{i}\theta(x)},$$

从而

$$\lim_{x\to-\infty}\theta(x)=2n\pi.\tag{4.12}$$

由假设(2)知，此时应取 $n=0$.

证 一般地 $\mathrm{Ln}\,p(x)=\ln p(x)+2\pi n\mathrm{i}$，其中 $\ln p(x)$ 是满足(2)的分支. 在这样的前提下才可以设 $\ln p(x)\in L_2$. 令

$$Q(z)=\frac{1}{2\pi\mathrm{i}}\int_{-\infty}^{\infty}\frac{\ln p(\tau)}{\tau-z}\mathrm{d}\tau\quad(y\neq 0).$$

由上一定理知，$Q(z)$ 在 $y\neq 0$ 解析，且

$$Q^\pm(x)=\frac{1}{2}(\pm\ln p(x)+\mathrm{i}H\ln p(x))\quad(\text{a. e.}),$$

从而 $q(z)\equiv\mathrm{e}^{Q(z)}$ 在 $y\neq 0$ 时解析，且

$$q^\pm(x)=\mathrm{e}^{\pm Q(x)}=(p(x))^{\pm\frac{1}{2}}\exp\left\{\frac{\mathrm{i}}{2}H\ln p(x)\right\}.\tag{4.13}$$

故(4.11)成立. ∎

例 1 设 $a\notin[-\infty,0]$，将

$$p(x)=\begin{cases}a, & |x|<1,\\ 1, & |x|>1\end{cases}$$

因子化.

解 取 $-\pi<\arg a\leqslant\pi$，因 $a\notin[-\infty,0]$，所以

$$\left|\operatorname{Re}\left(\frac{1}{2\pi i}\ln a\right)\right| < \frac{1}{2}.$$

取

$$\ln p(x) = \begin{cases} \ln a, & |x| < 1, \\ 0, & |x| > 1 \end{cases} \in L_2[-\infty, +\infty],$$

即 $\ln p(x)$ 满足定理 6.4.2 的一切条件，而

$$\ln q(z) = \frac{1}{2\pi i}\int_{-\infty}^{\infty} \frac{\ln p(\tau)}{\tau - z}d\tau = \frac{\ln a}{2\pi i}\int_{-1}^{1} \frac{d\tau}{\tau - z} = \frac{\ln a}{2\pi i} \ln \frac{z-1}{z+1},$$

故

$$q(z) = \left(\frac{z-1}{z+1}\right)^{\frac{1}{2\pi i}\ln a}$$

以 ± 1 为支点，割开实轴上的线段 $[-1,1]$，取 $x > 1$ 时 $\ln \frac{z-1}{z+1}$ 为实值的分支，则有

$$q^{+}(x) = \begin{cases} \left(\frac{x-1}{x+1}\right)^{\frac{\ln a}{2\pi i}}, & |x| > 1, \\ \left(\frac{1-x}{1+x}\right)^{\frac{\ln a}{2\pi i}}\sqrt{a}, & |x| < 1; \end{cases} \tag{4.14}$$

$$q^{-}(x) = \begin{cases} \left(\frac{x-1}{x+1}\right)^{\frac{\ln a}{2\pi i}}, & |x| > 1, \\ \left(\frac{1-x}{1+x}\right)^{\frac{\ln a}{2\pi i}}\frac{1}{\sqrt{a}}, & |x| < 1. \end{cases} \tag{4.15}$$

此即为所求.

例 2 求解积分方程

$$\varphi(x) - \frac{\lambda}{\pi}\int_{-1}^{1} \frac{\varphi(y)}{x-y}dy = f(x), \quad -1 < x < 1, \tag{4.16}$$

$f(x) \in L_2[-1,1]$，$\lambda^2 \notin [-\infty, -1]$，且

$$\int_{-1}^{1} \frac{|f(x)|^2}{1-x^2}dx < +\infty. \tag{4.17}$$

解 令 $|x| > 1$ 时，$f(x) = \varphi(x) = 0$，则有

$$\begin{cases} \varphi_{+} + \varphi_{-} + \lambda i(\varphi_{+} - \varphi_{-}) = f, & |x| < 1, \\ \varphi_{+} + \varphi_{-} = 0, & |x| > 1. \end{cases}$$

于是

$$\varphi_{-} = -p(x)\varphi_{+} + \frac{f}{1-\lambda i}, \quad -\infty < x < \infty, \tag{4.18}$$

$$p(x)=\begin{cases}\dfrac{1+\lambda\mathrm{i}}{1-\lambda\mathrm{i}}, & |x|<1,\\ 1, & |x|>1.\end{cases}$$

记 $\rho=\dfrac{1}{2\pi\mathrm{i}}\ln\dfrac{1+\lambda\mathrm{i}}{1-\lambda\mathrm{i}}$，取 $-\pi<\arg\dfrac{1+\lambda\mathrm{i}}{1-\lambda\mathrm{i}}\leqslant\pi$，由 λ 的假设，$|\mathrm{Re}\rho|<\dfrac{1}{2}$. 根据例 1 的结果，(4.14)，(4.15) 可写成

$$q^{\pm}(x)=\begin{cases}\left(\dfrac{x-1}{x+1}\right)^{\rho}, & |x|>1,\\ \left(\dfrac{1-x}{1+x}\right)^{\rho}\mathrm{e}^{\pm\rho\pi\mathrm{i}}, & |x|<1.\end{cases}$$

现证明 $fq^-\in L_2$. 因为

$$\begin{aligned}\int_{-\infty}^{\infty}|fq^-|^2\mathrm{d}x&=\int_{-1}^{1}|f(x)|^2\left|\left(\frac{1-x}{1+x}\right)^{\rho}\mathrm{e}^{-\pi\mathrm{i}\rho}\right|^2\mathrm{d}x\\&=\left|\frac{1-\lambda\mathrm{i}}{1+\lambda\mathrm{i}}\right|\int_{-1}^{1}|f(x)|^2\left|\frac{1-x}{1+x}\right|^{2\mathrm{Re}\rho}\mathrm{d}x,\end{aligned}$$

由于 $-1<2\mathrm{Re}\rho<1$，故当 $0<x<1$ 时，$0<\dfrac{1-x}{1+x}<1$，

$$\left|\frac{1-x}{1+x}\right|^{2\mathrm{Re}\rho}<\left|\frac{1-x}{1+x}\right|^{-1}=\frac{1+x}{1-x}=\frac{(1+x)^2}{1-x^2}\leqslant\frac{4}{1-x^2}.$$

从而

$$\int_0^1|f(x)|^2\left|\frac{1-x}{1+x}\right|^{2\mathrm{Re}\rho}\mathrm{d}x\leqslant4\int_0^1\frac{|f(x)|^2}{1-x^2}\mathrm{d}x.\tag{4.19}$$

而当 $-1<x<0$ 时，$\dfrac{1-x}{1+x}>1$，

$$\left|\frac{1-x}{1+x}\right|^{2\mathrm{Re}\rho}<\frac{1-x}{1+x}\leqslant\frac{(1-x)^2}{1-x^2}<\frac{4}{1-x^2},$$

$$\int_{-1}^0|f(x)|^2\left|\frac{1-x}{1+x}\right|^{2\mathrm{Re}\rho}\mathrm{d}x<4\int_{-1}^0\frac{|f(x)|^2}{1-x^2}\mathrm{d}x.\tag{4.20}$$

将(4.19)与(4.20)相加，有

$$\int_{-1}^1|f(x)|^2\left|\frac{1-x}{1+x}\right|^{2\mathrm{Re}\rho}\mathrm{d}x<4\int_{-1}^1\frac{|f(x)|^2}{1-x^2}\mathrm{d}x<+\infty.$$

(4.18) 可改写为

$$q^-\varphi_--\frac{(fq^-)_-}{1-\lambda\mathrm{i}}=-q^+\varphi_++\frac{(fq^-)_+}{1-\lambda\mathrm{i}}.\tag{4.21}$$

注意到

$$\left|\left(\frac{z-1}{z+1}\right)^{\rho}\right|=\mathrm{e}^{-(\mathrm{Im}\rho)\theta}\mathrm{e}^{(\mathrm{Re}\rho)\ln\left|\frac{z-1}{z+1}\right|},\quad\theta=\arg\frac{z-1}{z+1},$$

$\mathrm{Re}\rho>0$ 时，它在 $z=-1$ 附近无界，$\mathrm{Re}\rho<0$ 时，它在 $z=1$ 附近无界；$\mathrm{Re}\rho=0$ 时它在 $y\geqslant 0$ 及 $y\leqslant 0$ 有界但在 $z=\pm 1$ 不连续，因为这时

$$\left(\frac{z-1}{z+1}\right)^{\rho}=\mathrm{e}^{-\mathrm{Im}\rho\cdot\theta}\left(\cos\left(\mathrm{Im}\rho\cdot\ln\left|\frac{z-1}{z+1}\right|\right)+\mathrm{i}\sin\left(\mathrm{Im}\rho\cdot\ln\left|\frac{z-1}{z+1}\right|\right)\right).$$

我们仅就 $\mathrm{Re}\rho>0$ 的情况讨论($\mathrm{Re}\rho\leqslant 0$ 由读者自行讨论). 在(4.21)两端同乘以 $\frac{1}{x-\mathrm{i}}$：

$$\frac{q^-}{x-\mathrm{i}}\varphi_- - \frac{(fq^-)_-}{(x-\mathrm{i})(1-\lambda\mathrm{i})}=-\frac{q^+}{x-\mathrm{i}}\varphi_+ + \frac{(fq^-)_+}{(1-\lambda\mathrm{i})(x-\mathrm{i})}. \tag{4.22}$$

因为

$$\frac{q(z)}{z-\mathrm{i}}=\frac{1}{z-\mathrm{i}}\left(\frac{z-1}{z+1}\right)^{\rho} \tag{4.23}$$

在 $y<0$ 解析，在 $z=-1$ 处有弱奇性，而

$$\left|\frac{q(z)}{z-\mathrm{i}}\right|=\mathrm{e}^{-\mathrm{Im}\rho\cdot\theta}\,\frac{1}{|z-\mathrm{i}|}\,\frac{|z-1|^{\mathrm{Re}\rho}}{|z+1|^{\mathrm{Re}\rho}}$$

当 $z\to 1$ 及 $z\to\infty$ 时趋于零. 从而(4.23)可连续延拓到实轴(除去 $z=-1$)，在 $y\leqslant 0$ 除去 $z=-1$ 附近外有界. 显然 $\frac{q^-}{x-\mathrm{i}}\in L_2$. 由乘子定理之注，(4.22)左端第一项 $\in L_2^-$. 类似地，左端第二项属于 L_2^-. 而(4.22)右端，注意到在 $z=\mathrm{i}$ 处，(4.23)及 $\frac{1}{z-\mathrm{i}}$ 有一阶极点. 由乘子定理，右端减去 $\frac{\alpha}{x-\mathrm{i}}$ 后属于 L_2^+. 即

$$\underset{(L_2^-)}{\frac{q^-}{x-\mathrm{i}}\varphi_-}-\underset{(L_2^-)}{\frac{(fq^-)_-}{(x-\mathrm{i})(1-\lambda\mathrm{i})}}-\underset{(L_2^-)}{\frac{\alpha}{x-\mathrm{i}}}$$

$$=\underbrace{-\frac{q^+}{x-\mathrm{i}}\varphi_+ + \frac{(fq^-)_+}{(x-\mathrm{i})(1-\lambda\mathrm{i})}-\frac{\alpha}{x-\mathrm{i}}}_{(L_2^+)}. \tag{4.24}$$

完全类似于6.3节中例子的分析，可证明 $\alpha=0$. 由于(4.24)右端为零，故有

$$\varphi_-=\frac{(fq^-)_-}{q^-(1-\lambda\mathrm{i})},\quad \varphi_+=\frac{(fq^-)_+}{q^+(1-\lambda\mathrm{i})}.$$

最后由 $\varphi=\varphi_+ + \varphi_-$ 知，当 $-1<x<1$ 时，

$$\varphi=\frac{f}{1+\lambda^2}+\frac{\lambda}{\pi(1+\lambda^2)}\left(\frac{1+x}{1-x}\right)^{\rho}\int_{-1}^{1}\frac{f(y)}{1+y}\left(\frac{1-y}{1+y}\right)^{\rho}\mathrm{d}y. \tag{4.25}$$

对于解第一种方程

$$\frac{1}{\pi}\int_{-1}^{1}\frac{\varphi(y)}{x-y}\mathrm{d}y=f(x),\quad -1<x<1,$$

$f(x)\in L_2[-1,1]$. 可像6.2,6.3节末尾对第一种方程所做的那样得到解

$$\varphi=-\frac{1}{\pi}\sqrt{\frac{1+x}{1-x}}\int_{-1}^{1}\frac{f(y)}{x-y}\sqrt{\frac{1-y}{1+y}}\mathrm{d}y.$$

6.5 Winer-Hopf 方法(I)

形如

$$\varphi(x)-\int_{0}^{\infty}K(x-y)\varphi(y)\mathrm{d}y=f(x),\quad x>0,\tag{5.1}$$

的方程称为 **Winer-Hopf 方程**，其中

$$f(x)\in L_2[0,+\infty],\quad K(x)\in L_1[-\infty,+\infty]\cap L_2[-\infty,+\infty],$$

把投影方法与 Fourier 变换结合起来求解这种方程，称为 **Winer-Hopf 方法**. 这种方程的求解步骤大致如下：

(1) 延拓 $\varphi(x)$ 及 $f(x)$ 到全实轴，使 $x<0$ 时，$f=\varphi=0$. 又令

$$g(x)=\begin{cases}-\int_{0}^{\infty}K(x-y)\varphi(y)\mathrm{d}y, & x<0,\\ 0, & x>0.\end{cases}\tag{5.2}$$

则(5.1)成为

$$\varphi(x)-\int_{-\infty}^{\infty}K(x-y)\varphi(y)\mathrm{d}y=f(x)+g(x),\quad -\infty<x<+\infty.\tag{5.3}$$

(2) 对上式两端作逆 Fourier 变换

$$F^*(\varphi)(1-\sqrt{2\pi}F^*(K))=F^*(f)+F^*(g).\tag{5.4}$$

因为 $x<0$ 时，$FF^*(\varphi)=0$，所以 $F^*(\varphi)\in L_2^-$，同样 $F^*(f)\in L_2^-$，$F^*(g)\in L_2^+$. 于是(5.4)可更确切地写为

$$F_-^*(\varphi)p(s)-F_-^*(f)=F_+^*(g),\tag{5.5}$$

其中

$$p(s)=1-\sqrt{2\pi}F^*(K)\tag{5.6}$$

是$(-\infty,+\infty)$上的连续函数(包括∞)，并设 $p(s)\neq 0$.

(3) 对$\dfrac{1}{p(s)}$因子化.

因 $K(x)\in L_1$，由 Riemann-Lebesgue 定理

$$\lim_{|s|\to+\infty}F^*(K)=0.$$

由(5.6)知 $\lim\limits_{|s|\to+\infty}\dfrac{1}{p(s)}=1$.

取 $\ln p(x)$ 在$(-\infty,+\infty)$上为这样的连续分支：使 $\lim\limits_{s\to+\infty}\ln p(s)=0$. 又设

$$\lim_{s\to-\infty}\ln p(s)=0$$

(即令(4.12)中 $n=0$，若 $n\neq 0$ 则在下一节讨论).

其次，当$|x|$充分小时，

$$|\ln(1-x)|\leqslant\frac{|x|}{1-|x|}.$$

又当$|s|$充分大时有$|F^*(K)|<\dfrac{\varepsilon}{\sqrt{2\pi}}$，从而

$$|\ln p(s)|=|\ln(1-\sqrt{2\pi}F^*(K))|$$
$$\leqslant\frac{\sqrt{2\pi}F^*(K)}{1-\sqrt{2\pi}F^*(K)}<\frac{\sqrt{2\pi}}{1-\varepsilon}|F^*(K)|.$$

因 $K(x)\in L_2$，从而 $F^*(K)\in L_2$，故 $\ln p(s)\in L_2$，进而

$$\ln\frac{1}{p(s)}=-\ln p(s)\in L_2.$$

由因子化定理，$\dfrac{1}{p(s)}=\dfrac{q^+(s)}{q^-(s)}$，或

$$p(s)=\frac{q^-(s)}{q^+(s)}. \tag{5.7}$$

$$q^{\pm}(s)=(p(s))^{\mp\frac{1}{2}}\exp\left\{-\frac{\mathrm{i}}{2}H\ln p(s)\right\}. \tag{5.8}$$

(4) 应用投影定理、乘子定理. (5.5)可写成

$$q^-F_-^*(\varphi)-q^+F_-^*(f)=q^+F_+^*(g). \tag{5.9}$$

若 q^-,q^+ 分别在下半及上半平面满足乘子定理结论(1)中解析、连续、有界、属于 L_2 等条件. 则

$$q^-F_-^*(\varphi)\in L_2^-,\quad q^+F_+^*(\varphi)\in L_2^+,\quad q^+F_-^*(f)\in L_2,$$

从而

$$\underset{(L_2^-)}{q^-F_-^*(\varphi)}-\underset{(L_2^-)}{(q^+F_-^*(f))_-}=\underset{(L_2^+)}{q^+F_+^*(g)}+\underset{(L_2^+)}{(q^+F_-^*(f))_+}. \tag{5.10}$$

于是

$$F_-^*(\varphi)=\frac{(q^+F_-^*(f))_-}{q^-}\in L_2^-,$$

$$F_+^*(g)=\frac{-(q^+F_-^*(f))_+}{q^+}\in L_2^+.$$

因此得到唯一解

$$\varphi = F\left(\frac{(q^{+} F_{-}^{*}(f))_{-}}{q^{-}}\right).$$

若 q^{-}, q^{+} 不能直接满足乘子定理结论(1) 中的条件，则将方程适当变形使之能应用乘子定理再行讨论.

例 在 $L_2[0, +\infty]$ 中解方程

$$\varphi(x) - \lambda\int_0^{\infty} \mathrm{e}^{-|x-y|}\varphi(y)\mathrm{d}y = f(x), \quad x > 0, \tag{5.11}$$

其中 $f(x) \in L_2[0, +\infty]$.

解 按以上步骤

(1) 延拓: 命 $x < 0$ 时, $f = \varphi = 0$,

$$g(x) = \begin{cases} -\lambda \mathrm{e}^{x}\displaystyle\int_0^{\infty} \mathrm{e}^{-y}\varphi(y)\mathrm{d}y, & x < 0, \\ 0, & x > 0, \end{cases}$$

则原方程可写为

$$\varphi(x) - \lambda\int_{-\infty}^{\infty} \mathrm{e}^{-|x-y|}\varphi(y)\mathrm{d}y = f(x) + g(x).$$

(2) 上式用算子 F^* 作用, 得

$$F^*(\varphi)\left(1 - \frac{2\lambda}{1+s^2}\right) = F^*(f) + F^*(g),$$

或

$$\frac{s^2 + (1-2\lambda)}{s^2+1}F_{-}^{*}(\varphi) = F_{-}^{*}(f) + F_{+}^{*}(g). \tag{5.12}$$

(3) 因子化. 令 $a^2 = 1 - 2\lambda$, 并设 $\mathrm{Re}\, a > 0$,

$$\frac{s^2+a^2}{s^2+1} = \frac{(s+a\mathrm{i})(s-a\mathrm{i})}{(s+\mathrm{i})(s-\mathrm{i})} = \frac{\dfrac{s-a\mathrm{i}}{s-\mathrm{i}}}{\dfrac{s+\mathrm{i}}{s+a\mathrm{i}}} \triangleq \frac{q^{-}}{q^{+}}.$$

q^{+}, q^{-} 还不属于 L_2, 不便于用乘子定理. 先将 q^{+}, q^{-} 代入(5.12), 两端乘以 q^{+}, 然后同除以 $s - a\mathrm{i}$, 得

$$\frac{1}{s-\mathrm{i}}F_{-}^{*}(\varphi) - \frac{s+\mathrm{i}}{(s-a\mathrm{i})(s+a\mathrm{i})}F_{-}^{*}(f)$$

$$= \frac{s+\mathrm{i}}{(s-a\mathrm{i})(s+a\mathrm{i})}F_{+}^{*}(g). \tag{5.13}$$

上式左端第一项 $\in L_2^{-}$, 第二项系数在 $s = -a\mathrm{i}$ 处有一阶极点, 右端项系数在 $s = a\mathrm{i}$ 处有一阶极点. 适当选择 A, B, 使

$$\underbrace{\frac{1}{s-\mathrm{i}}F_-^*(\varphi)}_{(L_2^-)}-\underbrace{\frac{s+\mathrm{i}}{(s-a\mathrm{i})(s+a\mathrm{i})}F_-^*(f)-\frac{A}{s+a\mathrm{i}}}_{(L_2^-)}-\underbrace{\frac{B}{s-a\mathrm{i}}}_{(L_2^-)}$$

$$=\underbrace{\frac{s+\mathrm{i}}{(s-a\mathrm{i})(s+a\mathrm{i})}F_+^*(g)-\frac{B}{s-a\mathrm{i}}}_{(L_2^+)}-\underbrace{\frac{A}{s+a\mathrm{i}}}_{(L_2^+)}. \tag{5.14}$$

由上式左端为零，有

$$F_-^*(\varphi)=\frac{s^2+1}{s^2+a^2}F_-^*(f)+\frac{(A+B)s(s-\mathrm{i})}{s^2+a^2}+\frac{a\mathrm{i}(B-A)(s-\mathrm{i})}{s^2+a^2}.$$

因 $F_-^*(\varphi)\in L_2$，而上式右端第一、第三两项均属于 L_2，故中间一项也必属于 L_2. 因此必须 $A=-B$. 如令 $\alpha=2Ba\mathrm{i}$，则

$$\begin{aligned}F_-^*(\varphi)&=\frac{s^2+1}{s^2+a^2}F_-^*(f)+\frac{\alpha(s-\mathrm{i})}{s^2+a^2}\\&=F_-^*(f)+\frac{2\lambda}{s^2+a^2}F_-^*(f)+\frac{s-\mathrm{i}}{s^2+a^2}\alpha.\end{aligned}$$

从而

$$\begin{aligned}\varphi&=f+\frac{2\lambda}{\sqrt{2\pi}}F\left(\frac{1}{s^2+a^2}\right)*f+\alpha\cdot F\left(\frac{s-\mathrm{i}}{s^2+a^2}\right)\\&=f+\frac{\lambda}{a}\int_0^\infty \mathrm{e}^{-a|x-y|}f(y)\mathrm{d}y+\sqrt{\frac{2}{\pi}}\,\frac{\mathrm{i}}{a}\alpha(a\,\mathrm{sgn}\,x-1)\mathrm{e}^{-a|x|}.\end{aligned}$$

令 $\sqrt{\frac{2}{\pi}}\,\frac{\mathrm{i}}{a}=\beta$，则

$$\varphi(x)=f(x)+\frac{\lambda}{a}\int_0^\infty \mathrm{e}^{-a|x-y|}f(y)\mathrm{d}y+\beta(a\,\mathrm{sgn}\,x-1)\mathrm{e}^{-a|x|}.$$

为求出 β 之值. 令上式中 $x<0$，得

$$0=0+\frac{\lambda}{a}\mathrm{e}^{ax}\int_0^\infty \mathrm{e}^{-ay}f(y)\mathrm{d}y+\beta(-a-1)\mathrm{e}^{ax}$$

$$\beta=\frac{\lambda}{(a+1)a}\int_0^\infty \mathrm{e}^{-ay}f(y)\mathrm{d}y.$$

故 $x>0$ 时

$$\begin{aligned}\varphi(x)=f(x)&+\frac{\lambda}{\sqrt{1-2\lambda}}\int_0^\infty \mathrm{e}^{-\sqrt{1-2\lambda}\,|x-y|}f(y)\mathrm{d}y\\&+\frac{\lambda(\sqrt{1-2\lambda}-1)}{(1-2\lambda)+\sqrt{1-2\lambda}}\left(\int_0^\infty \mathrm{e}^{-\sqrt{1-2\lambda}\,y}f(y)\mathrm{d}y\right)\mathrm{e}^{-\sqrt{1-2\lambda}\,x}.\end{aligned}\tag{5.15}$$

以上假设 $\mathrm{Re}\,a>0$. 如果 $\mathrm{Re}\,a<0$ 也可进行完全类似的讨论.

容易验证，此时 $F_+^*(g)\in L_2^+$. 事实上，由(5.14)，

$$F_+^*(g) = \frac{1}{s+\mathrm{i}}[B(s+a\,\mathrm{i})+A(s-a\,\mathrm{i})]$$
$$= \frac{1}{s+\mathrm{i}}[(A+B)s+a\,\mathrm{i}(B-A)]$$
$$= \frac{2Ba\,\mathrm{i}}{s+\mathrm{i}} = \frac{\alpha}{s+\mathrm{i}} \in L_2^+.$$

在物理应用问题中，常常要求按指数增长的解. 即 $\varphi(x) \notin L_2[0,+\infty]$，但是对某个 α，$\mathrm{e}^{-\alpha x}\varphi(x) \in L_2[0,+\infty]$. 这时令

$$\varphi(x) = \mathrm{e}^{\alpha x}\varphi_1(x), \quad f(x) = \mathrm{e}^{\alpha x}f_1(x).$$

则(5.1) 为

$$\mathrm{e}^{\alpha x}\varphi_1(x) - \int_0^\infty K(x-y)\mathrm{e}^{\alpha y}\varphi_1(y)\mathrm{d}y = \mathrm{e}^{\alpha x}f_1(x),$$

亦即

$$\varphi_1(x) - \int_0^\infty K(x-y)\mathrm{e}^{-\alpha(x-y)}\varphi_1(y)\mathrm{d}y = f_1(x), \tag{5.16}$$

这里 $\varphi_1, f_1 \in L_2[0,+\infty]$，只要 $\mathrm{e}^{-\alpha x}K(x) \in L_1 \cap L_2$，又化为了(5.1) 在 $L_2[0,+\infty]$ 中求解.

还是以刚才的例子来说明. (5.11) 相应于(5.16) 的形式是

$$\varphi_1(x) - \lambda\int_0^\infty \mathrm{e}^{-|x-y|-\alpha(x-y)}\varphi_1(y)\mathrm{d}y = f_1(x).$$

设 $0 \leqslant \alpha < 1$，令 $x < 0$ 时，$f_1 = \varphi_1 = 0$，

$$g_1(x) = \begin{cases} -\lambda\int_0^\infty \mathrm{e}^{-|x-y|-\alpha(x-y)}\varphi_1(y)\mathrm{d}y, & x < 0, \\ 0, & x > 0. \end{cases}$$

这样

$$\varphi_1(x) - \lambda\int_{-\infty}^\infty \mathrm{e}^{-|x-y|-\alpha(x-y)}\varphi_1(y)\mathrm{d}y = f_1(x) + g_1(x),$$
$$-\infty < x < +\infty,$$

$$F^*(\varphi_1)(1-\sqrt{2\pi}\lambda F^*(\mathrm{e}^{-|x|-\alpha x})) = F^*(f_1) + F^*(g_1).$$

即

$$F^*(\varphi_1)\left[1 - \frac{2\lambda}{(s-\mathrm{i}\alpha)^2+1}\right] = F^*(f_1) + F^*(g_1),$$

或即

$$\frac{(s-\mathrm{i}\alpha)^2+(1-2\lambda)}{(s-\mathrm{i}\alpha)^2+1}F_-^*(\varphi_1) - F_-^*(f_1) = F_+^*(g_1). \tag{5.17}$$

令 $a^2 = 1-2\lambda$，并设 $\mathrm{Re}(\alpha-a) < 0$，$\mathrm{Re}(\alpha+a) > 0$，这时

$$q^{-}(s)=\frac{s-\mathrm{i}(\alpha+a)}{s-\mathrm{i}(\alpha+1)},\quad q^{+}(s)=\frac{s-\mathrm{i}(\alpha-1)}{s-\mathrm{i}(\alpha-a)}.$$

按照乘子定理的要求把(5.17)写成

$$\underbrace{\frac{1}{s-\mathrm{i}(\alpha+1)}F_{-}^{*}(\varphi_1)}_{(L_2^{-})}-\underbrace{\frac{s-\mathrm{i}(\alpha-1)}{[s-\mathrm{i}(\alpha+a)][s-\mathrm{i}(\alpha-a)]}F_{-}^{*}(f_1)-\frac{A}{s-\mathrm{i}(\alpha-a)}}_{(L_2^{-})}$$

$$\underbrace{-\frac{B}{s-\mathrm{i}(\alpha+a)}}_{(L_2^{-})}$$

$$=\underbrace{\frac{s-\mathrm{i}(\alpha-1)}{[s-\mathrm{i}(\alpha+a)][s-\mathrm{i}(\alpha-a)]}\cdot F_{+}^{*}(g_1)-\frac{B}{s-\mathrm{i}(\alpha+a)}}_{(L_2^{+})}-\underbrace{\frac{A}{s-\mathrm{i}(\alpha-a)}}_{(L_2^{+})}.$$

重复前面类似的运算，得

$$\varphi_1(x)=f_1(x)+\frac{\lambda}{a}\int_0^{\infty}\mathrm{e}^{-a|x-y|-\alpha(x-y)}f_1(y)\mathrm{d}y$$

$$+\frac{\lambda(a-1)}{a(a+1)}\mathrm{e}^{-(\alpha+a)x}\int_0^{\infty}\mathrm{e}^{-(a-\alpha)y}f_1(y)\mathrm{d}y$$

最后回到 $\varphi(x)$ 和 $f(x)$，得

$$\varphi(x)=f(x)+\frac{\lambda}{\sqrt{1-2\lambda}}\int_0^{\infty}\mathrm{e}^{-\sqrt{1-2\lambda}|x-y|}f(y)\mathrm{d}y$$

$$+\frac{\lambda(\sqrt{1-2\lambda}-1)}{\sqrt{1-2\lambda}(\sqrt{1-2\lambda}+1)}\mathrm{e}^{-\sqrt{1-2\lambda}x}\int_0^{\infty}\mathrm{e}^{-\sqrt{1-2\lambda}y}f(y)\mathrm{d}y.\qquad(5.18)$$

形式上，(5.18)与(5.15)一样，但(5.15)中的 φ，f 属于 $L_2[0,+\infty]$，而(5.18)中的 φ，f 则属于指数增长的类.

6.6 指标、Winer-Hopf 方法(Ⅱ)

还是讨论方程(5.1)，在关于 $K(x)$，$f(x)$ 的同样假设下，依同样手续将方程化为

$$p(s)F^{*}(\varphi)=F^{*}(f)+F^{*}(g),$$

其中 $p(s)=1-\sqrt{2\pi}F^{*}(K)$.

下面引入方程(5.1)的指标的概念.

定义 6.6.1 Winer-Hopf 方程(5.1)的指标系指

$$\operatorname{Ind}p(s)=\frac{1}{2\pi}\Delta[\operatorname{Arg}p(s)]_{+\infty}^{-\infty}.\qquad(6.1)$$

由定理 6.4.2 证明前的说明知道，当取 $\lim\limits_{x\to+\infty}\ln p(x)=0$ 的 $\ln p(s)$ 的分支时，$\lim\limits_{x\to+\infty}\theta(x)=0$，而由(4.12)

$$\lim_{x\to-\infty}\theta(x)=2n\pi,$$

从而

$$\Delta[\operatorname{Arg} p(x)]_{+\infty}^{-\infty}=2n\pi-0=2n\pi.$$

于是(5.1) 的指标 $\operatorname{Ind} p(s)=n.$

指标有如下简单性质：

1° 若 $p(s)=s-z_0$，则

$$\operatorname{Ind} p(s)=\begin{cases}-\dfrac{1}{2}, & \operatorname{Im} z_0>0,\\ \dfrac{1}{2}, & \operatorname{Im} z_0<0.\end{cases} \tag{6.2}$$

这从定义 6.6.1 出发，z_0 固定在上半(或下半) 平面，让 s 从 $+\infty$ 连续变化至 $-\infty$ 时由 $\operatorname{Arg}(z-z_0)$ 的变化直接看出.

2° 若

$$p(s)=\frac{(s-a_1)\cdots(s-a_n)(s-a_{n+1})\cdots(s-a_{n+m})}{(s-b_1)\cdots(s-b_l)(s-b_{l+1})\cdots(s-b_{n+m})}, \tag{6.3}$$

其中

$$\operatorname{Im} a_i\begin{cases}>0, & 1\leqslant i\leqslant n,\\ <0, & n+1\leqslant i\leqslant n+m;\end{cases}$$

$$\operatorname{Im} b_i\begin{cases}>0, & 1\leqslant i\leqslant l,\\ <0, & l+1\leqslant i\leqslant n+m,\end{cases}$$

则

$$\operatorname{Ind} p(s)=l-n. \tag{6.4}$$

由定义 6.6.1 及 1°，立即可看出：

$$\operatorname{Ind} p(s)=\left(-\frac{1}{2}n+\frac{1}{2}m\right)-\left[-\frac{1}{2}l+\frac{1}{2}(n+m-l)\right]=l-n.$$

这个性质说明形如(6.3) 的函数的指标等于分母在上半平面的零点个数减去分子在上半平面的零点个数. 例如

$$\frac{(s-i)(s+i)}{(s-2i)(s+3i)},\ \frac{(s-i)^2}{(s-2i)(s+3i)},\ \frac{(s+i)^2}{(s-2i)(s+3i)}$$

其指标分别为 $0,-1,+1$.

从上面的证明过程中还可看到

3° 指标只与 $p(s)$ 的分子、分母在上半平面中零点的个数有关，而与它们在上半平面的实际位置无关.

下面我们就齐次及非齐次方程；$n>0$ 及 $n<0$ 分别详细讨论.

6.6.1 齐次方程，$n>0$

依常规将原方程(5.1)化为

$$p(s)F_{-}^{*}(\varphi)=F_{+}^{*}(g). \tag{6.5}$$

令

$$\tau(s)=\frac{s-\mathrm{i}}{s+\mathrm{i}}, \tag{6.6}$$

则 $\operatorname{Ind}\tau^{n}(s)=-n<0$. 于是 $\operatorname{Ind}\tau^{n}(s)p(s)=0$. 在(6.5)两端同乘以 $\tau^{n}(s)$ 得

$$\tau^{n}(s)p(s)F_{-}^{*}(\varphi)=\tau^{n}(s)F_{+}^{*}(g). \tag{6.7}$$

显然

$$\lim_{s\to\pm\infty}\tau^{n}(s)p(s)=1,\qquad \lim_{s\to\pm\infty}\ln\tau^{n}(s)p(s)=0.$$

如果 $\ln\tau^{n}(s)p(s)\in L_{2}$. 则由因子化定理，

$$q^{-}(s)F_{-}^{*}(\varphi)=q^{+}(s)\tau^{n}(s)F_{+}^{*}(g).$$

若 q^{-},q^{+} 满足乘子定理结论(1)的条件，则

$$q^{-}(s)F_{-}^{*}(\varphi)=0.$$

于是

$$F_{-}^{*}(\varphi)=0,\quad \varphi=FF^{*}(\varphi)=0,$$

亦即齐次方程只有零解. 这又说明非齐次方程若有解，必定唯一. 但要注意，相应非齐次方程是否有解，目前尚不知道.

6.6.2 齐次方程，$n<0$

显然在(6.5)两端同乘以一个指标为 $|n|>0$ 的函数

$$\tau^{n}(s)=\left(\frac{s+\mathrm{i}}{s-\mathrm{i}}\right)^{|n|}, \tag{6.8}$$

则得

$$q^{-}(s)F_{-}^{*}(\varphi)=\tau^{n}(s)q^{+}(s)F_{+}^{*}(g).$$

设 $q^{-}(s)\in L_{2}$，在下半平面解析，连续到实轴且有界，则 $q^{-}(s)F_{-}^{*}(\varphi)\in L_{2}^{-}$. 设 $q^{+}(s)\in L_{2}$，在上半平面满足解析、连续、有界等条件，但由于 $\tau^{n}(s)$ 的分母在 $z=\mathrm{i}$ 处有 n 阶极点，从而可选择 $\alpha_{1},\alpha_{2},\cdots,\alpha_{|n|}$，使

$$\underset{(L_2^-)}{q^{-}(s)F_{-}^{*}(\varphi)}-\underset{(L_2^-)}{\sum_{k=1}^{|n|}\frac{\alpha_{k}}{(s-\mathrm{i})^{k}}}=\underbrace{\tau^{n}(s)q^{+}(s)F_{+}^{*}(g)-\sum_{k=1}^{|n|}\frac{\alpha_{k}}{(s-\mathrm{i})^{k}}}_{(L_2^+)}.$$

故

$$F_{-}^{*}(\varphi)=\frac{1}{q^{-}(s)}\sum_{k=1}^{|n|}\frac{\alpha_k}{(s-\mathrm{i})^k},$$

$$F_{+}^{*}(g)=\frac{1}{q^{+}(s)}\sum_{k=1}^{|n|}\frac{\alpha_k(s-\mathrm{i})^{|n|-k}}{(s+\mathrm{i})^{|n|}}.$$

最后验证 $F_{-}^{*}(\varphi)\in L_2^{-}$，$F_{+}^{*}(g)\in L_2^{+}$. 这样，

$$\varphi=F\Big(\frac{1}{q^{-}(s)}\sum_{k=1}^{|n|}\frac{\alpha_k}{(s-\mathrm{i})^k}\Big).$$

显然 $\varphi_k=\dfrac{1}{q^{-}(s)(s-\mathrm{i})^k}$，$k=1,2,\cdots,|n|$ 线性无关. 故 $F(\varphi_k)$，$k=1,2,\cdots,|n|$ 也线性无关. 当 $n<0$ 时，解空间的维数不超过 $|n|$.

例 1 求方程指数 α 级增长的解($0\leqslant\alpha<1$)

$$\varphi(x)-\lambda\int_0^{\infty}\mathrm{e}^{-|x-y|}\varphi(y)\mathrm{d}y=0. \tag{6.9}$$

解 如上节中的例子那样，令 $\varphi(x)=\mathrm{e}^{\alpha x}\varphi_1(x)$，代入方程然后延拓，作逆 Fourier 变换得到

$$\frac{(s-\mathrm{i}\alpha)^2+a^2}{(s-\mathrm{i}\alpha)^2+1}F_{-}^{*}(\varphi_1)=F_{+}^{*}(g_1).$$

设 $\mathrm{Re}(\alpha\pm a)>0$. 函数

$$\frac{(s-\mathrm{i}\alpha)^2+a^2}{(s-\mathrm{i}\alpha)^2+1}=\frac{[s-\mathrm{i}(\alpha-a)][s-\mathrm{i}(\alpha+a)]}{[s-\mathrm{i}(\alpha-1)][s-\mathrm{i}(\alpha+1)]}$$

的指标为 -1. 两端同乘以指标为 $+1$ 的函数 $\dfrac{s-\mathrm{i}(\alpha-1)}{s-\mathrm{i}(\alpha-a)}$，得

$$\frac{s-\mathrm{i}(\alpha+a)}{s-\mathrm{i}(\alpha+1)}F_{-}^{*}(\varphi_1)=\frac{s-\mathrm{i}(\alpha-1)}{s-\mathrm{i}(\alpha-a)}F_{+}^{*}(g_1).$$

令

$$q^{-}(s)=\frac{s-\mathrm{i}(\alpha+a)}{s-\mathrm{i}(\alpha+1)},\quad q^{+}(s)=1.$$

按乘子定理的要求将上面方程写成

$$\underset{(L_2^{-})}{\frac{1}{s-\mathrm{i}(\alpha+1)}F_{-}^{*}(\varphi_1)}-\underset{(L_2^{-})}{\frac{A}{s-\mathrm{i}(\alpha+a)}}-\underset{(L_2^{-})}{\frac{B}{s-\mathrm{i}(\alpha-a)}}$$

$$=\underbrace{\frac{s-\mathrm{i}(\alpha-1)}{[s-\mathrm{i}(\alpha-a)][s-\mathrm{i}(\alpha+a)]}F_{+}^{*}(g_1)-\frac{A}{s-\mathrm{i}(\alpha+a)}-\frac{B}{s-\mathrm{i}(\alpha-a)}}_{(L_2^{+})}. \tag{6.10}$$

于是

$$F_-^*(\varphi_1)=\frac{s-\mathrm{i}(\alpha+1)}{(s-\mathrm{i}\alpha)^2+a^2}[(A+B)s-\mathrm{i}\alpha(A+B)+a\,\mathrm{i}(A-B)].$$

要求 $F_-^*(\varphi_1)\in L_2$. 对于项

$$\frac{(A+B)s[s-\mathrm{i}(\alpha+1)]}{(s-\mathrm{i}\alpha)^2+a^2}$$

必须 $A+B=0$. 令 $2Aa\,\mathrm{i}=\beta$, 则

$$F_-^*(\varphi_1)=\frac{s-\mathrm{i}(\alpha+1)}{(s-\mathrm{i}\alpha)^2+a^2}2Aa\,\mathrm{i}=\frac{s-\mathrm{i}(\alpha+1)}{(s-\mathrm{i}\alpha)^2+a^2}\beta.$$

解出 φ_1:

$$\varphi_1(x)=\beta F\left(\frac{s-\mathrm{i}(\alpha-1)}{(s-\mathrm{i}\alpha)^2+a^2}\right)$$

$$=\frac{\beta\sqrt{2\pi}\,\mathrm{i}}{2a}[(a-1)\mathrm{e}^{-(\alpha+a)x}+(a+1)\mathrm{e}^{-(\alpha-a)x}],$$

其中 β 是任意的. 回复到原来的函数，得

$$\varphi(x)=\beta'[(\sqrt{1-2\lambda}-1)\mathrm{e}^{-\sqrt{1-2\lambda}x}+(\sqrt{1-2\lambda}+1)\mathrm{e}^{\sqrt{1-2\lambda}x}],\quad(6.11)$$

其中 β' 是任意的. 此时齐次方程(6.9) 有一维解空间. 最后由(6.10) 解出 $F_+^*(g_1)$，得

$$F_+^*(g_1)=\frac{\beta}{s-\mathrm{i}(\alpha-1)}\in L_2^+.$$

6.6.3 非齐次方程，$n<0$

将方程(5.1) 按常规进行变换，可得

$$p(s)F_-^*(\varphi)-F_-^*(f)=F_+^*(g).$$

因 $\mathrm{Ind}\,p(s)=n<0$. 同乘因子(6.8)，得

$$\tau^n(s)p(s)F_-^*(\varphi)-\tau^n(s)F_-^*(f)=\tau^n(s)F_+^*(g).$$

设 $\tau^n(s)p(s)=\dfrac{q^-(s)}{q^+(s)}$，则

$$q^-(s)F_-^*(\varphi)-q^+(s)\tau^n(s)F_-^*(f)=q^+(s)\tau^n(s)F_+^*(g).$$

因 $q^+(s)\tau^n(s)$ 在实轴上有界，所以 $q^+(s)\tau^n(s)F_-^*(f)\in L_2$. 于是按乘子定理的要求

$$\underset{(L_2^-)}{q^-(s)F_-^*(\varphi)}-\underset{(L_2^-)}{[q^+(s)\tau^n(s)F_-^*(f)]_-}-\underset{(L_2^-)}{\sum_{k=1}^{|n|}\frac{\alpha_k}{(s-\mathrm{i})^k}}$$

$$=\underset{(L_2^+)}{[q^+(s)\tau^n(s)F_-^*(f)]_+}+\underbrace{\tau^n(s)q^+(s)F_+^*(g)-\sum_{k=1}^{|n|}\frac{\alpha_k}{(s-\mathrm{i})^k}}_{(L_2^+)}.$$

解出，得

$$F_-^*(\varphi)=\frac{1}{q^-(s)}\left\{[\tau^n(s)q^+(s)F_-^*(f)]_-+\sum_{k=1}^{|n|}\frac{\alpha_k}{(s-\mathrm{i})^k}\right\},$$

$$F_-^*(g)=\frac{1}{\tau^n(s)q^+(s)}\left\{-[\tau^n(s)g^+(s)F_-^*(f)]_++\sum_{k=1}^{|n|}\frac{\alpha_k}{(s-\mathrm{i})^k}\right\}.$$

可见 $n<0$ 时方程对一切 f 有解. 两解之差必为齐次方程的解.

例 2 求下面方程指数 α 级增长的解($0\leqslant\alpha<1$)

$$\varphi(x)-\lambda\int_0^\infty \mathrm{e}^{-|x-y|}\varphi(y)\mathrm{d}y=f(x). \tag{6.12}$$

解 令 $f(x)=\mathrm{e}^{\alpha x}f_1(x)$, $\varphi(x)=\mathrm{e}^{\alpha x}\varphi_1(x)$，代入(6.12)，如上一节的例子中那样进行，然后延拓，作逆 Fourier 变换，得

$$\frac{[s-\mathrm{i}(\alpha+a)][s-\mathrm{i}(\alpha-a)]}{[s-\mathrm{i}(\alpha+1)][s-\mathrm{i}(\alpha-1)]}F_-^*(\varphi_1)-F_-^*(f_1)=F_+^*(g_1).$$

假设 $\mathrm{Re}(\alpha\pm a)>0$, $\mathrm{Ind}\,p(s)=-1$. 两端同乘以$\dfrac{s-\mathrm{i}(\alpha-1)}{s-\mathrm{i}(\alpha-a)}$并同例 1，求 $q^-(s)$ 及 $q^+(s)$，按照乘子定理的要求，将它改写为

$$\underset{(L_2^-)}{\frac{1}{s-\mathrm{i}(\alpha+1)}F_-^*(\varphi_1)}-\underset{(L_2^-)}{\frac{s-\mathrm{i}(\alpha-1)}{[s-\mathrm{i}(\alpha-a)][s-\mathrm{i}(\alpha+a)]}F_-^*(f_1)}$$

$$-\underset{(L_2^-)}{\frac{A}{s-\mathrm{i}(\alpha+a)}}-\underset{(L_2^-)}{\frac{B}{s-\mathrm{i}(\alpha-a)}}$$

$$=\underbrace{\frac{s-\mathrm{i}(\alpha-1)}{[s-\mathrm{i}(\alpha-a)][s-\mathrm{i}(\alpha+a)]}F_+^*(g_1)-\frac{A}{s-\mathrm{i}(\alpha+a)}-\frac{B}{s-\mathrm{i}(\alpha-a)}}_{(L_2^+)} \tag{6.13}$$

于是

$$F_-^*(\varphi_1)=\frac{(s-\mathrm{i}\alpha)^2+1}{(s-\mathrm{i}\alpha)^2+a^2}F_-^*(f_1)+\frac{s-\mathrm{i}(\alpha+1)}{(s-\mathrm{i}\alpha)^2+a^2}\cdot[(A+B)s-\mathrm{i}\alpha(A+B)+a\,\mathrm{i}(A-B)].$$

解出 φ_1，得

$$\varphi_1=f_1+F\left(\frac{2\lambda}{(s-\mathrm{i}\alpha)^2+a^2}F_-^*(f_1)\right)+\beta F\left(\frac{s-\mathrm{i}(\alpha+1)}{(s-\mathrm{i}\alpha)^2+a^2}\right).$$

注意，同上例一样，$A+B=0$, $B=2Aa\,\mathrm{i}$，利用留数定理，计算出

$$F\left(\frac{1}{(s-\mathrm{i}\alpha)^2+a^2}\right)\equiv R(x)=\begin{cases}-\dfrac{\sqrt{2\pi}}{a}\mathrm{e}^{-sx}\,\mathrm{sh}\,ax, & x>0,\\ 0, & x<0.\end{cases}$$

于是

$$F\left(\frac{2\lambda}{(s-\mathrm{i}\alpha)^2+a^2}F_-^*(f_1)\right)$$
$$=\frac{2\lambda}{\sqrt{2\pi}}R(x)*f_1(x)=-\frac{2\lambda}{a}\int_0^x \mathrm{e}^{-\alpha(x-y)}\,\mathrm{sh}\,a(x-y)\,f_1(y)\mathrm{d}y,$$

从而

$$\varphi_1(x)=f_1(x)-\frac{2\lambda}{a}\int_0^x \mathrm{e}^{-\alpha(x-y)}\,\mathrm{sh}\,a(x-y)f_1(y)\mathrm{d}y$$
$$+\beta'[(a-1)\mathrm{e}^{-(\alpha+a)x}+(a+1)\mathrm{e}^{-(\alpha-a)x}],\quad x>0.$$

回复到原来的函数，得

$$\varphi(x)=f(x)-\frac{2\lambda}{\sqrt{1-2\lambda}}\int_0^x \mathrm{sh}\left(\sqrt{1-2\lambda}(x-y)\right)f(y)\mathrm{d}y$$
$$+\beta'\left[(\sqrt{1-2\lambda}-1)\mathrm{e}^{-\sqrt{1-2\lambda}\,x}+(\sqrt{1-2\lambda}+1)\mathrm{e}^{\sqrt{1-2\lambda}\,x}\right],\quad x>0,$$

其中 β' 是任意常数.

同例1一样，从(6.13)可检验出 $F_+^*(g)\in L_2^+$，说明整个运算是合理的.

6.6.4 非齐次方程，$n>0$

设算子 K 由下式定义：

$$K\varphi=\int_{-\infty}^{\infty}K(x-y)\varphi(y)\mathrm{d}y. \tag{6.14}$$

当 $K(x)\in L_1$，$\varphi(x)\in L_2$ 时，由第五章习题10知 K 是 $L_2\to L_2$ 的线性有界算子. 记 I 为恒等算子，则方程(5.1)可写为

$$(I-K)\varphi=f. \tag{6.15}$$

以下暂且讨论一般算子方程(6.15)，设 φ,f 均为某一 Hilbert 空间 H 的元，而 $L=I-K$ 为线性有界算子，其伴随算子为

$$L^*=(I-K)^*=I-K^*.$$

容易证明，在 Hilbert 空间中，$N(L^*)=R(L)^{\perp}$，其中 $N(L^*)$ 是 L^* 的零空间，$R(L)^{\perp}$ 是 L 值域空间 $R(L)$ 的正交补空间. 事实上，设 $\psi\in N(L^*)$ 时，则 $L^*\psi=0$，对任意 $g\in H$，

$$0=(g,L^*\psi)=(Lg,\psi),$$

而 $Lg\in R(L)$，故 $\psi\in R(L)^{\perp}$. 反之，设 $\psi\in R(L)^{\perp}$，则对任意 $g\in H$，因 $Lg\in R(L)$，故有

$$0=(\psi,Lg)=(L^*\psi,g),$$

取 $g=L^*\psi$ 则得 $L^*\psi=0$，即 $\psi\in N(L^*)$. 故 $N(L^*)=R(L)^{\perp}$.

(6.15)可解的必要充分条件是 $(f,\psi)=0$，其中 ψ 是 $L^*\psi=0$ 的任何解.

这是因为，若(6.15) 可解，则 $f\in R(L)$，因 $\psi\in N(L^*)=R(L)^{\perp}$，于是 $(f,\psi)=0$；反之，若对任何 $\psi\in N(L^*)=R(L)^{\perp}$，$(f,\psi)=0$，于是 $f\in R(L)$，即存在 g 使得 $Lg=f$.

现回到积分方程(5.1)，这时 $H=L_2$.

考虑(5.1) 的伴随齐次方程

$$\psi(x)-\int_0^{\infty}\overline{K(y-x)}\psi(y)\mathrm{d}y=0,\quad x>0. \tag{6.16}$$

令 $x<0$ 时 $\psi=0$. 记

$$h(x)=\begin{cases}-\int_0^{\infty}\overline{K(y-x)}\psi(y)\mathrm{d}y, & x<0,\\ 0, & x>0,\end{cases}$$

则

$$\psi(x)-\int_{-\infty}^{\infty}\overline{K(y-x)}\psi(y)\mathrm{d}y=h(x),\quad -\infty<x<+\infty.$$

作逆 Fourier 变换，得

$$F_-^*(\psi)(1-\sqrt{2\pi}F^*(\overline{K(-x)}))=F_+^*(h). \tag{6.17}$$

而

$$\begin{aligned}F^*(\overline{K(-x)})&=\frac{1}{\sqrt{2\pi}}\int_{-\infty}^{\infty}\overline{K(-x)}\mathrm{e}^{-\mathrm{i}sx}\mathrm{d}x\\&=\overline{\frac{1}{\sqrt{2\pi}}\int_{-\infty}^{\infty}K(-x)\mathrm{e}^{\mathrm{i}sx}\mathrm{d}x}\\&=\overline{\frac{1}{\sqrt{2\pi}}\int_{-\infty}^{\infty}K(x)\mathrm{e}^{-\mathrm{i}sx}\mathrm{d}x}=\overline{F^*(K)}.\end{aligned}$$

于是(6.17) 化为

$$\overline{p(s)}F_-^*(\psi)=F_+^*(h), \tag{6.18}$$

其中 $p(s)=1-\sqrt{2\pi}F^*(K)$ 如前，注意

$$\operatorname{Ind}\overline{p(s)}=\frac{1}{2\pi}\Delta\operatorname{Arg}\overline{p(s)}\Big|_{+\infty}^{-\infty}=-n. \tag{6.19}$$

由假设，此时 $-n<0$，方程(6.16) 至多有 $|n|$ 个线性独立解. 当且仅当(5.1) 的右端 f 与它们正交时，原方程(5.1) 可解.

如果设 $n<0$，则 $-n>0$. 由 6.6.1 段讨论知，(6.16) 仅有零解，从而(5.1) 恒有解，这与 6.6.3 段 讨论一致.

在解方程(5.1) 时，仍按常规延拓、作逆 Fourier 变换、并乘以 $\tau^n(s)=\left(\frac{s-\mathrm{i}}{s+\mathrm{i}}\right)^n$，得到

$$\tau^n(s)p(s)F_-^*(\varphi)-\tau^n(s)F_-^*(f)=\tau^n(s)F_+^*(g).$$

然后因子化，利用乘子定理、投影定理求解. 不过最后解得的 $F_+^*(g)$ 一下看不出属于 L_2^+. 但只要我们把可解条件应用上去，就能证出 $F_+^*(g)\in L_2^+$. 试看下列.

例 3 在 $L_2[0,+\infty]$ 中求解方程

$$\varphi(x)-\frac{1}{2}\int_0^{\infty}\mathrm{e}^{-|x-y|+\frac{1}{2}(x-y)}\varphi(y)\mathrm{d}y=f(x), \tag{6.20}$$

其中 $f(x)\in L_2[0,+\infty]$.

解 (6.20) 的伴随齐次方程为

$$\psi(x)-\frac{1}{2}\int_0^{\infty}\mathrm{e}^{-|x-y|+\frac{1}{2}(y-x)}\psi(y)\mathrm{d}y=0. \tag{6.21}$$

令 $x<0$ 时 $\psi=0$ 且令

$$h(x)=\begin{cases}-\dfrac{1}{2}\displaystyle\int_0^{\infty}\mathrm{e}^{-|x-y|+\frac{1}{2}(y-x)}\psi(y)\mathrm{d}y, & x<0,\\ 0, & x>0,\end{cases}$$

则(6.21) 成为

$$\psi(x)-\frac{1}{2}\int_{-\infty}^{\infty}\mathrm{e}^{-|x-y|+\frac{1}{2}(y-x)}\psi(y)\mathrm{d}y=h(x),\quad -\infty<x<+\infty$$

作逆 Fourier 变换，得

$$\frac{\left(s-\frac{\mathrm{i}}{2}\right)^2}{\left(s+\frac{\mathrm{i}}{2}\right)\left(s-\frac{3\mathrm{i}}{2}\right)}F_-^*(\psi)=F_+^*(h)\quad(n=-1),$$

$$\frac{s-\frac{\mathrm{i}}{2}}{s-\frac{3\mathrm{i}}{2}}F_-^*(\psi)=\frac{s+\frac{\mathrm{i}}{2}}{s-\frac{\mathrm{i}}{2}}F_+^*(h).$$

又适当选择 α,β, 使其成为

$$\underset{(L_2^-)}{\frac{1}{s-\frac{3\mathrm{i}}{2}}F_-^*(\psi)}-\underset{(L_2^-)}{\frac{\alpha}{s-\frac{\mathrm{i}}{2}}}-\underset{(L_2^-)}{\frac{\beta}{\left(s-\frac{\mathrm{i}}{2}\right)^2}}$$

$$=\underbrace{\frac{s+\frac{\mathrm{i}}{2}}{\left(s-\frac{\mathrm{i}}{2}\right)^2}F_+^*(h)-\frac{\alpha}{s-\frac{\mathrm{i}}{2}}-\frac{\beta}{\left(s-\frac{\mathrm{i}}{2}\right)^2}}_{(L_2^+)}.$$

容易看出此时 $\alpha=0$,

$$F_{-}^{*}(\psi)=\frac{\beta\left(s-\frac{3\mathrm{i}}{2}\right)}{\left(s-\frac{\mathrm{i}}{2}\right)^{2}},$$

从而

$$\psi=\beta F\left(\frac{s-\frac{3\mathrm{i}}{2}}{\left(s-\frac{\mathrm{i}}{2}\right)^{2}}\right)=\begin{cases}\beta(1+x)\mathrm{e}^{-\frac{x}{2}}, & x>0,\\ 0, & x<0.\end{cases}$$

而

$$F_{+}^{*}(h)=\frac{\beta}{s+\frac{\mathrm{i}}{2}}\in L_{2}^{+},$$

于是(6.20)可解的充要条件是

$$\int_{0}^{\infty}(1+y)\mathrm{e}^{-\frac{y}{2}}f(y)\mathrm{d}y=0. \tag{6.22}$$

方程(6.20)按常规化成

$$\frac{\left(s+\frac{\mathrm{i}}{2}\right)^{2}}{\left(s-\frac{\mathrm{i}}{2}\right)\left(s+\frac{3\mathrm{i}}{2}\right)}F_{-}^{*}(\varphi)-F_{-}^{*}(f)=F_{+}^{*}(g)\quad(n=1).$$

同乘以$\left(s-\frac{\mathrm{i}}{2}\right)\Big/\left(s+\frac{\mathrm{i}}{2}\right)$，得

$$\frac{s+\frac{\mathrm{i}}{2}}{s+\frac{3\mathrm{i}}{2}}F_{-}^{*}(\psi)-\frac{s-\frac{\mathrm{i}}{2}}{s+\frac{\mathrm{i}}{2}}F_{-}^{*}(f)=\frac{s-\frac{\mathrm{i}}{2}}{s+\frac{\mathrm{i}}{2}}F_{+}^{*}(g).$$

令 $q^{-}(s)=\dfrac{1}{s+\frac{3\mathrm{i}}{2}}$，$q^{+}(s)=\dfrac{1}{s+\frac{\mathrm{i}}{2}}$，适当选择 α,β,γ，使成为

$$\underbrace{\frac{1}{s+\frac{3\mathrm{i}}{2}}F_{-}^{*}(\varphi)-\frac{\alpha}{s+\frac{3\mathrm{i}}{2}}}_{(L_{2}^{-})}-\underbrace{\frac{s-\frac{\mathrm{i}}{2}}{\left(s+\frac{\mathrm{i}}{2}\right)^{2}}F_{-}^{*}(f)-\frac{\beta}{s+\frac{\mathrm{i}}{2}}-\frac{\gamma}{\left(s+\frac{\mathrm{i}}{2}\right)^{2}}}_{(L_{2}^{-})}$$

$$=\underset{(L_{2}^{+})}{\frac{s-\frac{\mathrm{i}}{2}}{\left(s+\frac{\mathrm{i}}{2}\right)^{2}}F_{+}^{*}(g)}-\underset{(L_{2}^{+})}{\frac{\alpha}{s+\frac{3\mathrm{i}}{2}}}-\underset{(L_{2}^{+})}{\frac{\beta}{s+\frac{\mathrm{i}}{2}}}-\underset{(L_{2}^{+})}{\frac{\gamma}{\left(s+\frac{\mathrm{i}}{2}\right)^{2}}}. \tag{6.23}$$

于是

$$F_-^*(\varphi)=\frac{\left(s+\frac{3\mathrm{i}}{2}\right)\left(s+\frac{\mathrm{i}}{2}\right)}{\left(s+\frac{\mathrm{i}}{2}\right)^2}F_-^*(f)+(\alpha+\beta)+\frac{\mathrm{i}\beta}{s+\frac{\mathrm{i}}{2}}+\gamma\frac{s+\frac{3\mathrm{i}}{2}}{\left(s+\frac{\mathrm{i}}{2}\right)^2}.$$

为了 $F_-^*(\varphi)\in L_2$，必须 $\alpha+\beta=0$，即 $\alpha=-\beta$. 因而

$$F_-^*(\varphi)=\frac{\left(s+\frac{\mathrm{i}}{2}\right)^2+1}{\left(s+\frac{\mathrm{i}}{2}\right)^2}F_-^*(f)+\gamma\frac{s+\frac{3\mathrm{i}}{2}}{\left(s+\frac{\mathrm{i}}{2}\right)^2}+\beta\frac{\mathrm{i}}{s+\frac{\mathrm{i}}{2}},$$

$$\varphi=f+\frac{1}{\sqrt{2\pi}}F\left(\frac{1}{\left(s+\frac{\mathrm{i}}{2}\right)^2}\right)*f+\gamma\cdot F\left(\frac{s+\frac{3\mathrm{i}}{2}}{\left(s+\frac{\mathrm{i}}{2}\right)^2}\right)+\beta\mathrm{i}F\left(\frac{1}{s+\frac{\mathrm{i}}{2}}\right).$$

计算表明

$$F\left(\frac{1}{\sqrt{2\pi}\left(s+\frac{\mathrm{i}}{2}\right)^2}\right)=\begin{cases}0, & x>0,\\ x\mathrm{e}^{\frac{x}{2}}, & x<0;\end{cases}$$

$$F\left(\frac{s+\frac{3\mathrm{i}}{2}}{\left(s+\frac{\mathrm{i}}{2}\right)^2}\right)=\begin{cases}0, & x>0,\\ \sqrt{2\pi}\,\mathrm{i}\mathrm{e}^{\frac{x}{2}}(x-1), & x<0;\end{cases}$$

$$F\left(\frac{1}{s+\frac{\mathrm{i}}{2}}\right)=\begin{cases}0, & x>0,\\ -\sqrt{2\pi}\,\mathrm{i}\mathrm{e}^{\frac{x}{2}}, & x<0;\end{cases}$$

于是

$$\begin{aligned}\varphi(x)=f(x)&+\int_{-\infty}^{\infty}(x-y)\mathrm{e}^{\frac{x-y}{2}}f(y)\mathrm{d}y\\&+\gamma\begin{bmatrix}0, & x>0\\ \sqrt{2\pi}\,\mathrm{i}\mathrm{e}^{\frac{x}{2}}(x-1), & x<0\end{bmatrix}\\&+\beta\begin{bmatrix}0, & x>0\\ \sqrt{2\pi}\,\mathrm{e}^{\frac{x}{2}}, & x<0\end{bmatrix}.\end{aligned}\tag{6.24}$$

故 $x>0$ 时，

$$\varphi(x)=f(x)+\int_x^{\infty}(x-y)\mathrm{e}^{\frac{x-y}{2}}f(y)\mathrm{d}y.\tag{6.25}$$

为所求的解. 我们还可具体定出 β 与 γ 之值. 在(6.24)中令 $x<0$，得

$$\sqrt{2\pi}\,\mathrm{i}\gamma\mathrm{e}^{\frac{x}{2}}(x-1)+\beta\sqrt{2\pi}\,\mathrm{e}^{\frac{x}{2}}=\int_0^{\infty}(x-y)\mathrm{e}^{\frac{x-y}{2}}f(y)\mathrm{d}y$$

$$=e^{\frac{x}{2}}\left(-x\int_0^\infty e^{-\frac{y}{2}}f(y)\mathrm{d}y+\int_0^\infty y\,e^{-\frac{y}{2}}f(y)\mathrm{d}y\right).$$

消去 $e^{\frac{x}{2}}$,

$$\sqrt{2\pi}\,\mathrm{i}\gamma(x-1)+\sqrt{2\pi}\beta=-x\int_0^\infty e^{-\frac{y}{2}}f(y)\mathrm{d}y+\int_0^\infty y\,e^{-\frac{y}{2}}f(y)\mathrm{d}y, \quad (6.26)$$

对 x 求导得

$$\gamma=-\frac{1}{\sqrt{2\pi}\,\mathrm{i}}\int_0^\infty e^{-\frac{y}{2}}f(y)\mathrm{d}y. \quad (6.27)$$

把 γ 之值代回(6.26),求得

$$\beta=-\frac{1}{\sqrt{2\pi}}\left(\int_0^\infty e^{-\frac{y}{2}}f(y)\mathrm{d}y-\int_0^\infty y\,e^{-\frac{y}{2}}f(y)\mathrm{d}y\right). \quad (6.28)$$

现在来看 $F_+^*(g)$ 是否 $\in L_2^+$. 从(6.23)得

$$F_+^*(g)=\frac{\alpha\left(s+\frac{\mathrm{i}}{2}\right)^2}{\left(s+\frac{3\mathrm{i}}{2}\right)\left(s-\frac{\mathrm{i}}{2}\right)}+\beta\frac{s+\frac{\mathrm{i}}{2}}{s-\frac{\mathrm{i}}{2}}+\frac{\gamma}{s-\frac{\mathrm{i}}{2}}$$

$$=\frac{(\alpha+\beta)\left(s+\frac{\mathrm{i}}{2}\right)^2+\mathrm{i}\left(s+\frac{\mathrm{i}}{2}\right)\beta+\gamma\left(s+\frac{3\mathrm{i}}{2}\right)}{\left(s+\frac{3\mathrm{i}}{2}\right)\left(s-\frac{\mathrm{i}}{2}\right)}.$$

因 $\alpha+\beta=0$,故

$$F_+^*(g)=\frac{\mathrm{i}\beta\left(s+\frac{\mathrm{i}}{2}\right)+\gamma\left(s+\frac{3\mathrm{i}}{2}\right)}{\left(s+\frac{3\mathrm{i}}{2}\right)\left(s-\frac{\mathrm{i}}{2}\right)}. \quad (6.29)$$

由于分母中有因了 $s-\frac{\mathrm{i}}{2}$,一时看不出 $F_+^*(g)\in L_2^+$. 为此我们利用可解条件(6.22),则(6.28)可化为

$$\beta=-\frac{2}{\sqrt{2\pi}}\int_0^\infty e^{-\frac{y}{2}}f(y)\mathrm{d}y. \quad (6.30)$$

将(6.30)及(6.27)代入(6.29)有

$$F_+^*(g)=\frac{-\mathrm{i}\left(s+\frac{\mathrm{i}}{2}\right)\frac{2}{\sqrt{2\pi}}\int_0^\infty e^{-\frac{y}{2}}f(y)\mathrm{d}y-\left(s+\frac{3\mathrm{i}}{2}\right)\frac{1}{\sqrt{2\pi}\,\mathrm{i}}\int_0^\infty e^{-\frac{y}{2}}f(y)\mathrm{d}y}{\left(s+\frac{3\mathrm{i}}{2}\right)\left(s-\frac{\mathrm{i}}{2}\right)}$$

$$=\frac{\frac{1}{\sqrt{2\pi}\,\mathrm{i}}\left(2s+\mathrm{i}-s-\frac{3\mathrm{i}}{2}\right)\int_0^\infty e^{-\frac{y}{2}}f(y)\mathrm{d}y}{\left(s+\frac{3\mathrm{i}}{2}\right)\left(s-\frac{\mathrm{i}}{2}\right)}$$

$$= \frac{1}{\sqrt{2\pi}\,\mathrm{i}} \cdot \frac{1}{s+\frac{3\mathrm{i}}{2}} \int_0^{\infty} \mathrm{e}^{-\frac{y}{2}} f(y)\mathrm{d}y \in L_2^+.$$

至此，我们对 Winer-Hopf 第二种方程讨论完毕. 自然，读者一定会考虑到 Winer-Hopf 的第一种方程. 原则上我们仍可用 Winer-Hopf 方法的步骤. 问题是 $p(s)$ 的因子化没有系统方法可循，必须根据具体问题来对待. 我们在这里就不再讨论了. 这方面系统的工作，可参考 B. Nobel 著 *Methods Based on the Winer-Hopf Technique for the Solution of Partial Differential Equations*，Pergaman Press，New York，1958.

第六章习题

1. 讨论方程

$$\varphi(x) - \frac{\lambda}{\pi}\int_0^{+\infty} \frac{\varphi(y)}{x+y}\mathrm{d}y = f(x)$$

的求解，设 $f(x) \in L_2[0, +\infty]$，并证明

$$\left\| \frac{1}{\pi}\int_0^{\infty} \frac{\varphi(y)}{x+y}\mathrm{d}y \right\| \leqslant \|\varphi\|.$$

2. 验证 6.1 节例 3 中三种解法得到的解(1.34)，(1.35)，(1.37) 本质相同.

3. 验证 6.1 节例 5 中两种解法得到的解(1.43)，(1.44) 本质相同.

4. 证明 $\varphi \in L_2[0, +\infty]$ 时

$$\left\| \frac{1}{\pi}\int_0^{\infty} \left(\frac{1}{x+y} - \frac{1}{x-y}\right)\varphi(y)\mathrm{d}y \right\| = \|\varphi\|.$$

5. 设 $\varphi \in L_2[-\infty, +\infty]$，且 $\varphi_{\pm}$ 由(2.2) 定义，证明：

(1) $(\varphi_+)_- = 0$，$(\varphi_-)_+ = 0$，

(2) $(\varphi_+)_+ = \varphi_+$，$(\varphi_-)_- = \varphi_-$.

6. 试将乘子定理推广到在上半平面 $y > 0$ 有有限个极点的情形.

7. 试将乘子定理推广到边界上有有限个点处具有弱奇异性时的情形.

8. 证明在 6.3 节例子中条件(3.13)，(3.14) 可用较弱条件

$$\int_0^{\infty} |f(x)|^2 x^{2\mathrm{Re}\rho}\mathrm{d}x < +\infty$$

来代替，而当 $\mathrm{Re}\rho = 0$ 时条件(3.13)，(3.14) 可以除去.

9. 试在定理 6.4.1 中对 I_6 详细证明 $\lim\limits_{y\to+0} I_6 = 0$.

10. 证明在 6.4 节例 2 中条件

$$\int_{-1}^{1}\frac{|f(x)|^2}{1-x^2}\mathrm{d}x<+\infty \tag{1}$$

可以用条件

$$\int_{-1}^{1}|f(x)|^2\left|\frac{1-x}{1+x}\right|^{2\mathrm{Re}\rho}\mathrm{d}x<+\infty$$

代替. 而 $\mathrm{Re}\rho=0$ 时条件(1) 可以除去.

11. 详细讨论 6.4 节例 2 中 $\mathrm{Re}\rho=0$ 及 $\mathrm{Re}\rho<0$ 的情形.

12. 详细讨论 6.5 节例子中 $\mathrm{Re}a<0$ 的情形.

13. 讨论 6.5 节例子中(求指数 α 级增长解时, $0\leqslant\alpha<1$) 当 $\mathrm{Re}(\alpha-a)>0$, $\mathrm{Re}(\alpha+a)<0$ 的情形.

14. 试将

$$p(x)=\frac{(x^2+a^2)(x^2+b^2)}{(x^2+1)^2}$$

因子化, 其中 a,b 为实数. $p(x)=\dfrac{q^+(x)}{q^-(x)}$, 其中 $q^+(x),q^-(x)$ 分别为在上半及下半平面解析函数的正负边值.

参考文献

[1] Hochstadt H. Integral Equations. New York: John Wiley & Sons, 1973.

[2] 米赫林 C Г. 积分方程的理论及其应用(陈传璋等译). 上海: 商务印书馆, 1956.

[3] 彼德罗夫斯基 И Г. 积分方程讲义(胡祖炽译). 北京: 高等教育出版社, 1954.

[4] Tricomi F G. Integral Equations. New York: Interscience, 1957.

[5] 陈传璋, 侯宗义, 李明忠. 积分方程论及其应用. 上海: 上海科技出版社, 1987.

[6] Мусхелишвили Н И. 奇异积分方程(朱季讷译). 上海: 上海科技出版社, 1966.

[7] Гахов Ф Д, Черский Ю Н. Чравнение Типа Свертки. Москва: Наука, 1978

[8] Goursat E. A Course in Mathematical Analysis, Vol. Ⅲ, Part 2. "Integral Equations, Calculus of Variations". New York: Dover, 1964.

[9] Rudin W. Real and Complex Analysis. New York: McGraw-Hill, 1974 (有中译本, 李世余等译, 北京:人民教育出版社, 1981).

[10] Bochner S, Chandrasekharan K. Fourier Transforms. Annals of Math. Studies, No. 19. Princeton: Princeton Univ. Press, 1949

[11] 河田农夫[日]. Fourier 分析(周民强译). 北京: 高等教育出版社, 1982.

[12] Гусейнов А И, Мухтаров Х Ш. Введение В Теорию нелинейных сингулярных интегральных уравнений. Москва: Наука, 1980.

[13] 黎茨 F. 泛函分析讲义(梁文骐, 庄万等译). 北京: 科学出版社, 1983.

[14] 夏道行等. 实变函数论与泛函分析(第二版, 上、下册). 北京: 高等教育出版社, 1984(上册), 1985(下册).

[15] 梯其玛希 E C. 函数论(吴锦译). 北京：科学出版社，1962.
[16] 复旦大学数学系主编. 数学物理方程. 上海：上海科技出版社，1981.
[17] 尤秉礼. 常微分方程补充教程. 北京：人民教育出版社，1981
[18] Lu Jianke. Boundary Value Problems for Analytic Functions. Singapore：World Scientific，1993.
[19] Lu Jianke. Zhong Shouguo，Liu Shiqiang. Introduction to the Theory of Complex Functions. Singapore：World Scientific，2002.
[20] 路见可. 推广的留数定理及其应用. 武汉大学学报(自然科学版)，1978(3)：1-8.
[21] 钟寿国. 推广的留数定理及其应用. 武汉：武汉大学出版社，1993.
[22] 钟寿国. L_p 中积分方程的几个问题. 数学物理学报，1988. 8(3)：353-362.

名词索引

已出版书目

高等学校数学系列教材

复变函数（第二版） （普通高等教育“十一五”国家级规划教材）	路见可 钟寿国 刘士强
线性规划（第二版）	张干宗
积分方程论（修订版）	路见可 钟寿国
常微分方程（第二版）	蔡燧林
抽象代数（第二版）	牛凤文
高等代数	邱 森